개념 PLUS 유형

유형편

실력향상 POWER

중등 수학

2·2

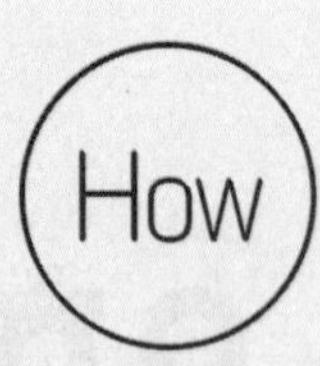

어떻게 만들어졌나요?

전국 250여 개 학교의 기출문제들을 모두 모아 유형별로 분석하여 정리하였답니다.
기출문제를 유형별로 정리하였기 때문에 문제를 통해 핵심을 알 수 있어요!

언제 활용할까요?

개념편 진도를 나간 후 한 번 더 정리하고 싶을 때! 유형편 라이트를 공부한 후 다양한 실전 문제를 접하고 싶을 때!
시험 기간에 공부한 내용을 확인하고 싶을 때! 어떤 문제가 시험에 자주 출제되는지 궁금할 때!

왜 유형편 파워를 보아야 하나요?

전국의 기출문제들을 분석·정리하여 쉬운 문제부터 까다로운 문제까지 다양한 유형으로 구성하였으므로
수학 성적을 올리고자 하는 친구라면 누구나 꼭 갖고 있어야 할 교재입니다.
이 한 권을 내 것으로 만든다면 내신 만점~. 자신감 UP~!!

유형편 파워 의 구성

- 문제 풀이의 비법을 담은 내용 정리
- 틀리기 쉬운 유형과 까다로운 유형
- 난이도와 출제율을 반영한 단원 마무리 문제

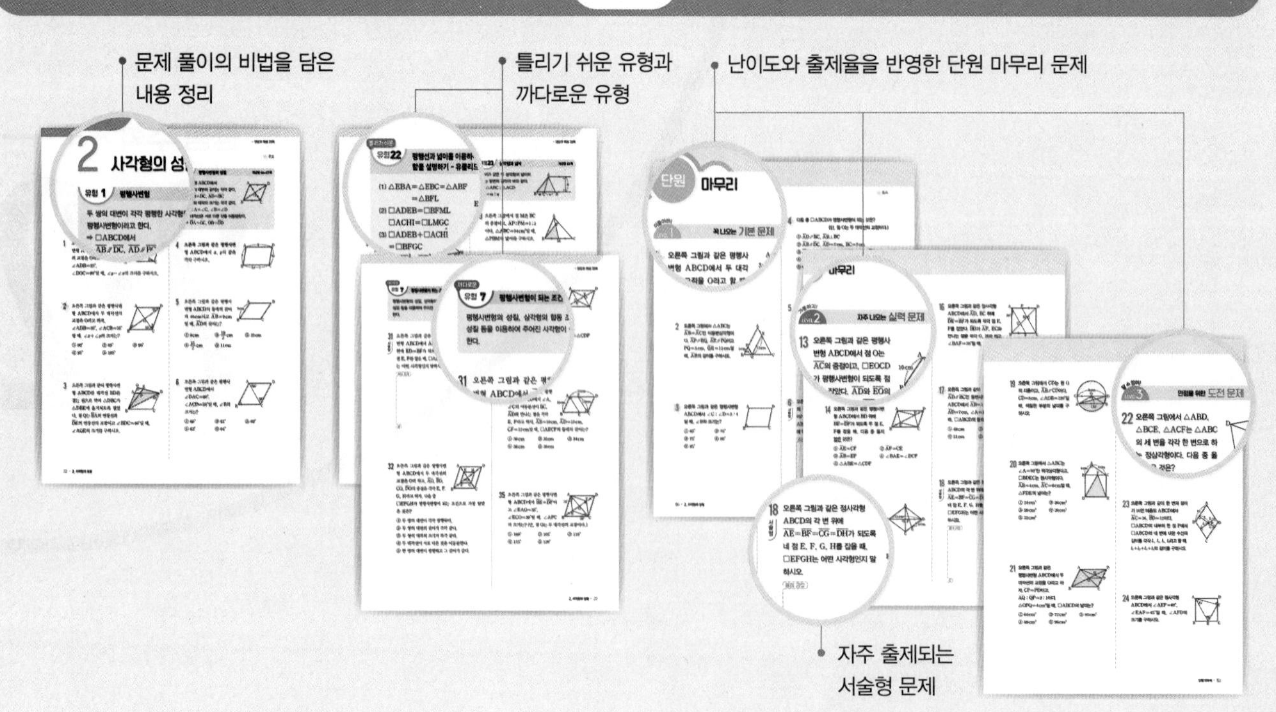

- 자주 출제되는 서술형 문제

차례 CONTENTS

1 삼각형의 성질

1 삼각형의 성질

★ 중요

유형 1 이등변삼각형 개념편 8~9쪽

(1) 이등변삼각형: 두 변의 길이가 같은 삼각형

(2) 이등변삼각형의 성질

① 이등변삼각형의 두 밑각의 크기는 같다. ➡ $\angle B=\angle C$

② 이등변삼각형의 꼭지각의 이등분선은 밑변을 수직이등분한다.

➡ $\overline{AD}\perp\overline{BC}$, $\overline{BD}=\overline{CD}$

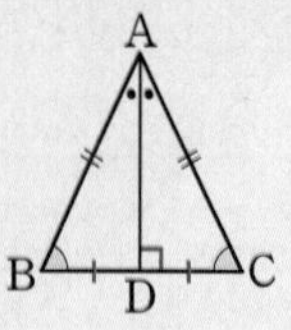

1 다음은 '이등변삼각형의 두 밑각의 크기는 같다.'를 설명하는 과정이다. (가)~(다)에 알맞은 것을 구하시오.

> $\overline{AB}=\overline{AC}$인 이등변삼각형 ABC에서 $\angle A$의 이등분선과 밑변 BC의 교점을 D라고 하면
> $\triangle ABD$와 $\triangle ACD$에서
> $\overline{AB}=\overline{AC}$,
> (가) 는 공통,
> $\angle BAD=$ (나) 이므로
> $\triangle ABD\equiv$ (다) (SAS 합동)
> $\therefore \angle B=\angle C$

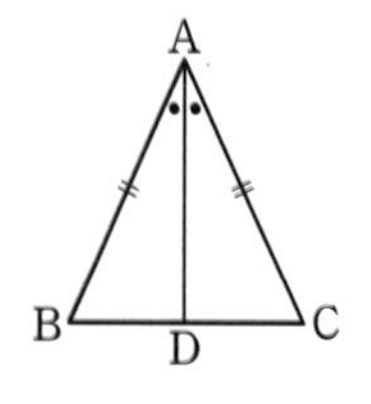

2 오른쪽 그림과 같이 $\overline{AB}=\overline{AC}$인 이등변삼각형 ABC에서 $\angle A=80°$일 때, $\angle x$의 크기를 구하시오.

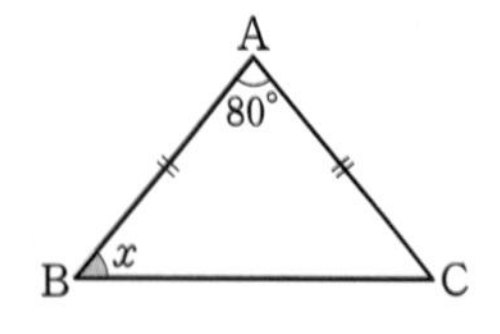

3 오른쪽 그림과 같이 $\overline{CA}=\overline{CB}$인 이등변삼각형 ABC에서 점 D는 $\overline{BA}$의 연장선 위의 점이다. $\angle DAC=112°$일 때, $\angle x$의 크기를 구하시오.

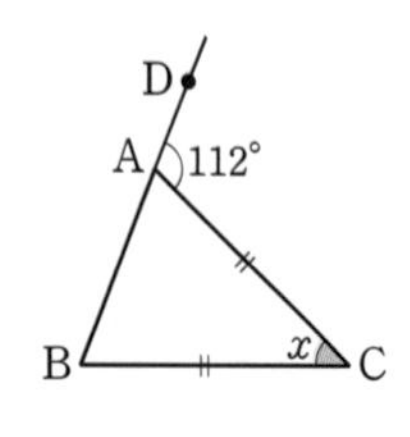

4 오른쪽 그림과 같이 $\overline{AB}=\overline{AC}$인 이등변삼각형 ABC에서 $\overline{BC}=\overline{BD}$이고 $\angle C=70°$일 때, $\angle ABD$의 크기를 구하시오.

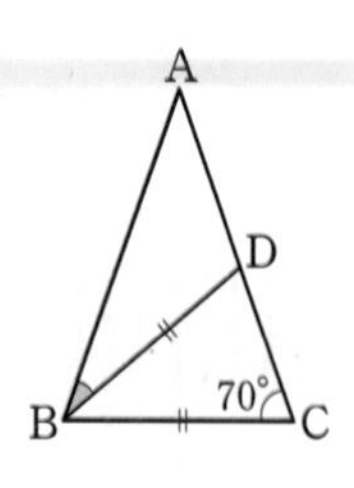

5 오른쪽 그림은 $\overline{AB}=\overline{AC}$인 이등변삼각형 모양의 종이 ABC를 $\overline{DE}$를 접는 선으로 하여 꼭짓점 A가 꼭짓점 B에 오도록 접은 것이다. $\angle EBC=24°$일 때, $\angle A$의 크기를 구하시오.

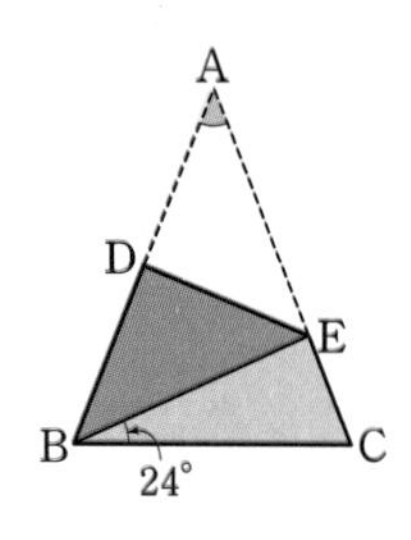

6 오른쪽 그림과 같이 $\overline{AB}=\overline{AC}$인 이등변삼각형 ABC에서 $\overline{AC}$ 위의 점 D를 지나고 $\overline{BC}$에 수직인 직선이 $\overline{BC}$와 만나는 점을 E, $\overline{BA}$의 연장선과 만나는 점을 F라고 하자. $\angle ADF=51°$일 때, $\angle FAD$의 크기를 구하시오.

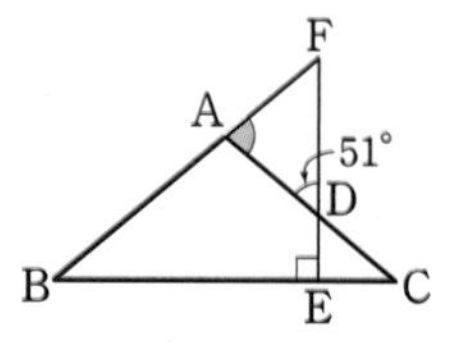

7 오른쪽 그림과 같이 $\overline{AB}=\overline{AC}$인 이등변삼각형 ABC에서 $\angle A$의 이등분선이 $\overline{BC}$와 만나는 점을 D라고 하자. $\angle BAD=25°$, $\overline{BC}=8\,cm$일 때, $\angle B$의 크기와 $\overline{BD}$의 길이를 각각 구하시오.

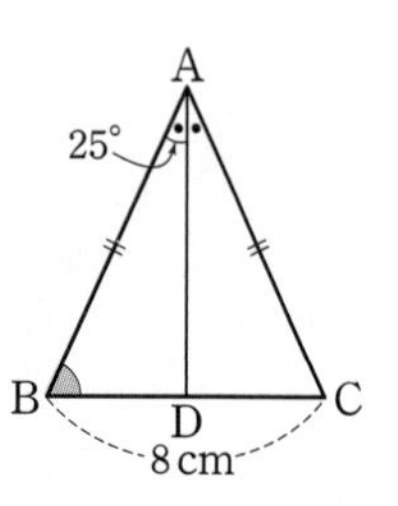

● 정답과 해설 5쪽

유형 2 이등변삼각형의 성질의 응용 개념편 8~9쪽

이등변삼각형의 성질과 삼각형의 성질을 이용하여 각의 크기를 구한다.
(1) 이등변삼각형의 두 밑각의 크기는 같다.
(2) 삼각형의 세 내각의 크기의 합은 180°이다.
(3) 삼각형의 한 외각의 크기는 그와 이웃하지 않는 두 내각의 크기의 합과 같다.

8 오른쪽 그림과 같은 △ABC에서 $\overline{AD}=\overline{BD}=\overline{CD}$이고 ∠BAD=50°일 때, ∠C의 크기를 구하시오.

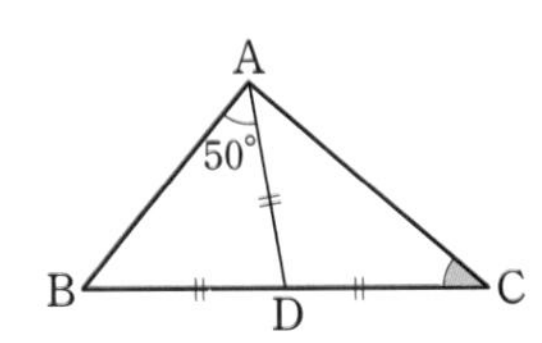

9 오른쪽 그림에서 $\overline{AB}=\overline{AC}=\overline{CD}$이고 ∠B=38°일 때, ∠DCE의 크기를 구하시오.

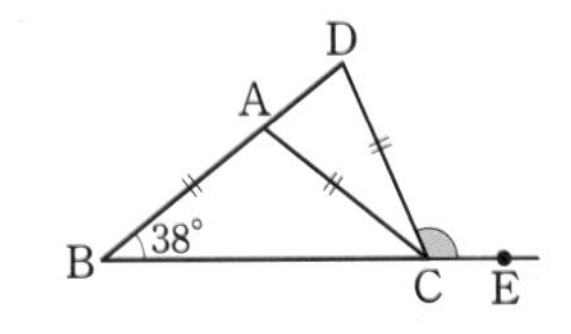

10 서술형 오른쪽 그림과 같이 $\overline{AB}=\overline{AC}$인 이등변삼각형 ABC에서 $\overline{AD}=\overline{BD}=\overline{BC}$일 때, ∠$x$의 크기를 구하시오.

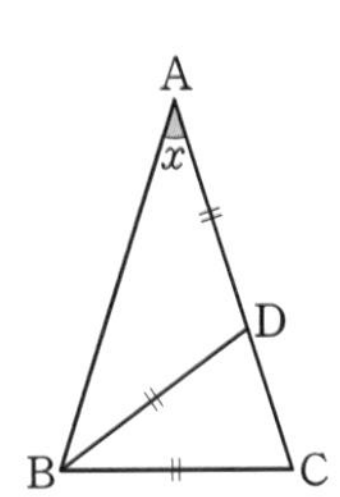

풀이 과정

답

11 다음 그림에서 $\overline{BD}=\overline{DE}=\overline{EA}=\overline{AC}$이고 ∠BAC=80°일 때, ∠B의 크기를 구하시오.

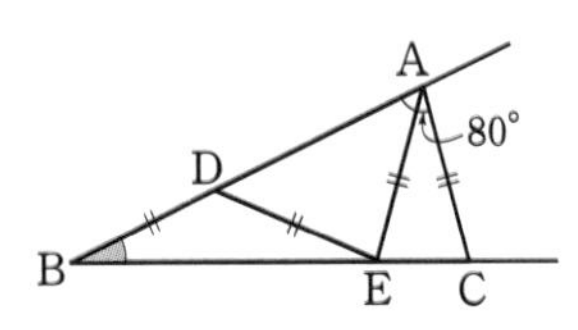

12 오른쪽 그림과 같이 $\overline{AB}=\overline{AC}$인 이등변삼각형 ABC에서 ∠ABD=∠DBC이고 ∠ADB=78°일 때, ∠A의 크기는?

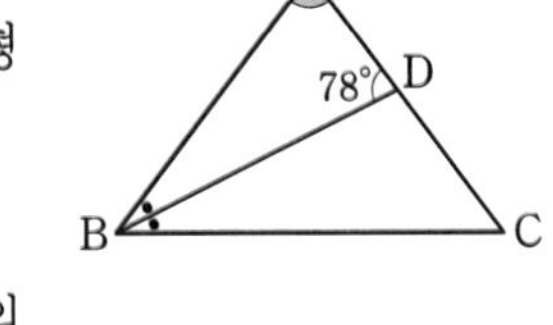

① 73° ② 74° ③ 75°
④ 76° ⑤ 77°

13 오른쪽 그림과 같이 $\overline{AB}=\overline{AC}$인 이등변삼각형 ABC에서 ∠B의 이등분선과 ∠C의 외각의 이등분선이 만나는 점을 D라고 하자. ∠A=52°일 때, ∠D의 크기를 구하시오.

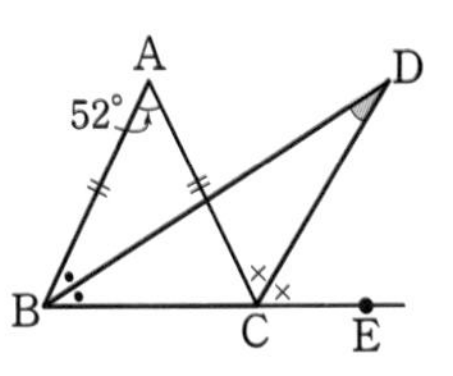

유형 3 이등변삼각형이 되는 조건 개념편 10쪽

두 내각의 크기가 같은 삼각형은 이등변삼각형이다.

➡ $\angle B = \angle C$이면 $\overline{AB} = \overline{AC}$

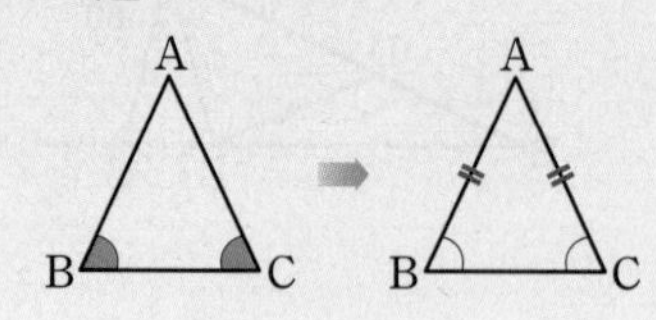

14 오른쪽 그림과 같은 △ABC에서 $\overline{AB} = 8\,cm$, $\overline{BC} = 6\,cm$이고 $\angle B = 50°$, $\angle C = 80°$일 때, $\overline{AC}$의 길이를 구하시오.

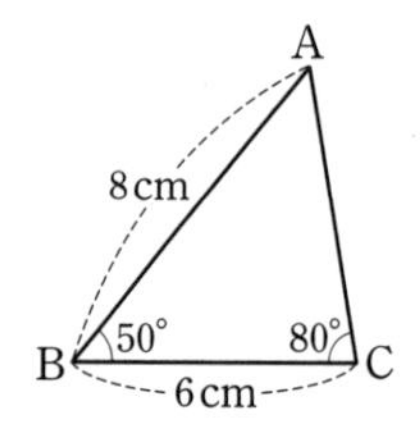

15 오른쪽 그림과 같은 △ABC에서 $\angle B = \angle C$, $\overline{BC} = 6\,cm$이다. △ABC의 둘레의 길이가 22 cm일 때, $\overline{AB}$의 길이를 구하시오.

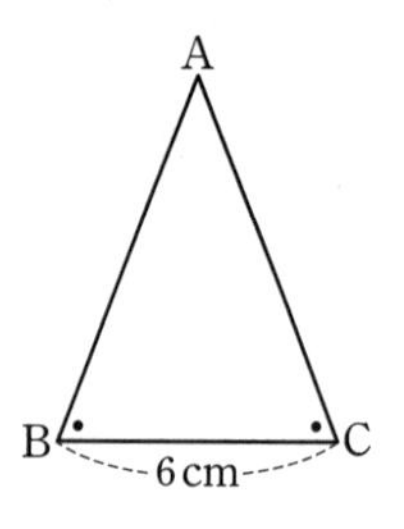

16 서술형

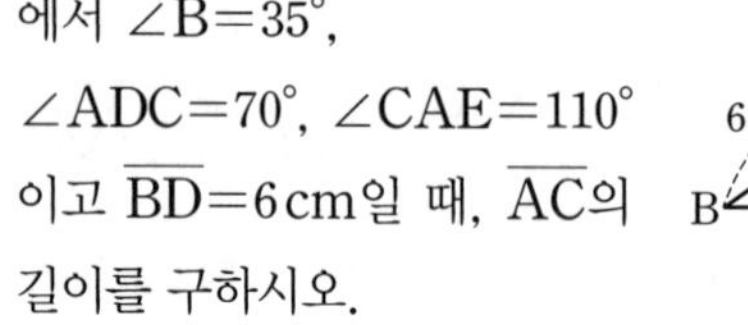

오른쪽 그림과 같은 △ABC에서 $\angle B = 35°$, $\angle ADC = 70°$, $\angle CAE = 110°$이고 $\overline{BD} = 6\,cm$일 때, $\overline{AC}$의 길이를 구하시오.

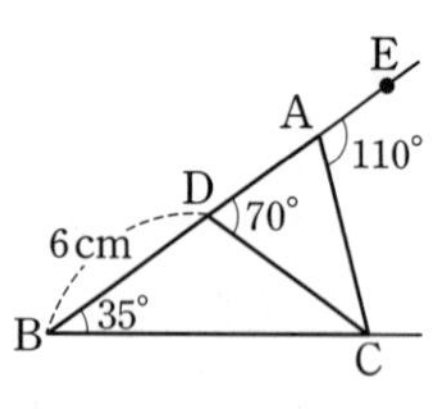

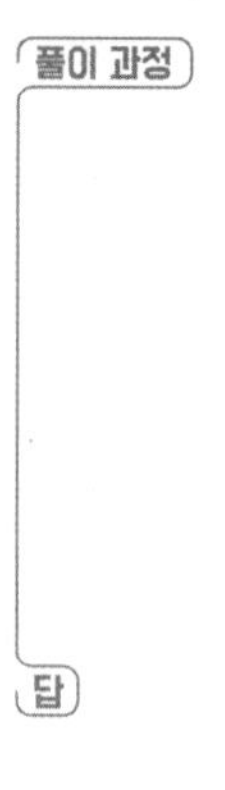

풀이 과정

답

17 오른쪽 그림과 같이 $\overline{CA} = \overline{CB}$이고 $\angle C = 90°$인 직각이등변삼각형 ABC에서 ∠C의 이등분선이 $\overline{AB}$와 만나는 점을 D라고 하자. $\overline{CD} = 5\,cm$일 때, $\overline{AB}$의 길이를 구하시오.

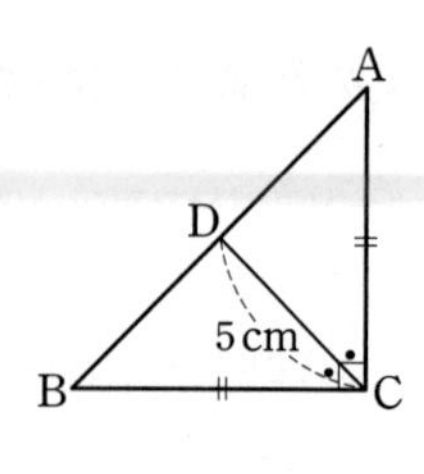

18 오른쪽 그림과 같이 $\overline{AB} = \overline{AC}$인 이등변삼각형 ABC에서 $\overline{BD}$는 ∠B의 이등분선이고 $\angle A = 36°$, $\overline{BC} = 7\,cm$일 때, $\overline{AD}$의 길이를 구하시오.

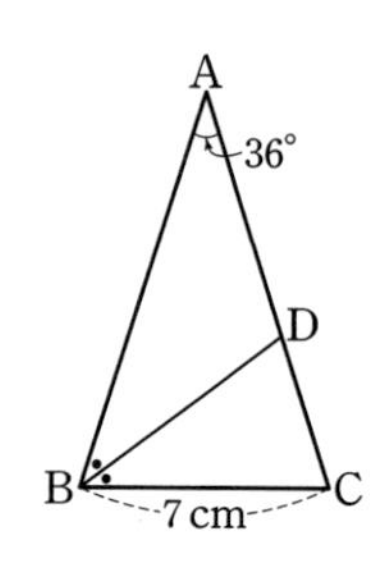

19 오른쪽 그림과 같이 $\angle B = 90°$인 직각삼각형 ABC에서 $\overline{AB} = \overline{AD}$이고 $\angle C = 30°$, $\overline{CD} = 4\,cm$일 때, $\overline{BD}$의 길이를 구하시오.

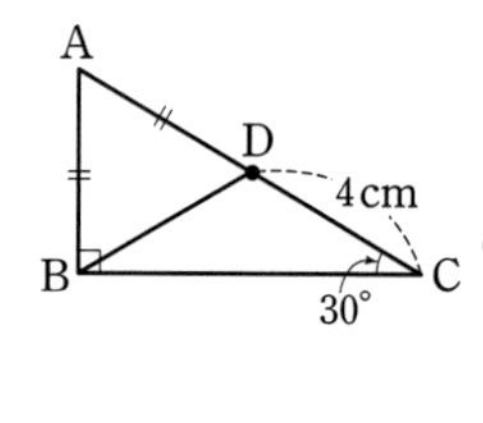

20 오른쪽 그림과 같이 $\angle B = \angle C$인 △ABC의 $\overline{BC}$ 위의 점 P에서 $\overline{AB}$, $\overline{AC}$에 내린 수선의 발을 각각 D, E라고 하자. $\overline{AB} = 9\,cm$이고 △ABC의 넓이가 $27\,cm^2$일 때, $\overline{PD} + \overline{PE}$의 길이를 구하시오.

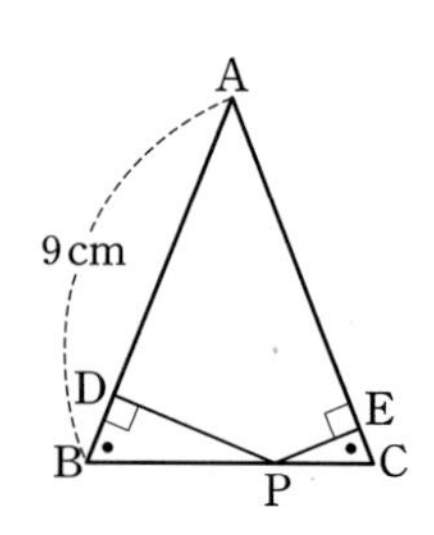

틀리기 쉬운

유형 4 종이접기 개념편 10쪽

직사각형 모양의 종이를 접었을 때
➡ 종이가 겹쳐진 부분은 이등변삼각형이다.

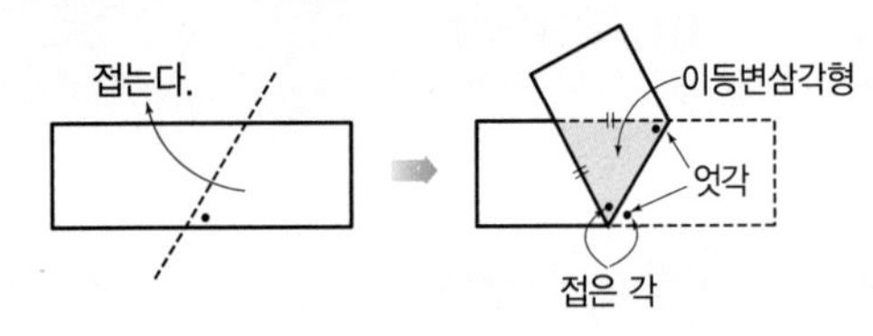

21 직사각형 모양의 종이를 오른쪽 그림과 같이 접었다. $\angle ABC=40°$, $\overline{AB}=4\,cm$일 때, 다음을 구하시오.

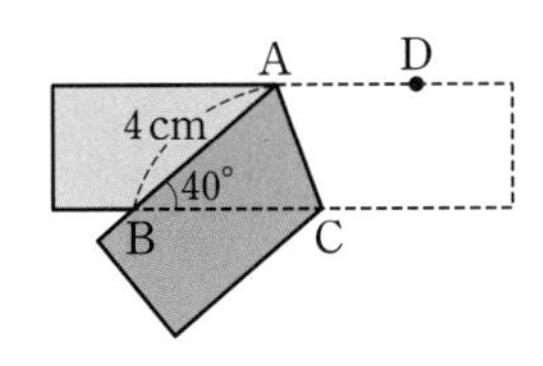

(1) $\angle BAC$의 크기

(2) $\overline{BC}$의 길이

22 직사각형 모양의 종이를 오른쪽 그림과 같이 접었을 때, 다음 중 옳지 않은 것은?

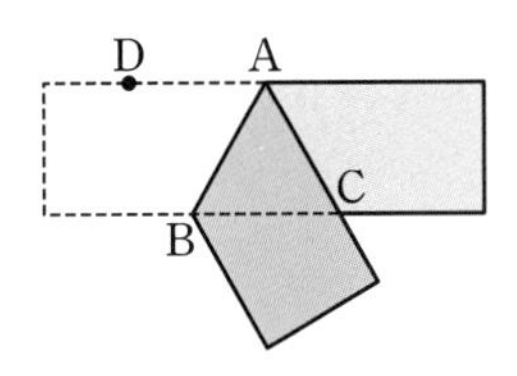

① $\overline{AB}=\overline{AC}$
② $\overline{AC}=\overline{BC}$
③ $\angle DAB=\angle BAC$
④ $\angle DAB=\angle ABC$
⑤ $\angle ABC=\angle BAC$

23 폭이 4 cm인 직사각형 모양의 종이를 다음 그림과 같이 접었다. $\overline{AB}=7\,cm$일 때, $\triangle ABC$의 넓이를 구하시오.

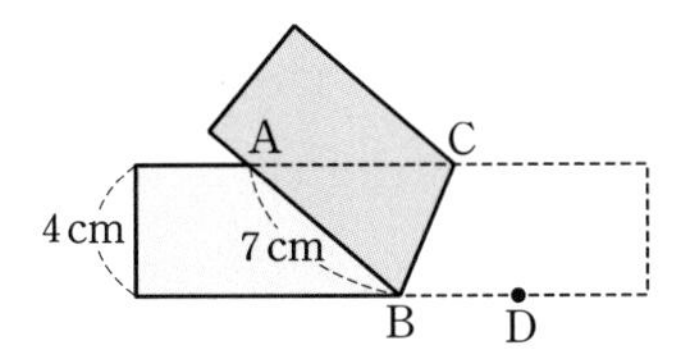

유형 5 직각삼각형의 합동 조건 개념편 13~14쪽

(1) 두 직각삼각형의 빗변의 길이와 한 예각의 크기가 각각 같을 때
➡ RHA 합동

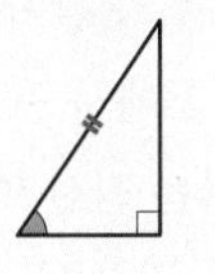
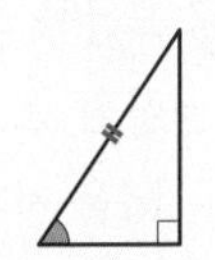

(2) 두 직각삼각형의 빗변의 길이와 다른 한 변의 길이가 각각 같을 때
➡ RHS 합동

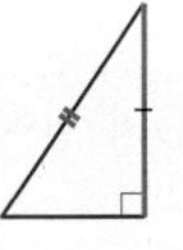
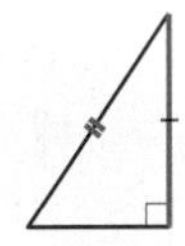

주의 두 삼각형이 직각삼각형인지, 빗변의 길이가 같은지를 먼저 확인한 후 직각삼각형의 합동 조건을 적용한다.

24 다음 보기의 직각삼각형 중에서 서로 합동인 것끼리 바르게 짝 지은 것은?

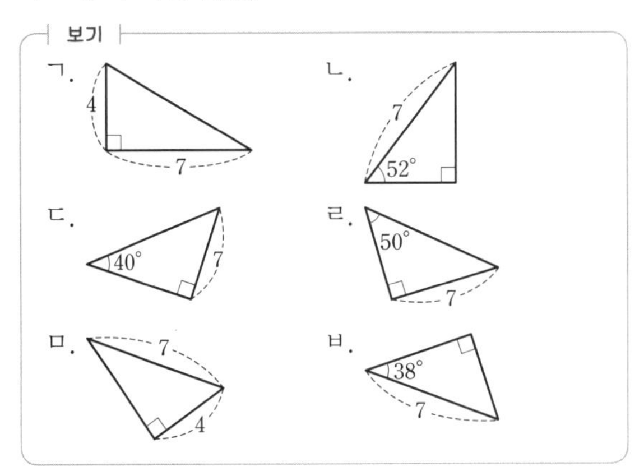

① ㄱ과 ㅁ ② ㄱ과 ㄹ ③ ㄴ과 ㅂ
④ ㄷ과 ㄹ ⑤ ㅁ과 ㅂ

25 다음 중 오른쪽 그림과 같이 $\angle B=\angle E=90°$인 두 직각삼각형 ABC와 DEF가 합동이 되기 위한 조건이 아닌 것은?

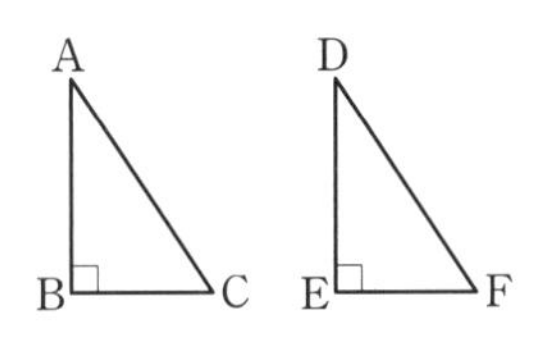

① $\overline{AB}=\overline{DE}$, $\overline{AC}=\overline{DF}$
② $\overline{AB}=\overline{DE}$, $\overline{BC}=\overline{EF}$
③ $\angle A=\angle D$, $\overline{AC}=\overline{DF}$
④ $\angle C=\angle F$, $\overline{AB}=\overline{DE}$
⑤ $\angle A=\angle D$, $\angle C=\angle F$

[26~28] RHA 합동

26 오른쪽 그림과 같이 $\overline{AB}$의 양 끝점 A, B에서 $\overline{AB}$의 중점 M을 지나는 직선 l에 내린 수선의 발을 각각 C, D라고 하자. $\overline{AC}=3\,cm$, $\overline{MC}=4\,cm$일 때, $\overline{BD}$의 길이를 구하시오.

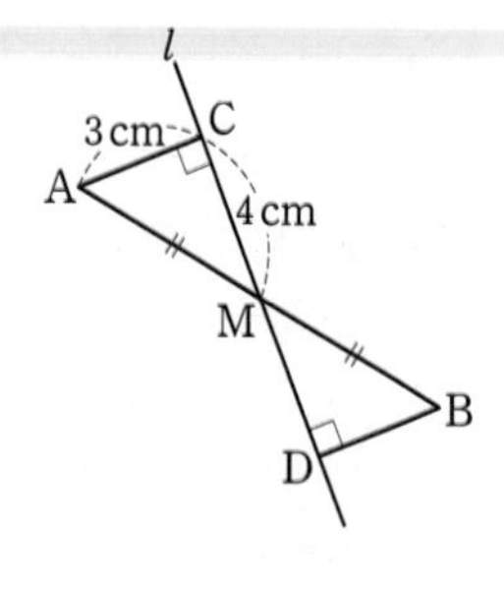

27 서술형 다음 그림과 같이 $\angle A=90°$이고 $\overline{AB}=\overline{AC}$인 직각이등변삼각형 ABC의 두 꼭짓점 B, C에서 꼭짓점 A를 지나는 직선 l에 내린 수선의 발을 각각 D, E라고 하자. $\overline{BD}=7\,cm$, $\overline{CE}=5\,cm$일 때, 사각형 DBCE의 넓이를 구하시오.

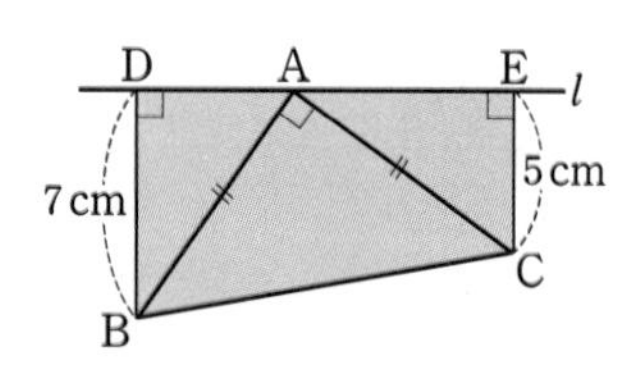

풀이 과정

답

28 오른쪽 그림과 같이 $\angle A=90°$이고 $\overline{AB}=\overline{AC}$인 직각이등변삼각형 ABC의 두 꼭짓점 B, C에서 꼭짓점 A를 지나는 직선 l에 내린 수선의 발을 각각 D, E라고 하자. $\overline{BD}=15\,cm$, $\overline{CE}=8\,cm$일 때, $\overline{DE}$의 길이를 구하시오.

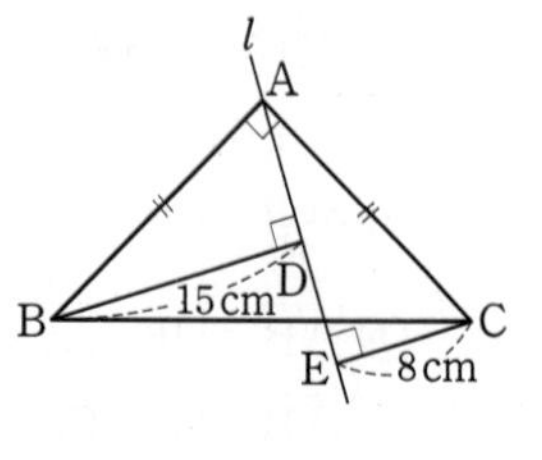

[29~31] RHS 합동

29 오른쪽 그림과 같이 $\angle B=90°$인 직각삼각형 ABC에서 $\overline{DB}=\overline{DE}$이고, $\overline{AC}\perp\overline{DE}$이다. $\overline{AE}=8\,cm$, $\angle C=36°$일 때, $x+y$의 값을 구하시오.

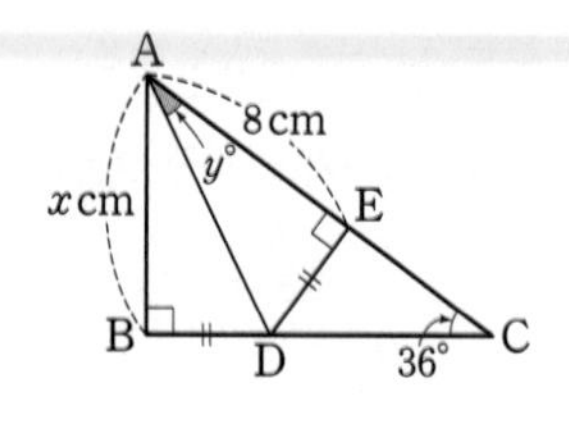

30 오른쪽 그림과 같은 △ABC에서 $\overline{BC}$의 중점을 M이라 하고, 점 M에서 $\overline{AB}$, $\overline{AC}$에 내린 수선의 발을 각각 P, Q라고 하자. $\overline{MP}=\overline{MQ}$일 때, $\angle QMC$의 크기는?

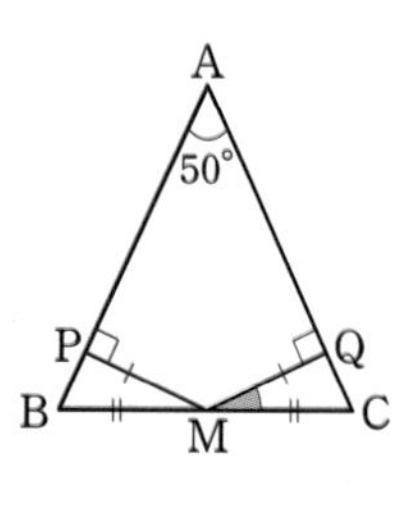

① 23° ② 24° ③ 25°
④ 26° ⑤ 27°

31 다음 그림과 같이 $\angle C=90°$인 직각삼각형 ABC에서 $\overline{AE}=\overline{AC}$이고, $\overline{AB}\perp\overline{DE}$이다. $\overline{AB}=13\,cm$, $\overline{BC}=12\,cm$, $\overline{AC}=5\,cm$일 때, △BDE의 둘레의 길이를 구하시오.

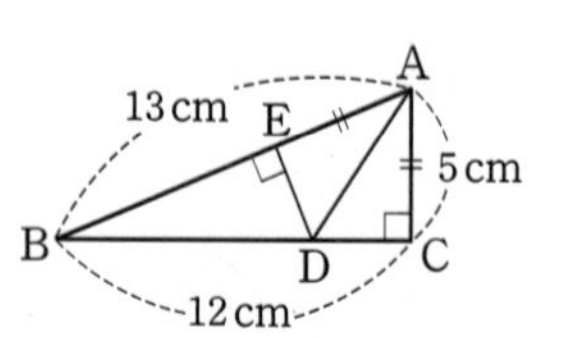

유형 6 각의 이등분선의 성질 개념편 15쪽

(1) 각의 이등분선 위의 한 점에서 그 각을 이루는 두 변까지의 거리는 같다.
➡ $\angle AOP=\angle BOP$이면
$\overline{PQ}=\overline{PR}$

(2) 각을 이루는 두 변에서 같은 거리에 있는 점은 그 각의 이등분선 위에 있다.
➡ $\overline{PQ}=\overline{PR}$이면
$\angle AOP=\angle BOP$

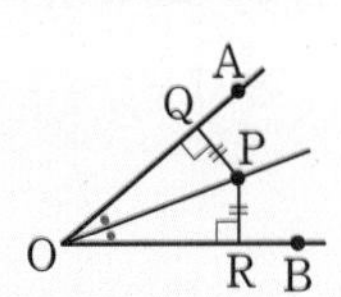

32 오른쪽 그림에서 $\overline{PA}=\overline{PB}$, $\angle PAO=\angle PBO=90°$일 때, 다음 중 옳지 <u>않은</u> 것은?

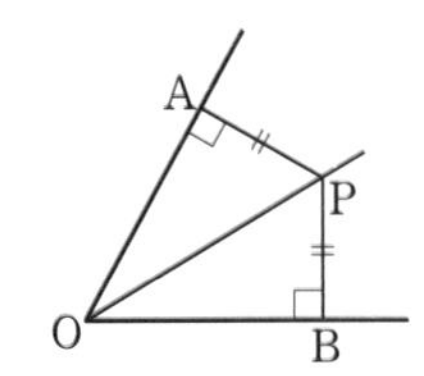

① $\angle AOP=\angle BOP$
② $\angle APO=\angle BPO$
③ $\overline{OA}=\overline{OB}=\overline{OP}$
④ $\overline{OA}=\overline{OB}$
⑤ $\triangle AOP\equiv\triangle BOP$

33 오른쪽 그림에서 $\overline{PA}=\overline{PB}$, $\angle PAO=\angle PBO=90°$이고 $\angle APB=136°$일 때, $\angle POB$의 크기를 구하시오.

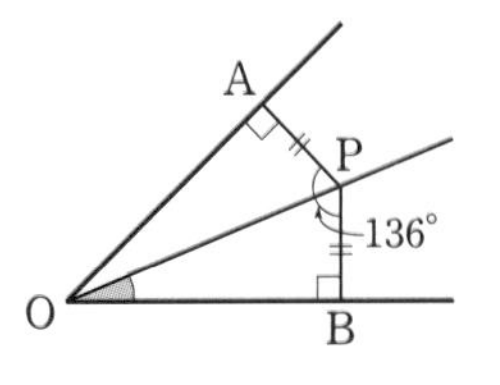

34 오른쪽 그림과 같이 $\angle B=90°$인 직각삼각형 ABC에서 $\overline{AD}$는 $\angle A$의 이등분선이고 $\overline{AC}=26\,\text{cm}$, $\overline{BD}=6\,\text{cm}$일 때, $\triangle ADC$의 넓이를 구하시오.

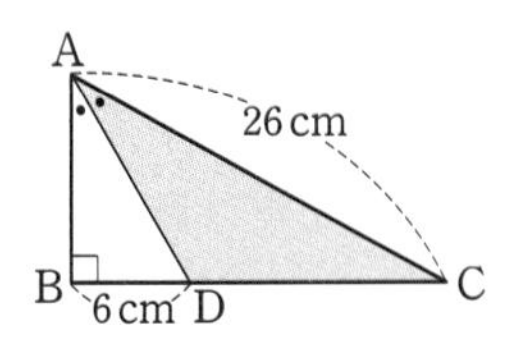

유형 7 피타고라스 정리를 이용하여 변의 길이 구하기 개념편 18쪽

직각삼각형에서 직각을 낀 두 변의 길이를 각각 a, b라 하고 빗변의 길이를 c라 고 하면
➡ $a^2+b^2=c^2$

주의 변의 길이 a, b, c는 항상 양수이다.

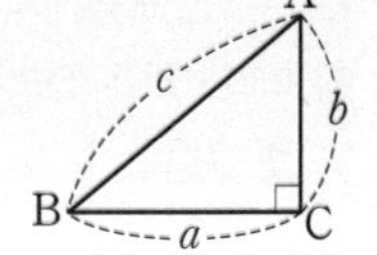

35 다음 그림과 같은 직각삼각형에서 x의 값을 구하시오.

(1)

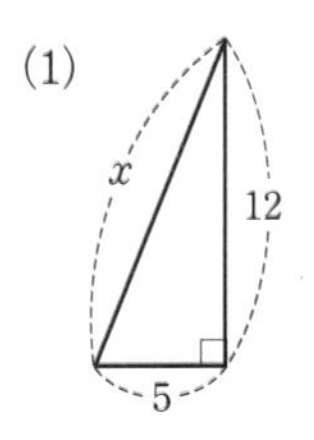

(2)

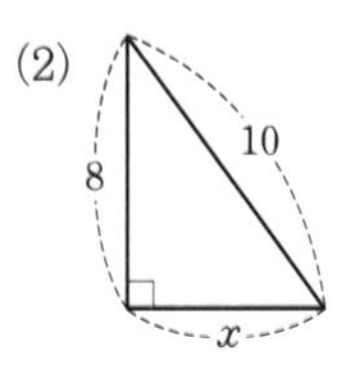

36 오른쪽 그림과 같이 $\angle A=90°$인 직각삼각형 ABC에서 $\overline{AB}=8\,\text{cm}$이고 $\triangle ABC$의 넓이가 $60\,\text{cm}^2$일 때, $\overline{BC}$의 길이를 구하시오.

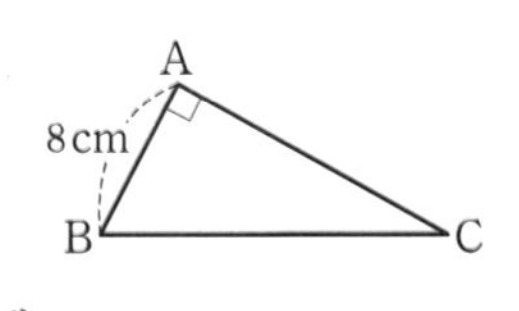

37 다음 그림과 같이 넓이가 각각 $9\,\text{cm}^2$, $81\,\text{cm}^2$인 두 개의 정사각형 ABCD, GCEF를 세 점 B, C, E가 한 직선 위에 있도록 이어 붙였을 때, x의 값을 구하시오.

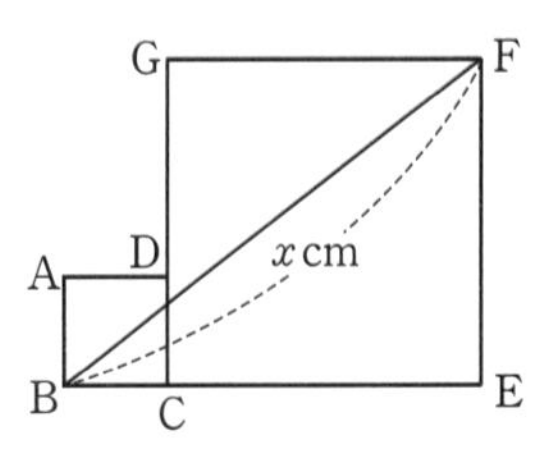

유형 8 삼각형에서 피타고라스 정리 이용하기

개념편 18쪽

❶ 주어진 도형에서 직각삼각형을 찾는다.
❷ 피타고라스 정리를 이용하여 변의 길이 또는 도형의 넓이를 구한다.

38 오른쪽 그림과 같은 △ABC에서 $\overline{AD}\perp\overline{BC}$일 때, $x+y$의 값을 구하시오.

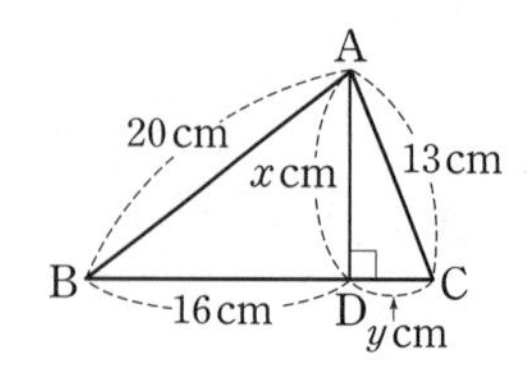

39 오른쪽 그림과 같이 ∠C=90°인 직각삼각형 ABC에서 $\overline{AB}$의 길이를 구하시오.

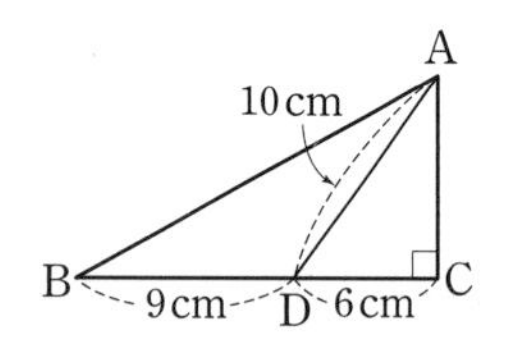

40 오른쪽 그림과 같이 $\overline{AB}=\overline{AC}=13$ cm, $\overline{BC}=10$ cm인 이등변삼각형 ABC의 넓이를 구하시오.

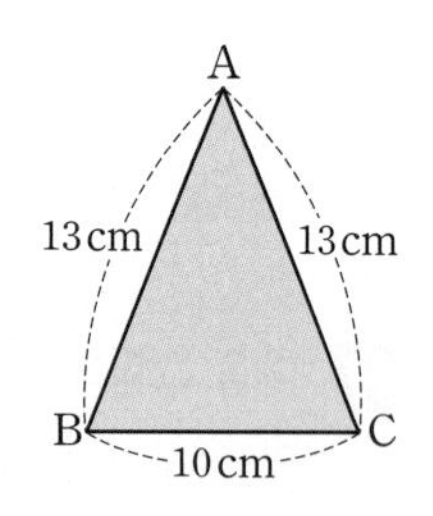

41 다음 그림과 같은 정사각형 AEFG의 넓이를 구하시오.

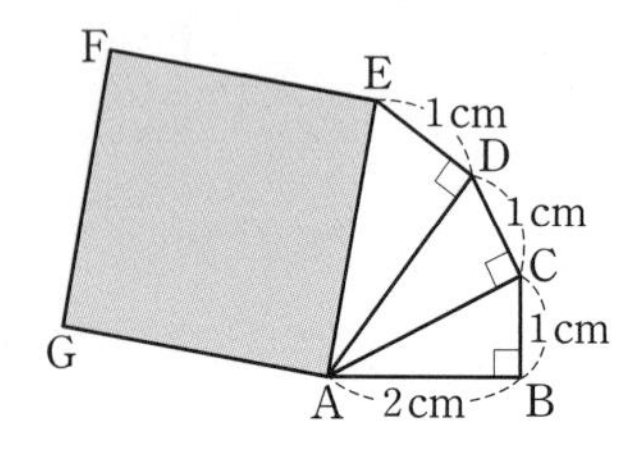

유형 9 사각형에서 피타고라스 정리 이용하기

개념편 18쪽

❶ 주어진 사각형에 대각선 또는 수선을 그어 직각삼각형을 만든다.
❷ 피타고라스 정리를 이용하여 변의 길이 또는 도형의 넓이를 구한다.

42 서술형 오른쪽 그림과 같이 ∠A=∠C=90°인 사각형 ABCD의 넓이를 구하시오.

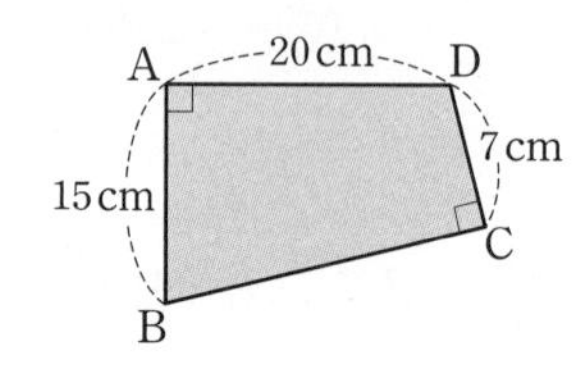

풀이 과정

답

43 오른쪽 그림과 같이 ∠A=∠B=90°인 사다리꼴 ABCD에서 $\overline{BC}$의 길이를 구하시오.

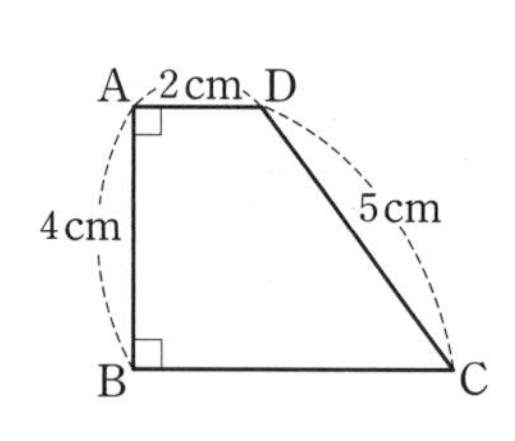

44 오른쪽 그림과 같이 ∠C=∠D=90°인 사다리꼴 ABCD에서 대각선 BD의 길이를 구하시오.

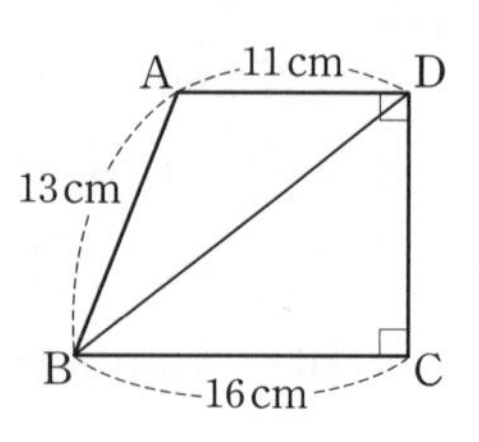

유형10 피타고라스 정리의 응용 개념편 18쪽

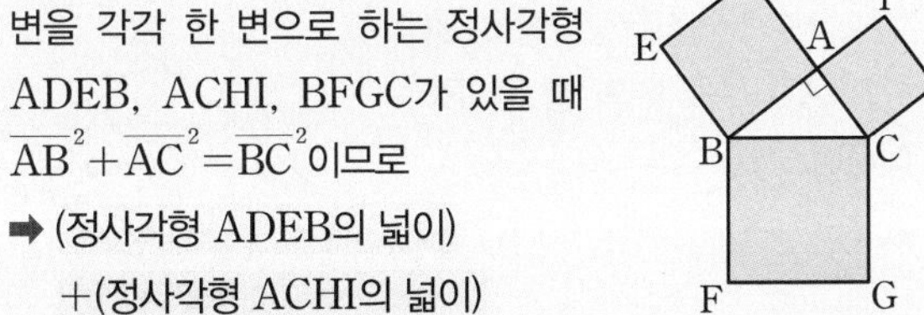

$\angle A=90°$인 직각삼각형 ABC의 세 변을 각각 한 변으로 하는 정사각형 ADEB, ACHI, BFGC가 있을 때 $\overline{AB}^2+\overline{AC}^2=\overline{BC}^2$이므로

➡ (정사각형 ADEB의 넓이)
 +(정사각형 ACHI의 넓이)
 =(정사각형 BFGC의 넓이)

45 오른쪽 그림은 $\angle A=90°$인 직각삼각형 ABC의 세 변을 각각 한 변으로 하는 정사각형을 그린 것이다. 두 정사각형 ACHI, BFGC의 넓이가 각각 $54\,\text{cm}^2$, $90\,\text{cm}^2$일 때, 색칠한 부분의 넓이를 구하시오.

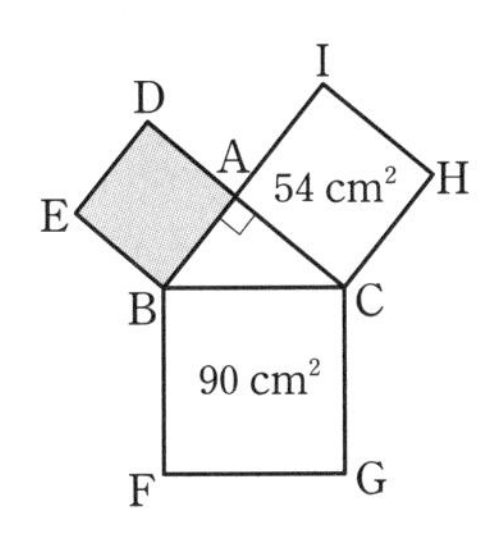

46 오른쪽 그림은 $\angle C=90°$인 직각삼각형 ABC의 세 변을 각각 한 변으로 하는 정사각형을 그린 것이다. 두 정사각형 ACDE, AFGB의 넓이가 각각 $16\,\text{cm}^2$, $25\,\text{cm}^2$일 때, $\overline{BC}$의 길이를 구하시오.

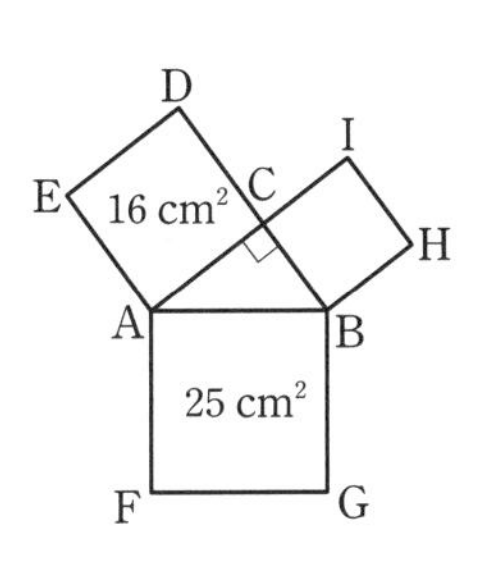

47 오른쪽 그림에서 △ABC는 $\angle A=90°$인 직각삼각형이고 모든 사각형은 정사각형일 때, 다음을 구하시오.

(1) 정사각형 P의 넓이

(2) △ABC의 넓이

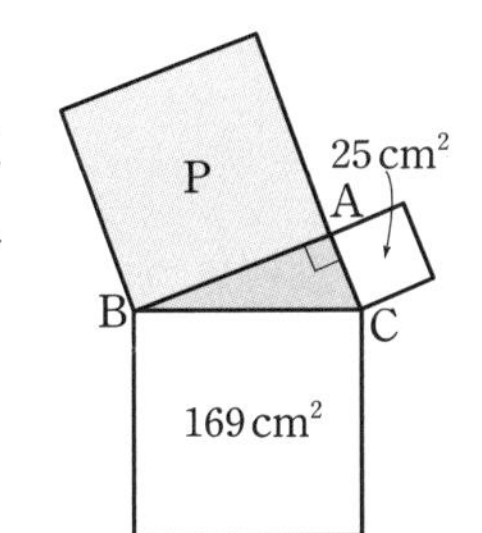

유형11 피타고라스 정리가 성립함을 설명하기 개념편 19쪽

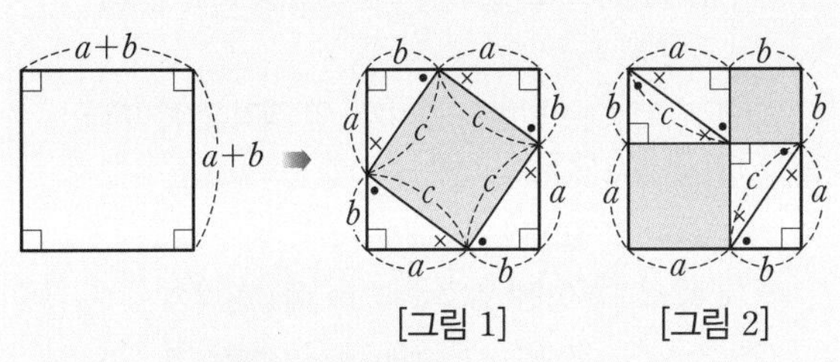

([그림 1]의 색칠한 부분의 넓이)
=([그림 2]의 색칠한 부분의 넓이)
➡ $a^2+b^2=c^2$

48 오른쪽 그림과 같은 정사각형 ABCD에서

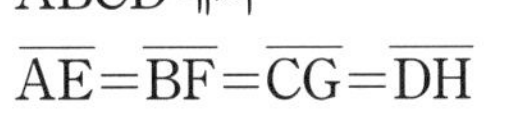

$\overline{AE}=\overline{BF}=\overline{CG}=\overline{DH}$
 $=5\,\text{cm}$,

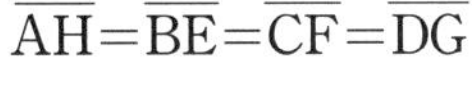

$\overline{AH}=\overline{BE}=\overline{CF}=\overline{DG}$
 $=12\,\text{cm}$

일 때, 사각형 EFGH의 넓이를 구하시오.

49 오른쪽 그림과 같이 한 변의 길이가 $7\,\text{cm}$인 정사각형 ABCD에서

$\overline{AE}=\overline{BF}=\overline{CG}=\overline{DH}$
 $=4\,\text{cm}$

일 때, 사각형 EFGH의 둘레의 길이를 구하시오.

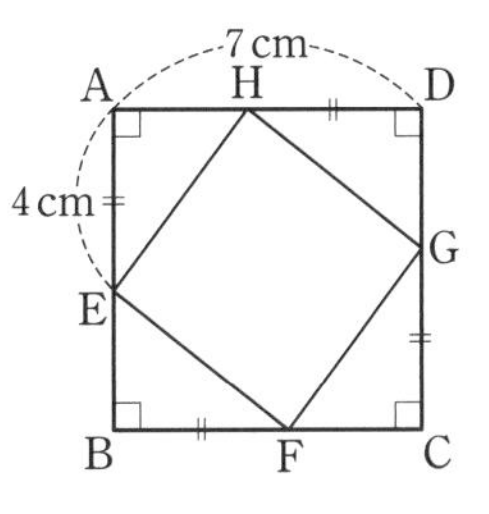

50 오른쪽 그림과 같은 정사각형 ABCD에서

$\overline{AE}=\overline{BF}=\overline{CG}=\overline{DH}$
 $=3\,\text{cm}$

이고 사각형 EFGH의 넓이가 $25\,\text{cm}^2$일 때, 사각형 ABCD의 넓이를 구하시오.

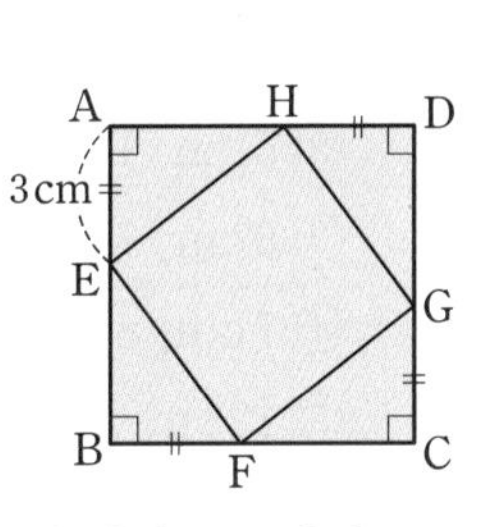

유형12 직각삼각형이 되기 위한 조건 개념편 20쪽

(1) △ABC의 세 변의 길이를 각각 a, b, c라고 할 때

$a^2+b^2=c^2$

이면 △ABC는 빗변의 길이가 c인 직각삼각형이다.

(2) △ABC에서 $\overline{AB}=c$, $\overline{BC}=a$, $\overline{CA}=b$이고, 가장 긴 변의 길이가 c일 때

① $c^2<a^2+b^2$이면 $\angle C<90°$ ➡ 예각삼각형

② $c^2=a^2+b^2$이면 $\angle C=90°$ ➡ 직각삼각형

③ $c^2>a^2+b^2$이면 $\angle C>90°$ ➡ 둔각삼각형

51 세 변의 길이가 각각 다음과 같은 삼각형 중 직각삼각형인 것은?

① 2cm, 3cm, 4cm
② 2cm, 5cm, 6cm
③ 3cm, 6cm, 7cm
④ 6cm, 8cm, 10cm
⑤ 5cm, 13cm, 15cm

52 세 변의 길이가 각각 4cm, 5cm, $x$cm인 삼각형이 직각삼각형이 되도록 하는 x^2의 값을 모두 구하시오.

53 세 변의 길이가 각각 다음과 같은 삼각형 중 예각삼각형인 것은?

① 3cm, 4cm, 5cm
② 5cm, 12cm, 13cm
③ 6cm, 7cm, 9cm
④ 7cm, 8cm, 14cm
⑤ 12cm, 16cm, 20cm

유형13 피타고라스 정리를 이용한 직각삼각형의 성질 개념편 23쪽

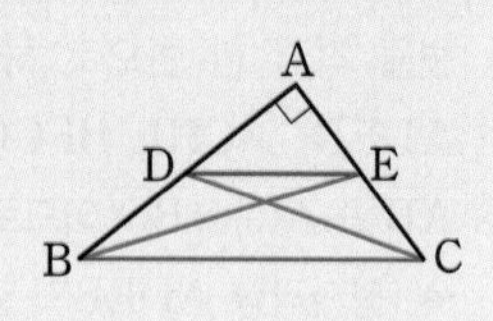

$\angle A=90°$인 직각삼각형 ABC에서 $\overline{AB}$, $\overline{AC}$ 위의 점 D, E에 대하여

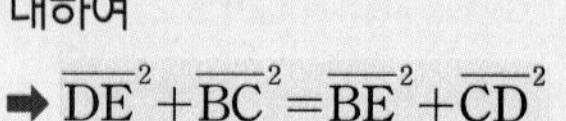

➡ $\overline{DE}^2+\overline{BC}^2=\overline{BE}^2+\overline{CD}^2$

54 오른쪽 그림과 같이 $\angle A=90°$인 직각삼각형 ABC에서 $\overline{BC}=9$, $\overline{BE}=6$, $\overline{CD}=8$일 때, $\overline{DE}^2$의 값은?

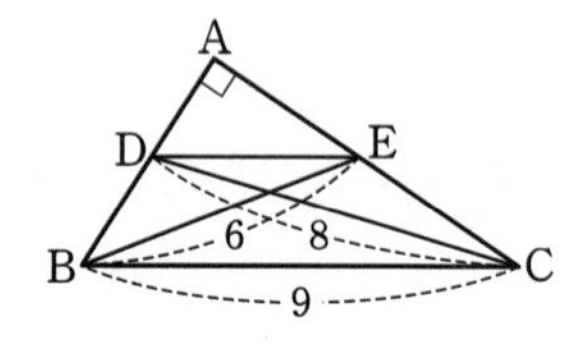

① 15 ② 16 ③ 17
④ 18 ⑤ 19

55 서술형 오른쪽 그림과 같이 $\angle B=90°$인 직각삼각형 ABC에서 $\overline{AB}=12$, $\overline{AE}=13$, $\overline{BC}=9$일 때, $\overline{CD}^2-\overline{DE}^2$의 값을 구하시오.

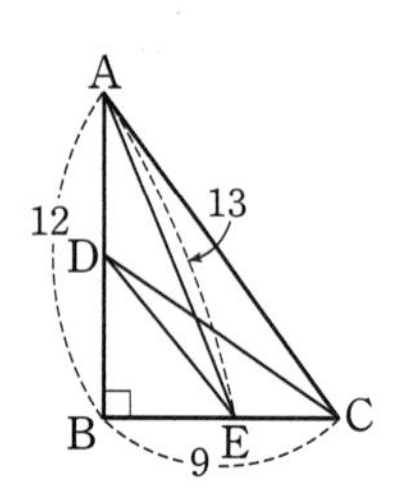

풀이 과정

답

56 오른쪽 그림과 같이 $\angle A=90°$인 직각삼각형 ABC에서 $\overline{AD}=\overline{AE}=7$, $\overline{CE}=5$일 때, $\overline{BC}^2-\overline{BE}^2$의 값을 구하시오.

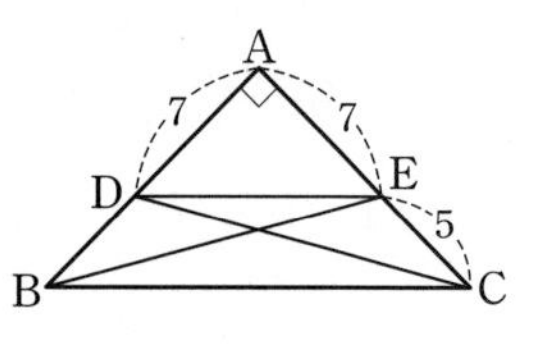

유형 14 두 대각선이 직교하는 사각형의 성질 개념편 23쪽

사각형 ABCD의 두 대각선이 직교할 때

➡ $\overline{AB}^2+\overline{CD}^2=\overline{AD}^2+\overline{BC}^2$

└→ 사각형의 두 대변의 길이의 제곱의 합은 서로 같다.

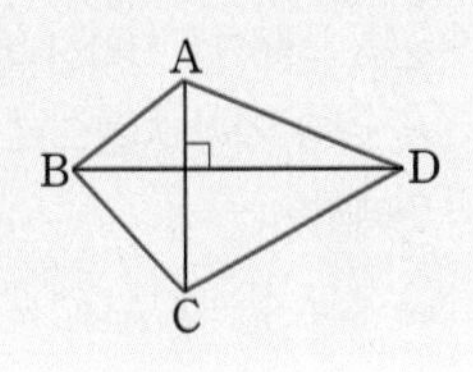

57 오른쪽 그림과 같은 사각형 ABCD에서 $\overline{AC}\perp\overline{BD}$이고 $\overline{AB}=4\,\text{cm}$, $\overline{BC}=6\,\text{cm}$, $\overline{CD}=5\,\text{cm}$일 때, x^2의 값은?

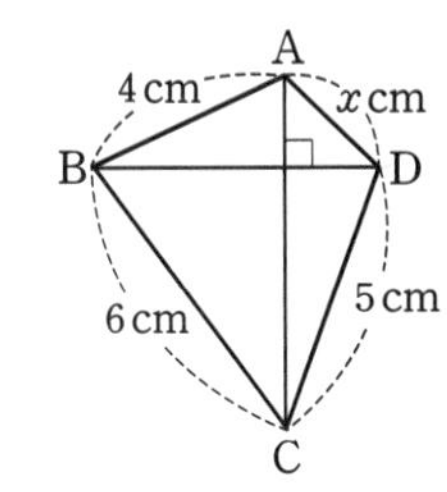

① 2 ② 4
③ 5 ④ 8
⑤ 9

58 오른쪽 그림과 같은 사각형 ABCD에서 $\overline{AC}\perp\overline{BD}$이고 $\overline{AB}=8\,\text{cm}$, $\overline{BC}=6\,\text{cm}$일 때, x^2-y^2의 값을 구하시오.

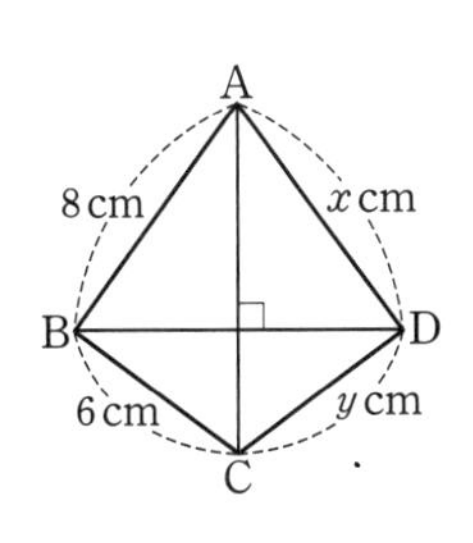

59 오른쪽 그림과 같은 사각형 ABCD에서 $\overline{AC}\perp\overline{BD}$이고 $\overline{AH}=8$, $\overline{BC}=12$, $\overline{CD}=11$, $\overline{DH}=6$일 때, x^2의 값은?

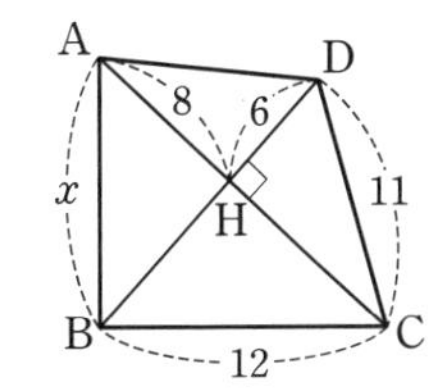

① 122 ② 123
③ 125 ④ 128
⑤ 129

유형 15 피타고라스 정리를 이용한 직사각형의 성질 개념편 23쪽

직사각형 ABCD의 내부에 한 점 P가 있을 때

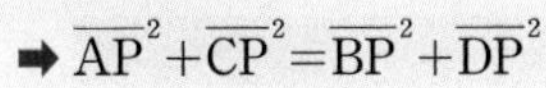

➡ $\overline{AP}^2+\overline{CP}^2=\overline{BP}^2+\overline{DP}^2$

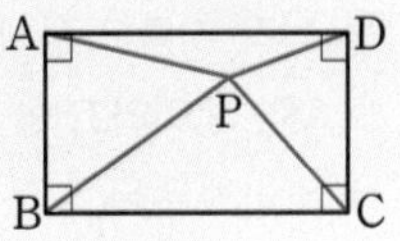

참고 $\overline{AP}^2+\overline{CP}^2$
$=(\overline{AH}^2+\overline{HP}^2)+(\overline{PG}^2+\overline{GC}^2)$
$=(\overline{AH}^2+\overline{GC}^2)+(\overline{HP}^2+\overline{PG}^2)$
$=(\overline{BF}^2+\overline{PF}^2)+(\overline{DG}^2+\overline{PG}^2)$
$=\overline{BP}^2+\overline{DP}^2$

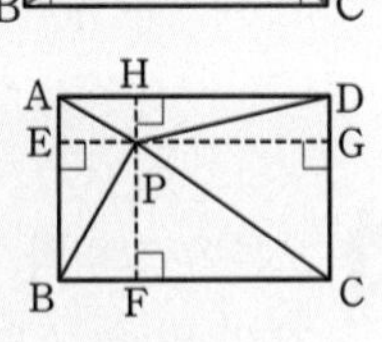

60 오른쪽 그림과 같이 직사각형 ABCD의 내부의 한 점 P에 대하여 $\overline{AP}=5$, $\overline{BP}=4$, $\overline{CP}=7$일 때, x^2의 값을 구하시오.

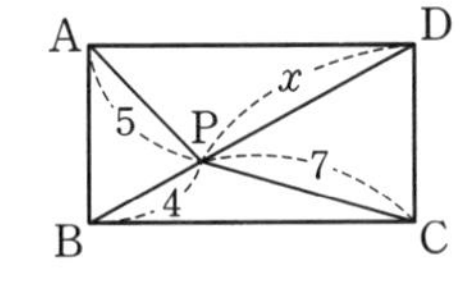

61 오른쪽 그림과 같이 정사각형 ABCD의 내부에 한 점 P가 있다. $\overline{AP}=2$, $\overline{BP}=4$일 때, $\overline{CP}^2-\overline{DP}^2$의 값은?

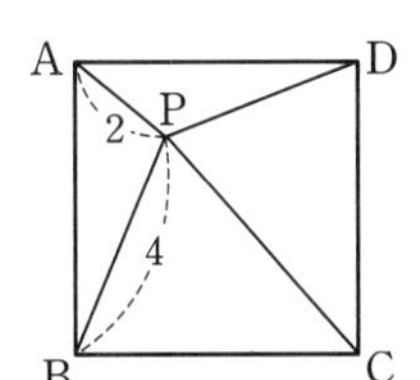

① 9 ② 10
③ 12 ④ 14
⑤ 15

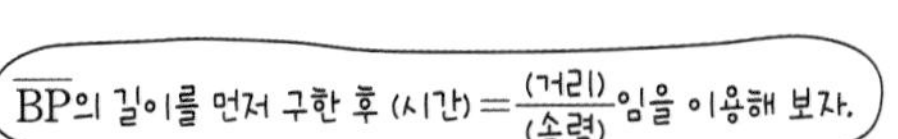

까다로운 기출문제

62 오른쪽 그림과 같이 네 나무 A, B, C, D를 직선으로 연결하면 직사각형이 된다. 학교 P에서 나무 A, C, D까지의 거리가 각각 90 m, 130 m, 150 m일 때, 학교에서 출발하여 시속 2.5 km로 걸어서 나무 B까지 가는 데 몇 초가 걸리는지 구하시오.

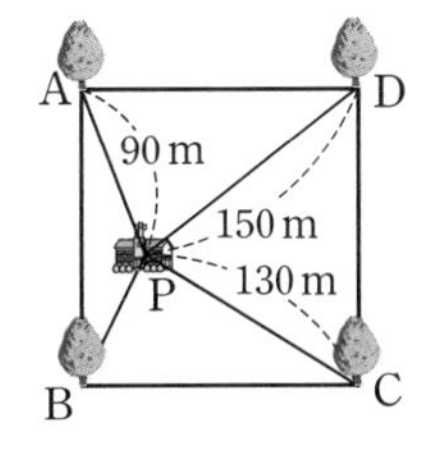

유형16 직각삼각형의 세 반원 사이의 관계 개념편 24쪽

$\angle A=90°$인 직각삼각형 ABC의 세 변을 각각 지름으로 하는 반원의 넓이를 S_1, S_2, S_3이라고 할 때

➡ $S_1+S_2=S_3$

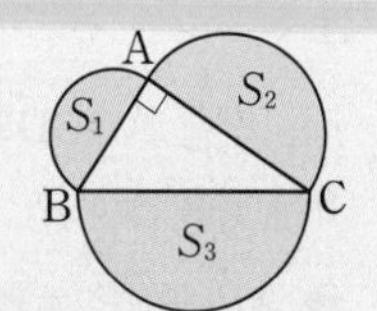

63 오른쪽 그림과 같이 $\angle A=90°$인 직각삼각형 ABC의 세 변을 각각 지름으로 하는 반원의 넓이를 P, Q, R라고 할 때, $P+Q+R$의 값을 구하시오.

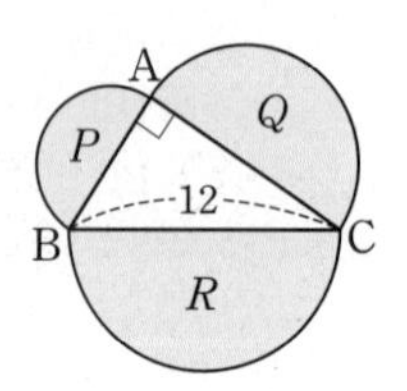

64 서술형 오른쪽 그림과 같이 $\angle A=90°$인 직각삼각형 ABC의 세 변을 각각 지름으로 하는 반원의 넓이를 P, Q, R라고 하자. $P=\frac{9}{2}\pi\,\text{cm}^2$, $Q=\frac{25}{2}\pi\,\text{cm}^2$일 때, $\overline{AC}$의 길이를 구하시오.

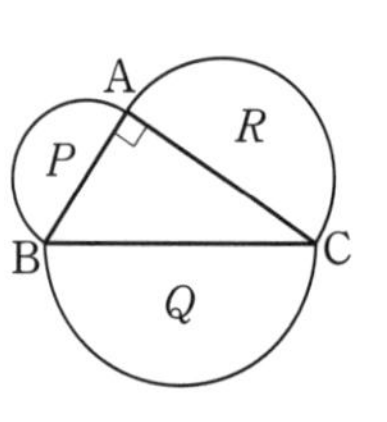

풀이 과정

답

65 오른쪽 그림은 $\angle C=90°$인 직각삼각형 ABC의 세 변을 각각 지름으로 하는 반원을 그린 것이다. $\overline{AC}=8\,\text{cm}$이고 $\overline{AB}$를 지름으로 하는 반원의 넓이가 $25\pi\,\text{cm}^2$일 때, $\overline{BC}$를 지름으로 하는 반원의 넓이를 구하시오.

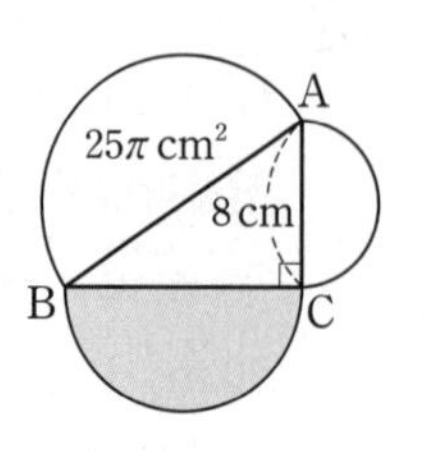

유형17 히포크라테스의 원의 넓이 개념편 24쪽

$\angle A=90°$인 직각삼각형 ABC의 세 변을 각각 지름으로 하는 세 반원에서

➡ $S_1+S_2=\triangle ABC=\frac{1}{2}bc$

└ 히포크라테스의 원의 넓이

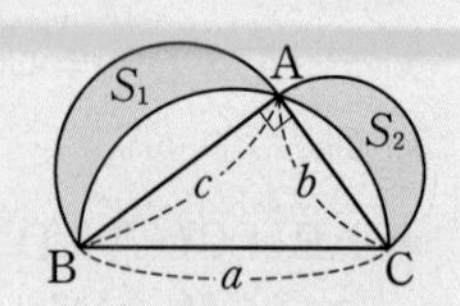

66 오른쪽 그림은 $\angle A=90°$인 직각삼각형 ABC의 세 변을 각각 지름으로 하는 반원을 그린 것이다. $\overline{AB}=24\,\text{cm}$, $\overline{AC}=10\,\text{cm}$일 때, 색칠한 부분의 넓이는?

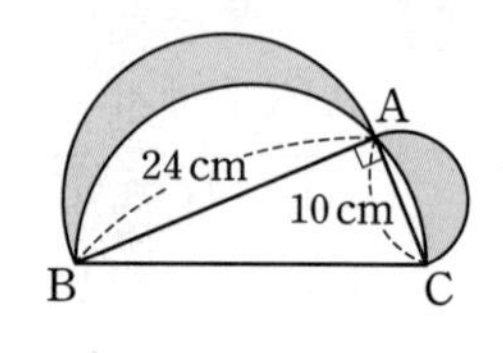

① $48\,\text{cm}^2$ ② $96\,\text{cm}^2$ ③ $120\,\text{cm}^2$
④ $128\pi\,\text{cm}^2$ ⑤ $140\pi\,\text{cm}^2$

67 오른쪽 그림은 $\angle A=90°$인 직각삼각형 ABC의 세 변을 각각 지름으로 하는 반원을 그린 것이다. $\overline{AB}=8\,\text{cm}$이고 색칠한 부분의 넓이가 $24\,\text{cm}^2$일 때, $\overline{BC}$의 길이를 구하시오.

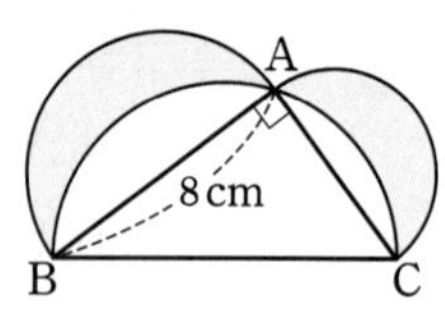

까다로운 기출문제

사각형 ABCD의 대각선을 그어 색칠한 부분과 넓이가 같은 도형을 찾아보자.

68 오른쪽 그림은 원에 내접하는 직사각형 ABCD의 네 변을 각각 지름으로 하는 반원을 그린 것이다. $\overline{AD}=5\,\text{cm}$, $\overline{DC}=7\,\text{cm}$일 때, 색칠한 부분의 넓이를 구하시오.

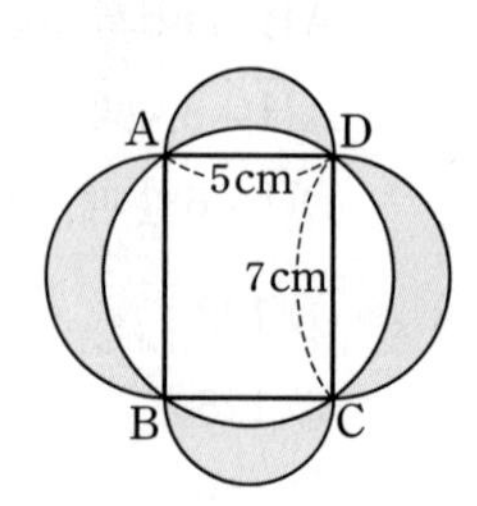

유형18 삼각형의 내심 개념편 26쪽

(1) 삼각형의 내심: 삼각형의 내접원의 중심(I)

(2) 삼각형의 내심의 성질

① 삼각형의 세 내각의 이등분선은 한 점(내심)에서 만난다.

② 삼각형의 내심에서 세 변에 이르는 거리는 같다.

➡ $\overline{ID}=\overline{IE}=\overline{IF}=$(내접원의 반지름의 길이)

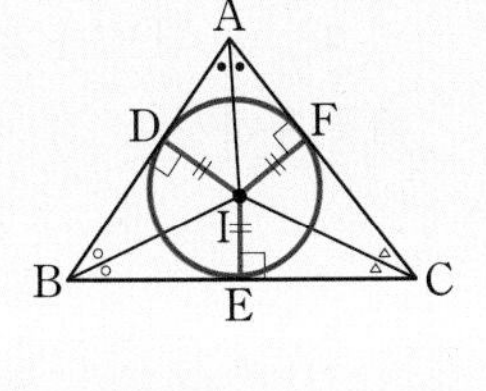

틀리기 쉬운

유형19 삼각형의 내심과 평행선 개념편 26쪽

점 I가 △ABC의 내심일 때, $\overline{DE}/\!/\overline{BC}$이면

➡ △DBI, △EIC는 이등변삼각형

➡ (△ADE의 둘레의 길이)

$=\overline{AD}+\overline{DI}+\overline{IE}+\overline{AE}$

$=\overline{AD}+\overline{DB}+\overline{EC}+\overline{AE}$

$=\overline{AB}+\overline{AC}$

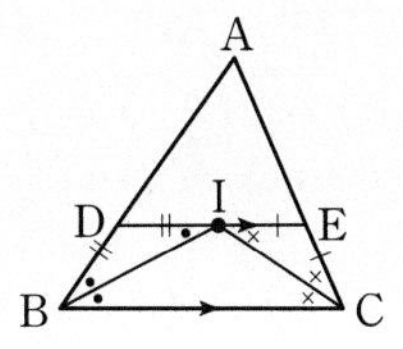

69 다음 중 점 I가 항상 △ABC의 내심인 것은?

① 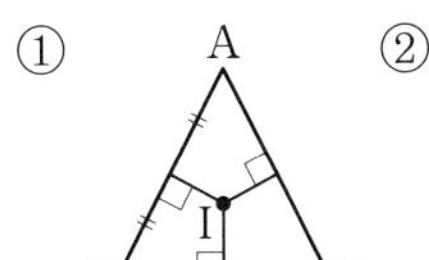
② 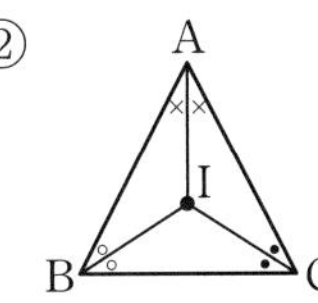
③ 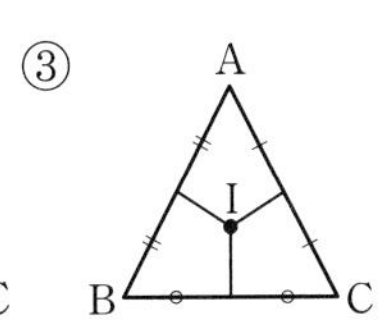
④ 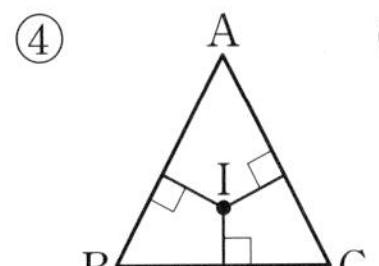
⑤ 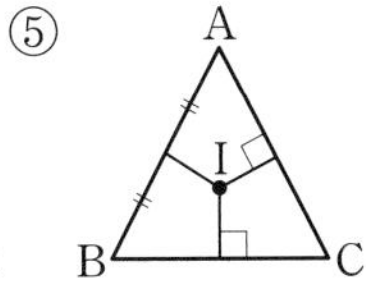

70 오른쪽 그림에서 점 I는 △ABC의 내심이다. 다음 중 옳은 것을 모두 고르면? (정답 2개)

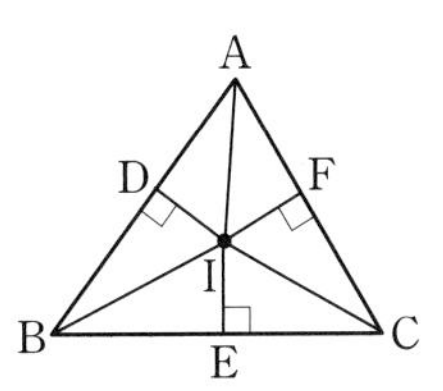

① $\overline{AF}=\overline{CF}$

② $\angle ABI=\angle CBI$

③ $\triangle IAD\equiv\triangle IAF$

④ $\angle IAF=\angle ICF$

⑤ $\overline{IA}=\overline{IB}=\overline{IC}$

71 오른쪽 그림에서 점 I는 △ABC의 내심이다. $\angle ABI=23°$, $\angle ACI=37°$일 때, $\angle x$의 크기를 구하시오.

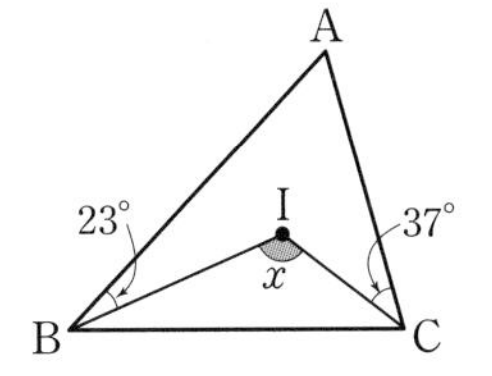

72 오른쪽 그림과 같이 △ABC의 내심 I를 지나고 $\overline{BC}$와 평행한 직선이 $\overline{AB}$, $\overline{AC}$와 만나는 점을 각각 D, E라고 하자. $\overline{DB}=4\,\text{cm}$, $\overline{EC}=6\,\text{cm}$일 때, $\overline{DE}$의 길이를 구하시오.

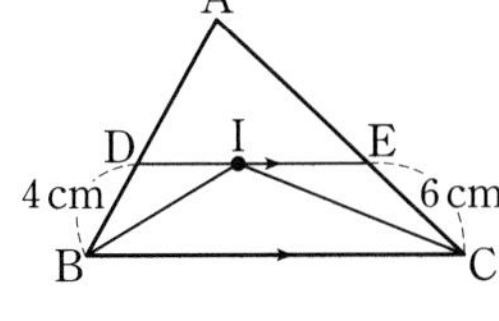

73 오른쪽 그림에서 점 I는 △ABC의 내심이다. $\overline{DE}/\!/\overline{BC}$일 때, 다음 중 옳지 않은 것은?

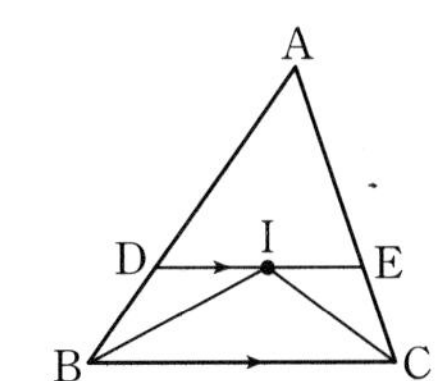

① $\overline{DB}=\overline{DI}$

② $\overline{EI}=\overline{EC}$

③ $\angle IBC=\angle ICB$

④ $\angle DIB=\angle IBC$

⑤ $\overline{BD}+\overline{CE}=\overline{DE}$

74 오른쪽 그림에서 점 I는 △ABC의 내심이고, $\overline{DE}/\!/\overline{BC}$이다. $\overline{AB}=8\,\text{cm}$, $\overline{AC}=6\,\text{cm}$일 때, △ADE의 둘레의 길이를 구하시오.

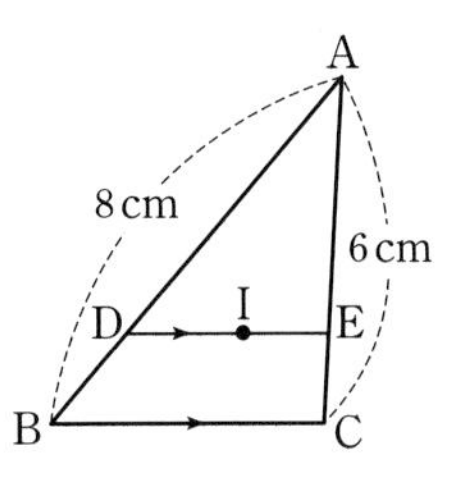

유형20 삼각형의 내심의 응용 개념편 27쪽

점 I가 △ABC의 내심일 때

(1)

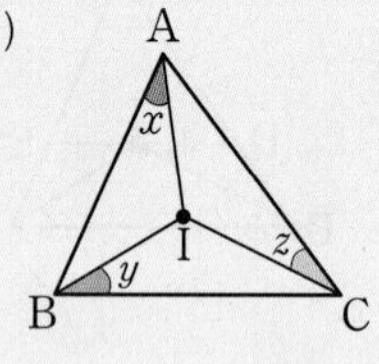

➡ $\angle x+\angle y+\angle z=90°$

(2)

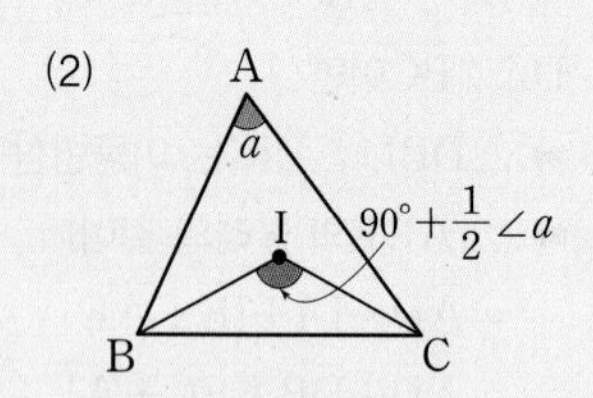

➡ $\angle BIC=90°+\frac{1}{2}\angle A$

[75~78] 삼각형의 내심의 응용 (1)

75 오른쪽 그림에서 점 I는 △ABC의 내심이다. $\angle IAB=40°$, $\angle IBC=26°$일 때, $\angle x$의 크기를 구하시오.

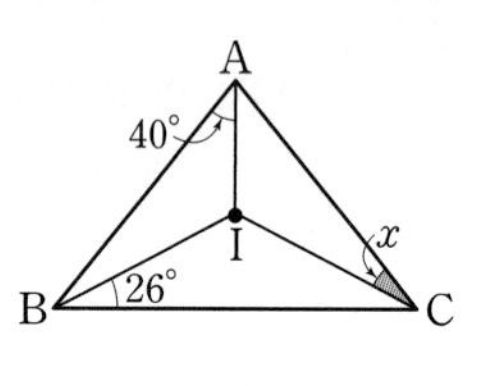

76 오른쪽 그림에서 점 I는 △ABC의 내심이다. $\angle A=66°$, $\angle IBC=25°$일 때, $\angle x$의 크기는?

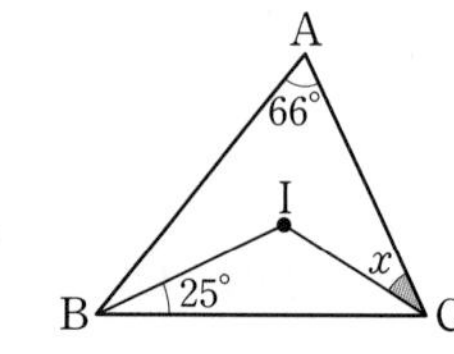

① 30° ② 31° ③ 32°
④ 33° ⑤ 34°

77 오른쪽 그림에서 점 I는 △ABC의 내심이다. $\angle B=72°$일 때, $\angle x+\angle y$의 크기를 구하시오.

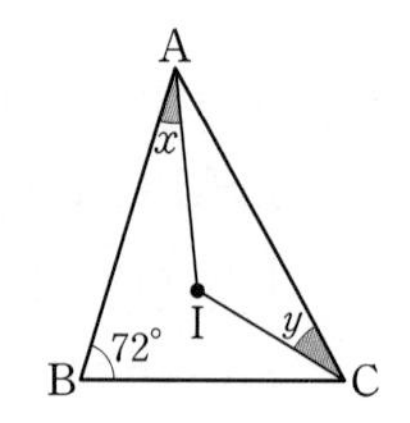

78 오른쪽 그림에서 점 I는 △ABC의 내심이다. $\angle C=80°$일 때, $\angle ADB+\angle AEB$의 크기를 구하시오.

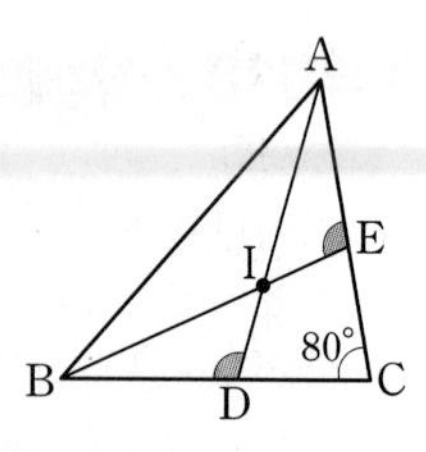

[79~83] 삼각형의 내심의 응용 (2)

79 오른쪽 그림에서 점 I는 △ABC의 내심이다. $\angle A=78°$일 때, $\angle BIC$의 크기는?

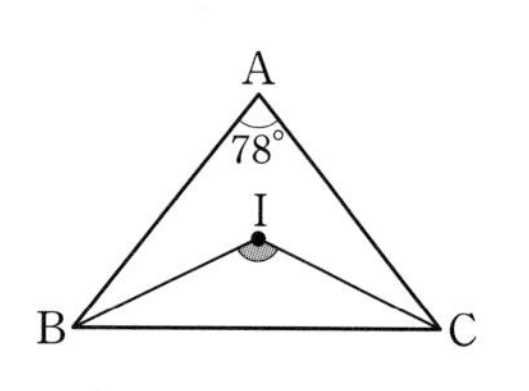

① 128° ② 129° ③ 130°
④ 131° ⑤ 132°

80 서술형

오른쪽 그림에서 점 I는 △ABC의 내심이다. $\angle IBC=27°$, $\angle ICA=31°$일 때, $\angle x-\angle y$의 크기를 구하시오.

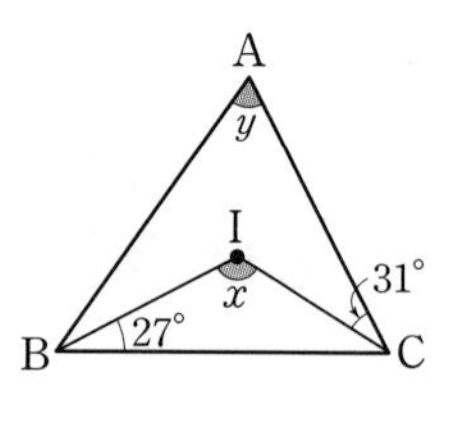

풀이 과정

답

81 오른쪽 그림에서 점 I는 $\overline{AB}=\overline{AC}$인 이등변삼각형 ABC의 내심이다. $\angle BAC=64°$일 때, $\angle AIB$의 크기를 구하시오.

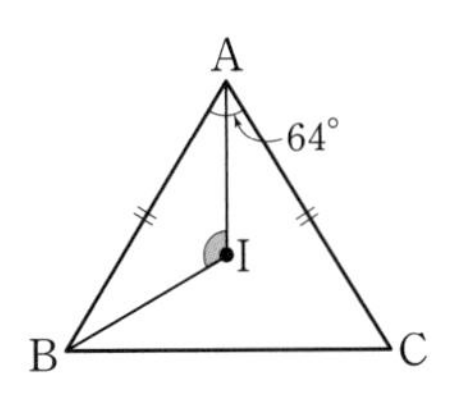

82 오른쪽 그림에서 점 I는 $\triangle ABC$의 내심이다. $\angle BAC : \angle ABC : \angle BCA = 4 : 2 : 3$일 때, $\angle x$의 크기를 구하시오.

서술형

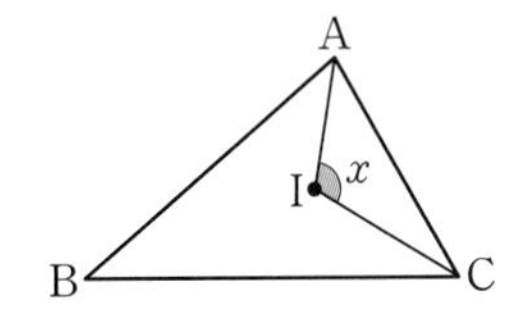

풀이 과정

답

83 오른쪽 그림에서 점 I는 $\triangle ABC$의 내심이고, 점 I'은 $\triangle IBC$의 내심이다. $\angle A=68°$일 때, $\angle BI'C$의 크기는?

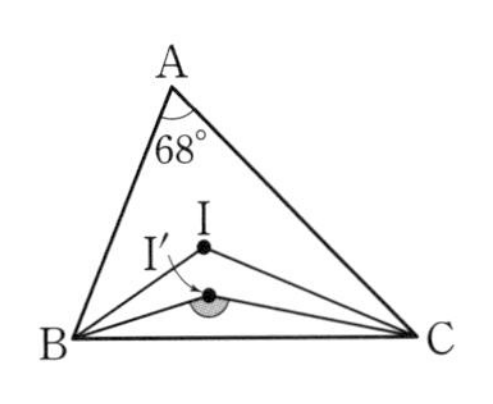

① 148° ② 150° ③ 152°
④ 154° ⑤ 156°

유형21 삼각형의 넓이와 내접원의 반지름의 길이

개념편 28쪽

$\triangle ABC$의 내접원의 반지름의 길이를 r라고 하면

➡ $\triangle ABC = \frac{1}{2}r(\overline{AB}+\overline{BC}+\overline{CA})$

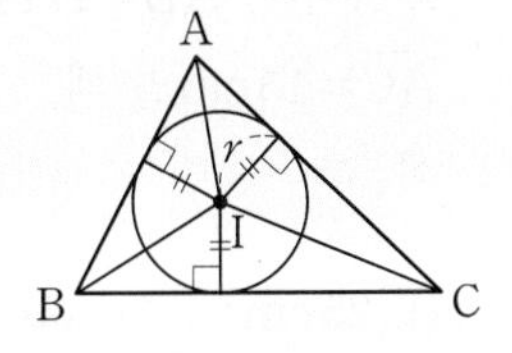

84 오른쪽 그림에서 점 I는 $\triangle ABC$의 내심이다. 내접원의 반지름의 길이가 5 cm이고 $\triangle ABC=65\,cm^2$일 때, $\triangle ABC$의 둘레의 길이는?

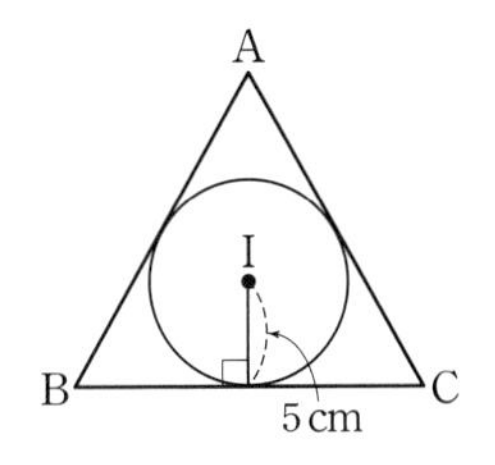

① 24 cm ② 25 cm ③ 26 cm
④ 27 cm ⑤ 28 cm

85 오른쪽 그림에서 점 I는 $\triangle ABC$의 내심이다. $\overline{AB}=13\,cm$, $\overline{BC}=15\,cm$, $\overline{AC}=14\,cm$이고 $\triangle ABC=84\,cm^2$일 때, 내접원의 반지름의 길이를 구하시오.

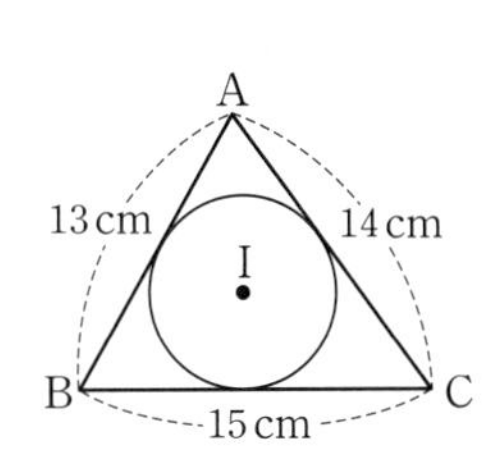

86 오른쪽 그림에서 점 I는 $\angle C=90°$인 직각삼각형 ABC의 내심이다. $\overline{AB}=13\,cm$, $\overline{BC}=5\,cm$, $\overline{AC}=12\,cm$일 때, $\triangle ABC$의 내접원의 넓이를 구하시오.

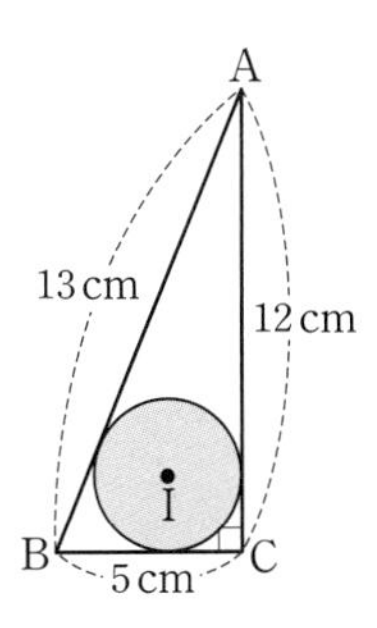

87 오른쪽 그림에서 점 I는 $\angle C=90^\circ$인 직각삼각형 ABC의 내심이다. $\overline{AB}=17\,cm$, $\overline{AC}=15\,cm$일 때, $\triangle IAB$의 넓이는?

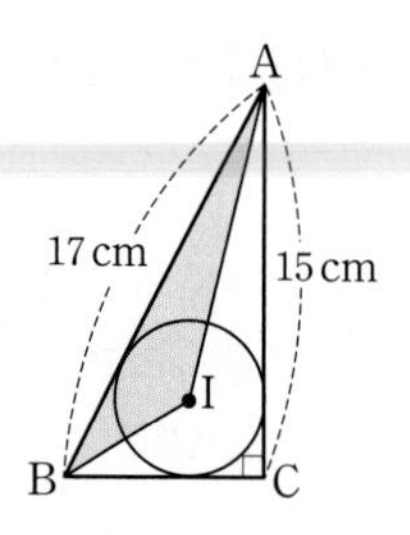

① $25\,cm^2$　② $\frac{51}{2}\,cm^2$　③ $26\,cm^2$　④ $\frac{53}{2}\,cm^2$　⑤ $27\,cm^2$

88 [서술형] 오른쪽 그림에서 점 I는 $\angle C=90^\circ$인 직각삼각형 ABC의 내심이다. $\overline{AB}=10\,cm$, $\overline{BC}=8\,cm$, $\overline{AC}=6\,cm$일 때, 색칠한 부분의 넓이를 구하시오.

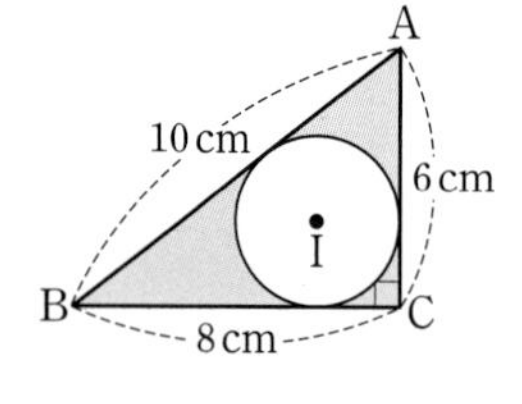

풀이 과정

답

89 오른쪽 그림에서 점 I는 $\angle C=90^\circ$인 직각삼각형 ABC의 내심이고, 세 점 D, E, F는 각각 내접원과 세 변 AB, BC, CA의 접점이다. $\overline{AB}=15\,cm$, $\overline{BC}=9\,cm$, $\overline{AC}=12\,cm$일 때, 색칠한 부분의 넓이를 구하시오.

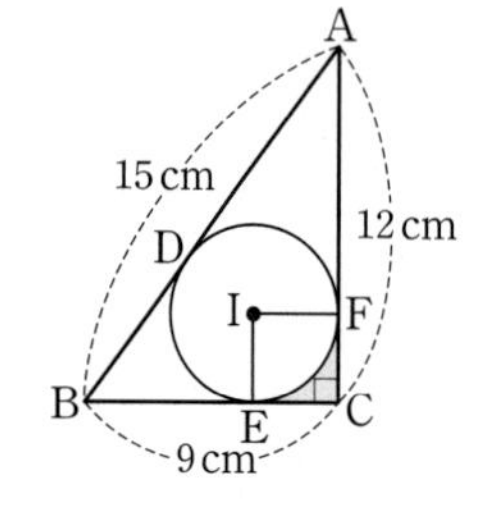

유형22 삼각형의 내접원과 접선의 길이 개념편 28쪽

점 I가 $\triangle ABC$의 내심일 때,
$\triangle ADI\equiv\triangle AFI$ (RHA 합동)
$\triangle BDI\equiv\triangle BEI$ (RHA 합동)
$\triangle CEI\equiv\triangle CFI$ (RHA 합동)
➡ $\overline{AD}=\overline{AF}$, $\overline{BD}=\overline{BE}$, $\overline{CE}=\overline{CF}$

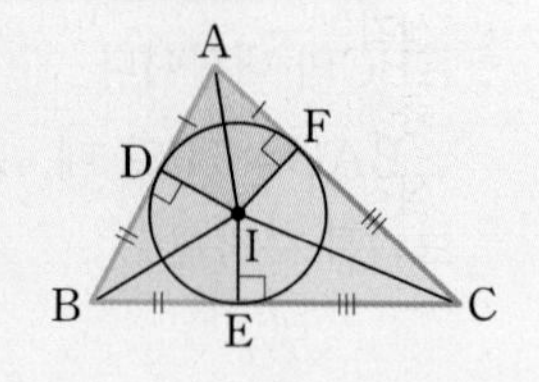

90 오른쪽 그림에서 점 I는 $\triangle ABC$의 내심이고 세 점 D, E, F는 각각 내접원과 세 변 AB, BC, CA의 접점이다. $\overline{AD}=2\,cm$, $\overline{AC}=5\,cm$, $\overline{BD}=5\,cm$일 때, x의 값을 구하시오.

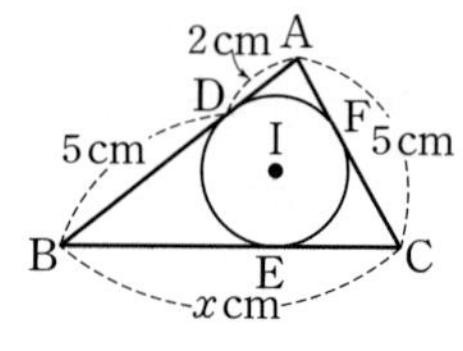

91 오른쪽 그림에서 점 I는 $\triangle ABC$의 내심이고, 세 점 D, E, F는 각각 내접원과 세 변 AB, BC, CA의 접점이다. $\overline{AB}=6\,cm$, $\overline{BC}=11\,cm$, $\overline{CA}=9\,cm$일 때, $\overline{AD}$의 길이를 구하시오.

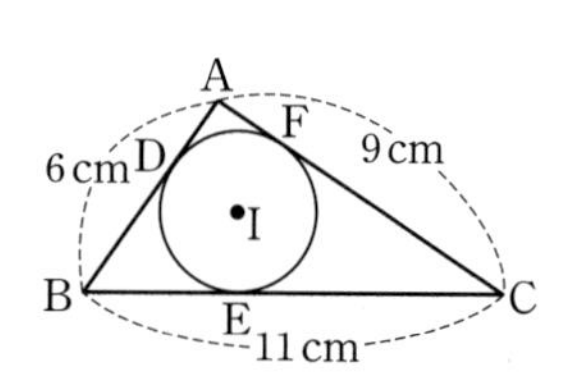

92 오른쪽 그림에서 점 I는 $\triangle ABC$의 내심이고, 세 점 D, E, F는 각각 내접원과 세 변 AB, BC, CA의 접점이다. $\overline{BE}=7\,cm$이고 $\triangle ABC$의 둘레의 길이가 32 cm일 때, $\overline{AC}$의 길이를 구하시오.

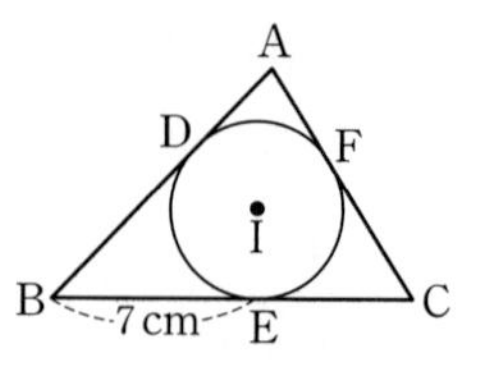

유형23 삼각형의 외심 개념편 30쪽

(1) 삼각형의 외심: 삼각형의 외접원의 중심(O)

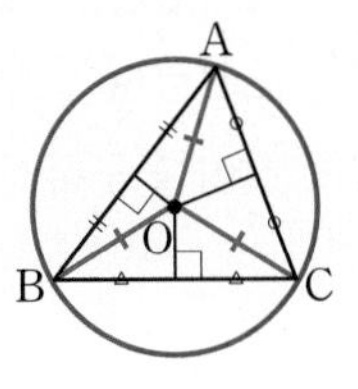

(2) 삼각형의 외심의 성질

① 삼각형의 세 변의 수직이등분선은 한 점(외심)에서 만난다.

② 삼각형의 외심에서 세 꼭짓점에 이르는 거리는 같다.

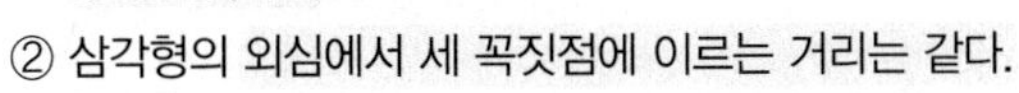

➡ $\overline{OA}=\overline{OB}=\overline{OC}=$(외접원의 반지름의 길이)

93 다음 중 점 O가 항상 △ABC의 외심인 것을 모두 고르면? (정답 2개)

①
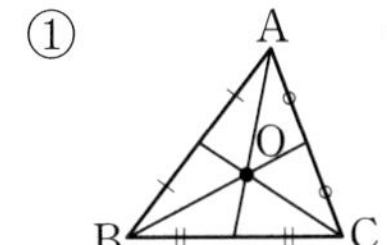

②
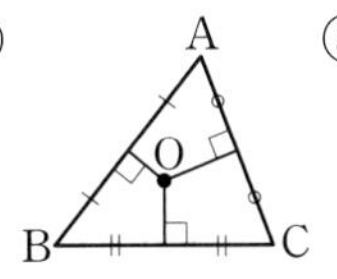

③
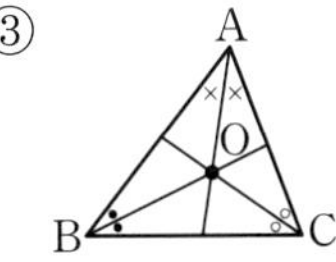

④
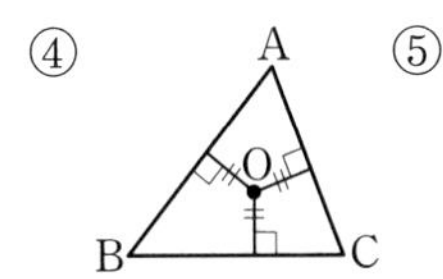

⑤
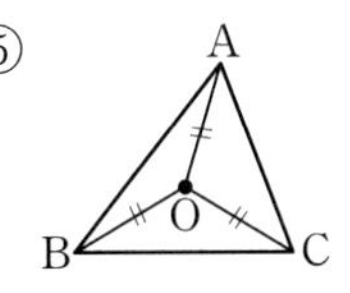

94 오른쪽 그림과 같이 △ABC의 세 변의 수직이등분선의 교점을 O라고 할 때, 다음 중 옳지 <u>않은</u> 것은?

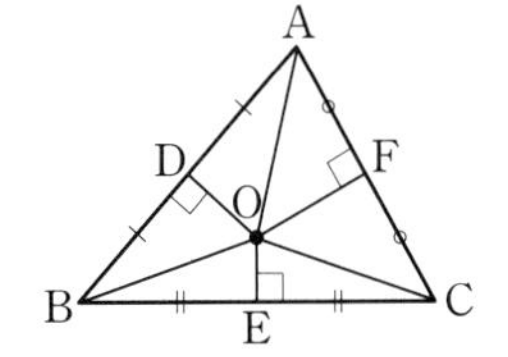

① $\overline{OA}=\overline{OB}=\overline{OC}$ ② $\angle OAD=\angle OBD$

③ $\triangle OAD\equiv\triangle OBD$ ④ $\triangle OBD\equiv\triangle OBE$

⑤ 점 O는 △ABC의 외접원의 중심이다.

95 오른쪽 그림에서 점 O는 △ABC의 외심이다. $\angle ABO=35°$일 때, $\angle x$의 크기를 구하시오.

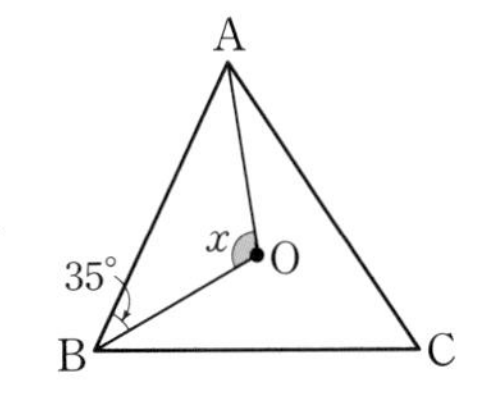

96 오른쪽 그림에서 점 O는 △ABC의 외심이다. $\overline{AD}=7\,\text{cm}$, $\overline{AF}=6\,\text{cm}$, $\overline{BE}=8\,\text{cm}$일 때, △ABC의 둘레의 길이를 구하시오.

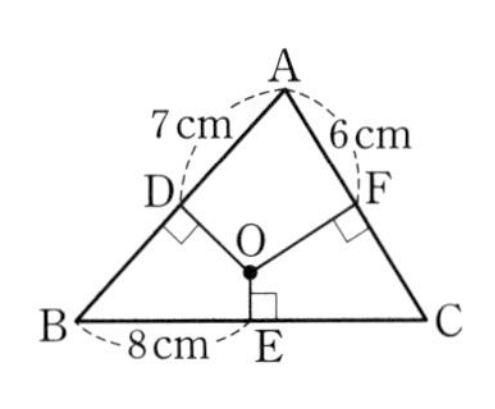

97 오른쪽 그림에서 점 O는 △ABC의 외심이고, 외심 O에서 $\overline{BC}$에 내린 수선의 발을 D라고 하자. △OBC의 둘레의 길이가 24 cm일 때, △ABC의 외접원의 반지름의 길이를 구하시오.

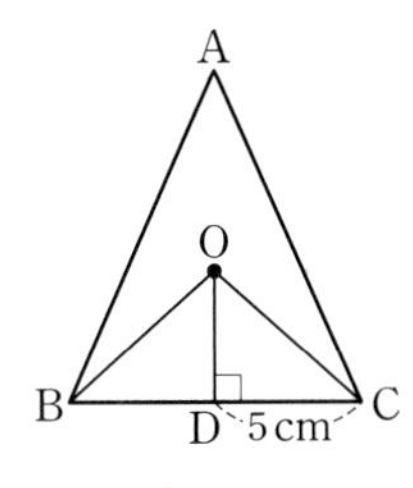

98 유적지 발굴 현장에서 오른쪽 그림과 같이 깨진 접시가 발견되었다. 이 접시를 깨지기 전의 원 모양으로 복원하기 위해 테두리에 세 점 A, B, C를 잡았다. 다음 중 원의 중심을 찾는 방법으로 옳은 것은?

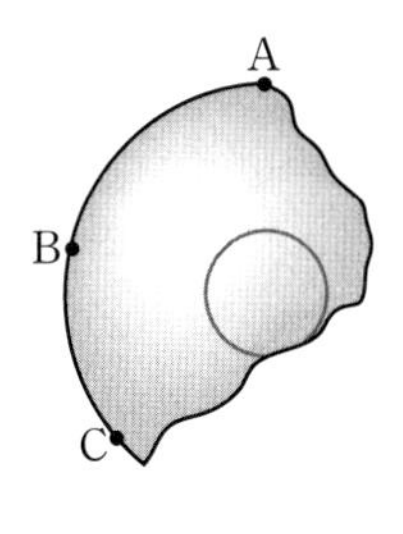

① 점 B에서 $\overline{AC}$에 내린 수선의 발을 찾는다.

② △ABC의 세 꼭짓점 A, B, C에서 각 대변에 내린 수선의 교점을 찾는다.

③ △ABC에서 세 꼭짓점 A, B, C와 각 대변의 중점을 이은 선분의 교점을 찾는다.

④ ∠BAC, ∠ABC, ∠BCA의 이등분선의 교점을 찾는다.

⑤ $\overline{AB}$, $\overline{BC}$, $\overline{CA}$의 수직이등분선의 교점을 찾는다.

유형 24 삼각형의 외심의 위치 개념편 31쪽

(1) 예각삼각형: 삼각형의 내부
(2) 직각삼각형: 빗변의 중점
(3) 둔각삼각형: 삼각형의 외부

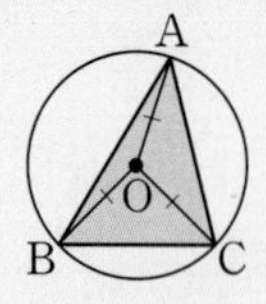

예각삼각형

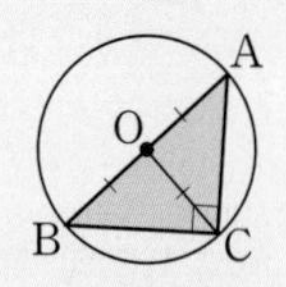

직각삼각형

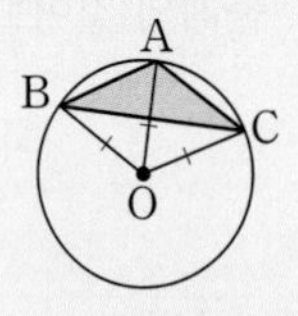

둔각삼각형

참고 직각삼각형의 외심은 빗변의 중점이므로
➡ (외접원의 반지름의 길이)$=\frac{1}{2}\times$(빗변의 길이)

99 오른쪽 그림과 같이 $\angle C=90°$인 직각삼각형 ABC에서 $\overline{AB}$의 중점을 M이라고 할 때, $\overline{CM}$의 길이를 구하시오.

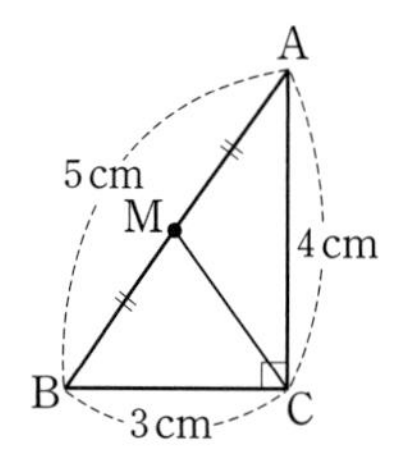

100 오른쪽 그림과 같이 $\angle B=90°$인 직각삼각형 ABC에서 $\overline{AB}=8\,cm$, $\overline{BC}=6\,cm$, $\overline{AC}=10\,cm$일 때, △ABC의 외접원의 둘레의 길이를 구하시오.

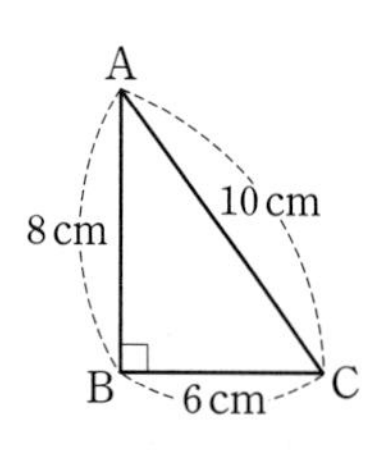

101 오른쪽 그림과 같이 $\angle A=90°$인 직각삼각형 ABC에서 $\angle B=35°$이고 점 M이 $\overline{BC}$의 중점일 때, $\angle AMC$의 크기를 구하시오.

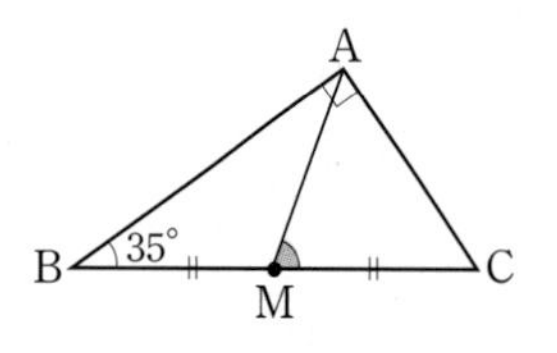

102 서술형 오른쪽 그림에서 점 O는 $\angle C=90°$인 직각삼각형 ABC의 외심이다. $\angle B=60°$, $\overline{AB}=12\,cm$일 때, $\overline{BC}$의 길이를 구하시오.

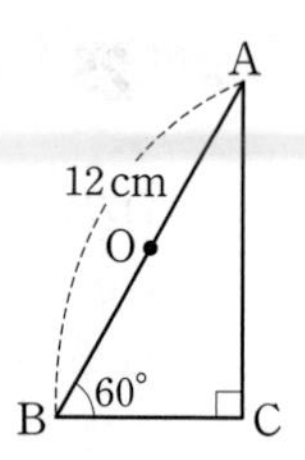

풀이 과정

답

103 오른쪽 그림에서 점 O는 $\angle C=90°$인 직각삼각형 ABC의 외심이다. $\overline{AB}=15\,cm$, $\overline{BC}=12\,cm$, $\overline{AC}=9\,cm$일 때, △OBC의 넓이를 구하시오.

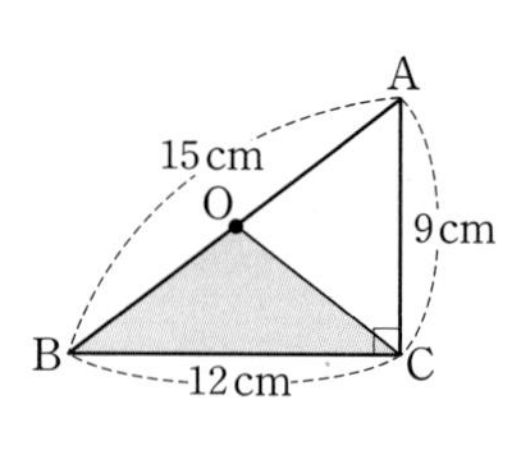

104 오른쪽 그림과 같이 $\angle A=90°$인 직각삼각형 ABC에서 점 O는 빗변 BC의 중점이다. $\angle BAO : \angle OAC=2 : 3$일 때, $\angle AOB$의 크기를 구하시오.

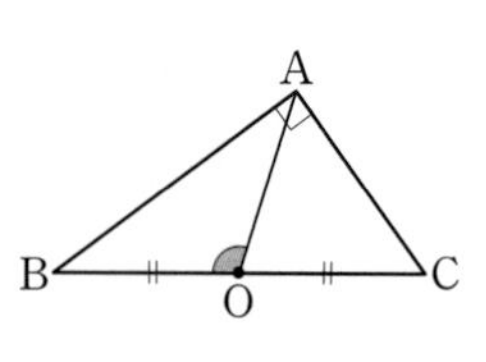

105 오른쪽 그림에서 점 O는 △ABC의 외심이다. $\angle OAC=35°$, $\angle ACB=20°$일 때, $\angle B$의 크기를 구하시오.

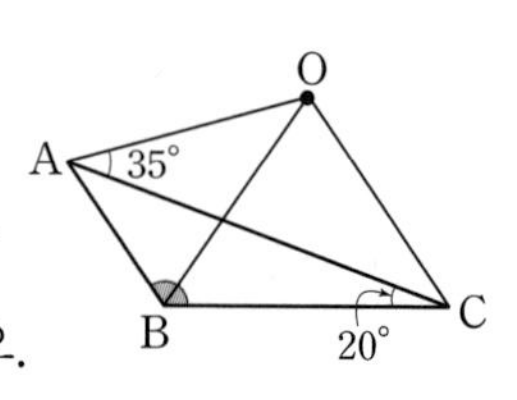

유형25 삼각형의 외심의 응용 개념편 32쪽

점 O가 △ABC의 외심일 때

(1)

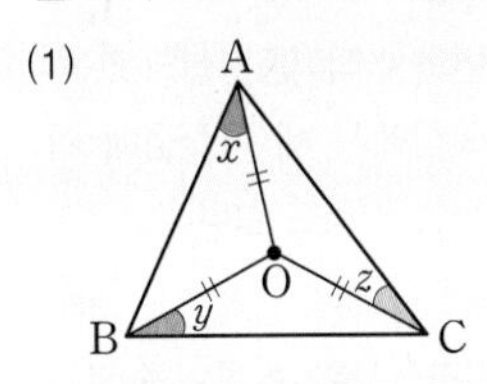

➡ $\angle x+\angle y+\angle z=90°$

(2)

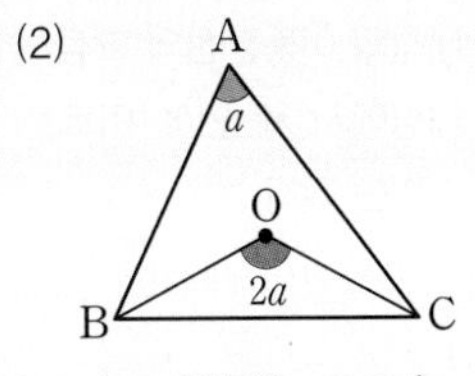

➡ $\angle BOC=2\angle A$

[106~108] 삼각형의 외심의 응용 (1)

106 오른쪽 그림에서 점 O는 △ABC의 외심이다. $\angle OBC=30°$, $\angle OCA=40°$일 때, $\angle x$의 크기를 구하시오.

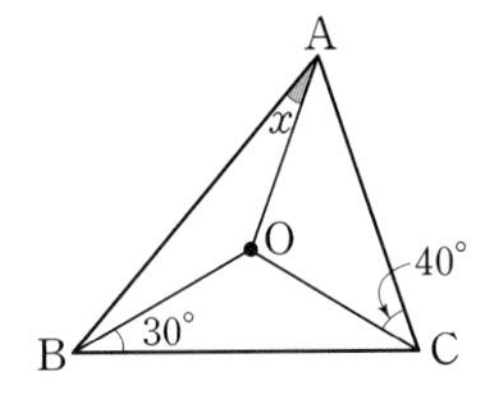

107 오른쪽 그림에서 점 O는 △ABC의 외심이다. $\angle OBA=20°$, $\angle OCB=15°$일 때, $\angle BAC$의 크기는?

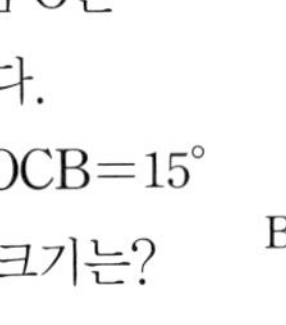

① 35° ② 45° ③ 55°
④ 65° ⑤ 75°

108 오른쪽 그림에서 점 O는 △ABC의 외심이다. $\angle ABO=29°$, $\angle OBC=35°$일 때, $\angle C$의 크기는?

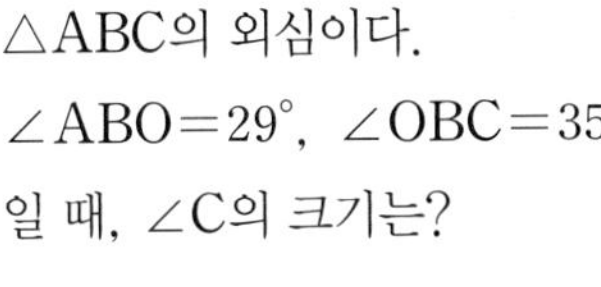

① 61° ② 63°
③ 65° ④ 67°
⑤ 70°

[109~115] 삼각형의 외심의 응용 (2)

109 오른쪽 그림에서 점 O는 △ABC의 외심이다. $\angle A=55°$일 때, $\angle BOC$의 크기를 구하시오.

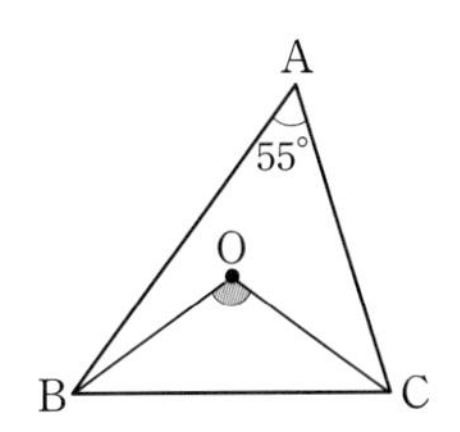

110 오른쪽 그림에서 점 O는 △ABC의 외심이다. $\angle OAB=20°$, $\angle OBC=30°$일 때, $\angle AOC$의 크기를 구하시오.

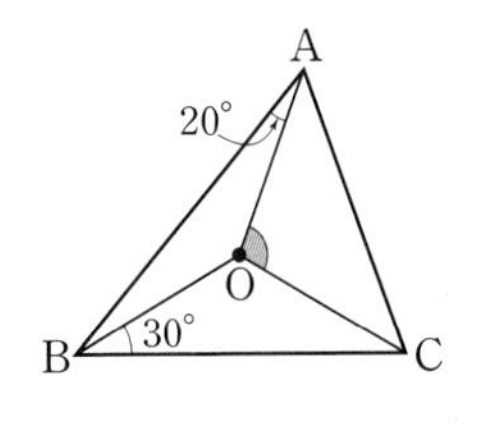

111 오른쪽 그림에서 점 O는 △ABC의 외심이다. $\angle ACO=27°$, $\angle BOC=128°$일 때, $\angle AOB$의 크기를 구하시오.

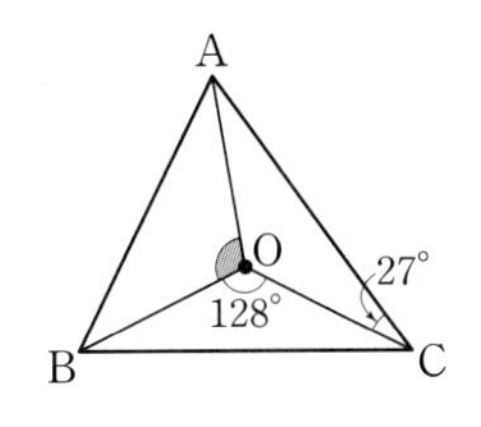

112 서술형 오른쪽 그림에서 점 O는 △ABC의 외심이다. $\angle OBC=32°$일 때, $\angle A$의 크기를 구하시오.

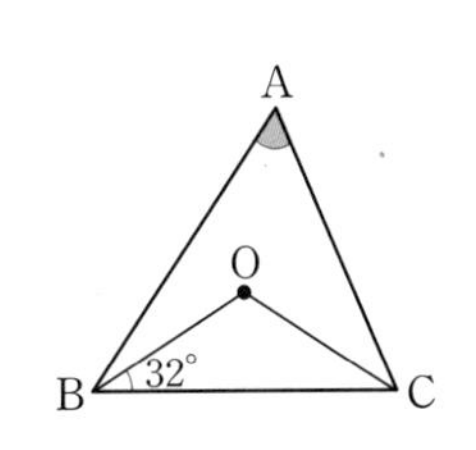

풀이 과정

답

113 서술형

오른쪽 그림에서 점 O는 $\triangle ABC$의 외심이다.
$\angle AOB : \angle BOC : \angle COA = 2 : 3 : 4$
일 때, $\angle ACB$의 크기를 구하시오.

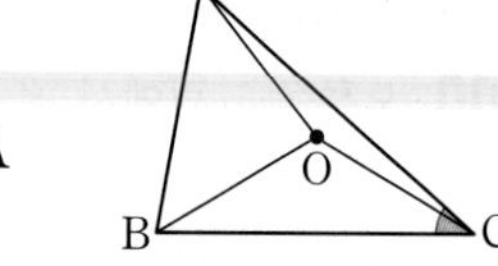

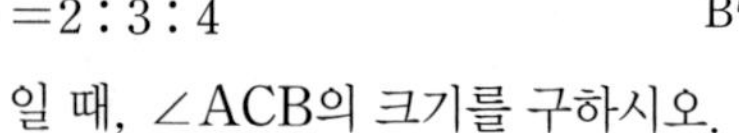

풀이 과정

답

114 오른쪽 그림에서 점 O는 $\triangle ABC$의 외심이다.
$\angle ABO=40°$, $\angle ACO=24°$일 때, $\angle BOC$의 크기를 구하시오.

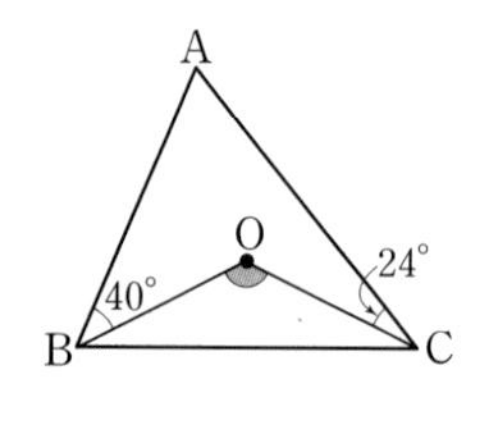

115 오른쪽 그림과 같이 세 점 A, B, C는 원 O 위에 있다.
$\angle ABO=25°$, $\angle ACO=35°$, $\overline{OA}=6\text{cm}$일 때, 부채꼴 OBC의 넓이를 구하시오.

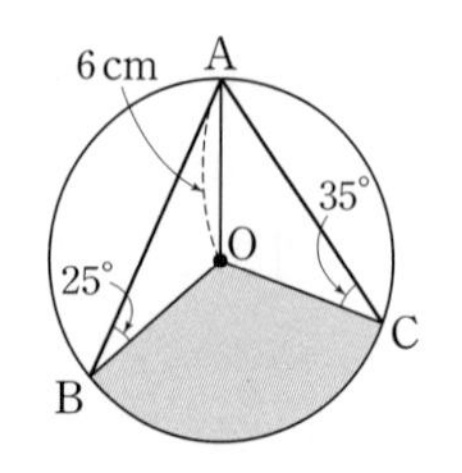

틀리기 쉬운

유형26 삼각형의 내심과 외심의 이해

개념편 26~32쪽

내심	외심
세 내각의 이등분선의 교점 ➡ 내심에서 세 변에 이르는 거리는 같다.	세 변의 수직이등분선의 교점 ➡ 외심에서 세 꼭짓점에 이르는 거리는 같다.
모든 삼각형의 내부에 위치한다.	• 예각삼각형: 삼각형의 내부 • 직각삼각형: 빗변의 중점 • 둔각삼각형: 삼각형의 외부

• 이등변삼각형의 내심과 외심은 꼭지각의 이등분선 위에 있다.
• 정삼각형의 내심과 외심은 일치한다.

116 다음 보기 중 옳지 않은 것을 모두 고르시오.

보기
ㄱ. 삼각형의 세 내각의 이등분선의 교점은 내심이다.
ㄴ. 삼각형의 세 변의 수직이등분선의 교점은 외심이다.
ㄷ. 삼각형의 내심에서 세 꼭짓점에 이르는 거리는 같다.
ㄹ. 삼각형의 외심에서 세 변에 이르는 거리는 같다.
ㅁ. 삼각형의 내심은 항상 삼각형의 내부에 있다.
ㅂ. 삼각형의 외심은 항상 삼각형의 외부에 있다.
ㅅ. 정삼각형의 내심과 외심은 일치한다.
ㅇ. 이등변삼각형의 내심과 외심은 꼭지각의 이등분선 위에 있다.
ㅈ. 직각삼각형의 외심은 빗변의 중점이다.

117 오른쪽 그림과 같은 $\triangle ABC$의 내심 I에서 세 변에 내린 수선의 발을 각각 D, E, F라고 할 때, 다음 중 옳지 않은 것은?

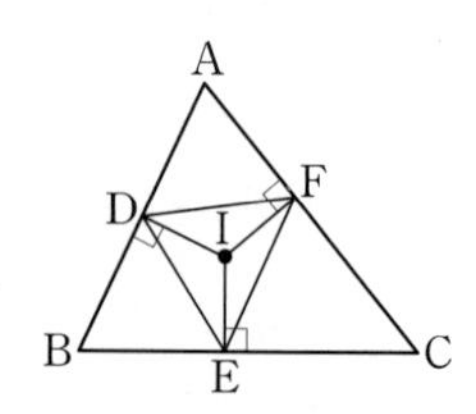

① 점 I는 $\triangle ABC$의 세 내각의 이등분선의 교점이다.
② 점 I에서 $\triangle ABC$의 세 변에 이르는 거리는 같다.
③ 점 I는 $\triangle DEF$의 외심이다.
④ 점 I를 중심으로 하는 $\triangle DEF$의 내접원을 그릴 수 있다.
⑤ 점 I는 $\triangle DEF$의 세 변의 수직이등분선의 교점이다.

유형 27 삼각형의 내심과 외심이 주어질 때 개념편 26~32쪽

점 I가 △ABC의 내심이고,
점 O가 △ABC의 외심일 때
➡ $\angle BIC=90^\circ+\frac{1}{2}\angle A$
➡ $\angle BOC=2\angle A$

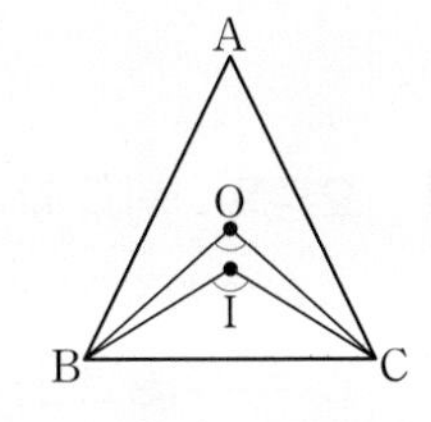

118 오른쪽 그림에서 두 점 I, O는 각각 △ABC의 내심과 외심이다. $\angle BOC=96^\circ$일 때, $\angle BIC$의 크기를 구하시오.

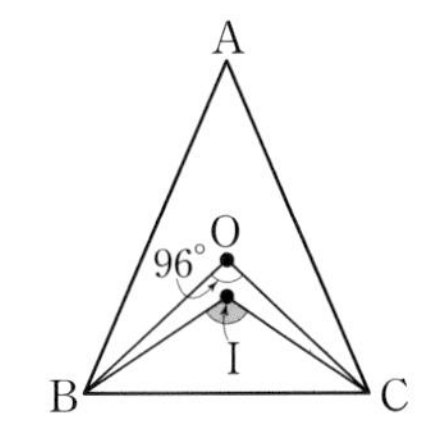

119 오른쪽 그림에서 두 점 I, O는 각각 $\overline{AB}=\overline{AC}$인 이등변삼각형 ABC의 내심과 외심이다. $\angle A=38^\circ$일 때, $\angle x$의 크기를 구하시오.

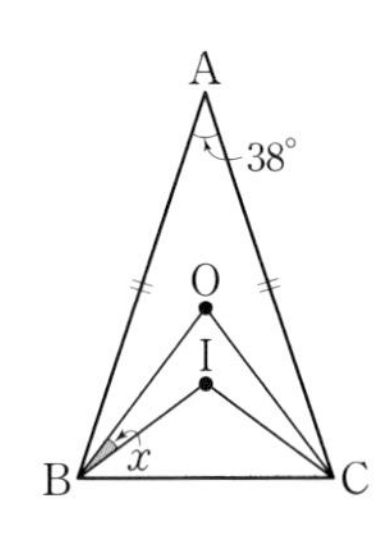

120 오른쪽 그림에서 두 점 I, O는 각각 $\angle B=90^\circ$인 직각삼각형 ABC의 내심과 외심이다. $\angle A=60^\circ$일 때, $\angle BPC$의 크기를 구하시오.

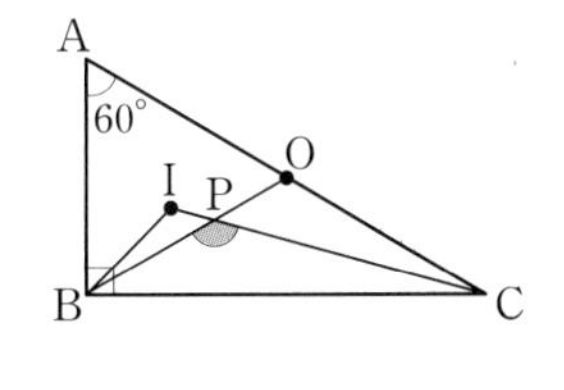

121 오른쪽 그림에서 두 점 I, O는 각각 $\angle A=90^\circ$인 직각삼각형 ABC의 내심과 외심이다. $\overline{AB}=3\,\text{cm}$, $\overline{BC}=5\,\text{cm}$, $\overline{CA}=4\,\text{cm}$일 때, 외접원과 내접원의 넓이의 합을 구하시오.

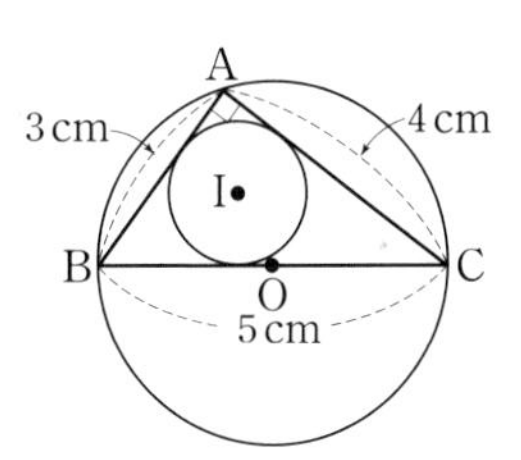

톡톡 튀는 문제

122 지붕틀은 지붕의 뼈대를 구성하는 틀을 말하며, 일반적으로 좌우의 모양이 같아 균일하게 힘을 지탱할 수 있는 이등변삼각형 모양이 많이 사용된다. 다음 그림과 같은 이등변삼각형 모양의 지붕틀에서 $x+y+z$의 값을 구하시오.

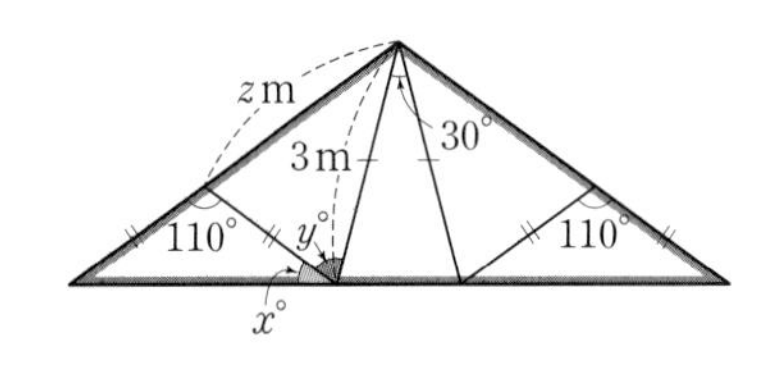

123 △ABC와 △DEF의 넓이는 같고, △ABC의 둘레의 길이는 △DEF의 둘레의 길이의 2배이다. △ABC와 △DEF의 내접원의 반지름의 길이를 각각 R, r라고 할 때, $R:r$는?

① 1 : 2 ② 1 : 4 ③ 2 : 1
④ 4 : 1 ⑤ 2 : 3

단원 마무리

중요

이좋이야! LEVEL 1 꼭 나오는 기본 문제

1 오른쪽 그림과 같이 $\overline{AB}=\overline{AC}$인 이등변삼각형 ABC에서 ∠A의 이등분선과 밑변 BC가 만나는 점을 D라고 하자. $\overline{AD}$ 위의 한 점 P에 대하여 다음 중 옳지 않은 것은?

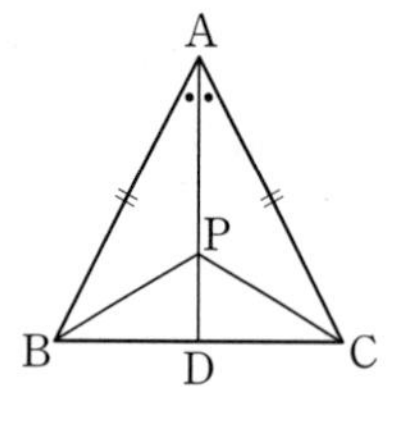

① △ABP≡△ACP
② △PBD≡△PCD
③ ∠PBA=∠PBD
④ $\overline{PD}$는 ∠BPC를 이등분한다.
⑤ $\overline{BD}=\overline{CD}=\overline{PD}$이면 ∠BPC=90°이다.

2 오른쪽 그림에서 $\overline{AB}=\overline{AC}=\overline{DC}$이고 ∠DCE=105°일 때, ∠B의 크기는?

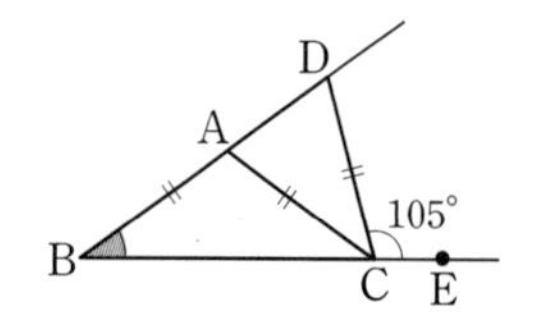

① 25° ② 30° ③ 35°
④ 40° ⑤ 45°

3 직사각형 모양의 종이를 오른쪽 그림과 같이 접었다. $\overline{AB}$=5cm, $\overline{BC}$=4cm일 때, △ABC의 둘레의 길이는?

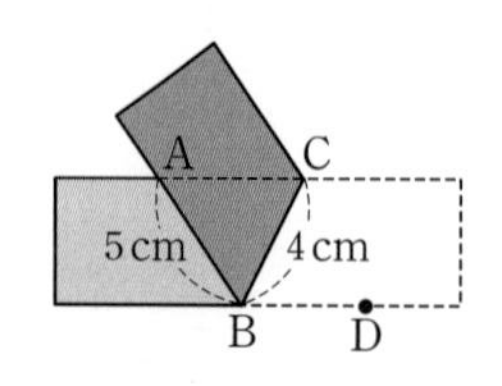

① 13cm ② 14cm ③ 15cm
④ 16cm ⑤ 17cm

4 오른쪽 그림과 같이 ∠A=90°이고 $\overline{AB}=\overline{AC}$인 직각이등변삼각형 ABC의 두 꼭짓점 B, C에서 꼭짓점 A를 지나는 직선 l에 내린 수선의 발을 각각 D, E라고 할 때, 다음 중 옳지 않은 것은?

① ∠BAD=∠ACE ② △ADB≡△CEA
③ $\overline{AB}=\overline{AE}$ ④ $\overline{DE}$=10cm
⑤ (사각형 DBCE의 넓이)=50cm²

5 오른쪽 그림과 같이 ∠C=90°인 직각삼각형 ABC에서 ∠A의 이등분선이 $\overline{BC}$와 만나는 점을 D라고 하자. $\overline{AB}$=10cm이고 △ABD의 넓이가 15cm²일 때, $\overline{DC}$의 길이를 구하시오.

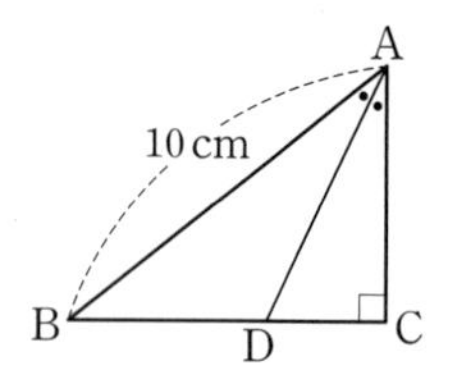

6 오른쪽 그림과 같은 두 직각삼각형 ABC, ACD에서 $\overline{AB}$=5cm, $\overline{BC}$=13cm, $\overline{AD}$=15cm일 때, △ACD의 넓이는?

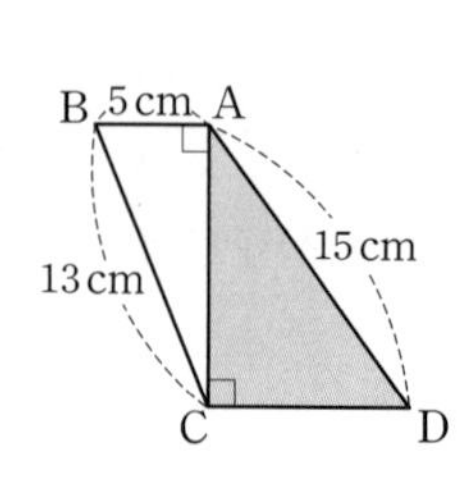

① 52cm² ② 54cm² ③ 56cm²
④ 58cm² ⑤ 60cm²

7 오른쪽 그림과 같이 $\angle C = \angle D = 90°$인 사다리꼴 ABCD의 넓이는?

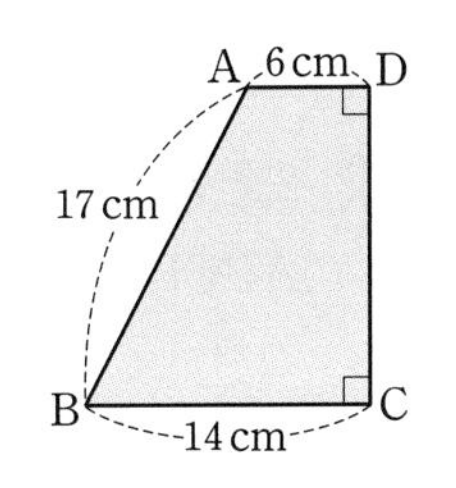

① $120\,cm^2$ ② $130\,cm^2$
③ $140\,cm^2$ ④ $150\,cm^2$
⑤ $160\,cm^2$

8 오른쪽 그림과 같은 정사각형 ABCD에서 $\overline{AH} = \overline{BE} = \overline{CF} = \overline{DG} = 6\,cm$이고 사각형 EFGH의 넓이가 $100\,cm^2$일 때, 정사각형 ABCD의 넓이를 구하시오.

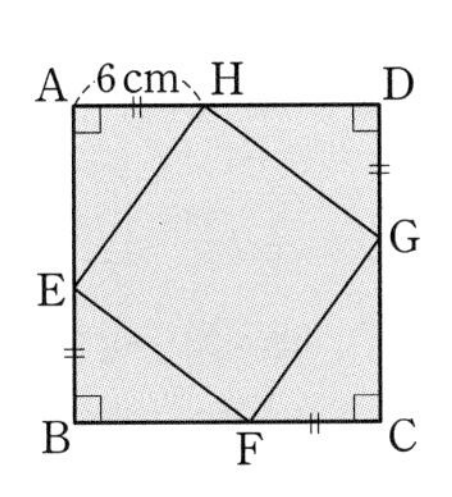

9 $\triangle ABC$에서 $\overline{AB} = 3\,cm$, $\overline{BC} = 5\,cm$, $\overline{CA} = 7\,cm$일 때, $\triangle ABC$는 어떤 삼각형인가?

① 예각삼각형
② $\angle A = 90°$인 직각삼각형
③ $\angle A > 90°$인 둔각삼각형
④ $\angle B > 90°$인 둔각삼각형
⑤ $\angle C = 90°$인 직각삼각형

10 오른쪽 그림과 같이 $\angle A = 90°$인 직각삼각형 ABC의 세 변을 각각 지름으로 하는 반원을 그렸다. $\overline{AC} = 3\,cm$, $\overline{BC} = 5\,cm$일 때, 색칠한 부분의 넓이를 구하시오.

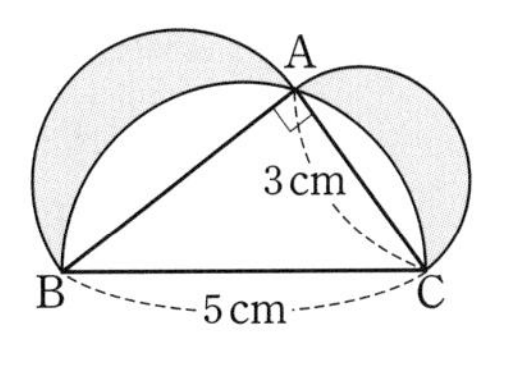

11 오른쪽 그림에서 점 I는 $\overline{AB} = \overline{AC}$인 이등변삼각형 ABC의 내심이다. $\angle AIC = 118°$일 때, $\angle x$의 크기를 구하시오.

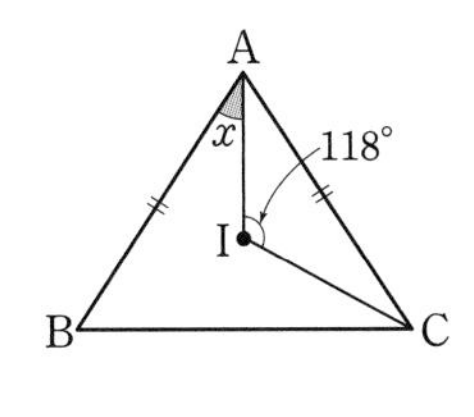

12 오른쪽 그림에서 점 I는 $\triangle ABC$의 내심이다. $\overline{AB} = 10\,cm$, $\overline{BE} = 6\,cm$, $\overline{CF} = 5\,cm$일 때, $\triangle ABC$의 둘레의 길이를 구하시오.

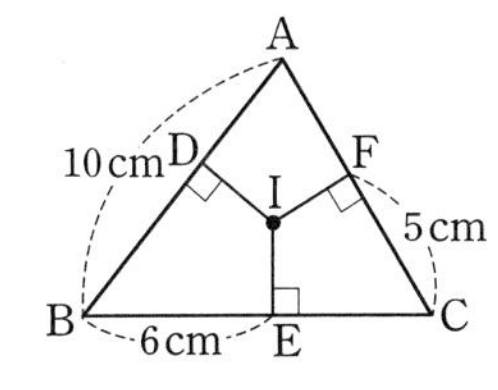

13 오른쪽 그림에서 점 O는 $\angle B = 90°$인 직각삼각형 ABC의 외심이다. $\angle A = 30°$, $\overline{BC} = 8\,cm$일 때, $\overline{AC}$의 길이를 구하시오.

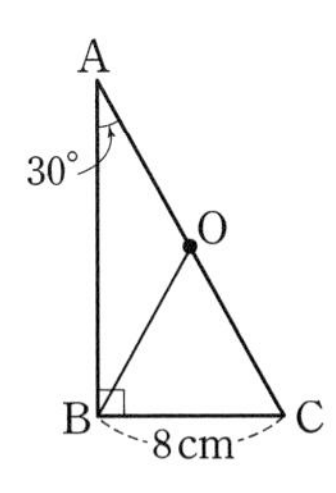

14 오른쪽 그림에서 점 O는 $\triangle ABC$의 외심이다. $\angle OAC = 35°$, $\angle OBC = 30°$일 때, $\angle x$의 크기를 구하시오.

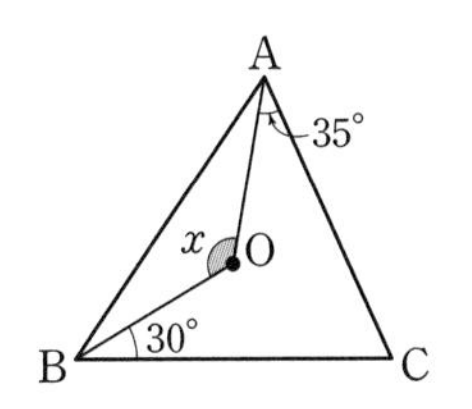

가뿐하지! LEVEL 2 자주 나오는 실력 문제

15 오른쪽 그림과 같은 $\triangle ABC$에서 $\overline{AB}=\overline{BD}$, $\overline{CD}=\overline{CE}$이고 $\angle B=76°$, $\angle C=32°$일 때, $\angle ADE$의 크기를 구하시오.

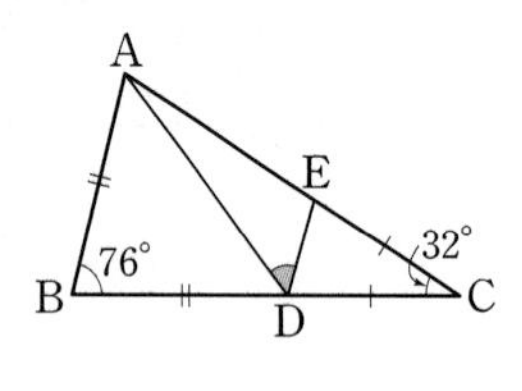

16 오른쪽 그림과 같이 $\overline{AB}=\overline{AC}$인 이등변삼각형 ABC에서 $\angle ABD=2\angle DBC$, $\angle ACD=\angle DCE$이고 $\angle A=60°$일 때, $\angle BDC$의 크기는?

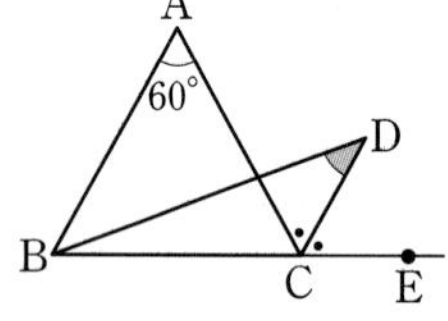

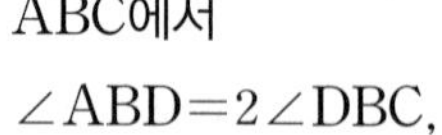

① 36° ② 38° ③ 40° ④ 42° ⑤ 44°

17 오른쪽 그림에서 $\triangle ABC$는 $\angle C=90°$이고, $\overline{AC}=\overline{BC}$인 직각이등변삼각형이다. $\overline{AC}=\overline{AD}$, $\overline{AB}\perp\overline{ED}$이고, $\overline{EC}=4\,cm$일 때, $\triangle DBE$의 넓이를 구하시오.

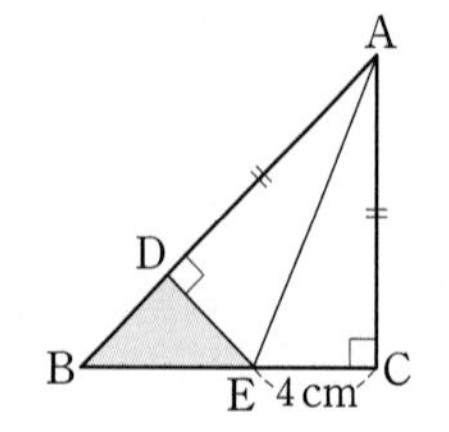

18 오른쪽 그림과 같이 정사각형 ABCD의 꼭짓점 B를 지나는 직선과 $\overline{CD}$의 교점을 E라 하고, 두 꼭짓점 A, C에서 $\overline{BE}$에 내린 수선의 발을 각각 F, G라고 하자. $\overline{AF}=6\,cm$, $\overline{CG}=4\,cm$일 때, $\triangle AFG$의 넓이를 구하시오.

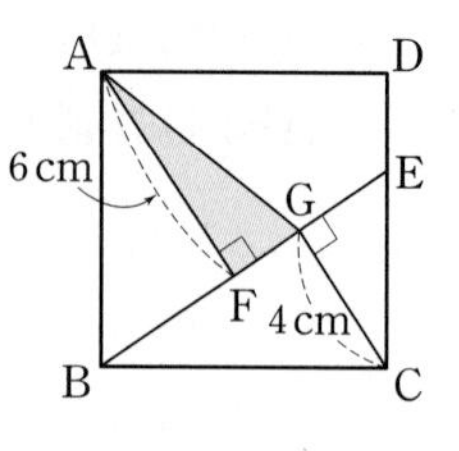

19 오른쪽 그림에서 직각삼각형 ABC의 넓이는 $6\,cm^2$이고 정사각형 P의 넓이는 $16\,cm^2$일 때, 정사각형 Q, R의 넓이를 차례로 구하시오.

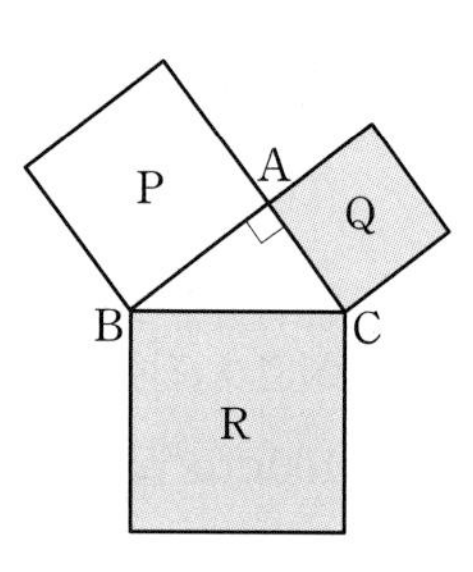

20 서술형 길이가 각각 15 cm, 17 cm, x cm인 3개의 빨대를 이용하여 직각삼각형을 만들려고 할 때, 가능한 x^2의 값을 모두 구하시오.

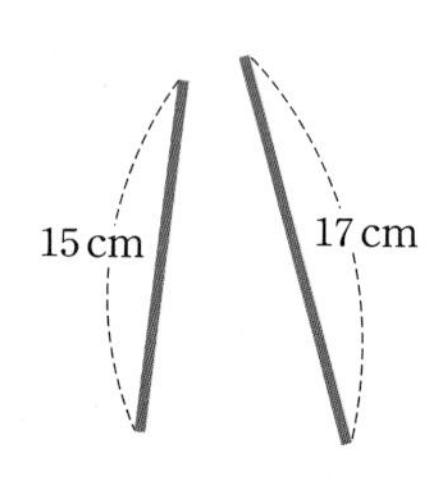

풀이 과정

답

21 오른쪽 그림과 같이 반지름의 길이가 25 cm인 사분원 위의 점 C에서 $\overline{OA}$, $\overline{OB}$에 내린 수선의 발을 각각 D, E라고 하자. $\overline{OE}=24\,cm$일 때, 사각형 ODCE의 넓이를 구하시오.

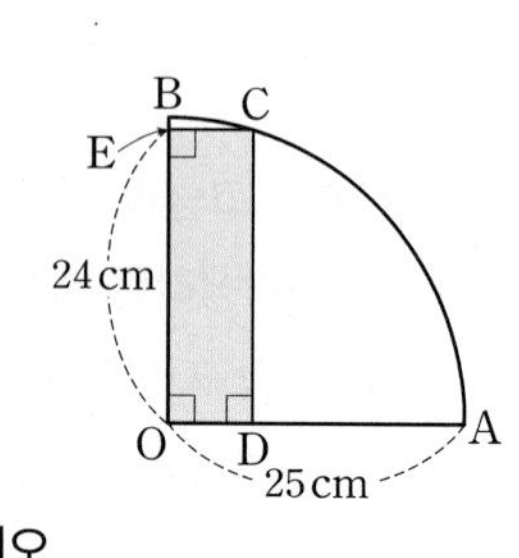

22 오른쪽 그림에서 점 I는 $\triangle ABC$의 내심이고, $\overline{DE} /\!/ \overline{BC}$이다. $\overline{BC}=18\,cm$이고 $\triangle ADE$의 둘레의 길이가 $23\,cm$일 때, $\triangle ABC$의 둘레의 길이를 구하시오.

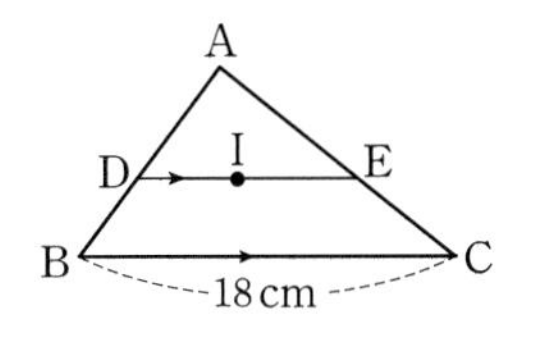

23 오른쪽 그림에서 점 I는 $\triangle ABC$의 내심이다. $\angle A=72°$일 때, $\angle BDC+\angle BEC$의 크기를 구하시오.

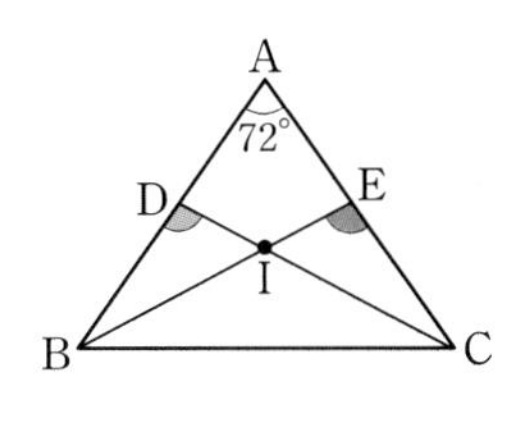

24 오른쪽 그림과 같이 $\angle A=90°$인 직각삼각형 ABC의 꼭짓점 A에서 빗변 BC에 내린 수선의 발을 D, $\overline{BC}$의 중점을 E라고 하자. $\angle B=38°$일 때, $\angle EAD$의 크기를 구하시오.

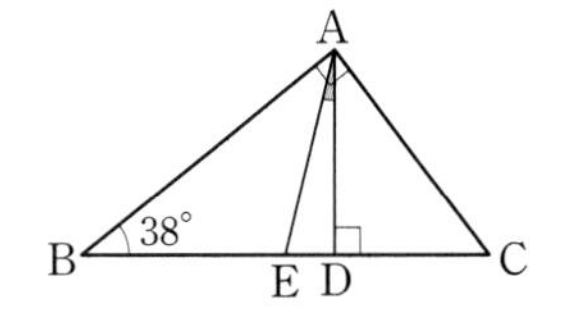

25 오른쪽 그림과 같이 $\overline{AB}=\overline{AC}$인 이등변삼각형 ABC의 내심을 I, 외심을 O라고 하자. $\angle A=50°$일 때, $\angle OCI$의 크기를 구하시오.

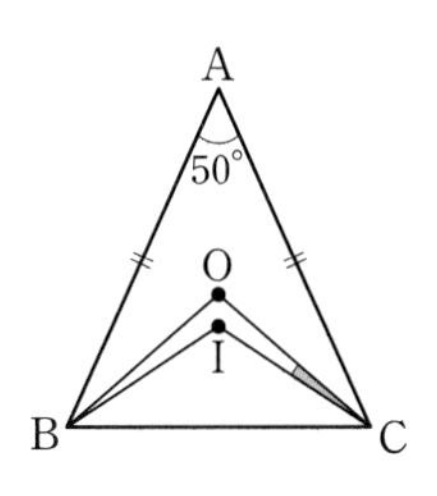

할 수 있어! LEVEL 3 만점을 위한 **도전 문제**

26 오른쪽 그림과 같이 $\overline{AB}=\overline{AC}$인 이등변삼각형 ABC에서 $\overline{AD}=\overline{AE}$이고 $\angle A=52°$, $\angle ABE=35°$일 때, $\angle EPC$의 크기를 구하시오.

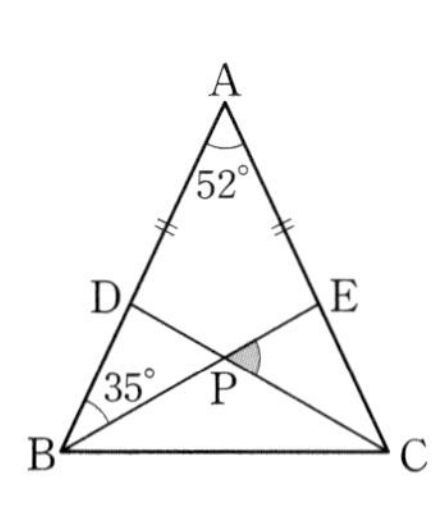

27 오른쪽 그림에서 점 O는 $\triangle ABC$의 외심이다. $\angle ACB=25°$, $\angle CAB=20°$일 때, $\angle AOC$의 크기를 구하시오.

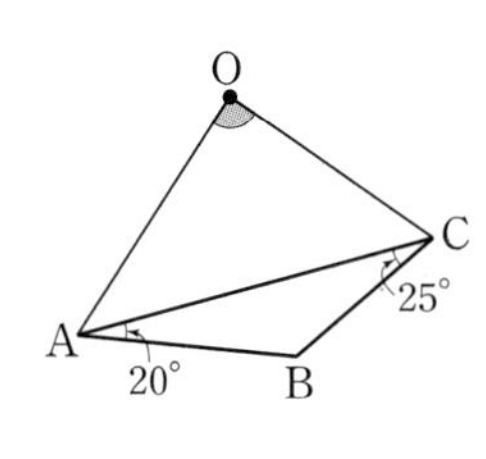

28 오른쪽 그림에서 두 점 I, O는 각각 $\triangle ABC$의 내심과 외심이고, $\overline{AI}$, $\overline{AO}$의 연장선이 $\overline{BC}$와 만나는 점을 각각 D, E라고 하자. $\angle BAD=35°$, $\angle CAE=25°$일 때, $\angle ADE$의 크기를 구하시오.

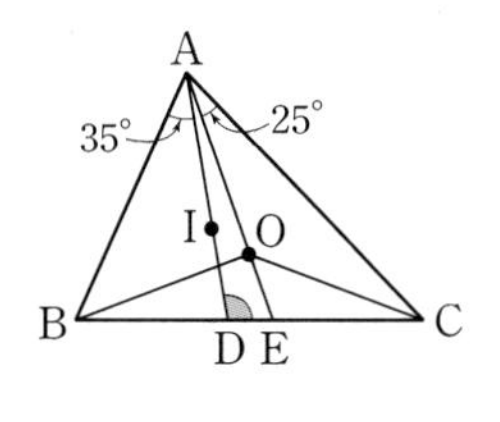

2 사각형의 성질

유형 1 평행사변형

유형 2 평행사변형의 성질

유형 3 평행사변형의 성질의 응용 – 대변

유형 4 평행사변형의 성질의 응용 – 대각

유형 5 평행사변형의 성질의 응용 – 대각선

유형 6 평행사변형이 되는 조건

유형 7 평행사변형이 되는 조건의 응용

유형 8 평행사변형과 넓이

유형 9 직사각형

유형 10 평행사변형이 직사각형이 되는 조건

유형 11 마름모

유형 12 평행사변형이 마름모가 되는 조건

유형 13 정사각형

유형 14 정사각형이 되는 조건

유형 15 등변사다리꼴

유형 16 등변사다리꼴의 성질의 응용

유형 17 여러 가지 사각형의 판별

유형 18 여러 가지 사각형 사이의 관계

유형 19 여러 가지 사각형의 대각선의 성질

유형 20 사각형의 각 변의 중점을 연결하여 만든 사각형

유형 21 평행선과 넓이

유형 22 평행선과 넓이를 이용하여 피타고라스 정리가 성립함을 설명하기
– 유클리드의 방법

유형 23 삼각형과 넓이

유형 24 평행사변형에서 높이가 같은 두 삼각형의 넓이

유형 25 사다리꼴에서 높이가 같은 두 삼각형의 넓이

• 정답과 해설 20쪽

2 사각형의 성질

중요

유형 1 평행사변형 개념편 46~47쪽

두 쌍의 대변이 각각 평행한 사각형을 평행사변형이라고 한다.

➡ □ABCD에서
$\overline{AB} /\!/ \overline{DC}$, $\overline{AD} /\!/ \overline{BC}$

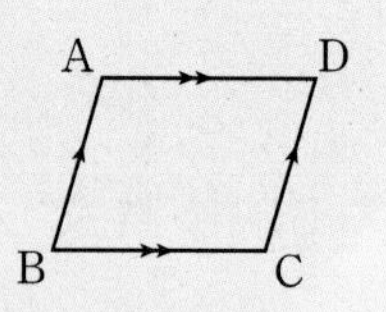

참고
- 사각형 ABCD를 기호로 □ABCD와 같이 나타낸다.
- 사각형에서 마주 보는 변은 대변, 마주 보는 각은 대각이라고 한다.

유형 2 평행사변형의 성질 개념편 46~47쪽

평행사변형 ABCD에서

(1) 두 쌍의 대변의 길이는 각각 같다.
➡ $\overline{AB}=\overline{DC}$, $\overline{AD}=\overline{BC}$

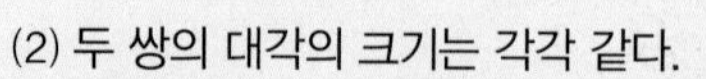

(2) 두 쌍의 대각의 크기는 각각 같다.
➡ $\angle A=\angle C$, $\angle B=\angle D$

(3) 두 대각선은 서로 다른 것을 이등분한다.
➡ $\overline{OA}=\overline{OC}$, $\overline{OB}=\overline{OD}$

1 오른쪽 그림과 같은 평행사변형 ABCD에서 두 대각선의 교점을 O라고 하자. $\angle ADB=25°$, $\angle DOC=60°$일 때, $\angle y-\angle x$의 크기를 구하시오.

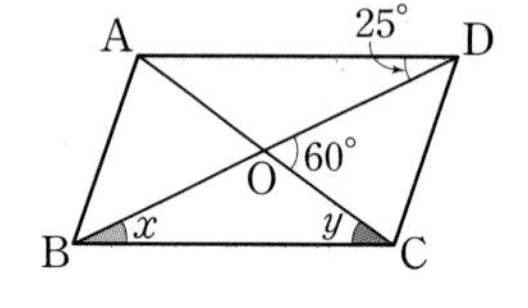

2 오른쪽 그림과 같은 평행사변형 ABCD에서 두 대각선의 교점을 O라고 하자.

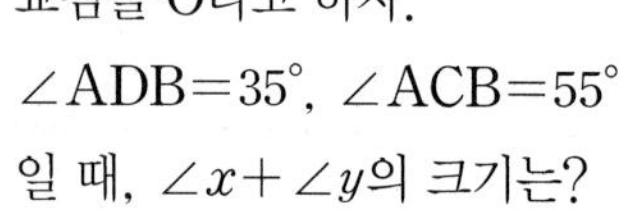

$\angle ADB=35°$, $\angle ACB=55°$일 때, $\angle x+\angle y$의 크기는?

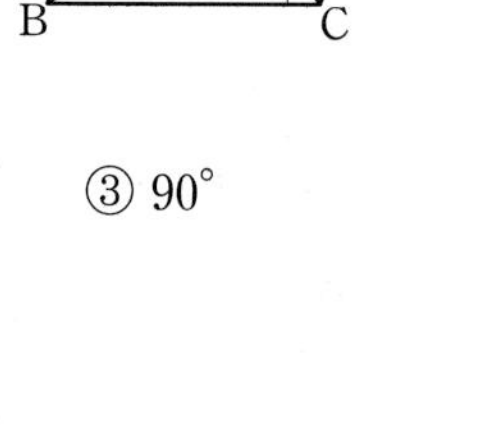

① 80° ② 85° ③ 90°
④ 95° ⑤ 105°

3 오른쪽 그림과 같이 평행사변형 ABCD를 대각선 BD를 접는 선으로 하여 △DBC가 △DBE에 옮겨지도록 접었다. 점 Q는 $\overline{BA}$의 연장선과 $\overline{DE}$의 연장선의 교점이고 $\angle BDC=40°$일 때, $\angle AQE$의 크기를 구하시오.

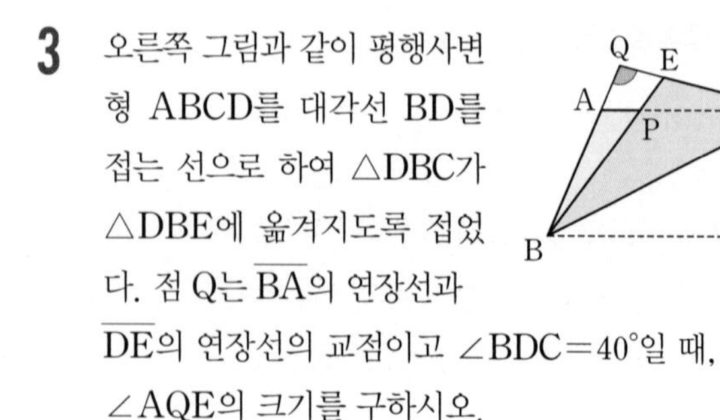

4 오른쪽 그림과 같은 평행사변형 ABCD에서 x, y의 값을 각각 구하시오.

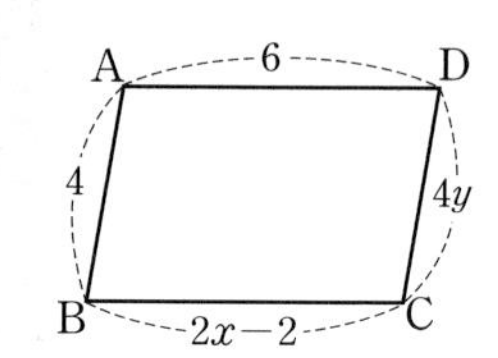

5 오른쪽 그림과 같은 평행사변형 ABCD의 둘레의 길이가 40 cm이고 $\overline{AB}=9$ cm일 때, $\overline{AD}$의 길이는?

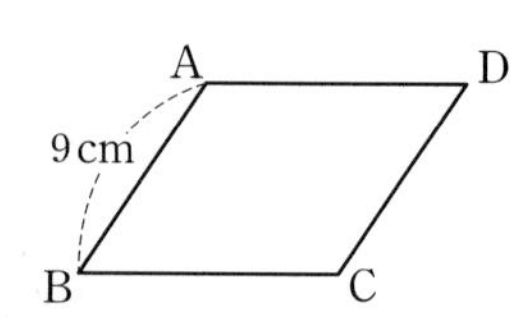

① 9 cm ② $\frac{19}{2}$ cm ③ 10 cm
④ $\frac{21}{2}$ cm ⑤ 11 cm

6 오른쪽 그림과 같은 평행사변형 ABCD에서 $\angle DAC=60°$, $\angle ACD=58°$일 때, $\angle B$의 크기는?

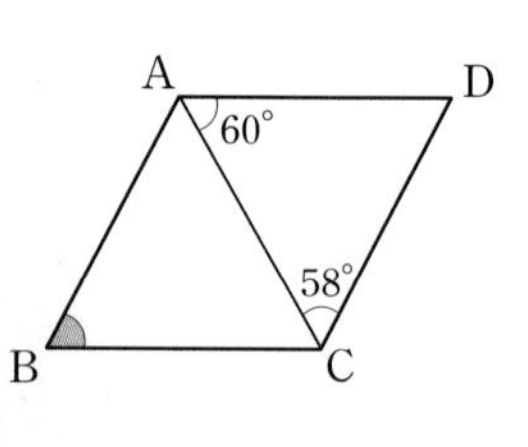

① 60° ② 61° ③ 62°
④ 63° ⑤ 64°

7 다음은 '평행사변형의 두 대각선은 서로 다른 것을 이등분한다.'를 설명하는 과정이다. (가)~(마)에 알맞은 것으로 옳지 않은 것은?

> 평행사변형 ABCD의 두 대각선의 교점을 O라고 할 때,
> △OAB와 △OCD에서
> $\overline{AB}$= (가) … ㉠
> $\overline{AB}$ // $\overline{DC}$이므로 ∠OAB= (나) (엇각), … ㉡
> ∠OBA= (다) (엇각) … ㉢
> ㉠, ㉡, ㉢에 의해
> △OAB≡△OCD ((라) 합동)
> ∴ $\overline{OA}=\overline{OC}$, (마)

① (가) $\overline{CD}$ ② (나) ∠OCD ③ (다) ∠ODC
④ (라) SAS ⑤ (마) $\overline{OB}=\overline{OD}$

8 오른쪽 그림과 같은 평행사변형 ABCD에서 두 대각선의 교점을 O라고 하자. ∠ABC=55°, $\overline{AO}$=2 cm, $\overline{BD}$=8 cm일 때, 다음 보기 중 옳은 것을 모두 고르시오.

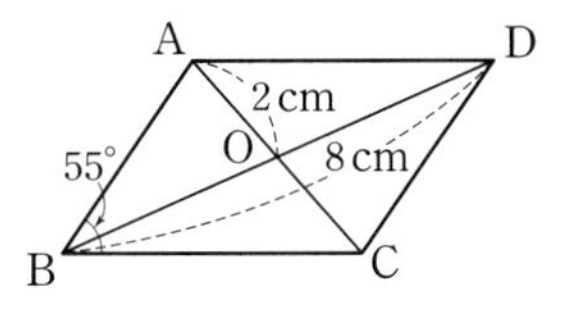

보기
ㄱ. ∠ADC=55° ㄴ. ∠BCD=135°
ㄷ. $\overline{DO}$=3 cm ㄹ. $\overline{AC}$=4 cm

9 오른쪽 그림과 같은 평행사변형 ABCD에서 두 대각선의 교점을 O라고 할 때, 다음 중 옳지 않은 것은?

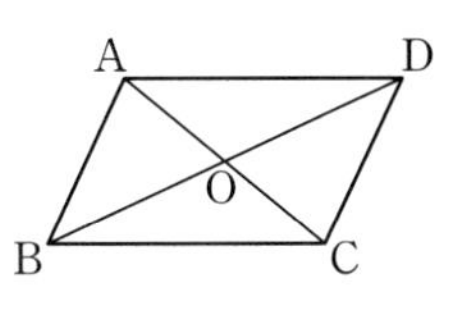

① $\overline{AD}=\overline{BC}$ ② $\overline{OA}=\overline{OC}$
③ $\overline{OC}=\overline{OD}$ ④ ∠BAD=∠BCD
⑤ △OAD≡△OCB

유형 3 평행사변형의 성질의 응용 – 대변

개념편 46~47쪽

평행사변형 ABCD에서
$\overline{AB}=\overline{DC}$, $\overline{AD}=\overline{BC}$

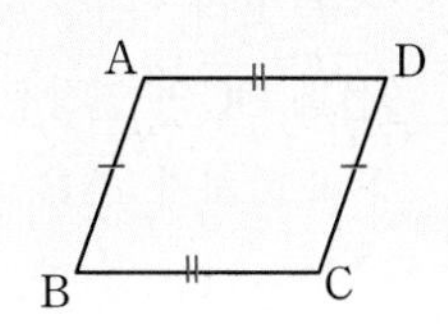

10 오른쪽 그림과 같은 평행사변형 ABCD에서 $\overline{BE}$는 ∠B의 이등분선이고 $\overline{AB}$=6 cm, $\overline{BC}$=9 cm일 때, $\overline{DE}$의 길이를 구하시오.

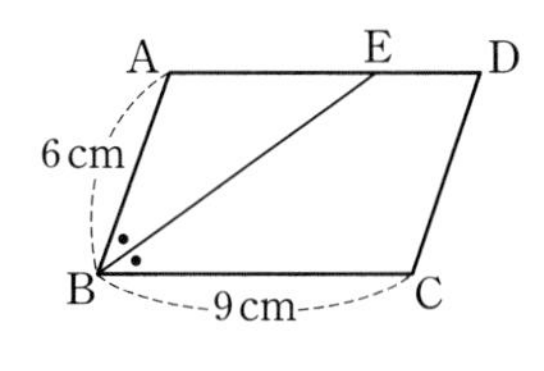

11 오른쪽 그림과 같은 평행사변형 ABCD에서 ∠C의 이등분선이 $\overline{AD}$와 만나는 점을 E, $\overline{BA}$의 연장선과 만나는 점을 F라고 하자.
$\overline{BC}$=6 cm, $\overline{CD}$=3 cm일 때, $\overline{AF}$의 길이는?

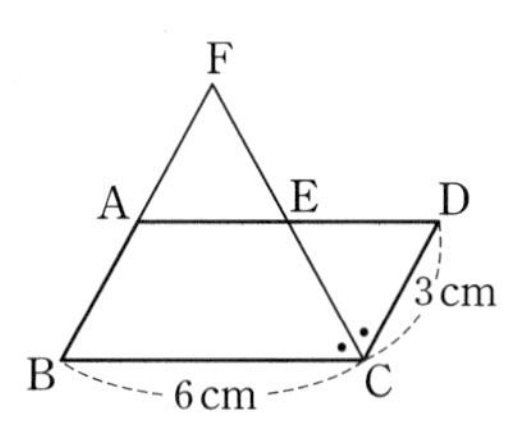

① 2 cm ② $\frac{5}{2}$ cm ③ 3 cm
④ $\frac{7}{2}$ cm ⑤ 4 cm

12 오른쪽 그림의 좌표평면에서 □ABCD가 평행사변형일 때, 점 A의 좌표는?

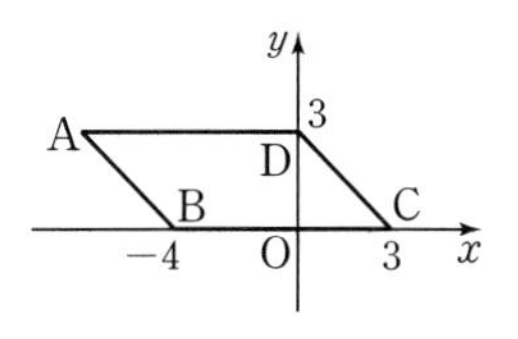

① (−7, 3) ② (−7, 4)
③ (−6, 3) ④ (−6, 4)
⑤ (−5, 3)

13 서술형

오른쪽 그림과 같은 평행사변형 ABCD에서 $\overline{BC}$의 중점을 E라 하고, $\overline{AE}$의 연장선과 $\overline{DC}$의 연장선의 교점을 F라고 하자. $\overline{AB}=6\,\text{cm}$, $\overline{AD}=8\,\text{cm}$일 때, $\overline{DF}$의 길이를 구하시오.

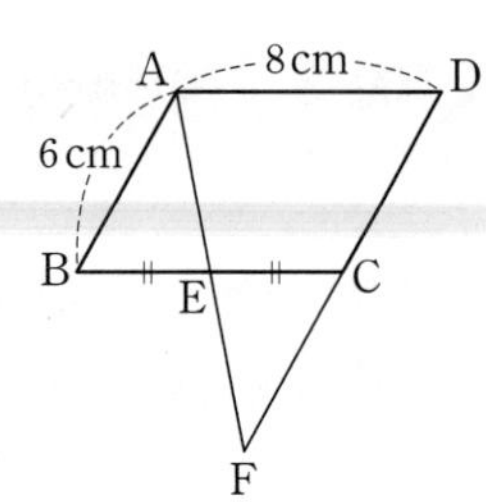

풀이 과정

답

14 오른쪽 그림과 같은 평행사변형 ABCD에서 ∠A의 이등분선과 ∠D의 이등분선이 $\overline{BC}$와 만나는 점을 각각 E, F라고 하자. $\overline{AB}=8\,\text{cm}$, $\overline{AD}=10\,\text{cm}$일 때, $\overline{EF}$의 길이를 구하시오.

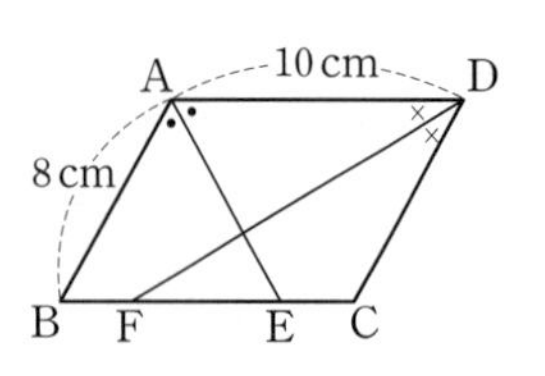

까다로운 기출문제

$\overline{AD}$와 $\overline{BM}$의 연장선을 이용하여 △BCM과 합동인 삼각형을 그려 보자!

15 오른쪽 그림과 같은 평행사변형 ABCD에서 $\overline{CD}$의 중점을 M이라 하고, 꼭짓점 A에서 $\overline{BM}$에 내린 수선의 발을 E라고 하자. ∠DAE=76°일 때, ∠ADE의 크기를 구하시오.

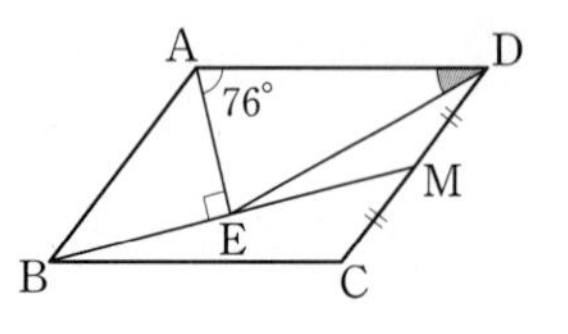

유형 4 평행사변형의 성질의 응용 - 대각

개념편 46~47쪽

평행사변형 ABCD에서
∠A=∠C, ∠B=∠D
➡ ∠A+∠B=180°,
∠A+∠D=180°

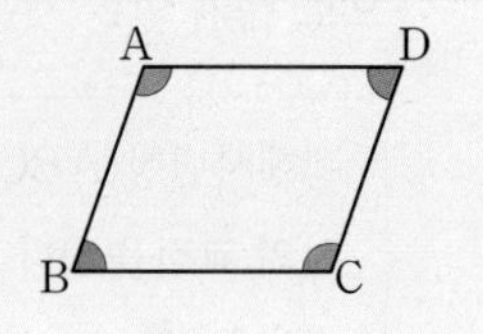

16 오른쪽 그림과 같은 평행사변형 ABCD에서 ∠C=115°, ∠DAE=30°일 때, ∠AED의 크기는?

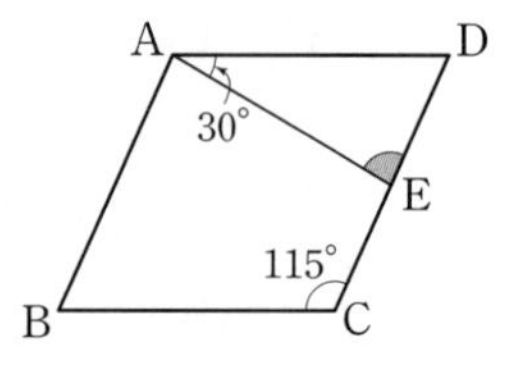

① 75° ② 78° ③ 80°
④ 82° ⑤ 85°

17 서술형

오른쪽 그림과 같은 평행사변형 ABCD에서 ∠A : ∠B=7 : 3일 때, ∠C의 크기를 구하시오.

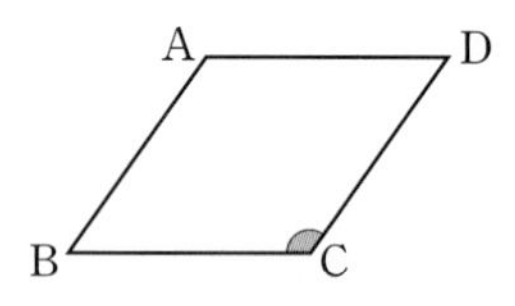

풀이 과정

답

18 오른쪽 그림과 같은 평행사변형 ABCD에서 ∠A의 이등분선이 $\overline{DC}$의 연장선과 만나는 점을 E라고 하자. ∠E=50°일 때, ∠x의 크기를 구하시오.

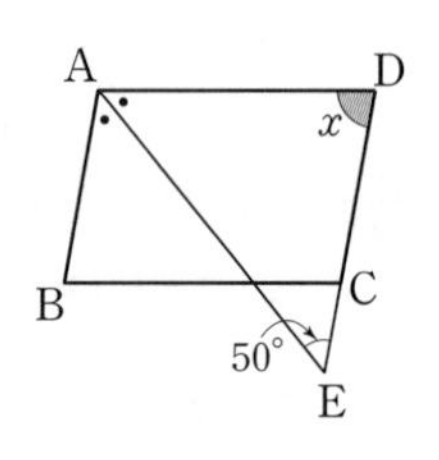

19 오른쪽 그림과 같은 평행사변형 ABCD에서 ∠DAC의 이등분선과 $\overline{BC}$의 연장선이 만나는 점을 E라고 하자. ∠B=68°, ∠E=34°일 때, ∠ACD의 크기는?

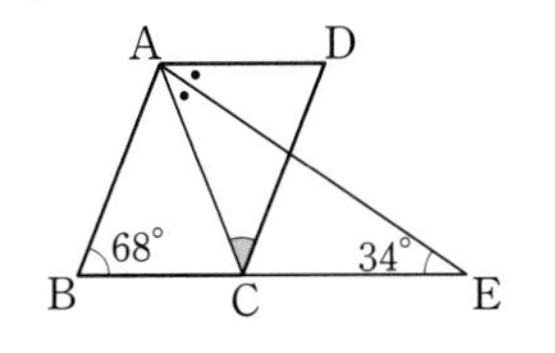

① 36° ② 38° ③ 40°
④ 42° ⑤ 44°

20 오른쪽 그림과 같은 평행사변형 ABCD에서 ∠A의 이등분선과 ∠D의 이등분선이 만나는 점을 E라고 할 때, ∠AED의 크기를 구하시오.

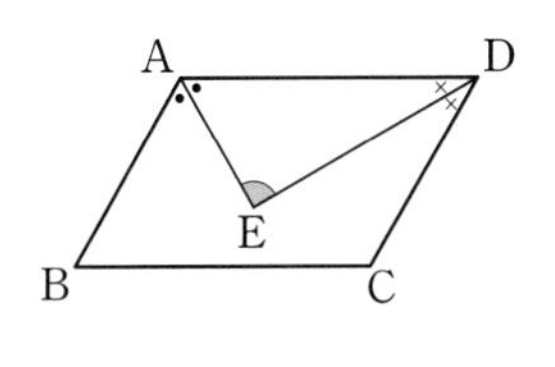

21 오른쪽 그림과 같은 평행사변형 ABCD에서 ∠A의 이등분선과 $\overline{CD}$가 만나는 점을 E, 꼭짓점 B에서 $\overline{AE}$에 내린 수선의 발을 F라고 하자. ∠C=128°일 때, ∠FBC의 크기를 구하시오.

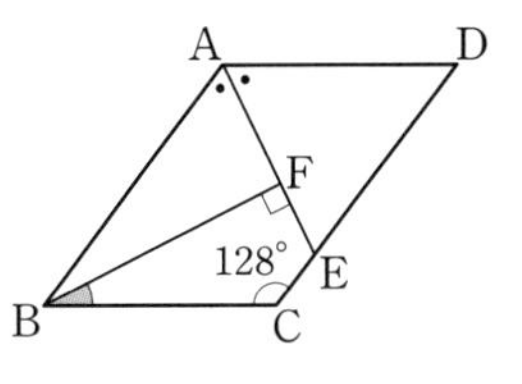

22 오른쪽 그림과 같은 평행사변형 ABCD에서 ∠A의 이등분선과 $\overline{BC}$가 만나는 점을 E, ∠B의 이등분선과 $\overline{AD}$가 만나는 점을 F라고 하자. ∠AEC=110°일 때, ∠BFD의 크기를 구하시오.

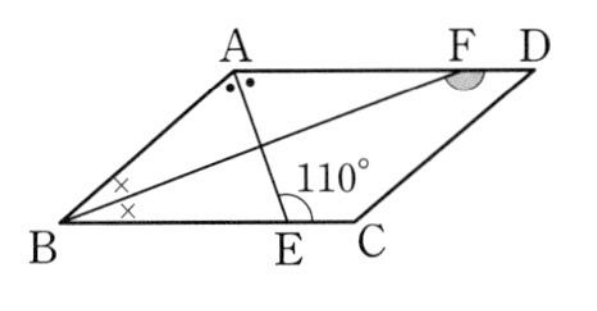

유형 5 평행사변형의 성질의 응용 - 대각선

개념편 46~47쪽

평행사변형 ABCD에서
$\overline{OA}=\overline{OC}=\frac{1}{2}\overline{AC}$,
$\overline{OB}=\overline{OD}=\frac{1}{2}\overline{BD}$

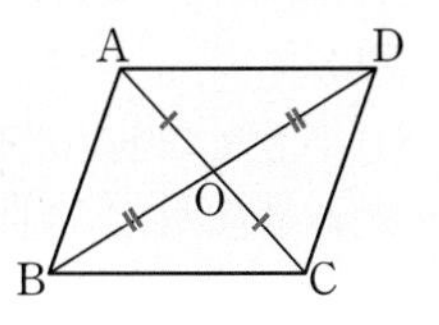

23 서술형 오른쪽 그림과 같은 평행사변형 ABCD에서 점 O가 두 대각선의 교점일 때, △ABO의 둘레의 길이를 구하시오.

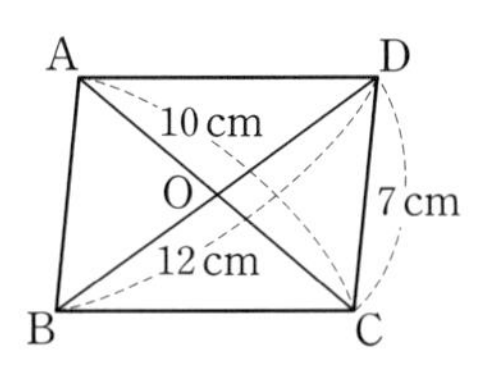

풀이 과정

답

24 오른쪽 그림과 같은 평행사변형 ABCD에서 두 대각선의 교점을 O라고 하자. 두 대각선의 길이의 합이 10 cm이고 $\overline{AB}$=3 cm일 때, △OCD의 둘레의 길이를 구하시오.

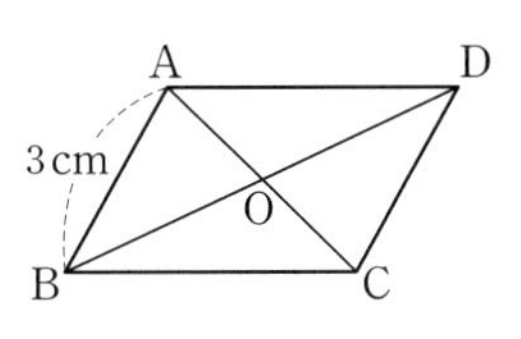

25 오른쪽 그림과 같이 평행사변형 ABCD의 두 대각선의 교점 O를 지나는 직선이 $\overline{AD}$, $\overline{BC}$와 만나는 점을 각각 P, Q라고 할 때, 다음 중 옳지 않은 것은?

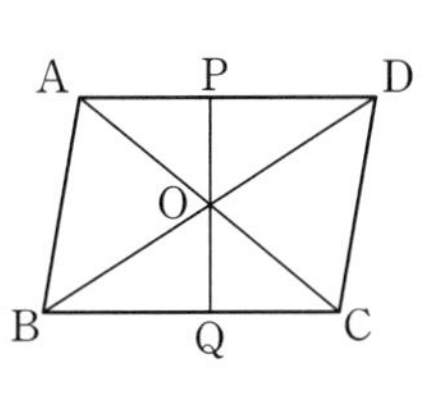

① $\overline{OB}=\overline{OD}$ ② $\overline{OP}=\overline{OQ}$
③ $\overline{OB}=\overline{OA}$ ④ ∠APO=∠CQO
⑤ △OPA≡△OQC

유형 6 평행사변형이 되는 조건

개념편 49~50쪽

□ABCD가 다음의 어느 한 조건을 만족시키면 평행사변형이 된다.

(1) 두 쌍의 대변이 각각 평행하다.
➡ $\overline{AB} /\!/ \overline{DC}$, $\overline{AD} /\!/ \overline{BC}$

(2) 두 쌍의 대변의 길이가 각각 같다.
➡ $\overline{AB} = \overline{DC}$, $\overline{AD} = \overline{BC}$

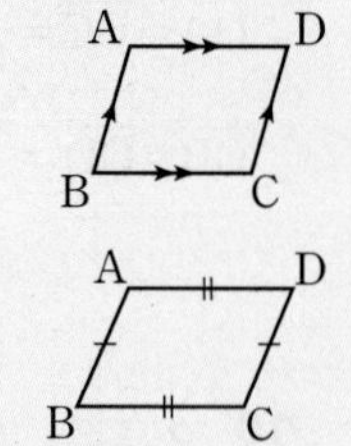

(3) 두 쌍의 대각의 크기가 각각 같다.
➡ $\angle A = \angle C$, $\angle B = \angle D$

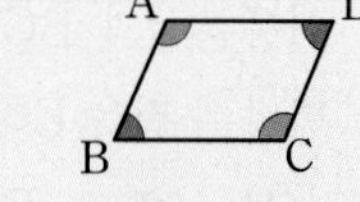

(4) 두 대각선이 서로 다른 것을 이등분한다.
➡ $\overline{OA} = \overline{OC}$, $\overline{OB} = \overline{OD}$

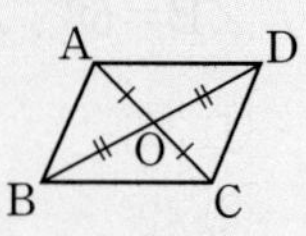

(5) 한 쌍의 대변이 평행하고 그 길이가 같다.
➡ $\overline{AD} /\!/ \overline{BC}$, $\overline{AD} = \overline{BC}$

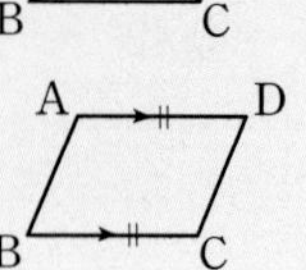

26 다음은 '두 쌍의 대변의 길이가 각각 같은 사각형은 평행사변형이다.'를 설명하는 과정이다. (가)~(바)에 알맞은 것을 구하시오.

> $\overline{AB} = \overline{DC}$, $\overline{AD} = \overline{BC}$인 □ABCD에서 대각선 AC를 그으면
>
> 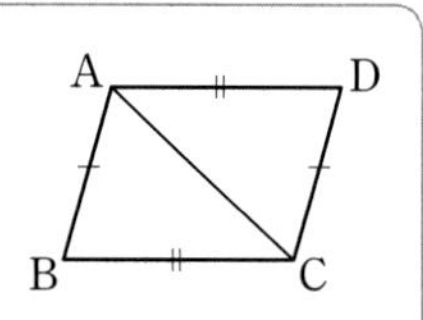
>
>
> △ABC와 △CDA에서
> $\overline{AB} =$ (가), $\overline{BC} =$ (나), $\overline{AC}$는 공통이므로
> △ABC≡△CDA((다) 합동)
> ∴ $\angle BAC =$ (라), $\angle BCA =$ (마)
> 즉, 엇각의 크기가 같으므로 $\overline{AB} /\!/ \overline{DC}$, (바)
> 따라서 □ABCD는 두 쌍의 대변이 각각 평행하므로 평행사변형이다.

27 오른쪽 그림과 같은 □ABCD가 평행사변형이 되도록 하는 x, y에 대하여 $x-y$의 값을 구하시오.

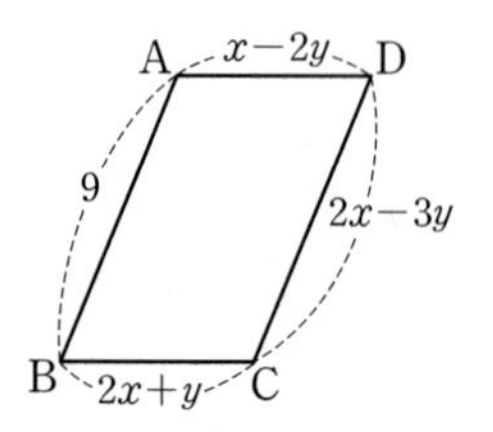

28 다음 보기의 사각형 중 평행사변형이 아닌 것을 모두 고르시오. (단, 점 O는 두 대각선의 교점이다.)

보기

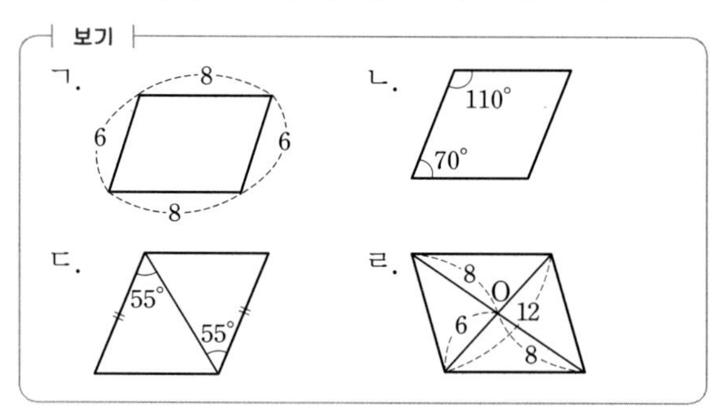

29 다음 중 □ABCD가 평행사변형이 되지 않는 것은? (단, 점 O는 두 대각선의 교점이다.)

① $\angle A = 115°$, $\angle B = 65°$, $\angle C = 115°$
② $\overline{AB} /\!/ \overline{DC}$, $\overline{AB} = 5\,\text{cm}$, $\overline{DC} = 5\,\text{cm}$
③ $\overline{AB} = 6\,\text{cm}$, $\overline{BC} = 4\,\text{cm}$, $\overline{CD} = 4\,\text{cm}$, $\overline{DA} = 6\,\text{cm}$
④ $\angle A = 80°$, $\angle B = 100°$, $\overline{AD} = 5\,\text{cm}$, $\overline{BC} = 5\,\text{cm}$
⑤ $\overline{OA} = 5\,\text{cm}$, $\overline{OB} = 3\,\text{cm}$, $\overline{OC} = 5\,\text{cm}$, $\overline{OD} = 3\,\text{cm}$

30 다음 보기 중 □ABCD가 평행사변형이 되는 것을 모두 고르시오. (단, 점 O는 두 대각선의 교점이다.)

보기

ㄱ. $\overline{AB} /\!/ \overline{DC}$, $\overline{AD} = \overline{BC}$
ㄴ. $\angle B = \angle D$, $\angle BAC - \angle DCA$
ㄷ. $\angle A = \angle B$, $\angle C = \angle D$
ㄹ. $\overline{AC} = \overline{BD}$, $\overline{AC} \perp \overline{BD}$
ㅁ. △AOD≡△COB

까다로운

유형 7 평행사변형이 되는 조건의 응용 개념편 49~50쪽

평행사변형의 성질, 삼각형의 합동 조건, 평행선과 엇각의 성질 등을 이용하여 주어진 사각형이 어떤 사각형인지 확인한다.

31 서술형

오른쪽 그림과 같은 평행사변형 ABCD에서 $\overline{AD}$, $\overline{BC}$ 위에 $\overline{ED}=\overline{BF}$가 되도록 두 점 E, F를 잡을 때, □AFCE는 어떤 사각형인지 말하시오.

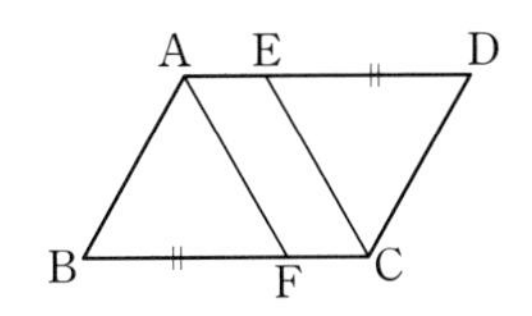

풀이 과정

답

32 오른쪽 그림과 같은 평행사변형 ABCD에서 두 대각선의 교점을 O라 하고, $\overline{AO}$, $\overline{BO}$, $\overline{CO}$, $\overline{DO}$의 중점을 각각 E, F, G, H라고 하자. 다음 중 □EFGH가 평행사변형이 되는 조건으로 가장 알맞은 것은?

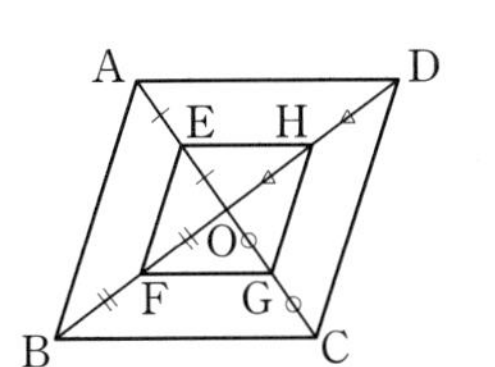

① 두 쌍의 대변이 각각 평행하다.
② 두 쌍의 대변의 길이가 각각 같다.
③ 두 쌍의 대각의 크기가 각각 같다.
④ 두 대각선이 서로 다른 것을 이등분한다.
⑤ 한 쌍의 대변이 평행하고 그 길이가 같다.

33 오른쪽 그림과 같은 평행사변형 ABCD의 두 꼭짓점 A, C에서 대각선 BD에 내린 수선의 발을 각각 E, F라고 할 때, 다음 중 옳지 않은 것은?

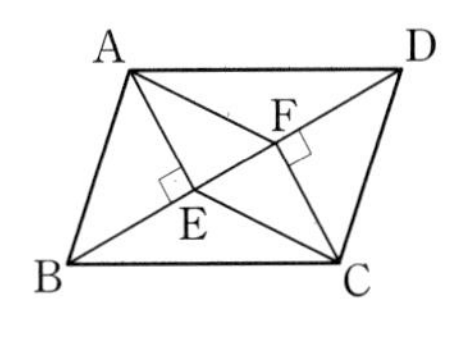

① $\overline{AE}=\overline{BE}$　② $\overline{AE}=\overline{CF}$
③ $\overline{AE} /\!/ \overline{FC}$　④ $\triangle ABE \equiv \triangle CDF$
⑤ □AECF는 평행사변형이다.

34 오른쪽 그림과 같은 평행사변형 ABCD에서 ∠A, ∠C의 이등분선이 $\overline{BC}$, $\overline{AD}$와 만나는 점을 각각 E, F라고 하자. $\overline{AB}=10\,\text{cm}$, $\overline{AD}=15\,\text{cm}$, $\overline{CF}=12\,\text{cm}$일 때, □AECF의 둘레의 길이는?

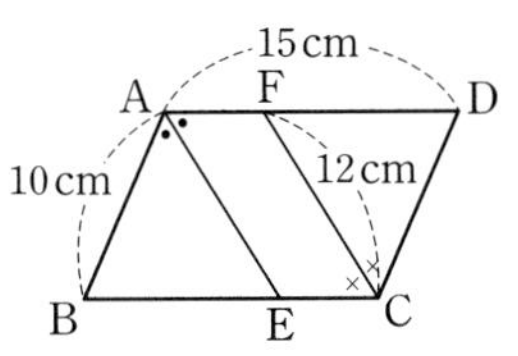

① 30 cm　② 32 cm　③ 34 cm
④ 36 cm　⑤ 38 cm

35 오른쪽 그림과 같은 평행사변형 ABCD에서 $\overline{BE}=\overline{DF}$이고 $\angle EAO=35°$, $\angle ECO=30°$일 때, ∠AFC의 크기는? (단, 점 O는 두 대각선의 교점이다.)

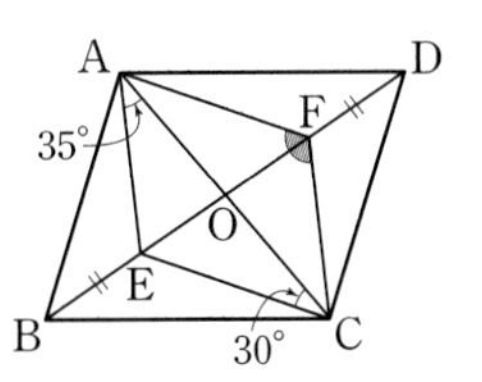

① 100°　② 105°　③ 110°
④ 115°　⑤ 120°

• 정답과 해설 23쪽

유형 8 평행사변형과 넓이

개념편 51쪽

평행사변형 ABCD의 두 대각선의 교점을 O라고 하면

(1) 평행사변형의 넓이는 한 대각선에 의해 이등분된다.

➡ $\triangle ABC=\triangle BCD=\triangle CDA=\triangle DAB=\frac{1}{2}\square ABCD$

(2) 평행사변형의 넓이는 두 대각선에 의해 사등분된다.

➡ $\triangle ABO=\triangle BCO=\triangle CDO=\triangle DAO=\frac{1}{4}\square ABCD$

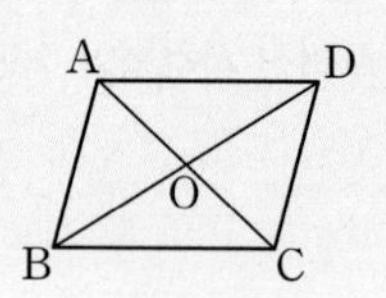

(3) 평행사변형 ABCD의 내부의 한 점 P에 대하여

➡ $\triangle PAB+\triangle PCD=\triangle PDA+\triangle PBC=\frac{1}{2}\square ABCD$

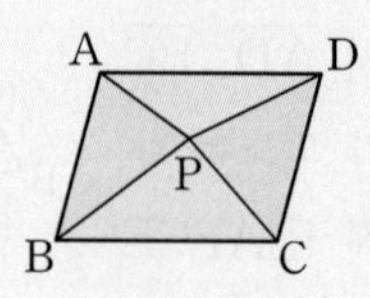

36 오른쪽 그림과 같은 평행사변형 ABCD에서 두 대각선의 교점을 O라고 하자. $\triangle OCD=16\,cm^2$일 때, $\square ABCD$의 넓이를 구하시오.

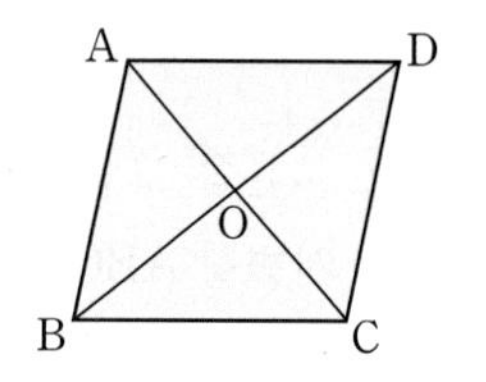

37 오른쪽 그림과 같은 평행사변형 ABCD에서 두 대각선의 교점 O를 지나는 직선이 $\overline{AB}$, $\overline{CD}$와 만나는 점을 각각 P, Q라고 하자. $\square ABCD$의 넓이가 $40\,cm^2$일 때, 색칠한 부분의 넓이를 구하시오.

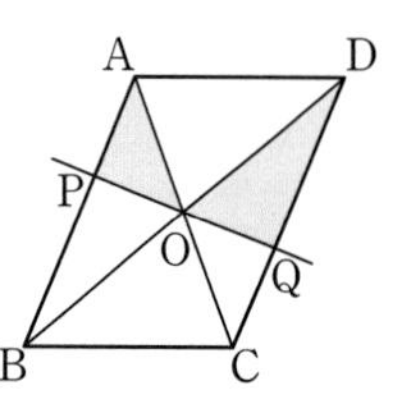

38 오른쪽 그림과 같은 평행사변형 ABCD에서 $\overline{BC}$와 $\overline{DC}$의 연장선 위에 $\overline{BC}=\overline{CE}$, $\overline{DC}=\overline{CF}$가 되도록 두 점 E, F를 각각 잡았다. $\triangle AOD$의 넓이가 $9\,cm^2$일 때, 다음 중 옳지 않은 것은?

(단, 점 O는 $\square ABCD$의 두 대각선의 교점이다.)

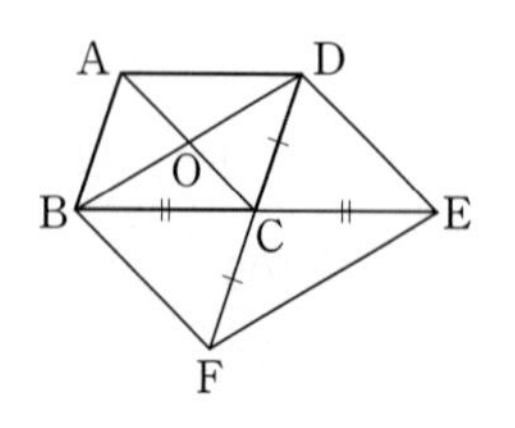

① $\triangle OBC=9\,cm^2$
② $\triangle ABC=18\,cm^2$
③ $\triangle CFE=36\,cm^2$
④ $\triangle BFD=36\,cm^2$
⑤ $\square BFED=72\,cm^2$

39 오른쪽 그림과 같은 평행사변형 ABCD의 내부의 한 점 P에 대하여 $\triangle PDA=25\,cm^2$, $\triangle PBC=23\,cm^2$, $\triangle PCD=19\,cm^2$일 때, $\triangle PAB$의 넓이를 구하시오.

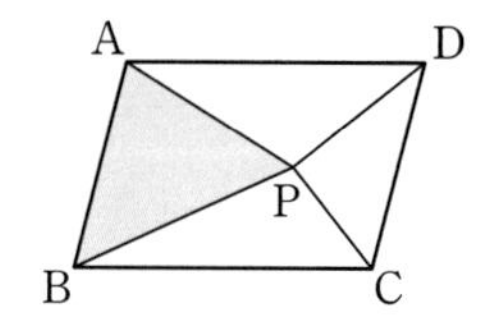

40 오른쪽 그림과 같은 평행사변형 ABCD의 내부의 한 점 P에 대하여 $\triangle PAD=13\,cm^2$, $\triangle PBC=8\,cm^2$일 때, $\square ABCD$의 넓이를 구하시오.

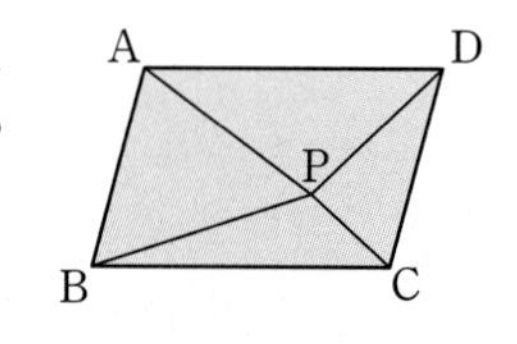

41 오른쪽 그림과 같은 평행사변형 ABCD의 넓이가 $80\,cm^2$이고, $\triangle PAB$와 $\triangle PCD$의 넓이의 비가 2 : 3일 때, $\triangle PAB$의 넓이를 구하시오.

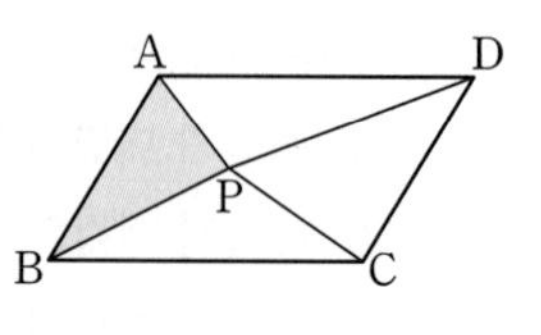

유형 9 직사각형 개념편 53쪽

(1) 직사각형

네 내각의 크기가 같은 사각형

➡ $\angle A=\angle B=\angle C=\angle D=90^\circ$

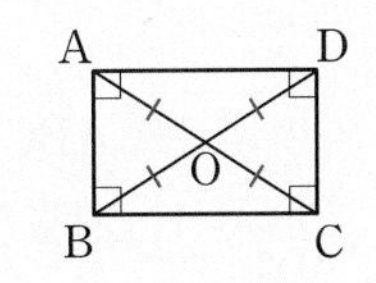

(2) 직사각형의 성질

두 대각선은 길이가 같고, 서로 다른 것을 이등분한다.

➡ $\overline{AC}=\overline{BD}$, $\overline{AO}=\overline{BO}=\overline{CO}=\overline{DO}$

42 오른쪽 그림과 같은 직사각형 ABCD에서 점 O는 두 대각선의 교점이고 $\overline{OA}=7x-1$, $\overline{OC}=5x+3$일 때, $\overline{BD}$의 길이는?

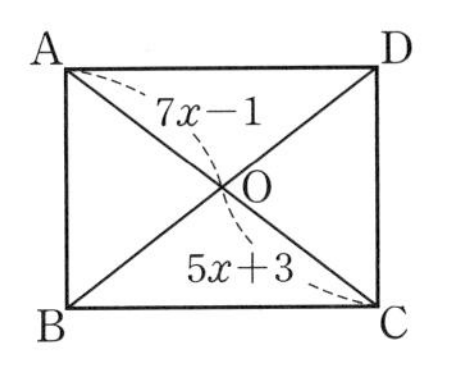

① 18 ② 20 ③ 22
④ 24 ⑤ 26

43 오른쪽 그림과 같은 직사각형 ABCD에서 점 O는 두 대각선의 교점이고 $\angle AOD=100^\circ$일 때, $\angle y-\angle x$의 크기를 구하시오.

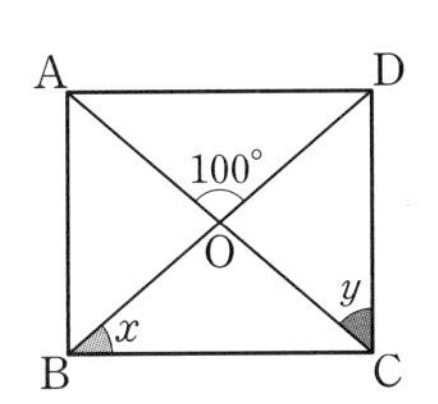

44 오른쪽 그림과 같이 직사각형 ABCD를 $\overline{EF}$를 접는 선으로 하여 꼭짓점 C가 꼭짓점 A에 겹쳐지도록 접었다. $\angle BAE=26^\circ$일 때, $\angle AEF$의 크기를 구하시오.

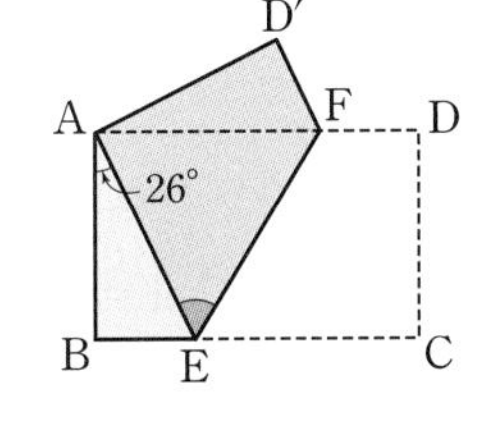

유형10 평행사변형이 직사각형이 되는 조건 개념편 53쪽

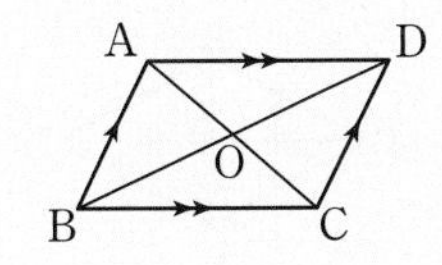

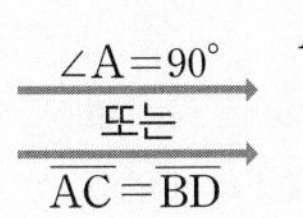

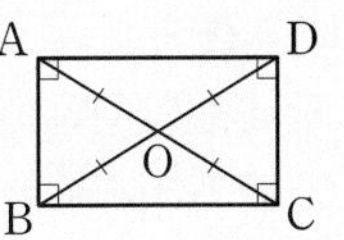

45 다음 중 평행사변형 ABCD가 직사각형이 되는 조건이 아닌 것은? (단, 점 O는 두 대각선의 교점이다.)

① $\overline{AC}=\overline{BD}$ ② $\angle A=\angle B$
③ $\angle A=90^\circ$ ④ $\overline{AB}=\overline{BC}$
⑤ $\overline{AO}=\overline{BO}$

46 다음은 '두 대각선의 길이가 같은 평행사변형은 직사각형이다.'를 설명하는 과정이다. (가)~(라)에 알맞은 것을 구하시오.

> 평행사변형 ABCD에서
> $\overline{AC}=\overline{BD}$라고 하자.
>
> 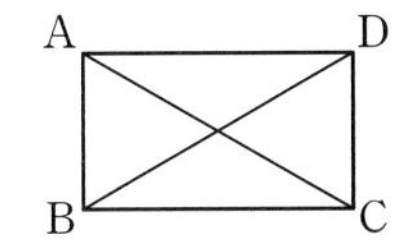
>
>
> △ABC와 △DCB에서
> $\overline{AB}=\overline{DC}$, $\overline{AC}=\overline{DB}$, (가) 는 공통이므로
> △ABC≡△DCB ((나) 합동)
> ∴ $\angle ABC=$ (다) ⋯ ㉠
> 이때 □ABCD가 평행사변형이므로
> $\angle ABC=\angle CDA$, $\angle BCD=$ (라) ⋯ ㉡
> ㉠, ㉡에 의해
> $\angle DAB=\angle ABC=\angle BCD=\angle CDA$
> 따라서 □ABCD는 직사각형이다.

47 오른쪽 그림과 같은 평행사변형 ABCD에서 $\overline{AD}=10\,cm$, $\overline{BD}=12\,cm$일 때, 한 가지 조건을 추가하여 직사각형이 되도록 하려고 한다. 이때 필요한 조건을 다음 보기에서 모두 고르시오. (단, 점 O는 두 대각선의 교점이다.)

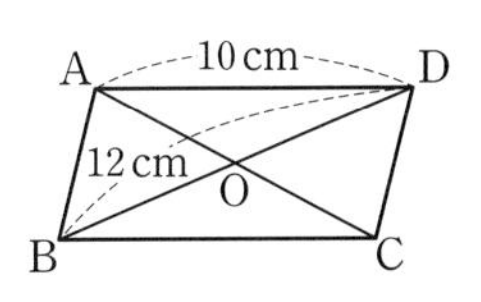

보기

ㄱ. $\overline{AB}=10\,cm$ ㄴ. $\overline{AC}=12\,cm$
ㄷ. $\angle AOD=90^\circ$ ㄹ. $\angle ABC=90^\circ$

유형11 마름모

개념편 54쪽

(1) 마름모

네 변의 길이가 같은 사각형

➡ $\overline{AB}=\overline{BC}=\overline{CD}=\overline{DA}$

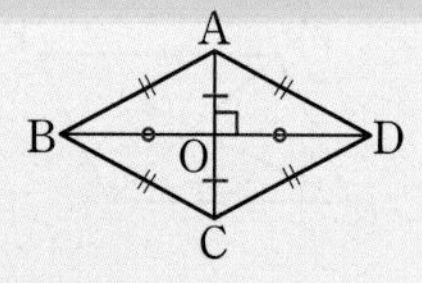

(2) 마름모의 성질

두 대각선은 서로 다른 것을 수직이등분한다.

➡ $\overline{AC}\perp\overline{BD}$, $\overline{AO}=\overline{CO}$, $\overline{BO}=\overline{DO}$

참고 마름모의 두 대각선에 의해 생기는 4개의 삼각형은 모두 합동이다.

48 오른쪽 그림과 같은 마름모 ABCD에서 두 대각선의 교점을 O라고 하자. 다음 보기 중 □ABCD에 대한 설명으로 옳지 않은 것을 모두 고르시오.

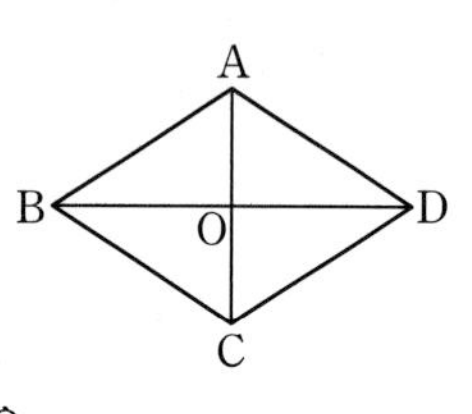

보기

ㄱ. $\overline{AB}=\overline{BC}=\overline{CD}=\overline{DA}$

ㄴ. $\angle BOC=90°$

ㄷ. $\angle BAD=\angle BCD$, $\angle ABC=\angle ADC$

ㄹ. $\overline{AC}=\overline{BD}$

ㅁ. $\overline{OB}=\overline{OD}$

ㅂ. $\angle ABD=\angle CBD$

49 오른쪽 그림과 같은 마름모 ABCD에서 두 대각선의 교점을 O라고 하자. $\overline{AB}=7$, $\angle ADB=27°$일 때, $x+y$의 값을 구하시오.

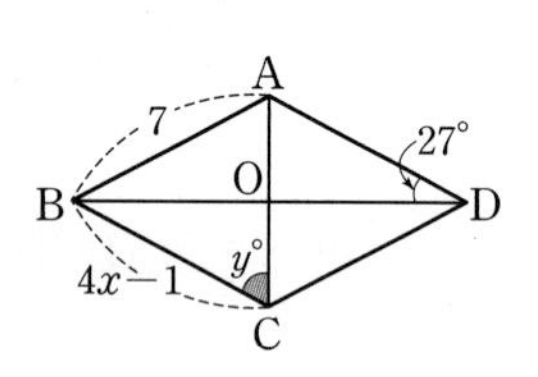

50 오른쪽 그림과 같은 마름모 ABCD에서 $\angle BDC=20°$일 때, $\angle A$의 크기를 구하시오.

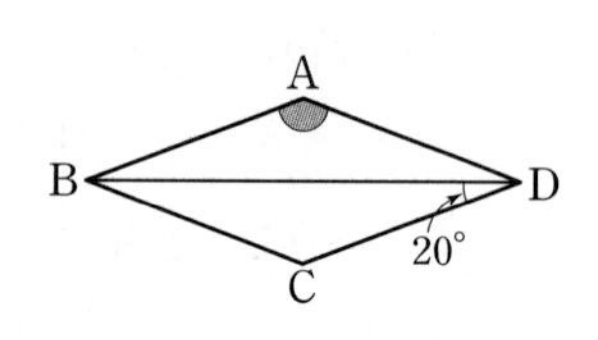

51 다음은 '마름모의 두 대각선은 서로 수직이다.'를 설명하는 과정이다. (가)~(마)에 알맞은 것을 구하시오.

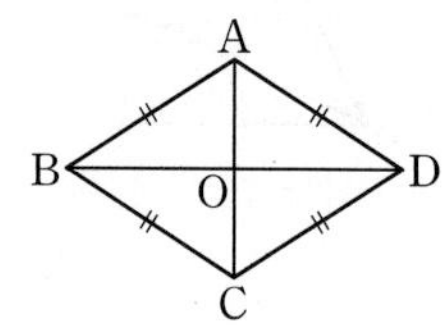

마름모 ABCD에서 두 대각선의 교점을 O라고 하자.

△ABO와 △ADO에서

[(가)]$=\overline{AD}$, $\overline{OB}=\overline{OD}$,

[(나)]는 공통이므로

△ABO≡△ADO ([(다)] 합동)

∴ $\angle AOB=$[(라)]

이때 $\angle AOB+\angle AOD=$[(마)]이므로

$\angle AOB=\angle AOD=90°$

따라서 마름모의 두 대각선은 서로 수직이다.

52 서술형 오른쪽 그림과 같은 마름모 ABCD의 꼭짓점 A에서 $\overline{CD}$에 내린 수선의 발을 H라 하고, $\overline{AH}$와 $\overline{BD}$의 교점을 P라고 하자. $\angle C=116°$일 때, $\angle APB$의 크기를 구하시오.

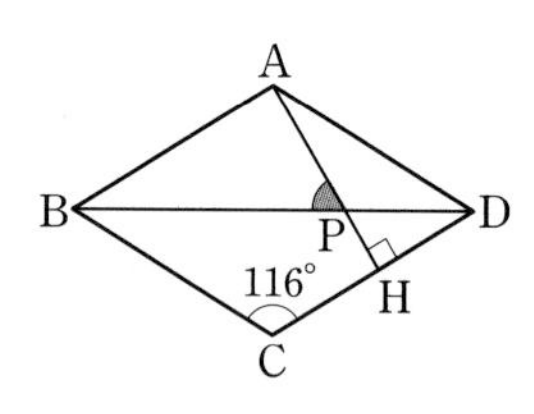

풀이 과정

답

53 오른쪽 그림과 같은 마름모 ABCD의 꼭짓점 A에서 $\overline{BC}$, $\overline{CD}$에 내린 수선의 발을 각각 P, Q라고 하자. $\angle B=70°$일 때, $\angle APQ$의 크기를 구하시오.

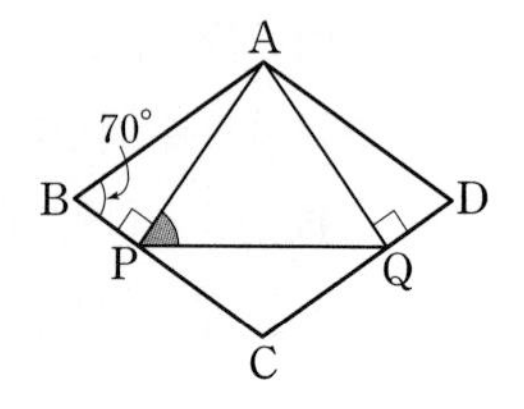

유형12 평행사변형이 마름모가 되는 조건 개념편 54쪽

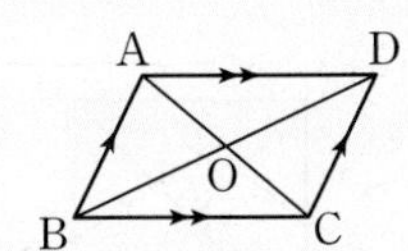

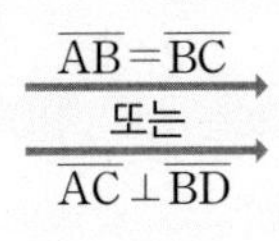

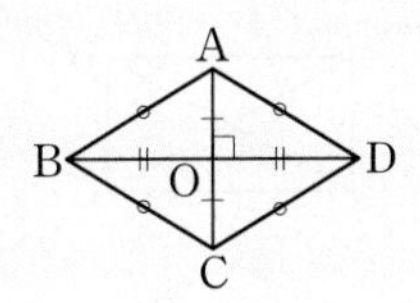

54 다음 중 오른쪽 그림과 같은 평행사변형 ABCD가 마름모가 되는 조건은? (단, 점 O는 두 대각선의 교점이다.)

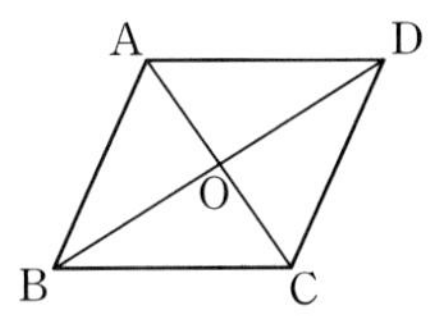

① $\overline{AC}=\overline{BD}$　② $\overline{AO}=\overline{BO}$
③ $\angle BOC=90°$　④ $\overline{AB}=\overline{AC}$
⑤ $\angle BAD=\angle ABC$

55 오른쪽 그림과 같은 평행사변형 ABCD에서 대각선 BD가 ∠B를 이등분할 때, □ABCD는 어떤 사각형인지 말하시오.

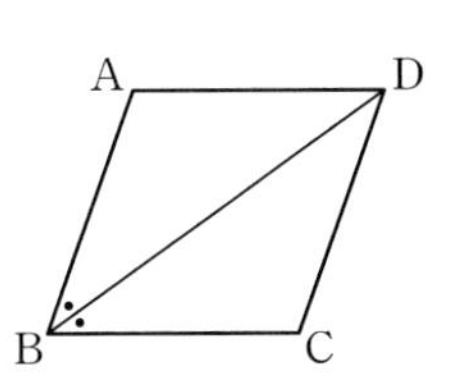

56 오른쪽 그림과 같은 평행사변형 ABCD에서 두 대각선의 교점을 O라고 하자. $\overline{AB}=2x+1$, $\overline{BC}=x+13$, $\overline{CD}=3x-11$일 때, ∠AOB의 크기를 구하시오.

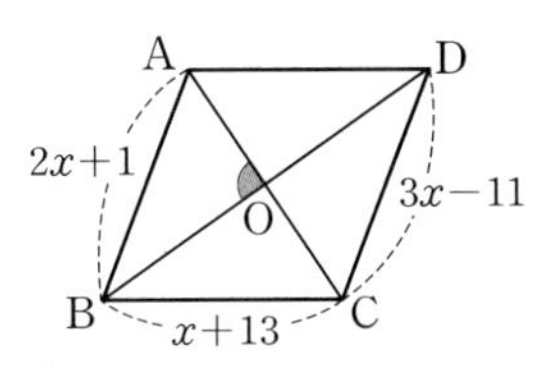

유형13 정사각형 개념편 55쪽

(1) 정사각형
네 변의 길이가 같고, 네 내각의 크기가 같은 사각형
➡ $\overline{AB}=\overline{BC}=\overline{CD}=\overline{DA}$,
$\angle A=\angle B=\angle C=\angle D=90°$

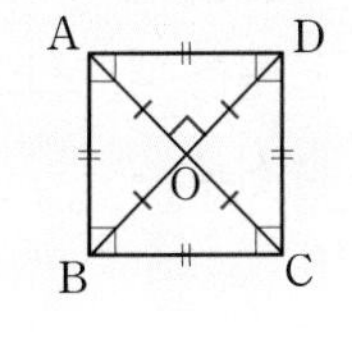

(2) 정사각형의 성질
두 대각선은 길이가 같고, 서로 다른 것을 수직이등분한다.
➡ $\overline{AC}=\overline{BD}$, $\overline{AC}\perp\overline{BD}$, $\overline{AO}=\overline{BO}=\overline{CO}=\overline{DO}$

57 오른쪽 그림과 같은 정사각형 ABCD에서 두 대각선의 교점을 O라고 하자. $\overline{AC}=14\,\text{cm}$일 때, $y-x$의 값은?

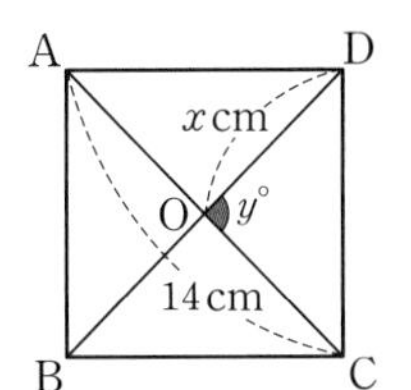

① 82　② 83
③ 84　④ 85
⑤ 86

58 오른쪽 그림과 같은 정사각형 ABCD에서 대각선 BD 위에 ∠DAE=25°가 되도록 점 E를 잡을 때, ∠BEC의 크기를 구하시오.

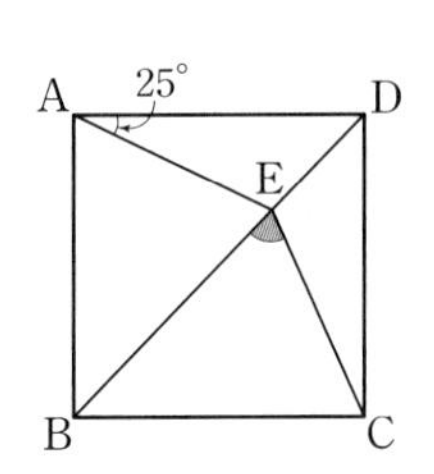

59 오른쪽 그림과 같은 정사각형 ABCD에서 $\overline{AD}=\overline{AE}$이고 ∠ADE=74°일 때, ∠ABE의 크기를 구하시오.

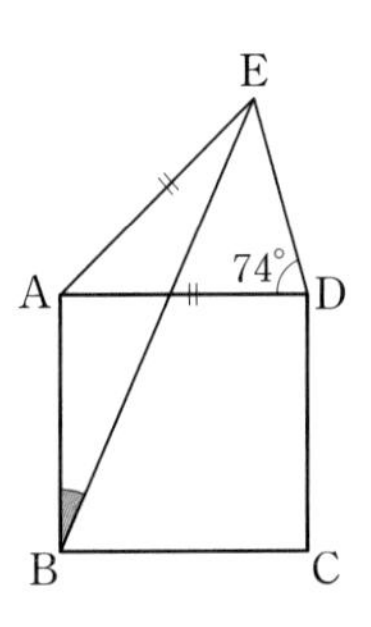

60 오른쪽 그림과 같은 정사각형 ABCD에서 △EBC가 정삼각형일 때, ∠EDB의 크기를 구하시오.

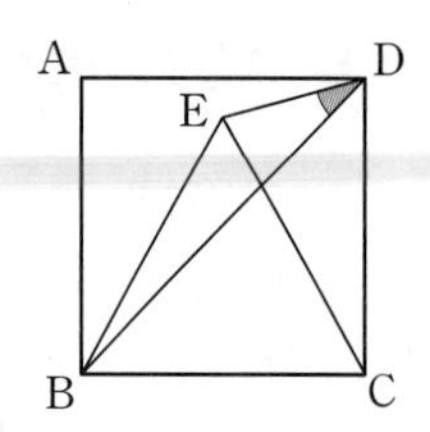

61 서술형 오른쪽 그림과 같은 정사각형 ABCD에서 $\overline{BE}=\overline{CF}$이고 $\overline{AE}$와 $\overline{BF}$의 교점을 G라고 할 때, ∠AGF의 크기를 구하시오.

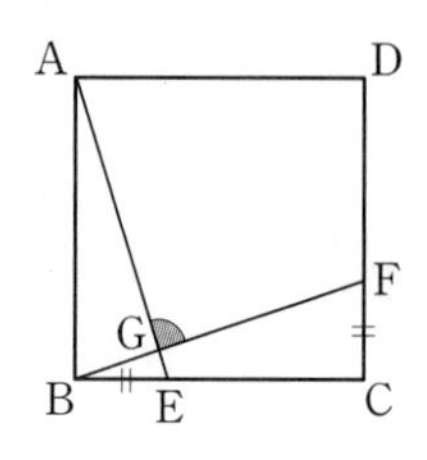

풀이 과정

답

62 오른쪽 그림과 같이 한 변의 길이가 4 cm인 정사각형 ABCD의 두 대각선의 교점을 E라고 하자. 정사각형 ABCD와 정사각형 EFGH가 합동일 때, □EICJ의 넓이를 구하시오.

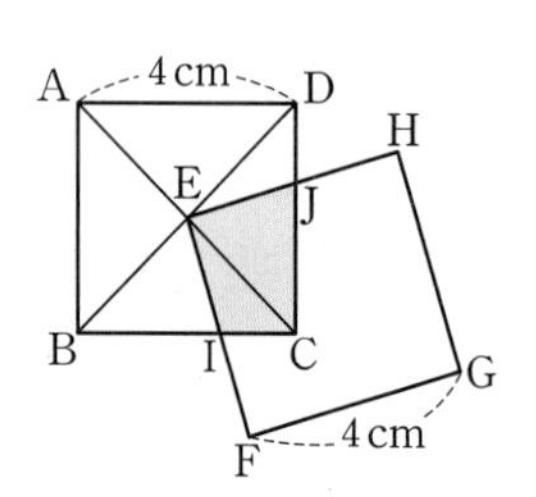

까다로운 기출문제

정삼각형과 정사각형의 성질을 이용하여 △ABP, △DCP가 어떤 삼각형인지 알아보자!

63 오른쪽 그림과 같은 정사각형 ABCD의 내부의 한 점 P에 대하여 △PBC가 정삼각형일 때, ∠APD의 크기를 구하시오.

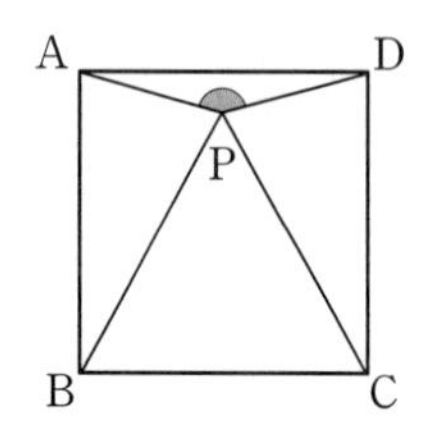

유형 14 정사각형이 되는 조건

개념편 55쪽

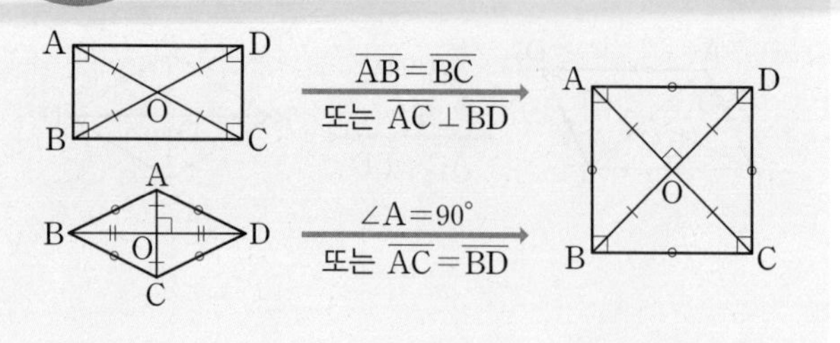

64 오른쪽 그림과 같은 마름모 ABCD에서 두 대각선의 교점을 O라고 할 때, 다음 중 □ABCD가 정사각형이 되는 조건을 모두 고르면? (정답 2개)

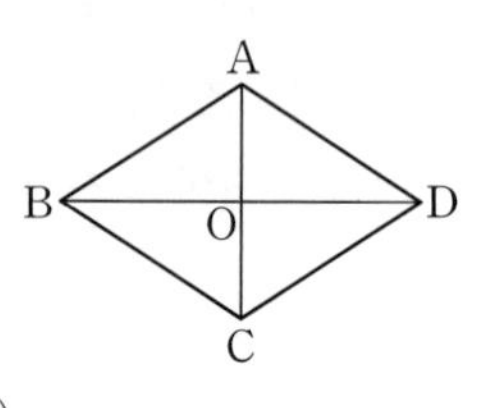

① $\overline{AC}=\overline{BD}$　② $\overline{AD}=\overline{CD}$
③ $\overline{OB}=\overline{OD}$　④ $\overline{AC}\perp\overline{BD}$
⑤ ∠B=∠C

65 다음 보기 중 평행사변형 ABCD가 정사각형이 되는 조건이 아닌 것을 모두 고르시오.
(단, 점 O는 두 대각선의 교점이다.)

보기
ㄱ. $\overline{AB}=\overline{BC}$, $\overline{AC}=\overline{BD}$
ㄴ. $\overline{AB}=\overline{BC}$, $\overline{AC}\perp\overline{BD}$
ㄷ. ∠A=90°, $\overline{AB}=\overline{BC}$
ㄹ. ∠A=90°, $\overline{AB}\perp\overline{BC}$
ㅁ. $\overline{AC}=\overline{BD}$, $\overline{AC}\perp\overline{BD}$

보기 다多 모아~

66 다음 중 정사각형이 되는 것을 모두 고르면?

① 이웃하는 두 변의 길이가 같은 직사각형
② 한 내각의 크기가 90°인 마름모
③ 이웃하는 두 내각의 크기가 같은 평행사변형
④ 두 대각선이 서로 수직으로 만나는 직사각형
⑤ 네 내각의 크기가 같고, 두 대각선의 길이가 같은 사각형
⑥ 네 변의 길이가 같고, 두 대각선이 서로 다른 것을 수직이등분하는 사각형

유형 15 등변사다리꼴 개념편 56쪽

(1) 등변사다리꼴
아랫변의 양 끝 각의 크기가 같은 사다리꼴
➡ $\overline{AD} /\!/ \overline{BC}$, $\angle B = \angle C$

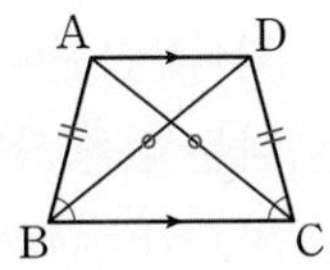

(2) 등변사다리꼴의 성질
① 평행하지 않은 한 쌍의 대변의 길이가 같다.
➡ $\overline{AB} = \overline{DC}$
② 두 대각선의 길이가 같다.
➡ $\overline{AC} = \overline{BD}$

67 오른쪽 그림과 같이 $\overline{AD} /\!/ \overline{BC}$인 등변사다리꼴 ABCD에서 $\angle ABD = 30°$, $\angle C = 70°$일 때, $\angle ADB$의 크기를 구하시오.

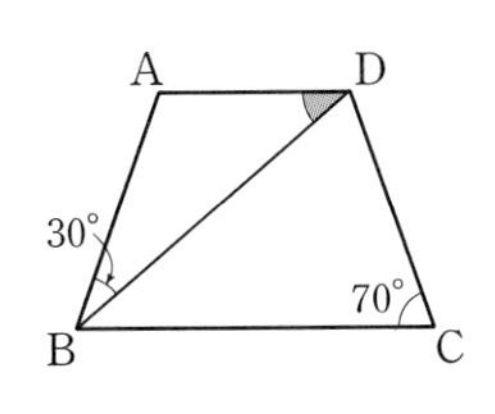

68 오른쪽 그림과 같이 $\overline{AD} /\!/ \overline{BC}$인 등변사다리꼴 ABCD에 대한 설명으로 다음 중 옳지 않은 것은? (단, 점 O는 두 대각선의 교점이다.)

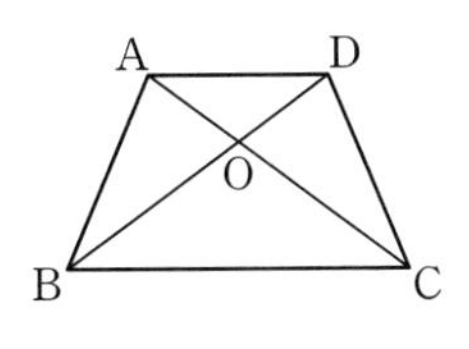

① $\overline{AC} = \overline{BD}$
② $\overline{OA} = \overline{OD}$
③ $\overline{AC} \perp \overline{BD}$
④ $\angle BAD = \angle CDA$
⑤ $\angle BAC = \angle CDB$

69 서술형 오른쪽 그림과 같이 $\overline{AD} /\!/ \overline{BC}$인 등변사다리꼴 ABCD에서 $\overline{AB} = \overline{AD}$이고 $\angle C = 68°$일 때, $\angle x$의 크기를 구하시오.

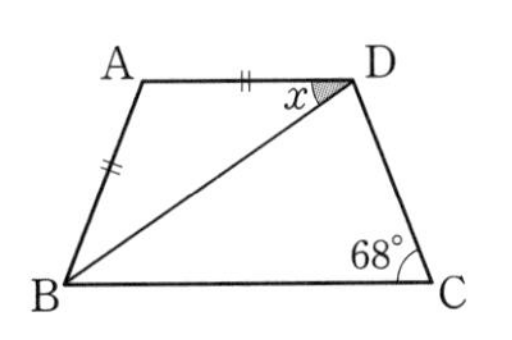

풀이 과정

답

유형 16 등변사다리꼴의 성질의 응용 개념편 56쪽

$\overline{AD} /\!/ \overline{BC}$인 등변사다리꼴 ABCD에서 다음이 성립한다.

(1)

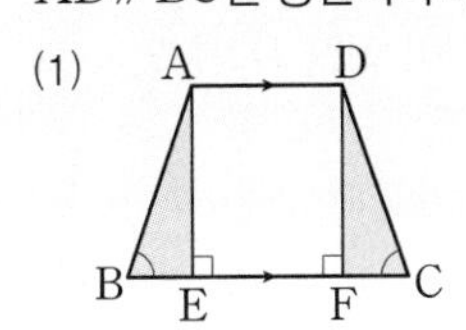

$\triangle ABE \equiv \triangle DCF$
(RHA 합동)

(2)

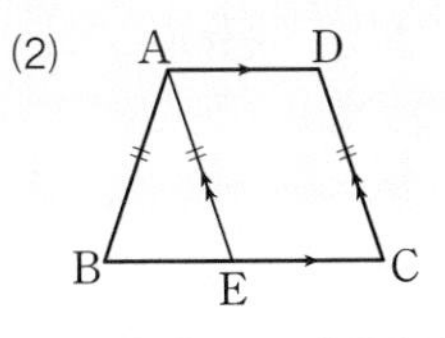

$\triangle ABE$ ➡ 이등변삼각형
$\square AECD$ ➡ 평행사변형

70 오른쪽 그림과 같이 $\overline{AD} /\!/ \overline{BC}$인 등변사다리꼴 ABCD에서 $\overline{AD} = 6\,cm$, $\overline{AB} = 17\,cm$, $\overline{BC} = 22\,cm$일 때, 다음을 구하시오.

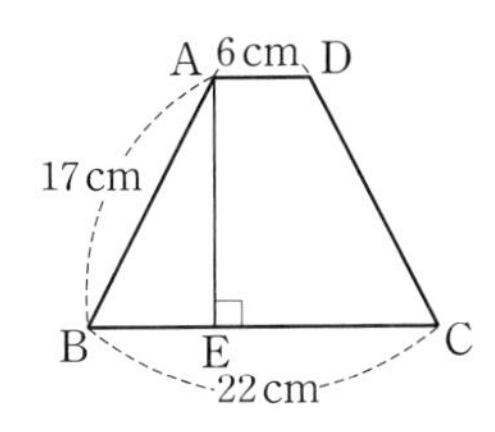

(1) $\overline{BE}$의 길이

(2) $\overline{AE}$의 길이

71 오른쪽 그림과 같이 $\overline{AD} /\!/ \overline{BC}$인 등변사다리꼴 ABCD에서 $\overline{AB} = 6\,cm$, $\overline{AD} = 4\,cm$, $\angle B = 60°$일 때, $\overline{BC}$의 길이를 구하시오.

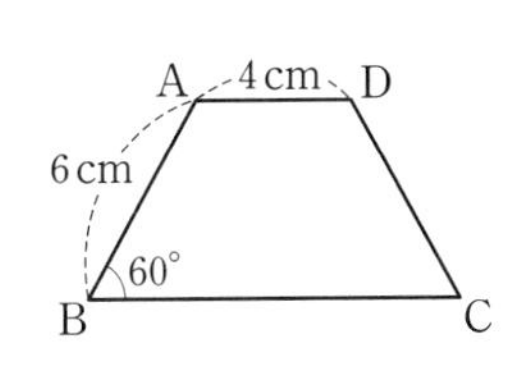

72 오른쪽 그림과 같이 $\overline{AD} /\!/ \overline{BC}$인 등변사다리꼴 ABCD에서 $\overline{AB} = \overline{AD}$, $\overline{BC} = 2\overline{AD}$일 때, $\angle A$의 크기를 구하시오.

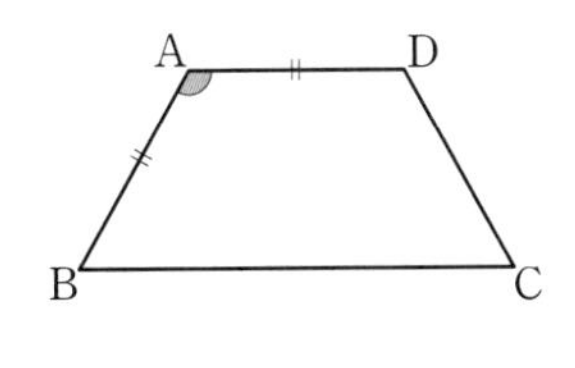

까다로운

유형 17 여러 가지 사각형의 판별

개념편 59~60쪽

평행사변형, 직사각형, 마름모, 정사각형, 등변사다리꼴의 뜻과 성질을 이용하여 주어진 사각형이 어떤 사각형인지 확인한다.

73 오른쪽 그림과 같은 직사각형 ABCD에서 $\overline{BE}=\overline{DF}$일 때, □EBFD는 어떤 사각형인지 말하시오.

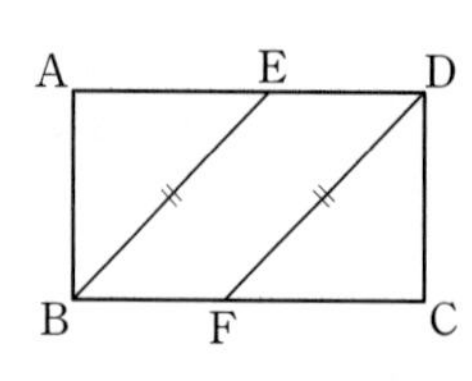

74 오른쪽 그림과 같은 평행사변형 ABCD에서 ∠A, ∠B의 이등분선이 $\overline{BC}$, $\overline{AD}$와 만나는 점을 각각 E, F라고 할 때, □ABEF는 어떤 사각형인지 말하시오.

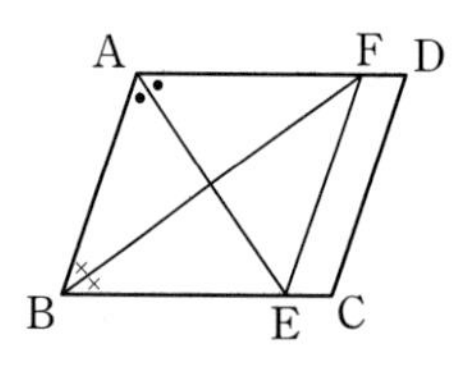

75 오른쪽 그림과 같은 평행사변형 ABCD의 네 내각의 이등분선의 교점을 각각 E, F, G, H라 고 할 때, 다음 중 □EFGH에 대한 설명으로 옳지 않은 것을 모두 고르면? (정답 2개)

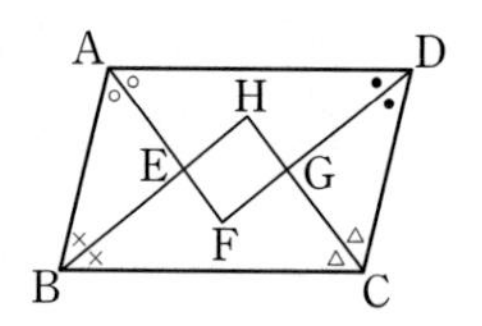

① 두 쌍의 대변의 길이가 각각 같다.
② 네 내각의 크기가 모두 같다.
③ 이웃하는 두 변의 길이가 같다.
④ 두 대각선의 길이가 같다.
⑤ 두 대각선이 서로 수직이다.

76 오른쪽 그림과 같은 직사각형 ABCD에서 대각선 BD의 수직이등분선이 $\overline{AD}$, $\overline{BC}$와 만나는 점을 각각 E, F라고 하자. $\overline{AE}=4\,\text{cm}$, $\overline{BC}=12\,\text{cm}$일 때, □EBFD의 둘레의 길이를 구하시오. (단, 점 O는 $\overline{BD}$와 $\overline{EF}$의 교점이다.)

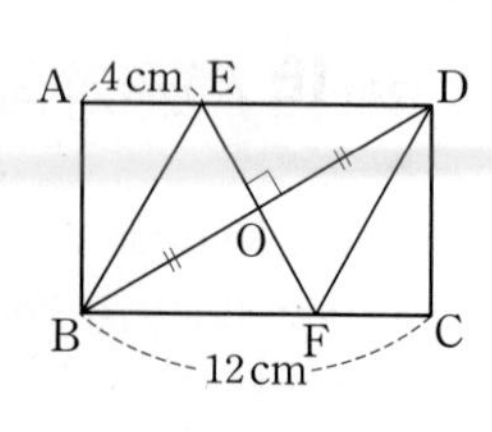

77 서술형

오른쪽 그림과 같은 직사각형 ABCD에서 $\overline{AD}$, $\overline{BC}$의 중점을 각각 M, N이라고 하자. $\overline{AD}=2\overline{AB}$이고 $\overline{AD}=8\,\text{cm}$일 때, □MPNQ의 넓이를 구하시오.

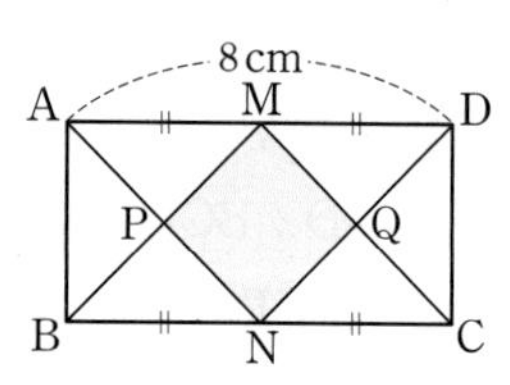

풀이 과정

답

합동인 두 삼각형을 찾아 □ABGH가 어떤 사각형인지 알아보자!

78 오른쪽 그림과 같은 평행사변형 ABCD에서 $\overline{CD}$의 연장선 위에 $\overline{CE}=\overline{CD}=\overline{DF}$가 되도록 두 점 E, F를 각각 잡아 $\overline{AE}$와 $\overline{BC}$의 교점을 G, $\overline{BF}$와 $\overline{AD}$의 교점을 H, $\overline{AE}$와 $\overline{BF}$의 교점을 O라고 하자. $\overline{AD}=2\overline{AB}$일 때, $\angle x$의 크기를 구하시오.

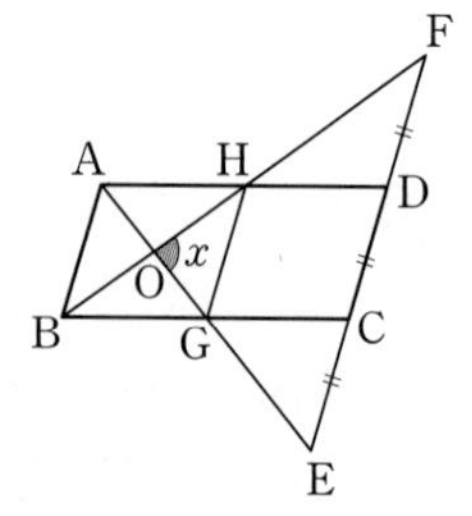

유형18 여러 가지 사각형 사이의 관계 개념편 59~60쪽

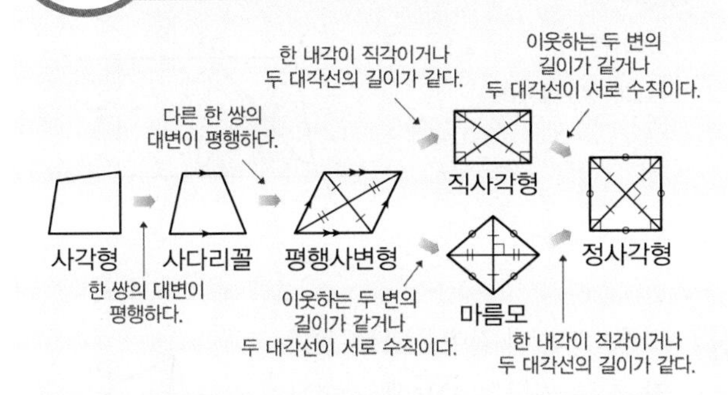

79 오른쪽 그림과 같은 평행사변형 ABCD에 대하여 다음 중 옳지 않은 것은?

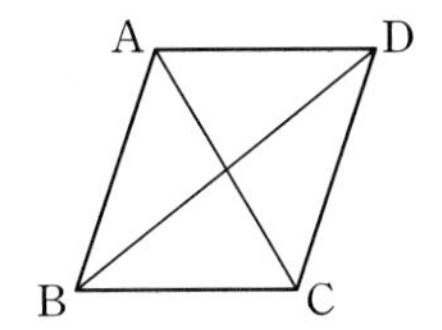

① $\overline{AB}=\overline{AD}$이면 □ABCD는 마름모이다.
② $\overline{AC}=\overline{BD}$이면 □ABCD는 직사각형이다.
③ $\angle ABD=\angle DBC$이면 □ABCD는 마름모이다.
④ $\overline{AC}\perp\overline{BD}$이면 □ABCD는 정사각형이다.
⑤ $\angle A=\angle D$이면 □ABCD는 직사각형이다.

80 다음 중 옳은 것을 모두 고르면? (정답 2개)

① 이웃하는 두 내각의 크기가 같은 사각형은 마름모이다.
② 두 대각선의 길이가 같은 사각형은 직사각형이다.
③ 두 대각선이 서로 수직인 평행사변형은 마름모이다.
④ 이웃하는 두 변의 길이가 같은 직사각형은 마름모이다.
⑤ 한 내각의 크기가 90°인 마름모는 정사각형이다.

81 다음 보기 중 옳지 않은 것을 모두 고르시오.

보기
ㄱ. 직사각형, 마름모, 사다리꼴은 평행사변형이다.
ㄴ. 직사각형이고 마름모이면 정사각형이다.
ㄷ. 마름모는 사다리꼴이다.
ㄹ. 등변사다리꼴은 직사각형이다.
ㅁ. 정사각형은 평행사변형이다.

유형19 여러 가지 사각형의 대각선의 성질 개념편 59~60쪽

(1) 평행사변형: 두 대각선이 서로 다른 것을 이등분한다.
(2) 직사각형: 두 대각선은 길이가 같고, 서로 다른 것을 이등분한다.
(3) 마름모: 두 대각선이 서로 다른 것을 수직이등분한다.
(4) 정사각형: 두 대각선은 길이가 같고, 서로 다른 것을 수직이등분한다.
(5) 등변사다리꼴: 두 대각선은 길이가 같다.

82 다음 보기의 사각형 중 두 대각선이 서로 다른 것을 이등분하는 것을 모두 고른 것은?

보기
ㄱ. 등변사다리꼴　　ㄴ. 평행사변형
ㄷ. 직사각형　　ㄹ. 마름모
ㅁ. 정사각형　　ㅂ. 사다리꼴

① ㄴ, ㅁ, ㅂ　　② ㄷ, ㄹ, ㅁ
③ ㄱ, ㄷ, ㄹ, ㅂ　　④ ㄴ, ㄷ, ㄹ, ㅁ
⑤ ㄱ, ㄴ, ㄷ, ㄹ, ㅁ

83 다음 보기의 사각형 중 두 대각선의 길이가 같은 것은 a개, 두 대각선이 서로 다른 것을 수직이등분하는 것은 b개일 때, $a+b$의 값은?

보기
ㄱ. 평행사변형　　ㄴ. 직사각형
ㄷ. 마름모　　ㄹ. 정사각형
ㅁ. 등변사다리꼴　　ㅂ. 사다리꼴

① 4　　② 5　　③ 6
④ 7　　⑤ 8

유형20 사각형의 각 변의 중점을 연결하여 만든 사각형

개념편 61쪽

사각형의 각 변의 중점을 연결하여 만든 사각형은 다음과 같다.

(1) 일반 사각형, 평행사변형 ➡ 평행사변형
(2) 직사각형, 등변사다리꼴 ➡ 마름모
(3) 마름모 ➡ 직사각형
(4) 정사각형 ➡ 정사각형

84 오른쪽 그림과 같은 평행사변형 ABCD의 각 변의 중점을 각각 E, F, G, H라고 할 때, 다음 보기 중 □EFGH에 대한 설명으로 옳은 것을 모두 고르시오.

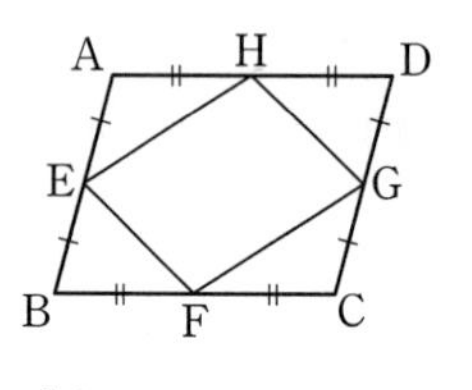

보기

ㄱ. 한 내각의 크기가 90°이다.
ㄴ. 이웃하는 두 변의 길이가 같다.
ㄷ. 두 쌍의 대각의 크기가 각각 같다.
ㄹ. 두 대각선의 길이가 같다.
ㅁ. 두 대각선이 서로 다른 것을 이등분한다.

85 오른쪽 그림과 같은 마름모 ABCD에서 각 변의 중점을 각각 P, Q, R, S라고 할 때, 다음 중 옳지 않은 것은?

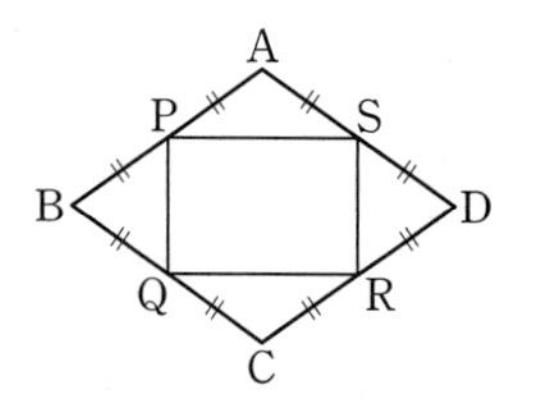

① $\overline{PS}/\!/\overline{QR}$　② $\overline{PQ}=\overline{SR}$
③ $\overline{PQ}\perp\overline{QR}$　④ $\overline{PR}=\overline{SQ}$
⑤ $\overline{PR}\perp\overline{SQ}$

86 오른쪽 그림과 같은 직사각형 ABCD의 각 변의 중점을 각각 E, F, G, H라고 하자. $\overline{BC}=8\,\text{cm}$, $\overline{CD}=6\,\text{cm}$, $\overline{EH}=5\,\text{cm}$일 때, □EFGH의 둘레의 길이를 구하시오.

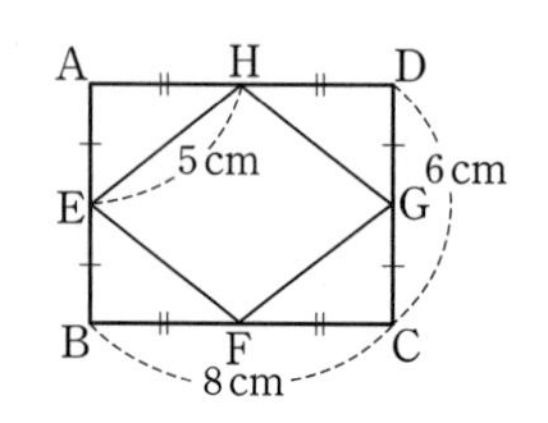

유형21 평행선과 넓이

개념편 63쪽

$l/\!/m$이면
$\triangle ABC=\triangle DBC$

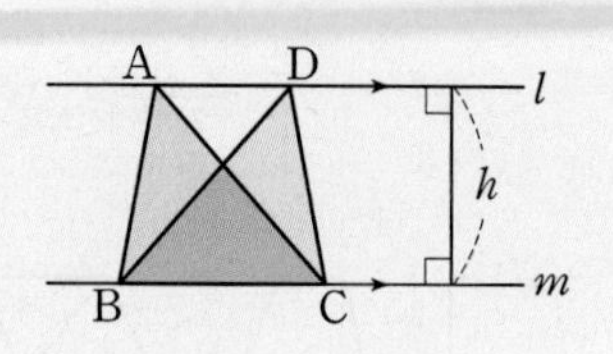

87 오른쪽 그림과 같이 □ABCD의 점 A를 지나고 $\overline{DB}$에 평행한 직선을 그어 $\overline{BC}$의 연장선과 만나는 점을 E라고 하자. $\square ABCD=48\,\text{cm}^2$일 때, △DEC의 넓이를 구하시오.

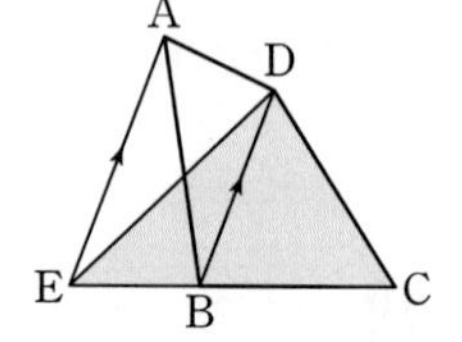

88 서술형

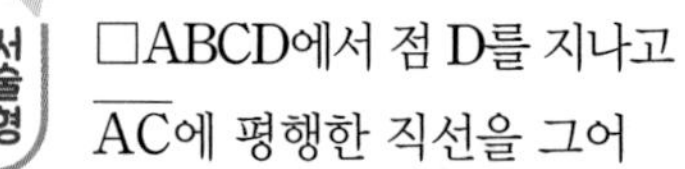

오른쪽 그림과 같은 □ABCD에서 점 D를 지나고 $\overline{AC}$에 평행한 직선을 그어 $\overline{BC}$의 연장선과 만나는 점을 E라고 하자. $\triangle ABC=20\,\text{cm}^2$, $\triangle ACE=10\,\text{cm}^2$일 때, □ABCD의 넓이를 구하시오.

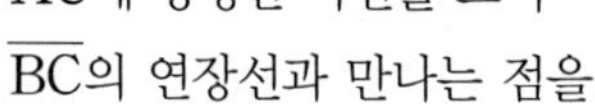

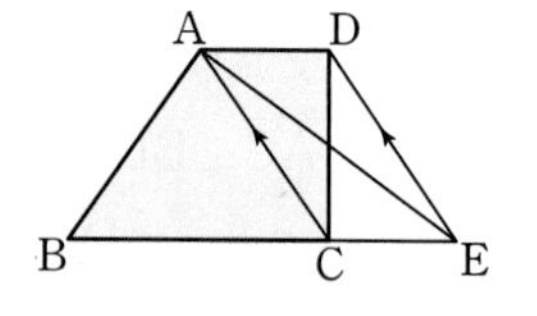

풀이 과정

답

89 오른쪽 그림에서 $\overline{DC}/\!/\overline{AE}$이고 $\overline{DH}\perp\overline{BE}$이다. $\overline{BC}=7\,\text{cm}$, $\overline{CE}=3\,\text{cm}$, $\overline{DH}=3\,\text{cm}$일 때, △ABC의 넓이를 구하시오.

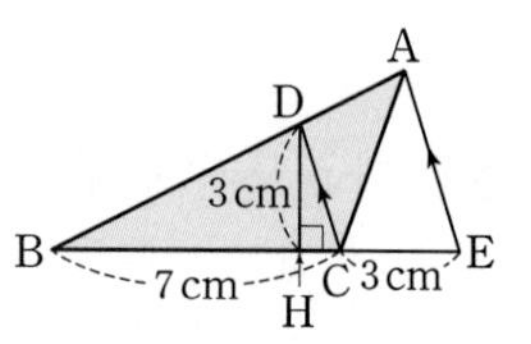

틀리기 쉬운

유형22 평행선과 넓이를 이용하여 피타고라스 정리가 성립함을 설명하기 - 유클리드의 방법 개념편 64쪽

(1) △EBA=△EBC=△ABF
=△BFL
(2) □ADEB=□BFML
□ACHI=□LMGC
(3) □ADEB+□ACHI
=□BFGC
➡ $\overline{AB}^2+\overline{AC}^2=\overline{BC}^2$

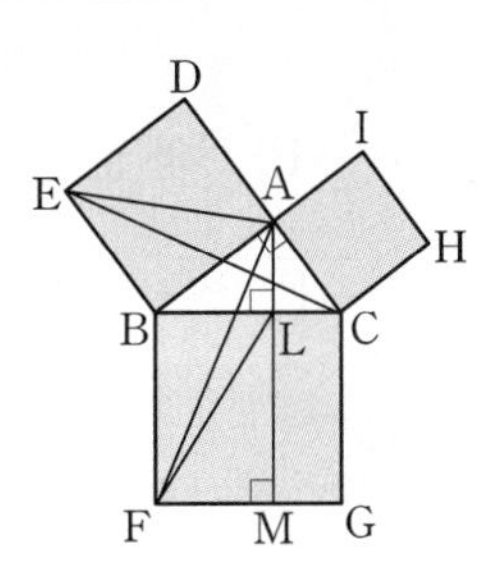

90 오른쪽 그림은 직각삼각형 ABC의 세 변을 각각 한 변으로 하는 세 정사각형을 그린 것이다. 다음 중 옳지 않은 것은?

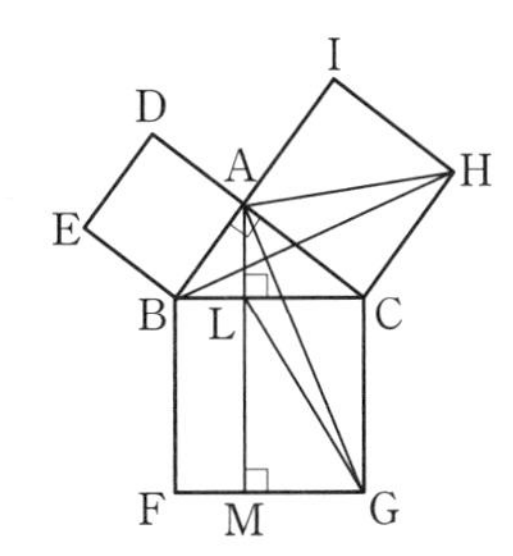

① $\overline{AG}=\overline{HB}$
② △HAC=△LGC
③ △ABC=△AGC
④ □ACHI=□LMGC
⑤ □ADEB+□ACHI=□BFGC

91 오른쪽 그림은 ∠A=90°인 직각삼각형 ABC의 각 변을 한 변으로 하는 세 정사각형을 그린 것이다. $\overline{AB}$=8 cm, $\overline{BC}$=10 cm일 때, 색칠한 부분의 넓이를 구하시오.

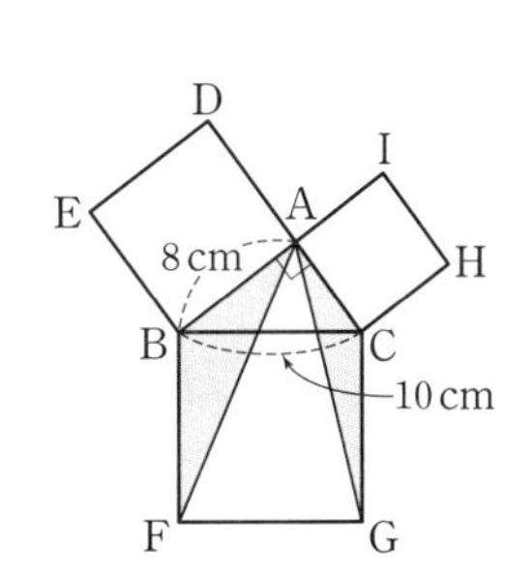

□BFML과 넓이가 같은 도형을 찾아보자.

까다로운 기출문제

92 오른쪽 그림은 ∠A=90°인 직각삼각형 ABC의 각 변을 한 변으로 하는 세 정사각형을 그린 것이다. $\overline{AB}$=12 cm, $\overline{AC}$=5 cm일 때, $\overline{FM}$의 길이를 구하시오.

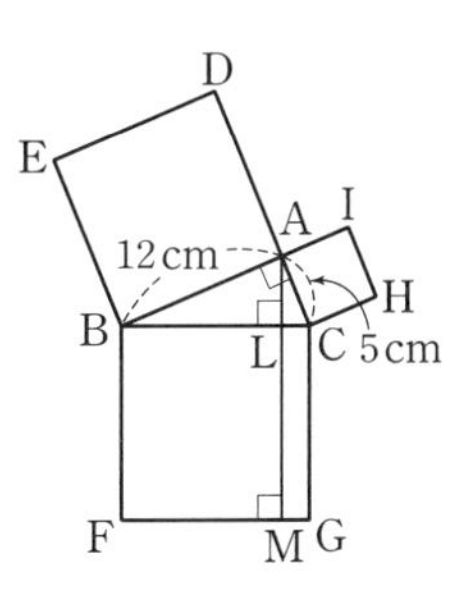

유형23 삼각형과 넓이 개념편 65쪽

높이가 같은 두 삼각형의 넓이의 비는 밑변의 길이의 비와 같다.
➡ △ABC : △ACD
=m : n

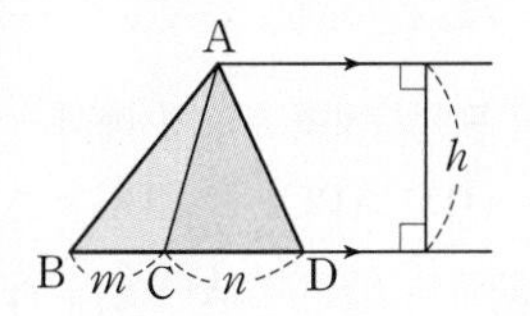

93 오른쪽 그림에서 점 M은 $\overline{BC}$의 중점이고, $\overline{AP}$: $\overline{PM}$=1 : 2이다. △ABC=54 cm²일 때, △PBM의 넓이를 구하시오.

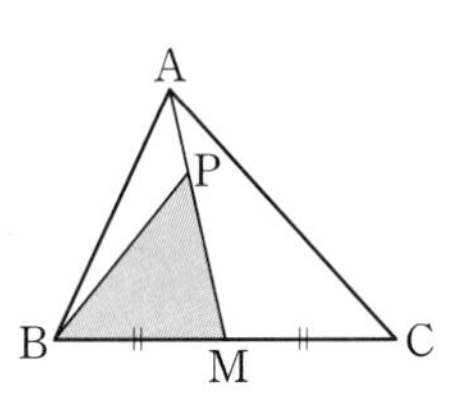

94 오른쪽 그림에서 $\overline{BD}$: $\overline{DC}$=3 : 2, $\overline{AE}$: $\overline{EC}$=2 : 1이고 △ABC=15 cm²일 때, △EDC의 넓이는?

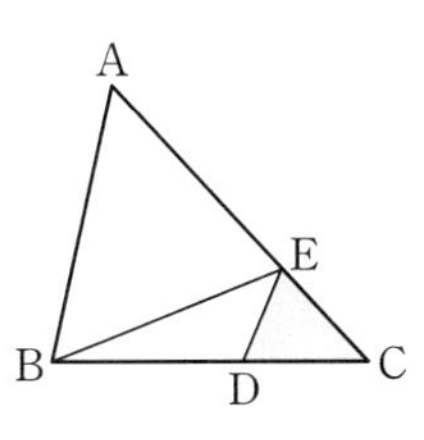

① 1 cm²　② 2 cm²　③ 3 cm²
④ 4 cm²　⑤ 5 cm²

95 오른쪽 그림과 같은 △ABC에서 점 A를 지나고 $\overline{PC}$에 평행한 직선을 그어 $\overline{BC}$의 연장선과 만나는 점을 Q라고 하자.
$\overline{BM}$: $\overline{MQ}$=2 : 3이고 △PBM=6 cm²일 때, □APMC의 넓이를 구하시오.

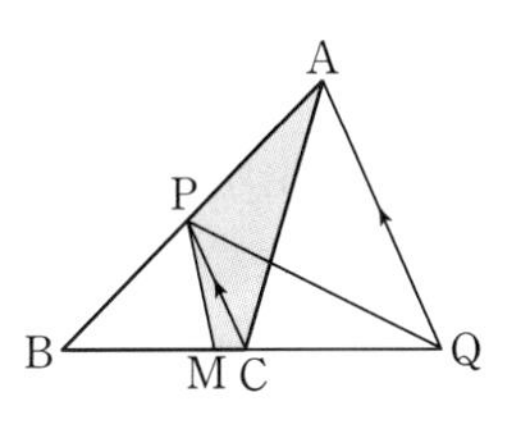

유형 24 평행사변형에서 높이가 같은 두 삼각형의 넓이

개념편 65쪽

평행사변형 ABCD에서

(1) $\triangle ABC=\triangle EBC=\triangle DBC$

$=\frac{1}{2}\square ABCD$

(2) $\triangle ABC=\triangle ACD$

$=\triangle ABD=\triangle DBC$

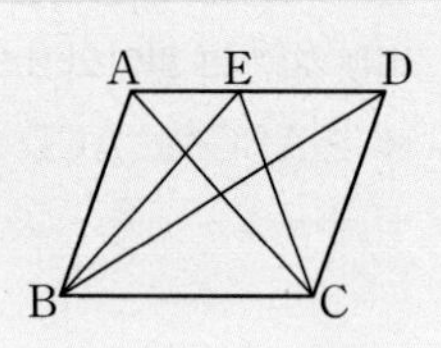

96 오른쪽 그림과 같은 마름모 ABCD에서 $\overline{BP}:\overline{PC}=5:3$이고 $\overline{AC}=16\,cm$, $\overline{BD}=20\,cm$일 때, $\triangle DBP$의 넓이를 구하시오.

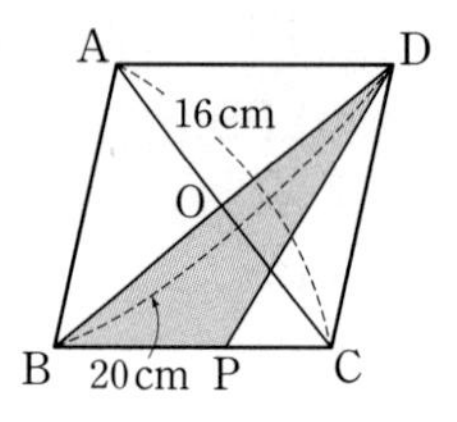

97 다음은 오른쪽 그림과 같은 평행사변형 ABCD에서 $\overline{AC}/\!/\overline{PQ}$일 때, $\triangle ACP$와 넓이가 같은 삼각형을 찾는 과정이다. □ 안에 알맞은 것을 쓰시오.

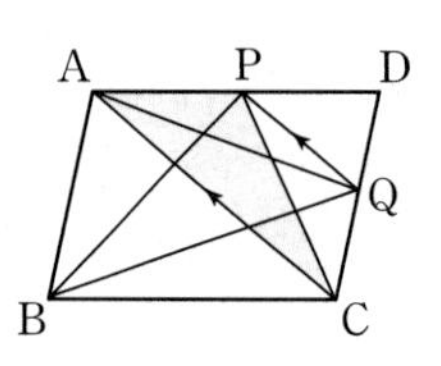

(i) $\triangle ACP$와 $\triangle ABP$에서

□는 공통,

$\overline{AP}/\!/\overline{BC}$이므로

$\triangle ACP=\triangle ABP$

(ii) $\triangle ACP$와 $\triangle ACQ$에서

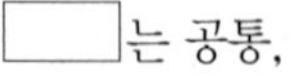
□는 공통,

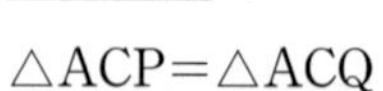
□이므로

$\triangle ACP=\triangle ACQ$

(iii) $\triangle ACQ$와 $\triangle BCQ$에서

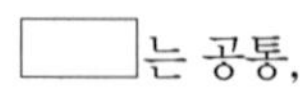
□는 공통,

□이므로

$\triangle ACQ=\triangle BCQ$

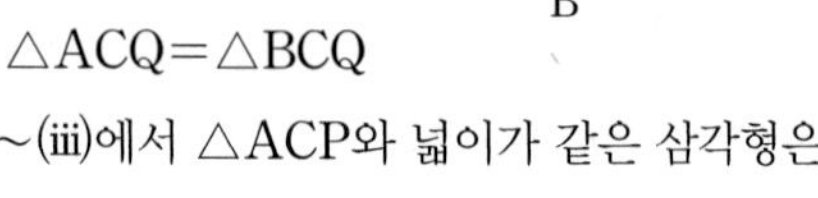
(i)~(iii)에서 $\triangle ACP$와 넓이가 같은 삼각형은 $\triangle ABP$, $\triangle ACQ$, $\triangle BCQ$이다.

98 오른쪽 그림과 같은 평행사변형 ABCD의 넓이가 $40\,cm^2$일 때, 다음을 구하시오.

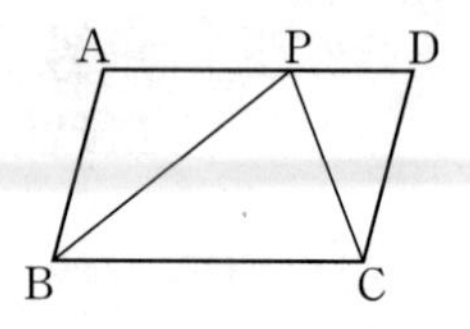

(1) $\triangle PBC$의 넓이

(2) $\overline{AP}:\overline{PD}=3:2$일 때, $\triangle ABP$의 넓이

99 다음 그림과 같은 평행사변형 ABCD에서 $\overline{AD}$의 연장선 위에 한 점 E를 잡고, $\overline{BE}$와 $\overline{CD}$의 교점을 F, $\overline{BD}$와 $\overline{AF}$의 교점을 G라고 하자. $\triangle AGD=10\,cm^2$, $\triangle DGF=4\,cm^2$, $\triangle DFE=\frac{28}{3}\,cm^2$일 때, $\triangle EFC$의 넓이를 구하시오.

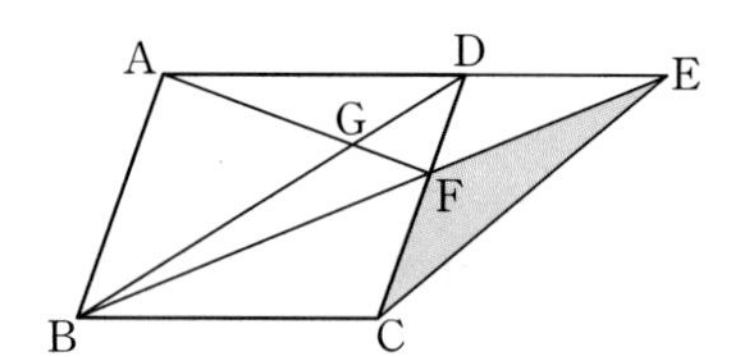

100 서술형

오른쪽 그림과 같은 평행사변형 ABCD에서 점 O는 두 대각선의 교점이고, $\overline{CE}=\overline{DE}$, $\overline{AF}:\overline{FE}=2:1$이다. $\square ABCD$의 넓이가 $60\,cm^2$일 때, $\square OCEF$의 넓이를 구하시오.

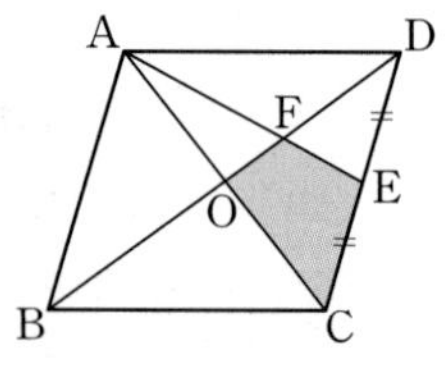

풀이 과정

답

유형 25 사다리꼴에서 높이가 같은 두 삼각형의 넓이

개념편 65쪽

$\overline{AD} /\!/ \overline{BC}$인 사다리꼴 ABCD에서

(1) $\triangle ABO = \triangle DOC$

(2) $\triangle ABO : \triangle OBC$
$= \triangle AOD : \triangle DOC$
$= \overline{AO} : \overline{OC}$

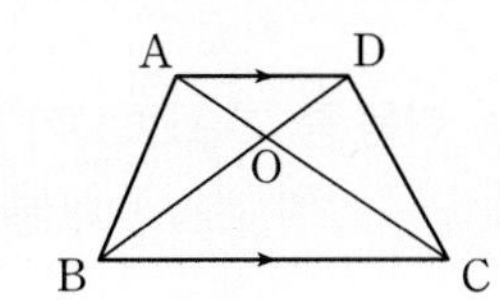

101 오른쪽 그림과 같이 $\overline{AD} /\!/ \overline{BC}$인 사다리꼴 ABCD에서 두 대각선의 교점을 O라고 하자. $\overline{AO} : \overline{OC} = 3 : 4$이고 $\triangle OBC = 24\,\text{cm}^2$일 때, $\triangle DOC$의 넓이를 구하시오.

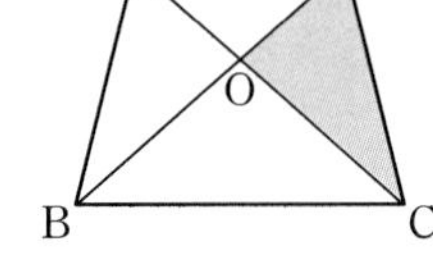

102 오른쪽 그림과 같이 $\overline{AD} /\!/ \overline{BC}$인 사다리꼴 ABCD에서 두 대각선의 교점을 O라고 하자. $2\overline{OB} = 3\overline{OD}$이고 $\triangle DOC = 30\,\text{cm}^2$일 때, $\triangle ABC$의 넓이를 구하시오.

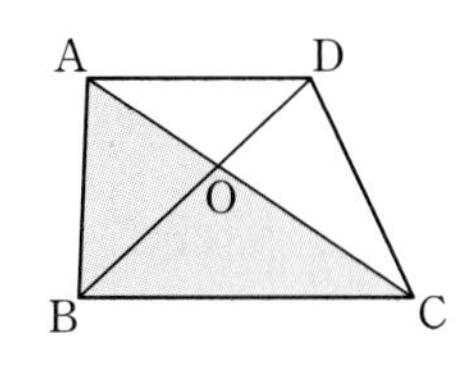

103 오른쪽 그림과 같이 $\overline{AD} /\!/ \overline{BC}$인 등변사다리꼴 ABCD에서 두 대각선의 교점을 O라고 하자. $\overline{BO} : \overline{OD} = 2 : 1$이고 $\triangle AOD = 3\,\text{cm}^2$일 때, □ABCD의 넓이는?

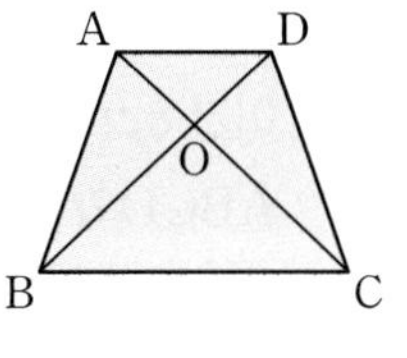

① $18\,\text{cm}^2$ ② $21\,\text{cm}^2$ ③ $24\,\text{cm}^2$
④ $27\,\text{cm}^2$ ⑤ $30\,\text{cm}^2$

톡톡 튀는 문제

104 생활 속에서 발견할 수 있는 여러 가지 사각형에 대한 학생들의 의견이 다음과 같을 때, 바르게 설명하지 못한 학생을 말하시오.

> 민아: 컴퓨터 모니터를 32인치로 바꿨는데, 화면이 직사각형 모양이라서 화면의 두 대각선의 길이가 같았어.
> 재석: 무거운 물체를 들어 올리는 리프트라는 작업 도구는 평행사변형 모양일 때도 두 쌍의 대변이 각각 평행하기 때문에 리프트의 바닥은 항상 지면과 수평을 유지할 수 있어.
> 장우: 마름모 모양의 연을 만들 때는 연의 대각선 방향으로 길이가 같은 두 대나무 살을 수직으로 맞추어 틀을 만들어야 해.
> 은수: 야구장의 내야를 선분으로 연결하면 정사각형 모양이 돼. 따라서 홈에서 1루 베이스까지의 거리와 1루 베이스에서 2루 베이스까지의 거리는 같아.

105 오른쪽 그림과 같이 직사각형 모양의 논이 꺾어진 경계선에 의해 ㈎와 ㈏의 두 부분으로 나누어져 있다. 경계선 위의 세 점을 각각 A, B, C라고 할 때, 두 논의 넓이를 변화시키지 않고 점 A를 지나는 선분으로 새로운 경계선을 만드는 방법을 설명하시오.

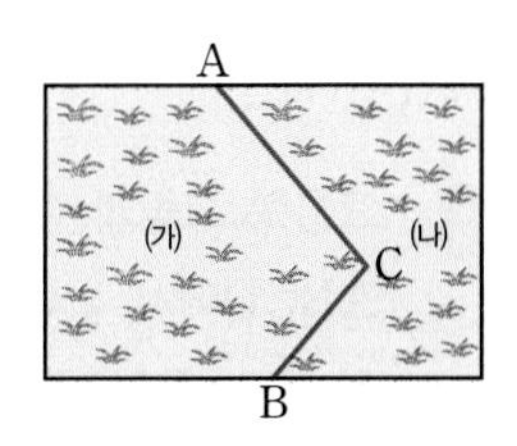

단원 마무리

중요

꼭 나오는 기본 문제

1 오른쪽 그림과 같은 평행사변형 ABCD에서 두 대각선의 교점을 O라고 할 때, $x+y$의 값은?

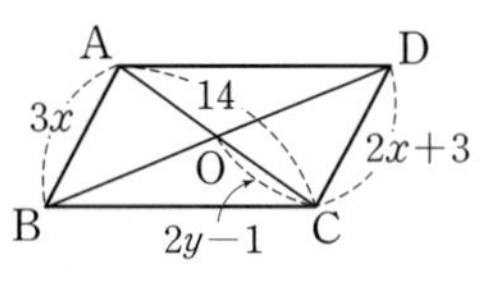

① 6　② 7　③ 8　④ 9　⑤ 10

2 오른쪽 그림에서 △ABC는 $\overline{AB}=\overline{AC}$인 이등변삼각형이다. $\overline{AP} /\!/ \overline{RQ}$, $\overline{AR} /\!/ \overline{PQ}$이고 $\overline{PQ}=5\,\text{cm}$, $\overline{QR}=12\,\text{cm}$일 때, $\overline{AB}$의 길이를 구하시오.

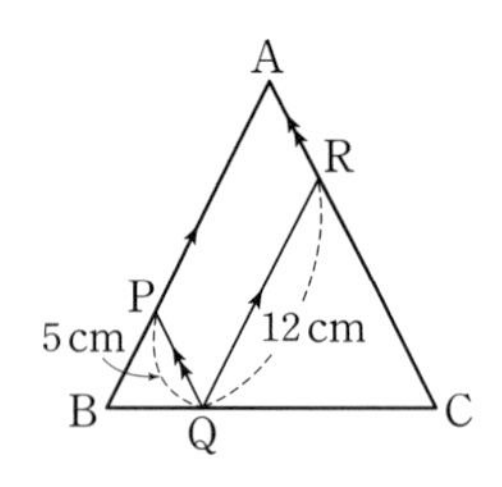

3 오른쪽 그림과 같은 평행사변형 ABCD에서 ∠C : ∠D=5 : 4일 때, ∠B의 크기는?

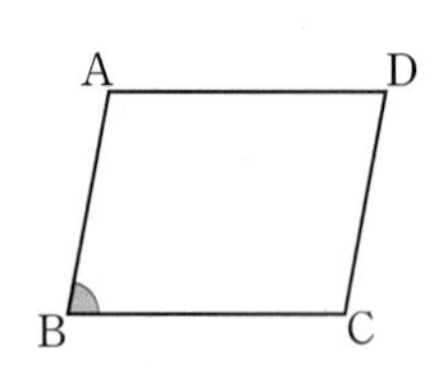

① 65°　② 70°　③ 75°　④ 80°　⑤ 85°

4 다음 중 □ABCD가 평행사변형이 되는 것은?
(단, 점 O는 두 대각선의 교점이다.)

① $\overline{AD} /\!/ \overline{BC}$, $\overline{AB} \perp \overline{BC}$
② $\overline{AB} /\!/ \overline{DC}$, $\overline{AD}=7\,\text{cm}$, $\overline{BC}=7\,\text{cm}$
③ $\overline{AB}=7\,\text{cm}$, $\overline{BC}=8\,\text{cm}$, $\overline{CD}=8\,\text{cm}$, $\overline{DA}=7\,\text{cm}$
④ $\angle A=130°$, $\angle B=50°$, $\angle D=50°$
⑤ $\overline{OA}=4\,\text{cm}$, $\overline{OB}=4\,\text{cm}$, $\overline{OC}=5\,\text{cm}$, $\overline{OD}=5\,\text{cm}$

5 오른쪽 그림과 같은 평행사변형 ABCD에서 두 대각선의 교점 O를 지나는 직선이 $\overline{AD}$, $\overline{BC}$와 만나는 점을 각각 P, Q라고 하자. △AOP와 △BQO의 넓이의 합이 $21\,\text{cm}^2$일 때, □ABCD의 넓이는?

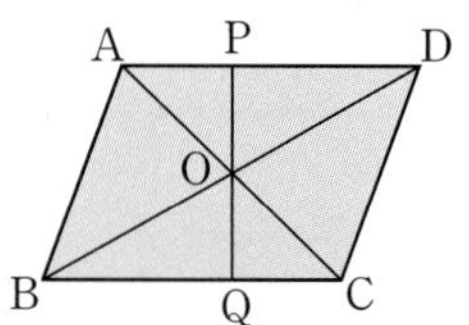

① $63\,\text{cm}^2$　② $68\,\text{cm}^2$　③ $72\,\text{cm}^2$　④ $78\,\text{cm}^2$　⑤ $84\,\text{cm}^2$

6 서술형

오른쪽 그림과 같이 밑변의 길이가 12 cm이고, 높이가 8 cm인 평행사변형 ABCD의 내부의 한 점 P에 대하여 색칠한 부분의 넓이를 구하시오.

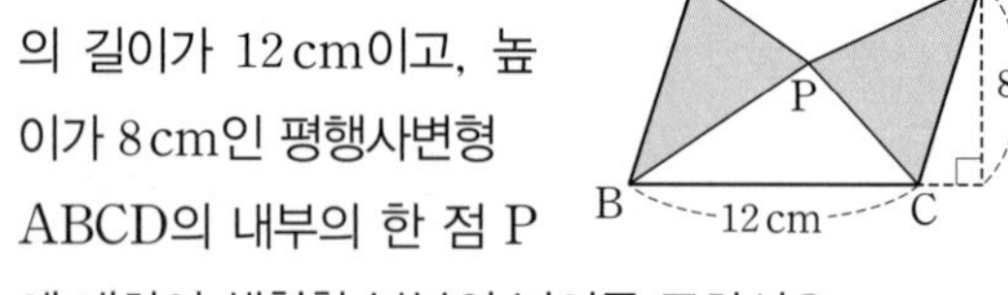

풀이 과정

답

7 오른쪽 그림과 같은 직사각형 ABCD에서 두 대각선의 교점을 O라고 하자. $\angle DAC=35°$일 때, $\angle DOC$의 크기를 구하시오.

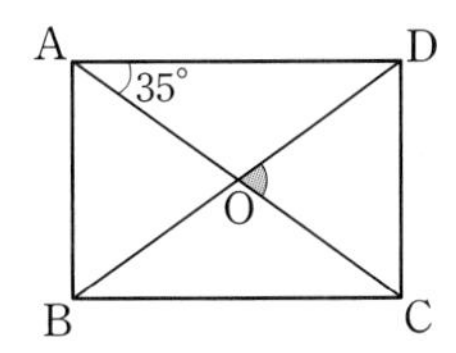

8 오른쪽 그림과 같은 평행사변형 ABCD에서 점 O는 두 대각선의 교점이고 $\overline{AD}=6\text{cm}$, $\angle ABD=25°$, $\angle ACD=65°$일 때, □ABCD의 둘레의 길이를 구하시오.

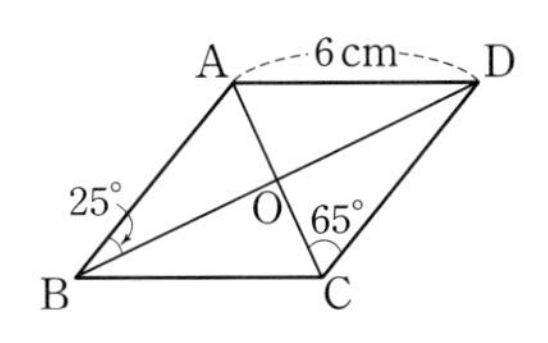

9 다음 그림은 여러 가지 사각형 사이의 관계를 나타낸 것이다. ㉠, ㉡에 알맞은 조건을 차례로 나열한 것은?

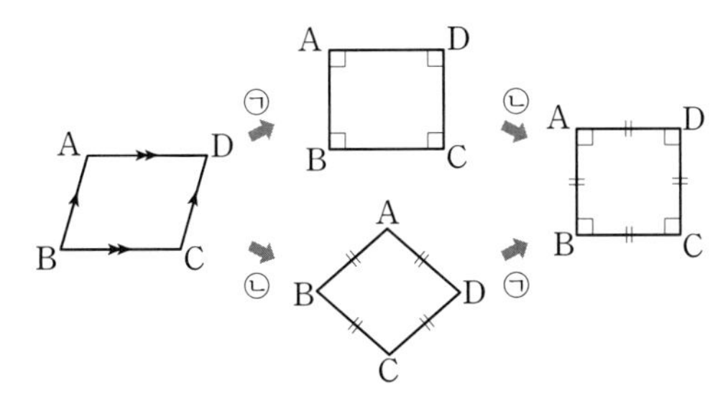

① $\overline{AC}\perp\overline{BD}$, $\angle A=90°$
② $\overline{AB}=\overline{AD}$, $\overline{AC}\perp\overline{BD}$
③ $\overline{AB}=\overline{BC}$, $\overline{AC}=\overline{BD}$
④ $\angle A=90°$, $\overline{AC}\perp\overline{BD}$
⑤ $\angle A=90°$, $\overline{AC}=\overline{BD}$

10 다음 중 사각형과 그 사각형의 각 변의 중점을 연결하여 만든 사각형을 짝 지은 것으로 옳지 않은 것을 모두 고르면? (정답 2개)

① 평행사변형 – 마름모
② 직사각형 – 마름모
③ 마름모 – 정사각형
④ 정사각형 – 정사각형
⑤ 등변사다리꼴 – 마름모

11 서술형

오른쪽 그림과 같은 □ABCD에서 점 D를 지나고 $\overline{AC}$에 평행한 직선을 그어 $\overline{BC}$의 연장선과 만나는 점을 E라고 하자. $\square ABCD=30\text{cm}^2$, $\triangle ABC=18\text{cm}^2$일 때, △ACE의 넓이를 구하시오.

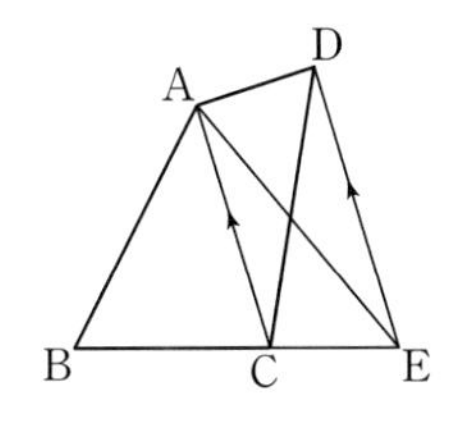

풀이 과정

답

12 오른쪽 그림과 같이 $\overline{AD}/\!/\overline{BC}$인 등변사다리꼴 ABCD에서 두 대각선의 교점을 O라고 하자. $\overline{BO}:\overline{OD}=2:1$일 때, 다음 중 옳지 않은 것은?

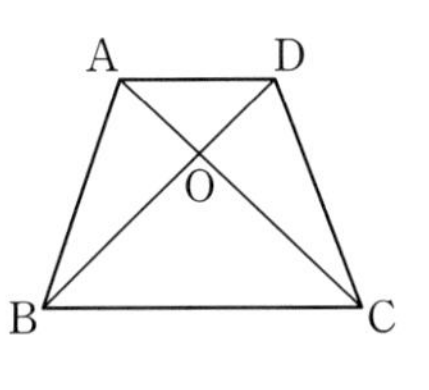

① $\angle ABC=\angle DCB$
② $\overline{OB}=\overline{OC}$
③ $\triangle ABD=\triangle ACD$
④ $\triangle ABO=\triangle DOC$
⑤ $\triangle OBC=3\triangle DOC$

가뿐하지! LEVEL 2 **자주 나오는 실력 문제**

13 오른쪽 그림과 같은 평행사변형 ABCD에서 점 O는 $\overline{AC}$의 중점이고, □EOCD가 평행사변형이 되도록 점 E를 잡았다. $\overline{AD}$와 $\overline{EO}$의 교점을 F라 하고 $\overline{AB}=10\,cm$, $\overline{BC}=12\,cm$일 때, $\overline{EF}$의 길이를 구하시오.

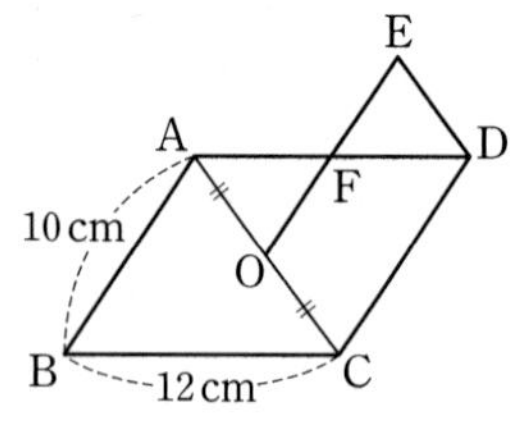

14 오른쪽 그림과 같은 평행사변형 ABCD에서 $\overline{BD}$ 위에 $\overline{BE}=\overline{DF}$가 되도록 두 점 E, F를 잡을 때, 다음 중 옳지 않은 것은?

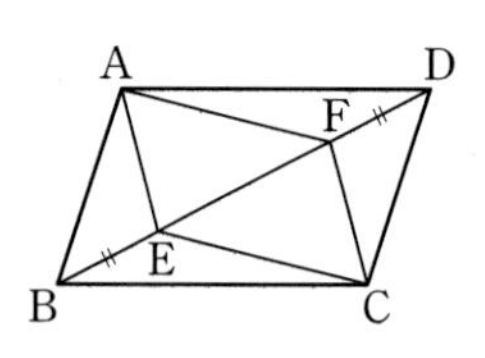

① $\overline{AE}=\overline{CF}$
② $\overline{AF}=\overline{CE}$
③ $\overline{AB}=\overline{EF}$
④ $\angle BAE=\angle DCF$
⑤ $\triangle ABE\equiv\triangle CDF$

15 오른쪽 그림과 같은 마름모 ABCD에서 두 대각선의 교점을 O라고 하자. $\overline{DE}=\overline{DF}=6\,cm$, $\overline{BD}=15\,cm$일 때, $\overline{CE}$의 길이를 구하시오.

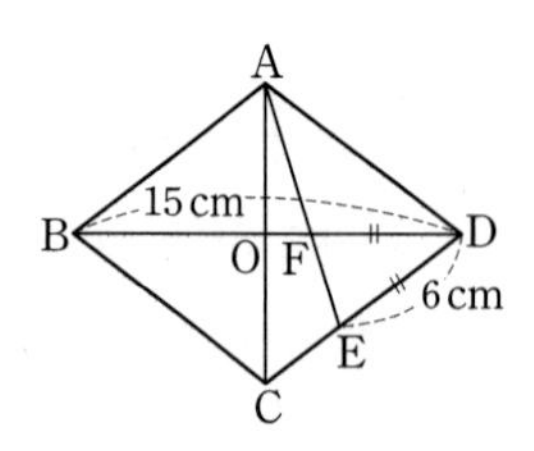

16 오른쪽 그림과 같은 정사각형 ABCD에서 $\overline{AD}$, $\overline{BC}$ 위에 $\overline{DE}=\overline{BF}$가 되도록 각각 점 E, F를 잡았다. $\overline{BD}$가 $\overline{AF}$, $\overline{EC}$와 만나는 점을 각각 G, H라 하고 $\angle BAF=30°$일 때, $\angle DHC$의 크기를 구하시오.

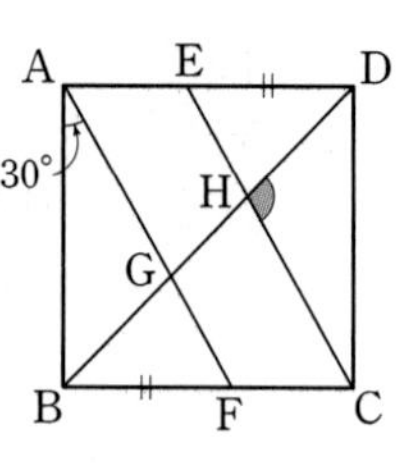

17 오른쪽 그림과 같이 $\overline{AD}\,/\!/\,\overline{BC}$인 등변사다리꼴 ABCD에서 $\overline{AB}=12\,cm$, $\overline{AD}=7\,cm$, $\angle A=120°$일 때, □ABCD의 둘레의 길이는?

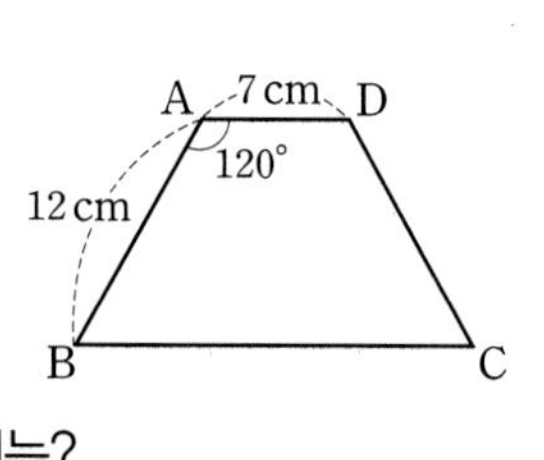

① 48 cm
② 49 cm
③ 50 cm
④ 51 cm
⑤ 52 cm

18 서술형 오른쪽 그림과 같은 정사각형 ABCD의 각 변 위에 $\overline{AE}=\overline{BF}=\overline{CG}=\overline{DH}$가 되도록 네 점 E, F, G, H를 잡을 때, □EFGH는 어떤 사각형인지 말하시오.

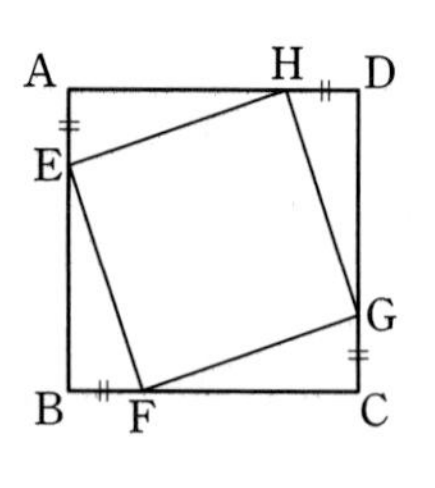

풀이 과정

답

19 오른쪽 그림에서 $\overline{CD}$는 원 O의 지름이고, $\overline{AB} /\!/ \overline{CD}$이다. $\overline{CD}=8\,cm$, $\angle AOB=120°$일 때, 색칠한 부분의 넓이를 구하시오.

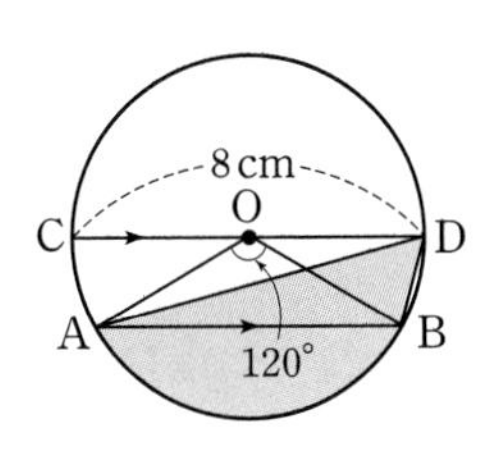

20 오른쪽 그림에서 △ABC는 $\angle A=90°$인 직각삼각형이고, □BDEC는 정사각형이다. $\overline{AB}=4\,cm$, $\overline{AC}=6\,cm$일 때, △FDE의 넓이는?

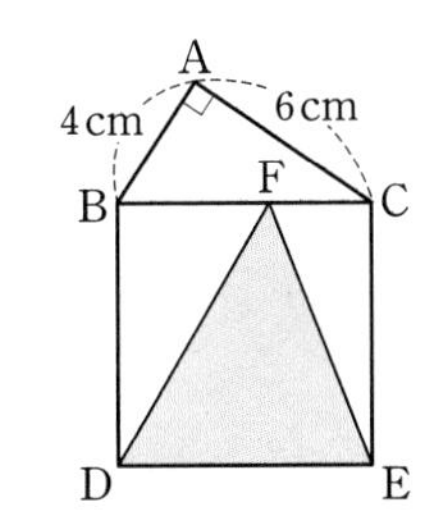

① $24\,cm^2$　② $26\,cm^2$　③ $28\,cm^2$　④ $30\,cm^2$　⑤ $32\,cm^2$

21 오른쪽 그림과 같은 평행사변형 ABCD에서 두 대각선의 교점을 O라고 하자. $\overline{CP}=\overline{PD}$이고, $\overline{AQ} : \overline{QP}=2 : 1$이다. $\triangle OPQ=4\,cm^2$일 때, □ABCD의 넓이는?

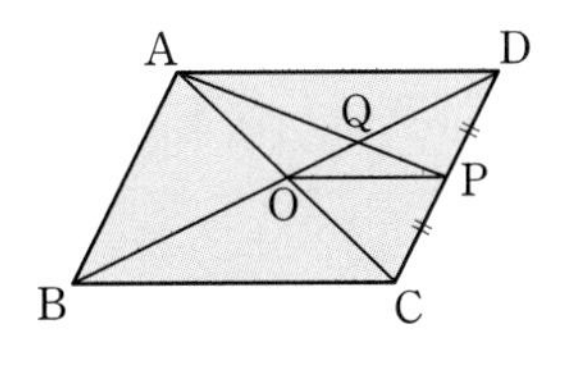

① $64\,cm^2$　② $72\,cm^2$　③ $80\,cm^2$　④ $88\,cm^2$　⑤ $96\,cm^2$

만점을 위한 도전 문제

22 오른쪽 그림에서 △ABD, △BCE, △ACF는 △ABC의 세 변을 각각 한 변으로 하는 정삼각형이다. 다음 중 옳지 않은 것은?

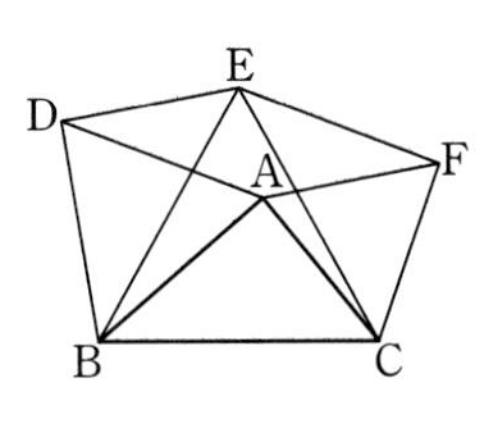

① $\angle DBE=\angle ABC$　② $\triangle DBE \equiv \triangle ABC$
③ $\triangle DBE \equiv \triangle FEC$　④ $\overline{AB}=\overline{FE}$
⑤ □AFED는 마름모이다.

23 오른쪽 그림과 같이 한 변의 길이가 10인 마름모 ABCD에서 $\overline{AC}=16$, $\overline{BD}=12$이다. □ABCD의 내부의 한 점 P에서 □ABCD의 네 변에 내린 수선의 길이를 각각 l_1, l_2, l_3, l_4라고 할 때, $l_1+l_2+l_3+l_4$의 길이를 구하시오.

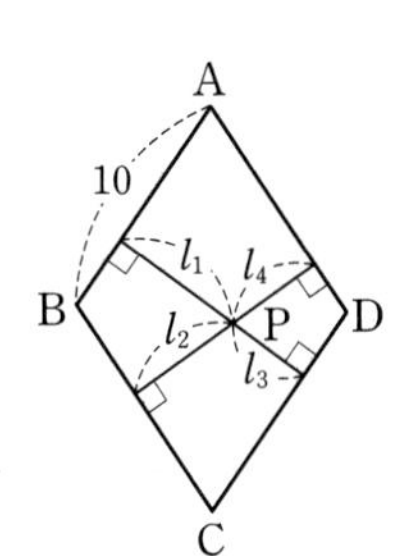

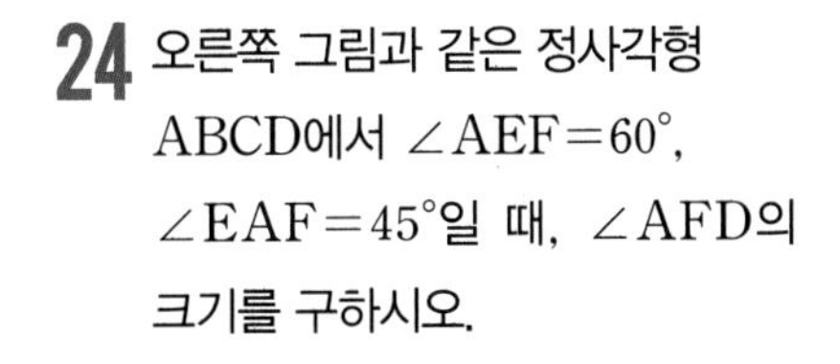

24 오른쪽 그림과 같은 정사각형 ABCD에서 $\angle AEF=60°$, $\angle EAF=45°$일 때, $\angle AFD$의 크기를 구하시오.

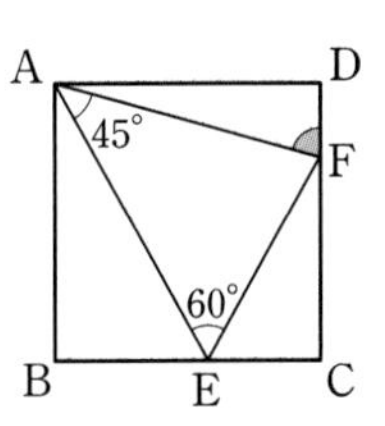

3 도형의 닮음

• 정답과 해설 33쪽

3 도형의 닮음

★ 중요

유형 1 닮은 도형

개념편 76쪽

(1) 닮음: 한 도형을 일정한 비율로 확대하거나 축소한 도형이 다른 도형과 합동일 때, 이 두 도형은 서로 닮음인 관계가 있다고 한다.

(2) 닮은 도형: 닮음인 관계가 있는 두 도형

(3) 닮음의 기호: $\triangle ABC$와 $\triangle DEF$가 서로 닮은 도형일 때
➡ $\triangle ABC \backsim \triangle DEF$

참고 닮은 도형을 기호를 써서 나타낼 때는 두 도형의 대응점의 순서를 맞추어 쓴다.

1 다음 그림에서 $\triangle ABC \backsim \triangle DFE$일 때, $\overline{BC}$의 대응변과 $\angle E$의 대응각을 차례로 구하시오.

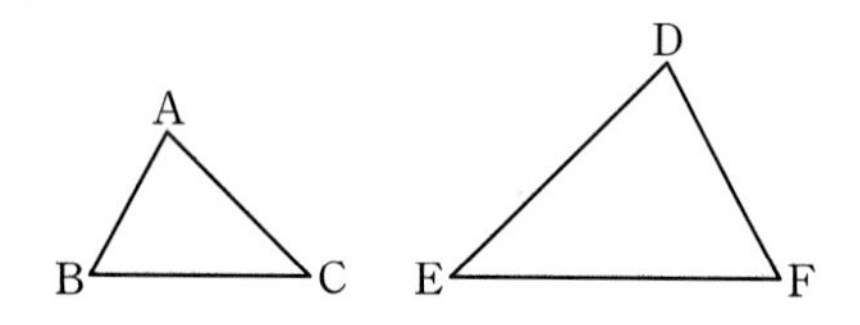

2 ★ 다음 보기 중 항상 닮은 도형인 것을 모두 고르시오.

보기

ㄱ. 두 원　　ㄴ. 두 정삼각형
ㄷ. 두 직사각형　　ㄹ. 두 직각이등변삼각형
ㅁ. 두 구　　ㅂ. 두 원뿔

3 다음 중 항상 닮은 도형이라고 할 수 없는 것은?

① 중심각의 크기가 같은 두 부채꼴
② 꼭지각의 크기가 같은 두 이등변삼각형
③ 반지름의 길이가 다른 두 원
④ 한 변의 길이가 다른 두 정육각형
⑤ 밑면의 반지름의 길이가 같은 두 원기둥

유형 2 평면도형에서의 닮음의 성질

개념편 77쪽

$\triangle ABC$와 $\triangle DEF$가 서로 닮은 도형이면

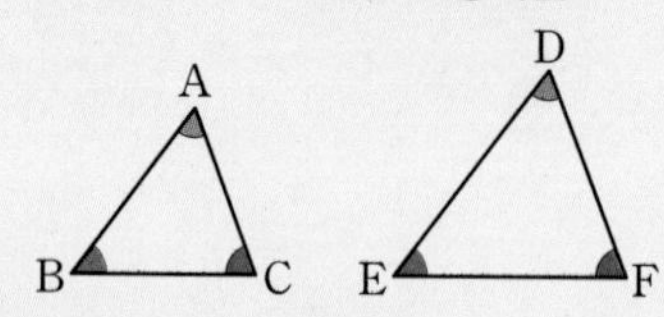

(1) 대응변의 길이의 비는 일정하다.
➡ $\overline{AB} : \overline{DE} = \overline{BC} : \overline{EF} = \overline{AC} : \overline{DF}$

(2) 대응각의 크기는 각각 같다.
➡ $\angle A = \angle D$, $\angle B = \angle E$, $\angle C = \angle F$

(3) **닮음비**: 서로 닮은 두 평면도형에서 대응변의 길이의 비

참고 • 닮음비는 가장 간단한 자연수의 비로 나타낸다.
• 닮음비가 1 : 1인 두 도형은 합동이다.

4 다음 그림에서 $\triangle ABC \backsim \triangle DEF$일 때, $\triangle ABC$와 $\triangle DEF$의 닮음비는?

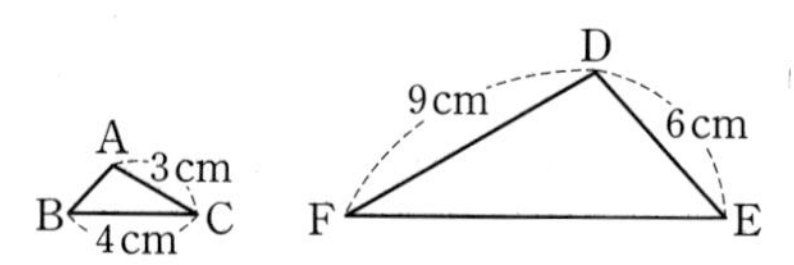

① 1 : 2　② 1 : 3　③ 2 : 3
④ 3 : 7　⑤ 4 : 5

5 ★ 오른쪽 그림에서 $\triangle ABC \backsim \triangle DEF$일 때, 다음 중 옳지 않은 것은?

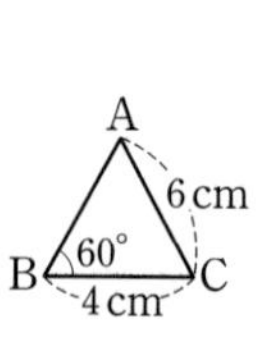

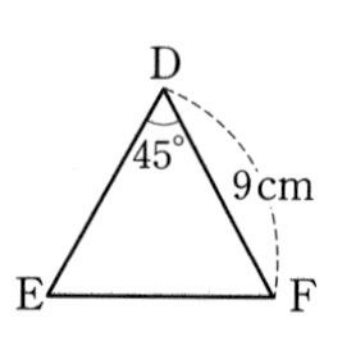

① $\angle E = 60°$　② $\overline{AB} : \overline{DE} = 2 : 3$
③ $\angle F = 75°$　④ $\overline{EF} = 6\text{cm}$
⑤ $\overline{AB} = 5\text{cm}$

6 오른쪽 그림에서 $\triangle ABE \backsim \triangle CDE$일 때, $\overline{AE}$의 길이를 구하시오.

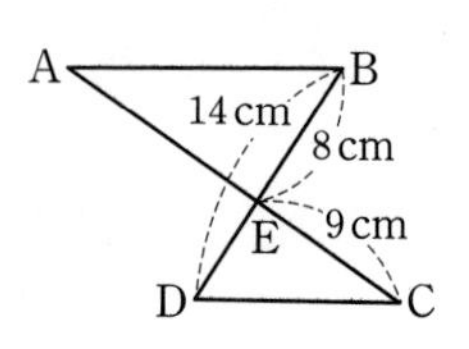

7 서술형

다음 그림에서 □ABCD∽□EFGH일 때, x, y, z의 값을 각각 구하시오.

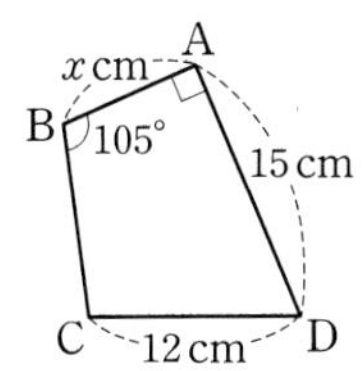

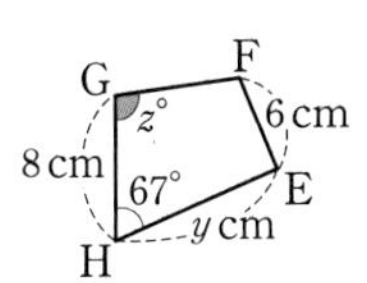

8 다음 그림에서 △ABC∽△DEF이고 △ABC와 △DEF의 닮음비가 2 : 3일 때, △DEF의 둘레의 길이를 구하시오.

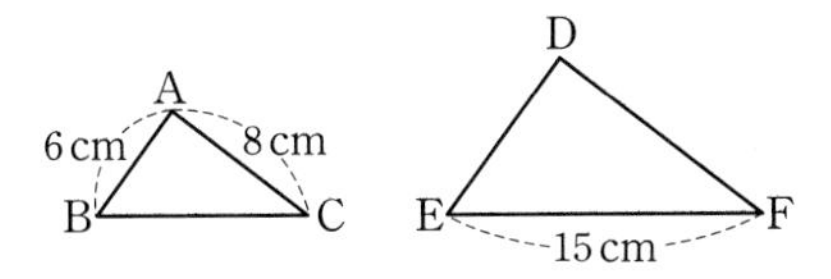

9 원 O와 원 O′의 닮음비가 4 : 5이고 원 O의 반지름의 길이가 8 cm일 때, 원 O′의 둘레의 길이를 구하시오.

10 오른쪽 그림과 같은 직사각형 ABCD에서 □ABCD∽□BCFE이고 $\overline{AD}$=6 cm, $\overline{BE}$=2 cm일 때, $\overline{AE}$의 길이를 구하시오.

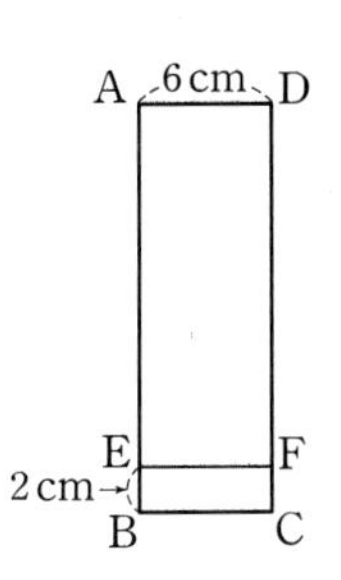

유형 3 입체도형에서의 닮음의 성질

개념편 78쪽

두 직육면체가 서로 닮은 도형이면

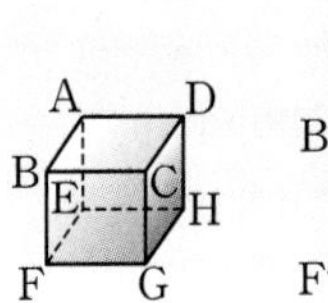

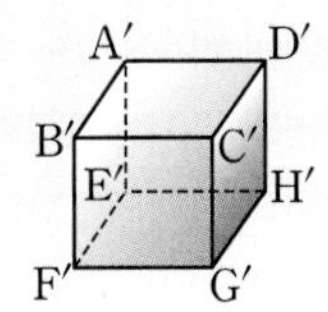

(1) 대응하는 모서리의 길이의 비는 일정하다.
➡ $\overline{AB}:\overline{A'B'}=\overline{BF}:\overline{B'F'}=\overline{FG}:\overline{F'G'}=\cdots$

(2) 대응하는 면은 서로 닮은 도형이다.
➡ □ABCD∽□A′B′C′D′,
□EFGH∽□E′F′G′H′, ⋯

(3) 닮음비: 서로 닮은 두 입체도형에서 대응하는 모서리의 길이의 비

11 오른쪽 그림에서 두 정육면체 A, B는 서로 닮은 도형이고 닮음비가 4 : 5일 때, 정육면체 B의 모든 모서리의 길이의 합을 구하시오.

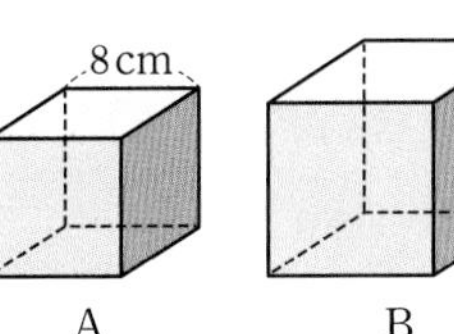

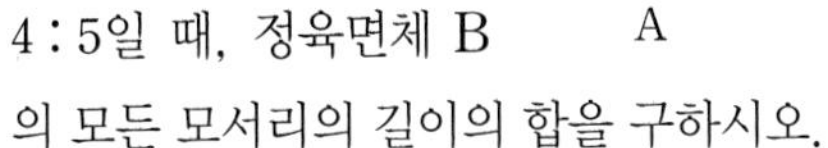

12 오른쪽 그림에서 두 삼각기둥은 서로 닮은 도형이고 △ABC에 대응하는 면이 △A′B′C′일 때, x, y의 값을 각각 구하시오.

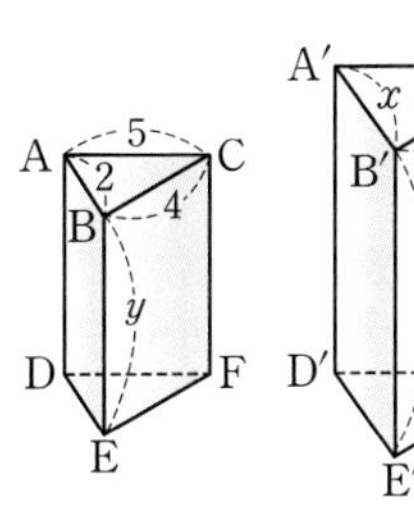

13 다음 그림에서 두 삼각뿔은 서로 닮은 도형이고 △BCD∽△FGH일 때, 다음 중 옳지 않은 것은?

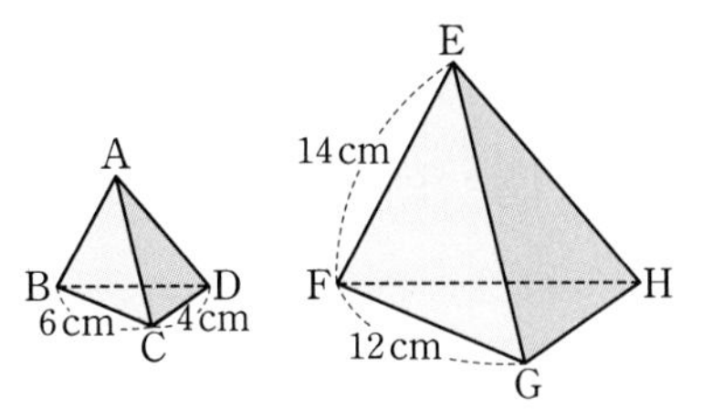

① $\overline{AC}:\overline{EG}=1:2$
② $\overline{AB}$=7cm
③ $\overline{GH}$=8 cm
④ △ABC∽△EFG
⑤ $\overline{BD}:\overline{FH}=\overline{AB}:\overline{EH}$

유형 4 원기둥 또는 원뿔의 닮음비 개념편 78쪽

닮은 두 원기둥 또는 두 원뿔에서
(닮음비)=(높이의 비)
=(밑면의 반지름의 길이의 비)
=(밑면의 둘레의 길이의 비)
=(모선의 길이의 비)

참고 뿔을 밑면에 평행한 평면으로 자를 때 생기는 작은 뿔은 처음 뿔과 서로 닮음이다.

14 오른쪽 그림에서 두 원기둥이 서로 닮은 도형일 때, 작은 원기둥의 밑면의 둘레의 길이를 구하시오.

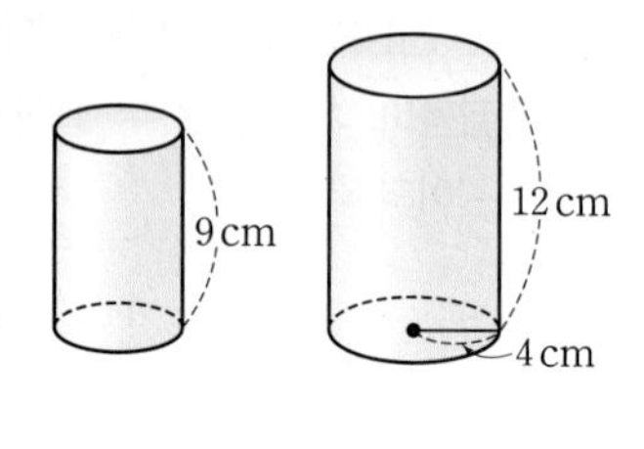

15 오른쪽 그림에서 두 원뿔은 서로 닮은 도형이다. 큰 원뿔의 밑면의 둘레의 길이가 24π cm일 때, x의 값을 구하시오.

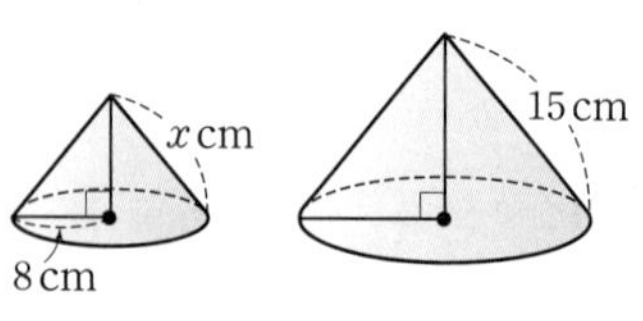

16 오른쪽 그림과 같이 원뿔을 밑면에 평행한 평면으로 잘라서 생기는 작은 원뿔의 밑면의 반지름의 길이가 3 cm일 때, 처음 원뿔의 밑면의 반지름의 길이를 구하시오.

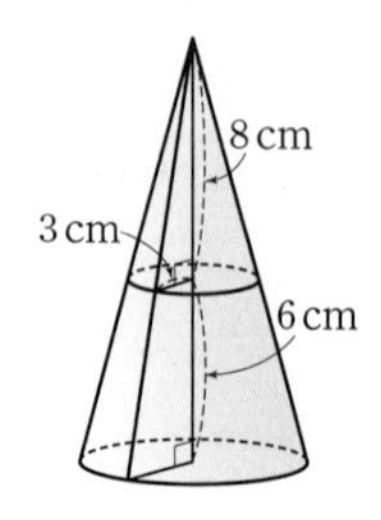

유형 5 서로 닮은 두 평면도형에서의 비 개념편 80쪽

서로 닮은 두 평면도형의 닮음비가 $m : n$이면
(1) 둘레의 길이의 비 ➡ $m : n$
(2) 넓이의 비 ➡ $m^2 : n^2$

17 △ABC와 △DEF는 서로 닮은 도형이고, 밑변의 길이의 비가 3 : 4이다. △DEF의 넓이가 32 cm^{2}일 때, △ABC의 넓이를 구하시오.

18 오른쪽 그림에서 □ABCD∽□AEFG이고, □ABCD와 □AEFG의 넓이의 비가 4 : 9일 때, $\overline{BE}$의 길이를 구하시오.

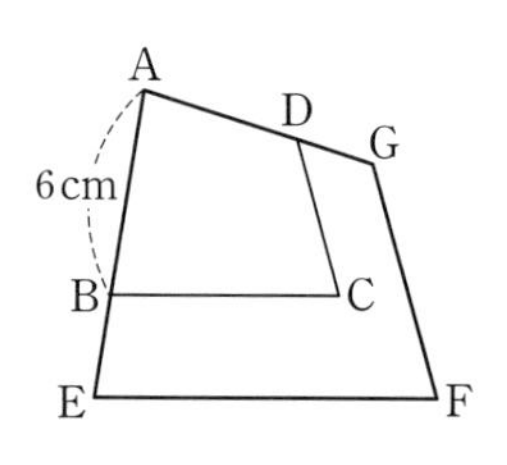

19 오른쪽 그림과 같이 중심이 같은 세 원의 반지름의 길이의 비가 1 : 2 : 3일 때, 세 부분 A, B, C의 넓이의 비를 가장 간단한 자연수의 비로 나타내시오.

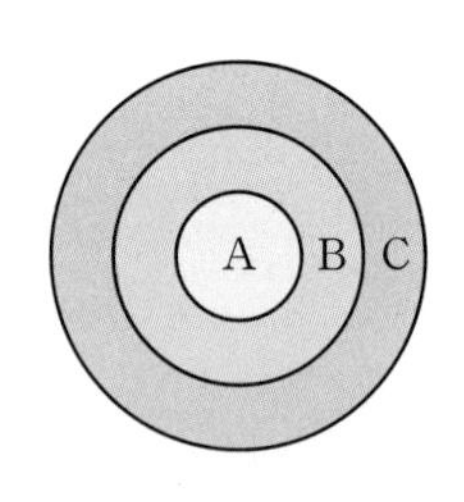

주어진 금액으로 살 수 있는 피자의 넓이가 가장 큰 경우를 생각해 보자.

까다로운 기출문제

20 어느 피자 가게에서는 지름의 길이가 40 cm인 A 피자를 24000원, 지름의 길이가 30 cm인 B 피자를 12000원에 판매하고 있다. 48000원으로 A 피자 2판과 B 피자 4판을 사는 것 중 어느 것이 더 유리한지 말하시오.
(단, 피자의 두께는 무시한다.)

유형 6 서로 닮은 두 입체도형에서의 비 개념편 81쪽

서로 닮은 두 입체도형의 닮음비가 $m : n$이면
(1) 겉넓이의 비 ➡ $m^2 : n^2$
(2) 부피의 비 ➡ $m^3 : n^3$

21 닮은 두 직육면체 F, F′의 닮음비가 3 : 4이고 직육면체 F의 부피가 $108\,cm^3$일 때, 직육면체 F′의 부피를 구하시오.

22 서술형 닮은 두 삼각기둥 A, B의 겉넓이가 각각 $126\,cm^2$, $350\,cm^2$이고 삼각기둥 B의 부피가 $250\,cm^3$일 때, 삼각기둥 A의 부피를 구하시오.

풀이 과정

답

23 오른쪽 그림과 같이 정사면체를 밑면에 평행한 두 평면으로 잘라 높이를 삼등분할 때 생기는 세 입체도형을 각각 A, B, C라고 하자. 입체도형 B의 부피가 $28\,cm^3$일 때, 입체도형 C의 부피를 구하시오.

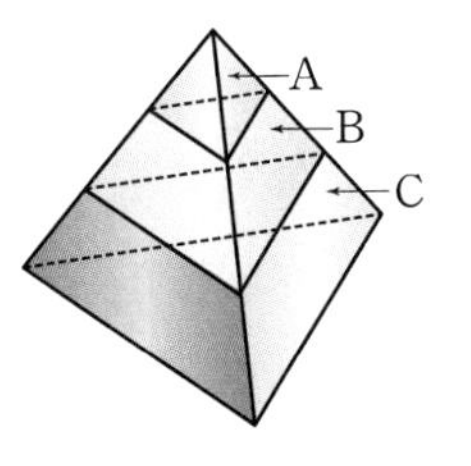

24 오른쪽 그림과 같은 원뿔 모양의 그릇에 일정한 속도로 물을 채우고 있다. 물을 전체 높이의 $\frac{2}{3}$만큼 채우는 데 8분이 걸렸다면 그릇에 물을 가득 채울 때까지 몇 분이 더 걸리는지 구하시오.
(단, 그릇의 두께는 무시한다.)

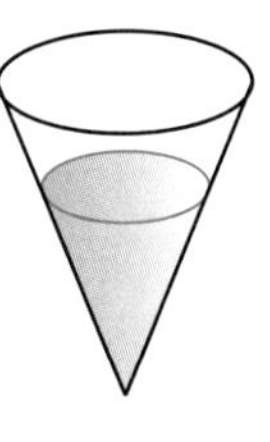

유형 7 삼각형의 닮음 조건 개념편 83쪽

두 삼각형은 다음의 각 경우에 서로 닮음이다.
(1) 세 쌍의 대응변의 길이의 비가 같을 때 (SSS 닮음)
(2) 두 쌍의 대응변의 길이의 비가 같고, 그 끼인각의 크기가 같을 때 (SAS 닮음)
(3) 두 쌍의 대응각의 크기가 각각 같을 때 (AA 닮음)

참고 닮은 삼각형을 찾을 때는 변의 길이의 비, 각의 크기를 먼저 확인한다.

25 다음 보기의 삼각형 중에서 서로 닮음인 것을 찾아 기호 ∽를 써서 나타내고, 각각의 닮음 조건을 말하시오.

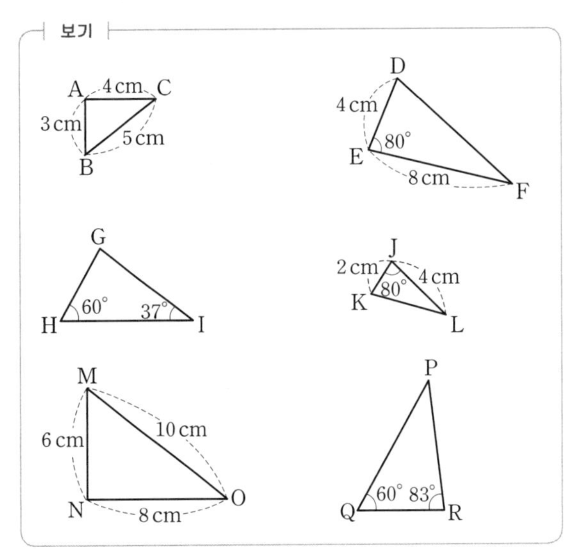

26 아래 그림의 △ABC와 △DFE가 서로 닮은 도형이 되게 하려면 다음 중 어느 조건을 추가해야 하는가?

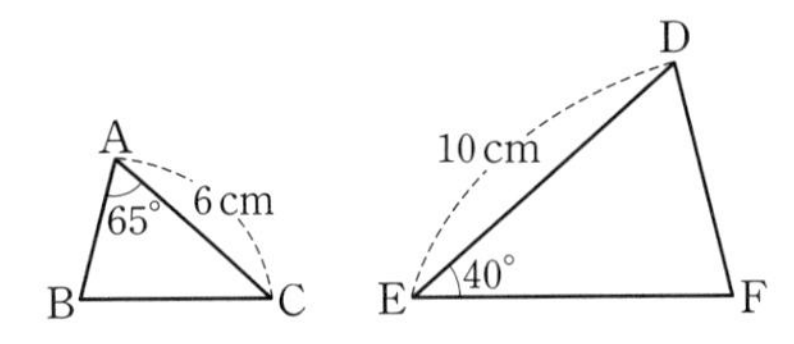

① $\angle C=40°$, $\angle F=75°$
② $\angle C=80°$, $\angle D=55°$
③ $\overline{AB}=4\,cm$, $\overline{EF}=6\,cm$
④ $\overline{BC}=9\,cm$, $\overline{EF}=15\,cm$
⑤ $\overline{AB}=8\,cm$, $\overline{DF}=8\,cm$

유형 8 삼각형의 닮음 조건의 응용 - SAS 닮음

개념편 84쪽

공통인 각과 두 변의 길이가 주어지면 SAS 닮음을 생각한다.

➡ 대응하는 각과 변의 위치를 맞추어 두 삼각형을 분리한다.

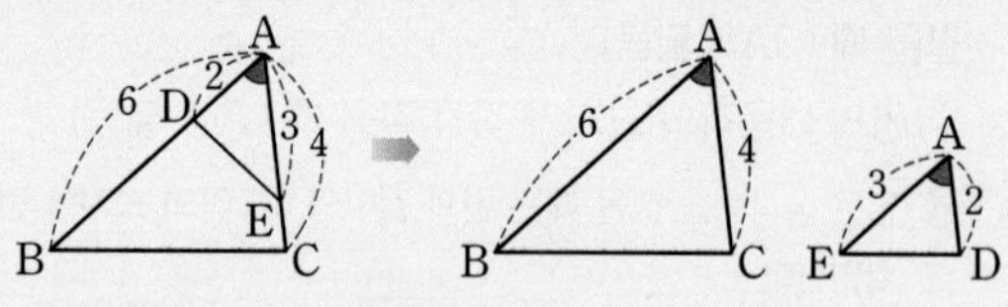

$\overline{AB}:\overline{AE}=\overline{AC}:\overline{AD}=2:1$, $\angle A$는 공통

$\therefore$ $\triangle ABC \backsim \triangle AED$(SAS 닮음)

27 다음 그림에서 x의 값을 구하시오.

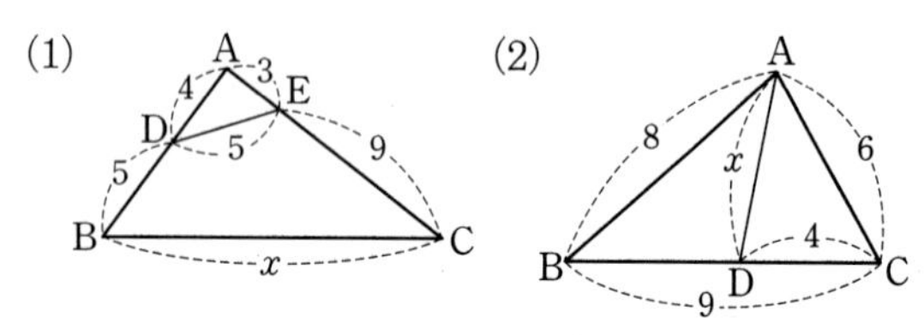

28 다음 그림과 같이 $\overline{AB}$와 $\overline{CD}$의 교점을 O라고 할 때, $\overline{DB}$의 길이를 구하시오.

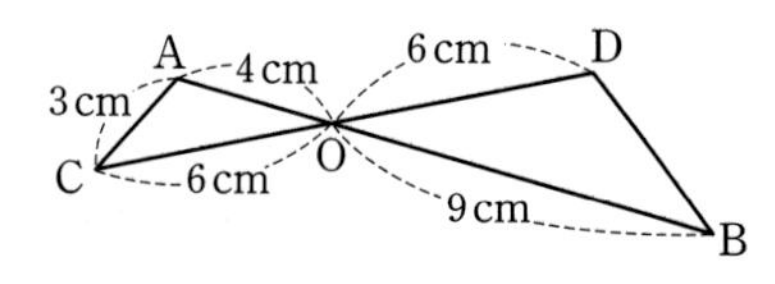

29 오른쪽 그림에서 $\angle ACB=\angle CDB$일 때, x의 값을 구하시오.

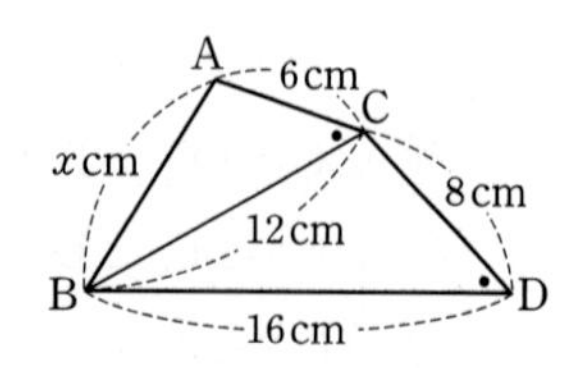

유형 9 삼각형의 닮음 조건의 응용 - AA 닮음

개념편 84쪽

공통인 각과 다른 한 각의 크기가 주어지면 AA 닮음을 생각한다.

➡ 대응하는 각의 위치를 맞추어 두 삼각형을 분리한다.

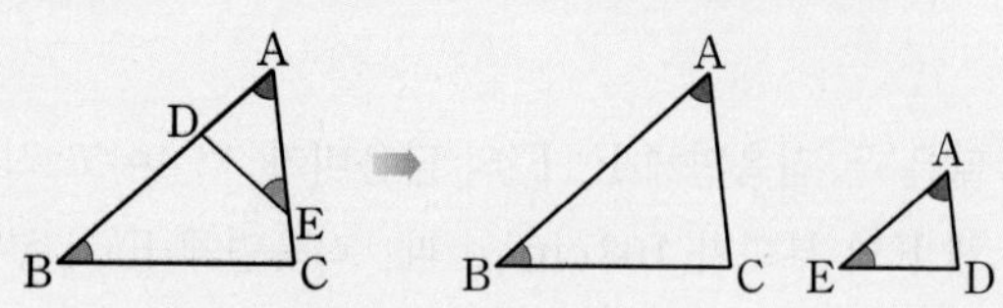

$\angle ABC=\angle AED$, $\angle A$는 공통

$\therefore$ $\triangle ABC \backsim \triangle AED$(AA 닮음)

30 다음 그림에서 x의 값을 구하시오.

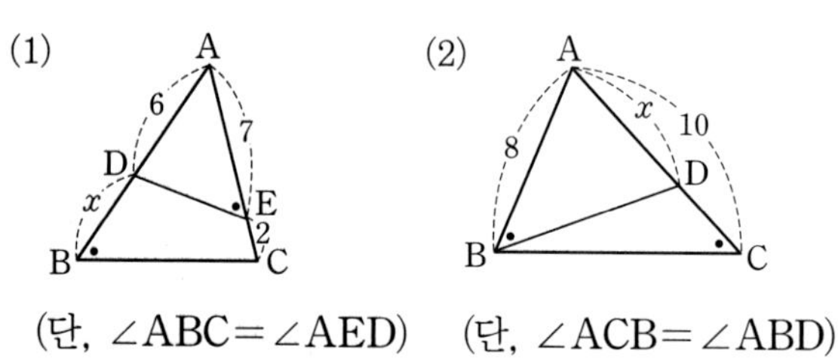

(1) (단, $\angle ABC=\angle AED$)　(2) (단, $\angle ACB=\angle ABD$)

31 오른쪽 그림에서 $\angle CAB=\angle DBC$, $\angle ACB=\angle BDC$이고 $\overline{BC}=12\,\text{cm}$, $\overline{CD}=16\,\text{cm}$일 때, $\overline{AB}$의 길이를 구하시오.

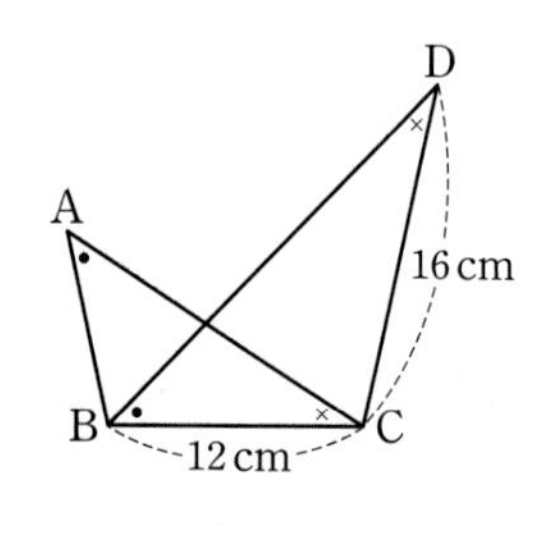

32 오른쪽 그림에서 $\angle BAC=\angle BCD$일 때, $\overline{AD}$의 길이는?

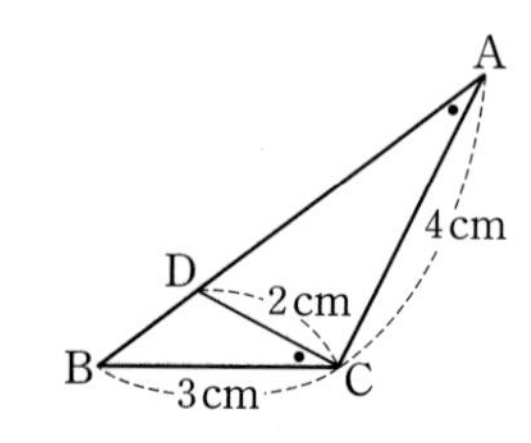

① $\dfrac{7}{2}\,\text{cm}$　② $4\,\text{cm}$

③ $\dfrac{9}{2}\,\text{cm}$　④ $5\,\text{cm}$

⑤ $\dfrac{11}{2}\,\text{cm}$

33 오른쪽 그림과 같은 평행사변형 ABCD에서 $\overline{AC}$와 $\overline{BE}$의 교점을 F라고 하자. $\overline{AF}=4\,\text{cm}$, $\overline{BC}=9\,\text{cm}$, $\overline{CF}=6\,\text{cm}$일 때, $\overline{DE}$의 길이를 구하시오.

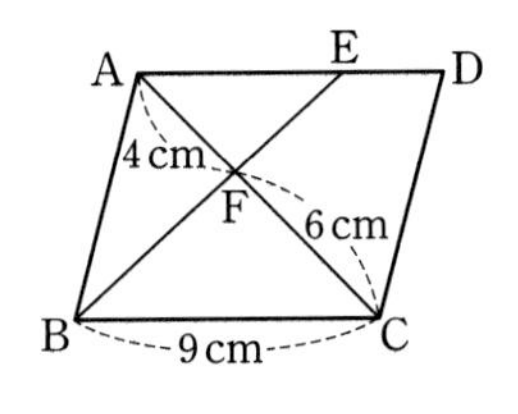

34 서술형 오른쪽 그림과 같은 △ABC에서 $\overline{BC}$ // $\overline{DE}$이고, $\overline{AD}=9\,\text{cm}$, $\overline{BD}=6\,\text{cm}$이다. $\triangle ADE=18\,\text{cm}^2$일 때, □DBCE의 넓이를 구하시오.

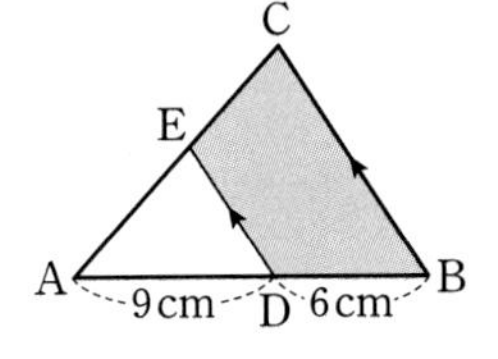

풀이 과정

답

35 오른쪽 그림과 같이 한 변의 길이가 14 cm인 정삼각형 ABC에서 $\overline{BE}=4\,\text{cm}$, $\angle AED=60°$일 때, $\overline{CD}$의 길이를 구하시오.

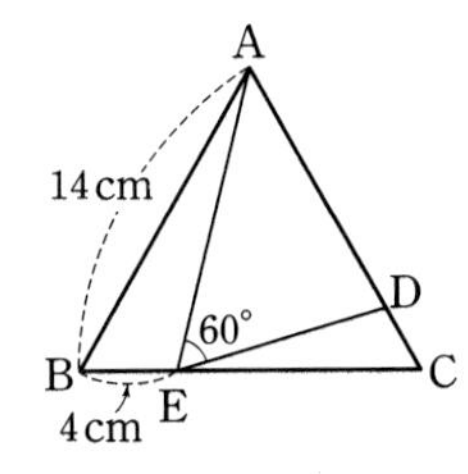

유형10 직각삼각형의 닮음 개념편 84쪽

한 예각의 크기가 같은 두 직각삼각형은 서로 닮은 도형이다.
➡ 대응하는 각의 위치를 맞추어 두 직각삼각형을 분리한다.

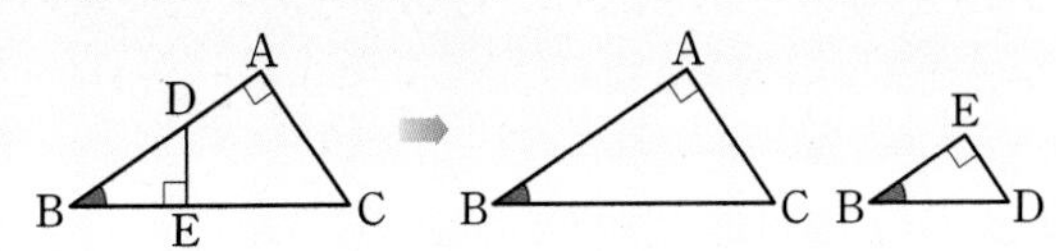

$\angle BAC=\angle BED=90°$, ∠B는 공통
∴ △ABC∽△EBD(AA 닮음)

36 오른쪽 그림과 같이 ∠A=90°인 직각삼각형 ABC에서 ∠DEB=90°일 때, $\overline{AD}$의 길이를 구하시오.

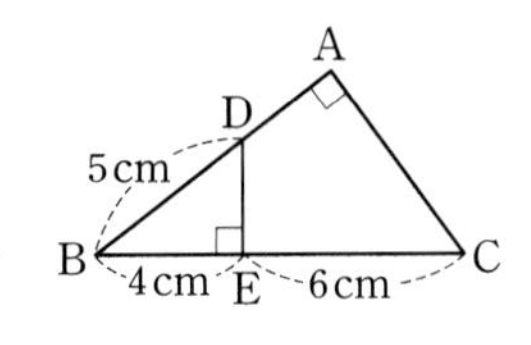

37 오른쪽 그림과 같은 △ABC에서 $\overline{AD}\perp\overline{BC}$, $\overline{BE}\perp\overline{AC}$이고 $\overline{AC}=12\,\text{cm}$, $\overline{BC}=16\,\text{cm}$, $\overline{AE}:\overline{EC}=1:2$일 때, $\overline{CD}$의 길이를 구하시오.

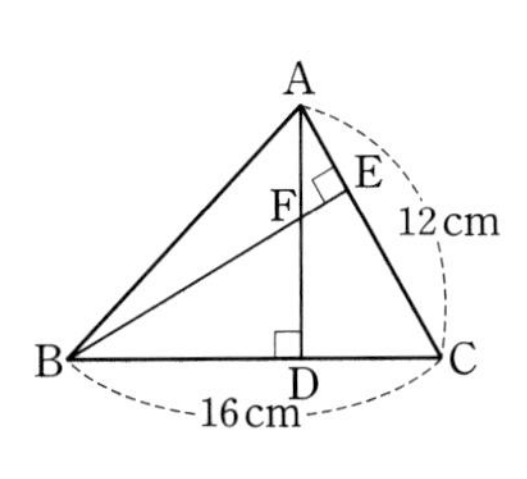

38 오른쪽 그림과 같이 ∠B=90°인 직각삼각형 ABC의 두 꼭짓점 A, C에서 꼭짓점 B를 지나는 직선에 내린 수선의 발을 각각 D, E라고 하자. $\overline{AD}=20\,\text{cm}$, $\overline{AB}=25\,\text{cm}$, $\overline{BE}=12\,\text{cm}$일 때, $\overline{BC}$의 길이를 구하시오.

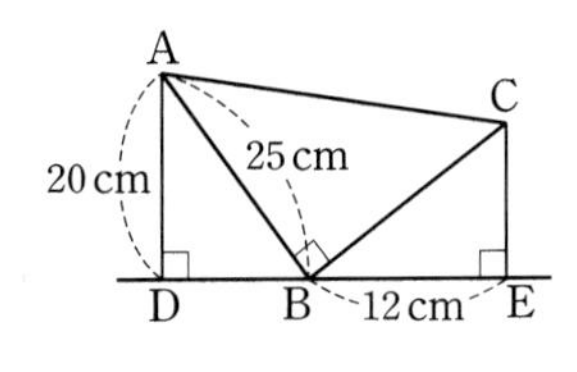

유형11 사각형에서 직각삼각형의 닮음 개념편 84쪽

사각형의 성질을 이용하여 서로 닮은 직각삼각형을 찾은 후 닮음비를 이용하여 선분의 길이를 구한다.

39 오른쪽 그림과 같이 평행사변형 ABCD의 꼭짓점 A에서 $\overline{BC}$, $\overline{CD}$에 내린 수선의 발을 각각 E, F라고 하자. $\overline{AE}=6\,cm$, $\overline{AF}=8\,cm$일 때, $\overline{AB}:\overline{AD}$를 가장 간단한 자연수의 비로 나타내시오.

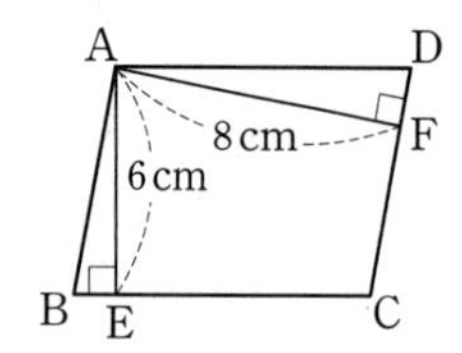

40 오른쪽 그림과 같은 직사각형 ABCD에서 대각선 AC의 수직이등분선인 $\overline{EF}$와 $\overline{AC}$의 교점을 O라고 하자. $\overline{AB}=6\,cm$, $\overline{AO}=5\,cm$, $\overline{BC}=8\,cm$일 때, $\overline{BE}$의 길이를 구하시오.

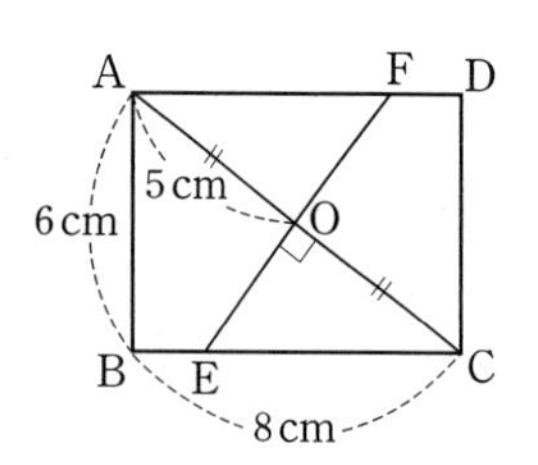

41 오른쪽 그림과 같은 직사각형 ABCD에서 $\overline{CD}$ 위에 한 점 E를 잡고, $\overline{AE}$의 연장선과 $\overline{BC}$의 연장선이 만나는 점을 F라고 하자. $\overline{AE}:\overline{EF}=4:1$일 때, $x-y$의 값을 구하시오.

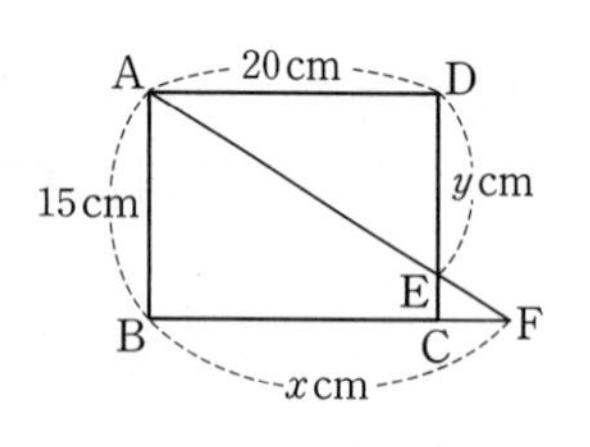

유형12 직각삼각형 속의 닮음 관계 개념편 85쪽

$\angle A=90°$인 직각삼각형 ABC에서 $\overline{AD}\perp\overline{BC}$일 때

(1) $\triangle ABC \backsim \triangle DBA$ (AA 닮음)이므로
$\overline{AB}:\overline{DB}=\overline{BC}:\overline{BA}$ $\quad\therefore \overline{AB}^2=\overline{BD}\times\overline{BC}$

(2) $\triangle ABC \backsim \triangle DAC$(AA 닮음)이므로
$\overline{AC}:\overline{DC}=\overline{BC}:\overline{AC}$ $\quad\therefore \overline{AC}^2=\overline{CD}\times\overline{CB}$

(3) $\triangle DBA \backsim \triangle DAC$(AA 닮음)이므로
$\overline{DB}:\overline{DA}=\overline{DA}:\overline{DC}$ $\quad\therefore \overline{AD}^2=\overline{DB}\times\overline{DC}$

➡ (1) 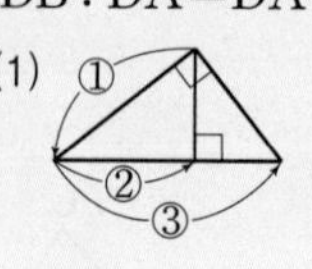 (2) 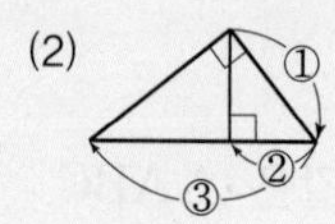 (3) 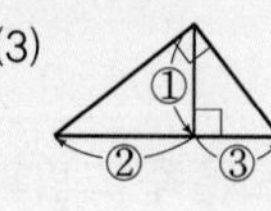

①^2=②×③

참고 직각삼각형 ABC의 넓이에서
$\frac{1}{2}\times\overline{AD}\times\overline{BC}=\frac{1}{2}\times\overline{AB}\times\overline{AC}$이므로
➡ $\overline{AD}\times\overline{BC}=\overline{AB}\times\overline{AC}$

42 오른쪽 그림과 같이 $\angle C=90°$인 직각삼각형 ABC에서 $\overline{CD}\perp\overline{AB}$일 때, 다음 중 옳지 않은 것은?

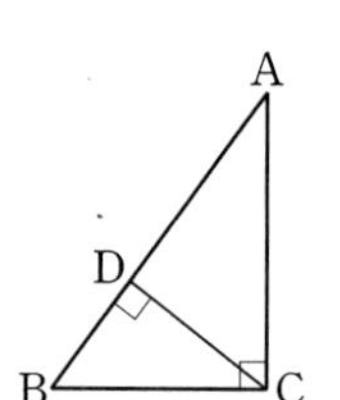

① $\triangle ABC \backsim \triangle ACD$
② $\triangle ABC \backsim \triangle CBD$
③ $\triangle ACD \backsim \triangle CBD$
④ $\overline{AC}^2=\overline{AD}\times\overline{DB}$
⑤ $\overline{AC}:\overline{CB}=\overline{CD}:\overline{BD}$

43 오른쪽 그림과 같이 $\angle A=90°$인 직각삼각형 ABC에서 $\overline{AD}\perp\overline{BC}$이고 $\overline{AB}=15\,cm$, $\overline{BD}=9\,cm$일 때, $x+y$의 값을 구하시오.

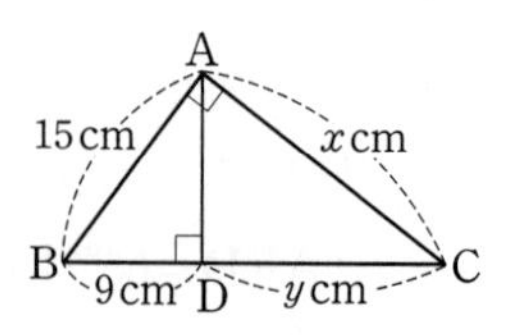

44 오른쪽 그림과 같이 $\angle A=90°$인 직각삼각형 ABC에서 $\overline{AD}\perp\overline{BC}$이고 $\overline{AD}=12\,cm$, $\overline{CD}=16\,cm$일 때, $\triangle ABC$의 넓이를 구하시오.

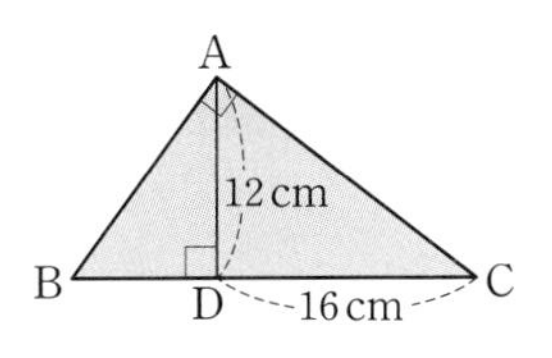

45 오른쪽 그림과 같이 $\angle B=90°$인 직각삼각형 ABC에서 $\overline{AC}\perp\overline{BH}$이고 $\overline{AB}=9\,cm$, $\overline{BC}=12\,cm$, $\overline{AC}=15\,cm$일 때, $\overline{BH}$의 길이를 구하시오.

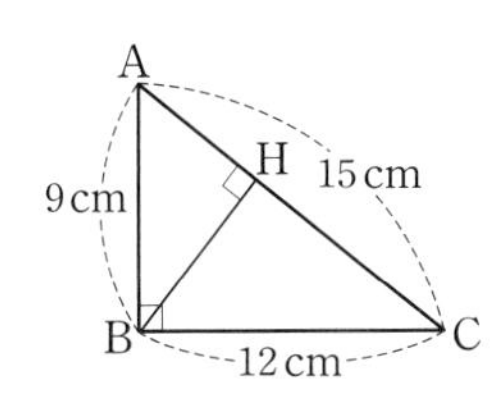

46 오른쪽 그림과 같이 직사각형 ABCD의 꼭짓점 A에서 $\overline{BD}$에 내린 수선의 발을 H라고 하자. $\overline{BC}=10\,cm$, $\overline{DH}=8\,cm$일 때, $\triangle ABD$의 넓이를 구하시오.

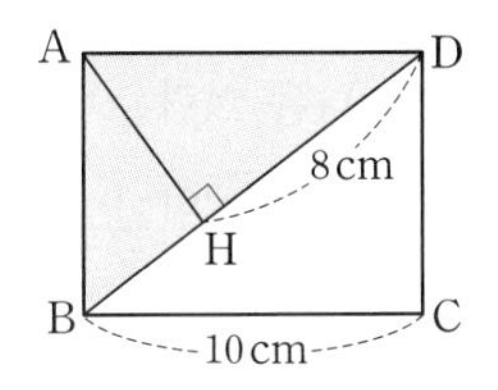

47 오른쪽 그림과 같이 $\angle A=90°$인 직각삼각형 ABC에서 $\overline{AD}\perp\overline{BC}$, $\overline{DE}\perp\overline{AC}$이다. $\overline{AB}=3\,cm$, $\overline{BC}=5\,cm$, $\overline{AC}=4\,cm$일 때, $\overline{DE}$의 길이를 구하시오.

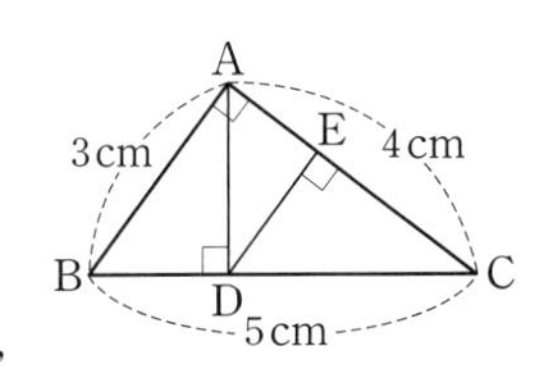

유형 13 닮음의 활용

개념편 87쪽

(1) 축도와 축척

① 축도: 도형을 일정한 비율로 줄여 그린 그림

② 축척: 축도에서 실제 길이를 줄인 비율

➡ $(\text{축척})=\dfrac{(\text{축도에서의 길이})}{(\text{실제 길이})}$

(2) 높이의 측정

❶ 서로 닮은 두 도형을 찾는다.

❷ 닮음비를 이용하여 문제를 해결한다.

48 어떤 두 지점 사이의 실제 거리가 36 km일 때, 지도에서 그 두 지점 사이의 거리는 10 cm이다. 같은 지도에서 거리가 12 cm인 두 지점 사이의 실제 거리는 몇 km인지 구하시오.

49 오른쪽 그림과 같이 키가 1.4 m인 우진이가 탑으로부터 7 m 떨어진 곳에 서 있다. 우진이의 그림자의 길이가 2 m이고 우진이의 그림자의 끝이 탑의 그림자의 끝과 일치할 때, 탑의 높이를 구하시오.

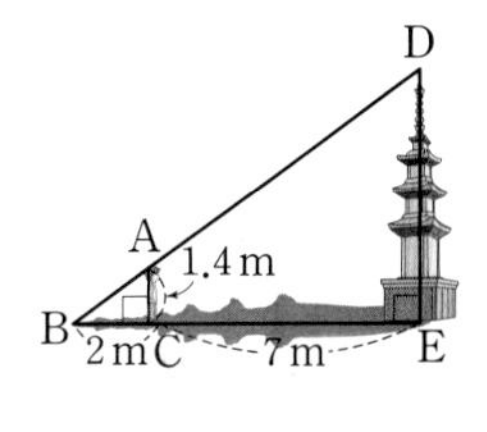

50 다음 그림과 같이 서연이는 바닥에 거울을 놓고 빛의 입사각의 크기와 반사각의 크기가 같음을 이용하여 건물의 높이를 구하려고 한다. 서연이의 눈높이는 1.5 m, 거울과 서연이 사이의 거리는 1.2 m, 거울과 건물 사이의 거리는 5.6 m일 때, 건물의 높이를 구하시오. (단, 거울의 두께는 무시한다.)

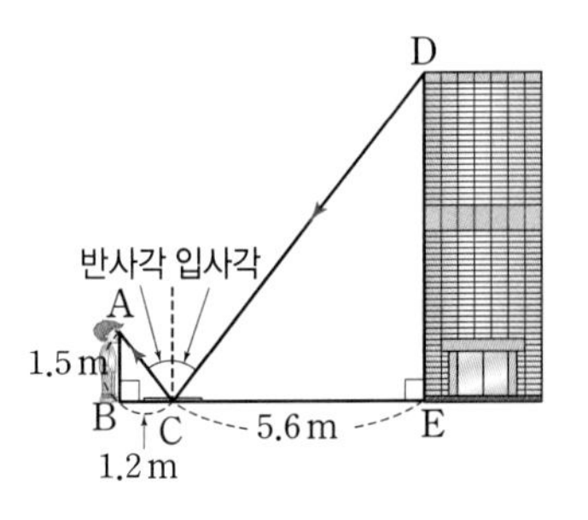

까다로운

유형14 종이접기와 삼각형의 닮음

개념편 88쪽

(1) 정삼각형 (2) 직사각형

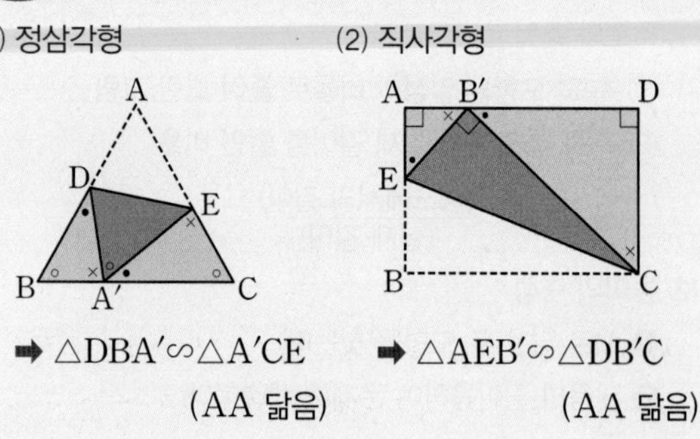

➡ $\triangle DBA' \backsim \triangle A'CE$ (AA 닮음)

➡ $\triangle AEB' \backsim \triangle DB'C$ (AA 닮음)

51 다음 그림은 직사각형 ABCD를 $\overline{EC}$를 접는 선으로 하여 꼭짓점 B가 $\overline{AD}$ 위의 점 B′에 오도록 접은 것이다. 이때 $\overline{B'D}$의 길이를 구하시오.

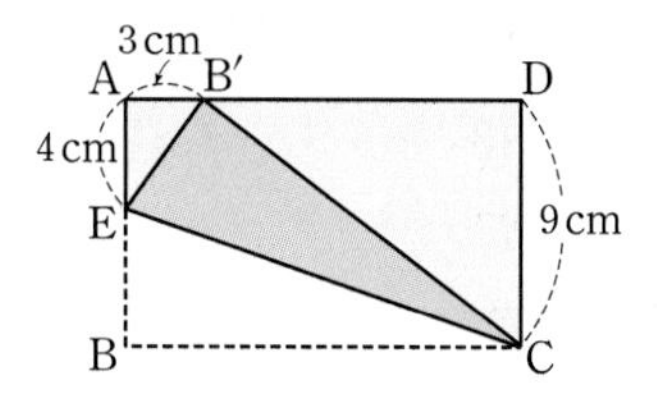

52 오른쪽 그림과 같이 정사각형 ABCD를 $\overline{EF}$를 접는 선으로 하여 꼭짓점 A가 $\overline{BC}$ 위의 점 A′에 오도록 접었다. 이때 $\overline{PD'}$의 길이를 구하시오.

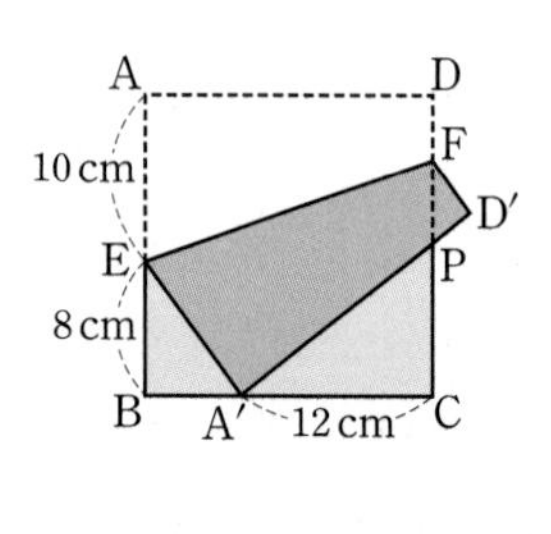

53 오른쪽 그림과 같이 정삼각형 ABC를 $\overline{DF}$를 접는 선으로 하여 꼭짓점 A가 $\overline{BC}$ 위의 점 E에 오도록 접었다. 이때 $\overline{AF}$의 길이를 구하시오.

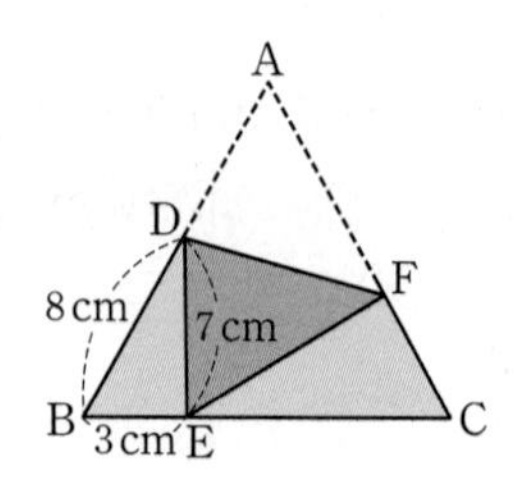

톡톡 튀는 문제

54 아래 그림과 같이 정사각형의 각 변을 3등분하여 9개의 정사각형으로 나누고 한가운데 정사각형 하나를 지운다. 남은 8개의 정사각형도 같은 방법으로 각각 9개의 정사각형으로 나누고 한가운데 정사각형 하나를 지운다. 이와 같은 과정을 반복할 때, 다음 물음에 답하시오.

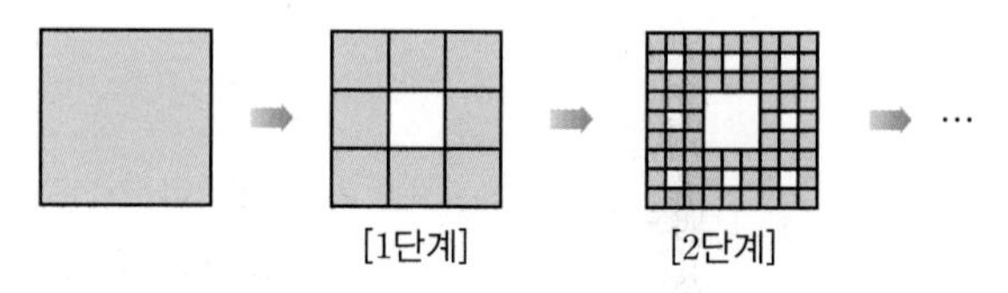

(1) 처음 정사각형과 [1단계]에서 지운 정사각형의 닮음비를 구하시오.

(2) 처음 정사각형과 [4단계]에서 지운 한 정사각형의 닮음비를 구하시오.

55 다음 그림은 해안의 한 지점 B에서 등대 A까지의 거리를 구하기 위해 축도를 그린 것이다. 두 지점 A, B 사이의 실제 거리는 몇 m인지 구하시오.

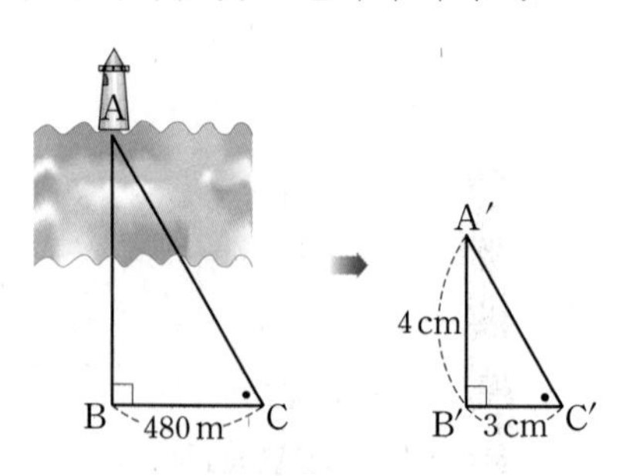

단원 마무리

★ 중요

이좋이야! LEVEL 1 꼭 나오는 기본 문제

1 다음 그림의 두 평행사변형 ABCD, EFGH에 대하여 □ABCD∽□EFGH이다. □ABCD와 □EFGH의 닮음비가 3 : 4일 때, □EFGH의 둘레의 길이를 구하시오.

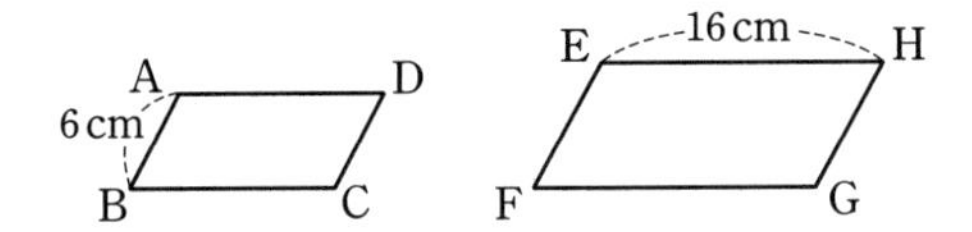

2 아래 그림에서 두 삼각기둥 ㈎와 ㈏는 서로 닮은 도형이고 $\overline{AC}$에 대응하는 모서리가 $\overline{GI}$일 때, 다음 중 옳지 않은 것은?

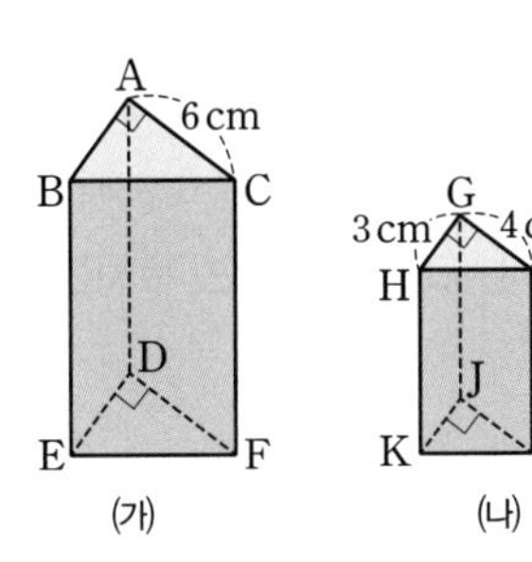

① □ADFC∽□GJLI
② $\overline{BC}:\overline{HI}=3:2$
③ $\overline{CF}=12\,cm$
④ 두 삼각기둥 ㈎와 ㈏의 겉넓이의 비는 9 : 4이다.
⑤ 삼각기둥 ㈎의 부피는 $108\,cm^3$이다.

3 오른쪽 그림과 같은 원뿔 모양의 그릇에 높이의 $\frac{1}{4}$만큼 물을 채웠을 때, 수면의 반지름의 길이를 구하시오.

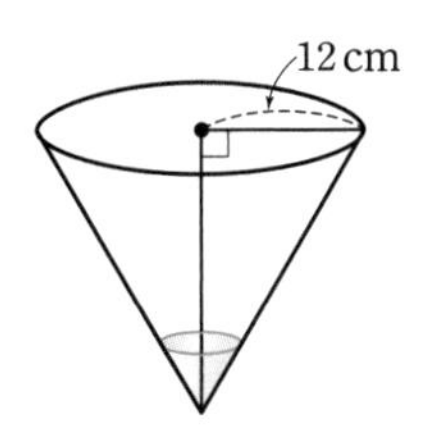

4 지름의 길이가 10 cm인 구 모양의 쇠구슬 1개를 녹여서 지름의 길이가 2 cm인 구 모양의 쇠구슬을 최대 몇 개 만들 수 있는가?

① 5개 ② 10개 ③ 25개
④ 50개 ⑤ 125개

5 아래 그림의 △ABC와 △DFE가 서로 닮은 도형이 되게 하려면 다음 중 어느 조건을 추가해야 하는가?

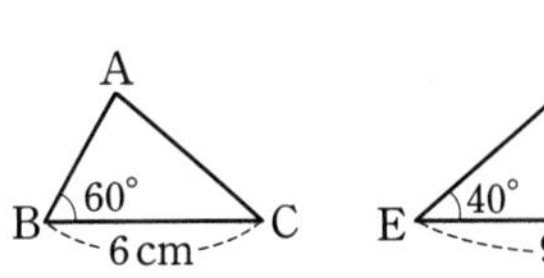

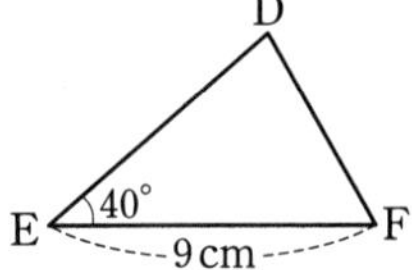

① $\overline{AB}=4\,cm$, $\overline{DF}=6\,cm$
② $\overline{AB}=4\,cm$, $\overline{DE}=12\,cm$
③ $\overline{AC}=8\,cm$, $\overline{DF}=12\,cm$
④ $\angle A=80°$, $\angle F=60°$
⑤ $\angle C=40°$, $\overline{AC}=8\,cm$, $\overline{DF}=6\,cm$

6 서술형

오른쪽 그림과 같은 △ABC에서 $\overline{DE}$의 길이를 구하시오.

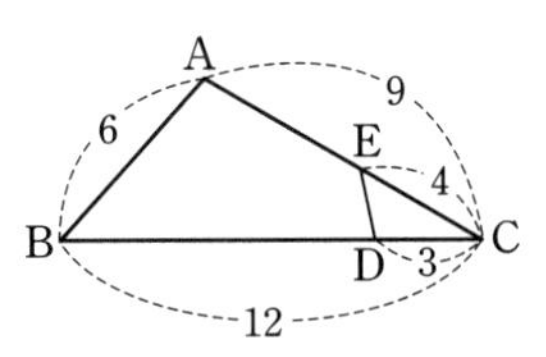

풀이 과정

답

7 오른쪽 그림과 같은 △ABC에서 ∠BAC=∠DEC일 때, $\overline{BE}$의 길이를 구하시오.

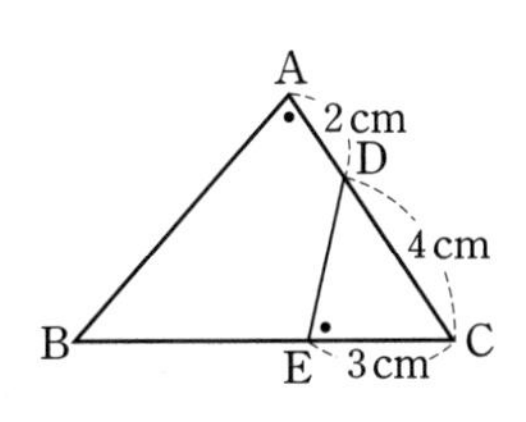

8 오른쪽 그림과 같은 평행사변형 ABCD에서 $\overline{BC}$ 위의 점 E에 대하여 $\overline{AE}$의 연장선과 $\overline{DC}$의 연장선의 교점을 F라고 할 때, $\overline{BE}$의 길이를 구하시오.

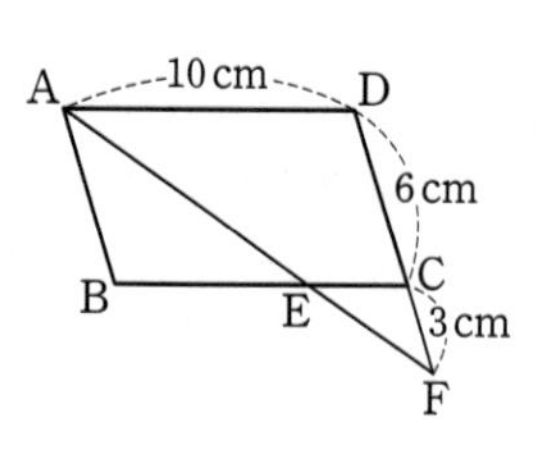

9 오른쪽 그림에서 $\angle ABC=\angle DEC=90°$일 때, $\overline{AB}$의 길이를 구하시오.

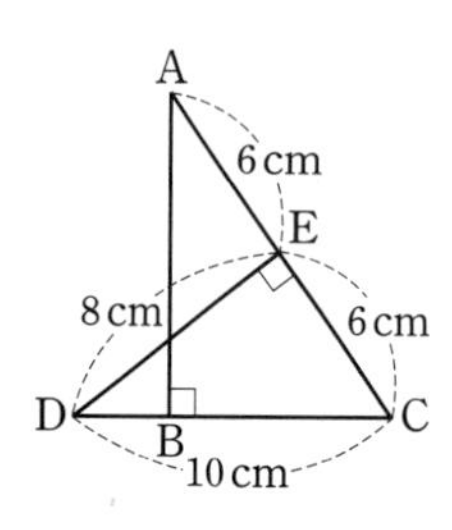

10 오른쪽 그림과 같이 $\angle A=90°$인 직각삼각형 ABC에서 $\overline{AD}\perp\overline{BC}$이고 $\overline{AB}=6$, $\overline{AC}=8$일 때, x, y의 값을 각각 구하시오.

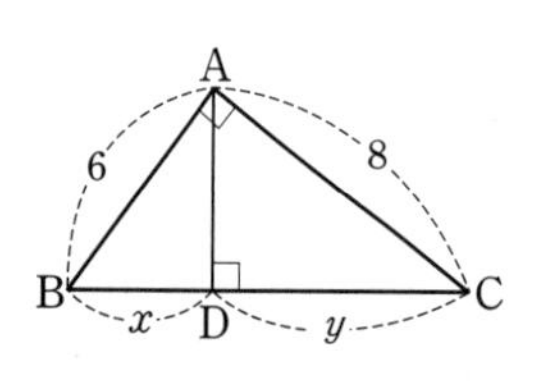

11 다음 그림은 강의 폭을 구하기 위하여 필요한 거리를 잰 것이다. 점 C는 $\overline{AD}$와 $\overline{BE}$의 교점이고 $\overline{BC}=60$ m, $\overline{CE}=12$ m, $\overline{DE}=8$ m일 때, 강의 폭인 $\overline{AB}$의 길이를 구하시오.

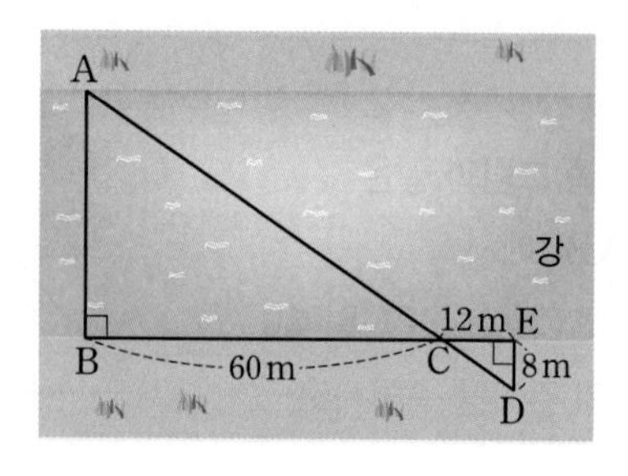

가뿐하지! LEVEL 2 **자주 나오는 실력 문제**

12 오른쪽 그림과 같이 $\overline{AD}/\!/\overline{BC}$인 사다리꼴 ABCD에서 점 O는 두 대각선의 교점이다. △AOD의 넓이가 3 cm²일 때, △OBC의 넓이를 구하시오.

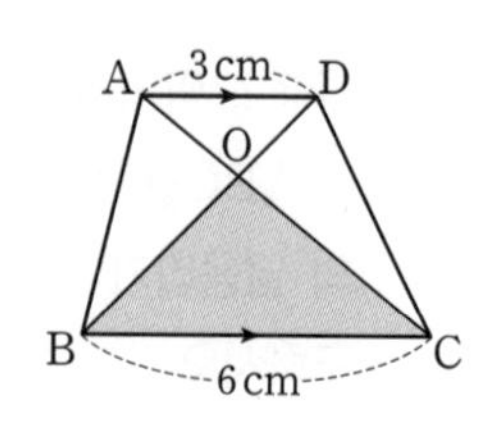

13 오른쪽 그림과 같이 높이가 9 cm인 원뿔 모양의 그릇에 물을 56 cm³만큼 부었더니 물의 높이가 6 cm가 되었다. 이 그릇에 물을 가득 채우려면 물을 얼마나 더 부어야 하는지 구하시오. (단, 그릇의 두께는 무시한다.)

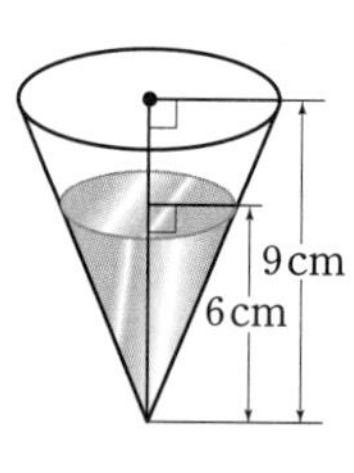

14 오른쪽 그림과 같이 $\angle C=90°$인 직각삼각형 ABC의 변 AB 위의 점 D에서 $\overline{BC}$, $\overline{AC}$에 내린 수선의 발을 각각 E, F라고 하면 □DECF는 정사각형이다. $\overline{BC}=6$ cm, $\overline{AC}=12$ cm일 때, □DECF의 넓이를 구하시오.

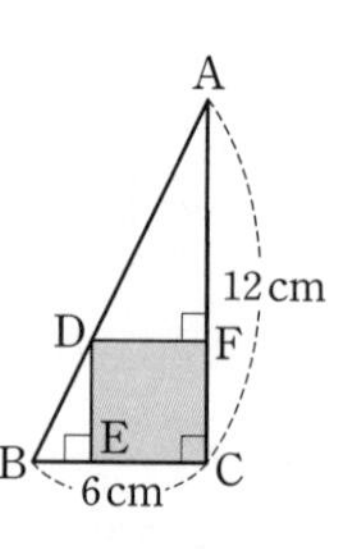

15 오른쪽 그림과 같은 직사각형 ABCD에서 $\overline{BD}\perp\overline{AE}$일 때, 다음 보기에서 $\triangle ABE$와 닮은 삼각형을 모두 고르시오.

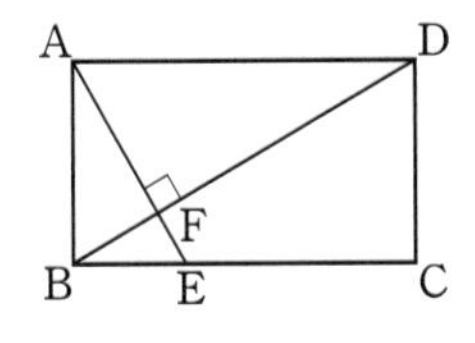

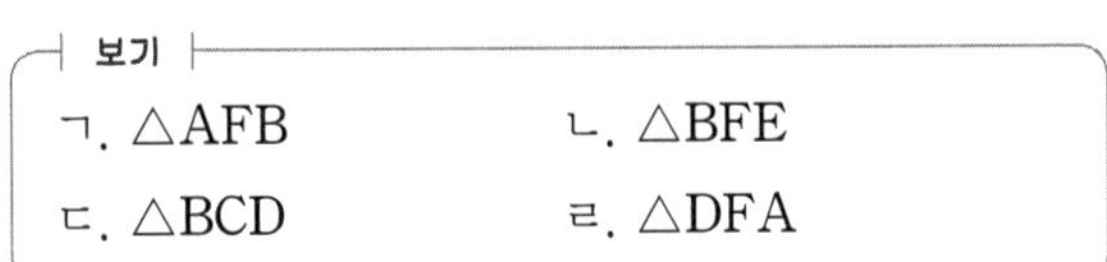

보기

ㄱ. $\triangle AFB$ ㄴ. $\triangle BFE$

ㄷ. $\triangle BCD$ ㄹ. $\triangle DFA$

16 오른쪽 그림과 같이 $\angle A=90^\circ$인 직각삼각형 ABC에서 $\overline{AE}=\overline{BE}$이고 $\overline{AD}\perp\overline{BC}$, $\overline{FE}\perp\overline{AB}$일 때, $x+y$의 값을 구하시오.

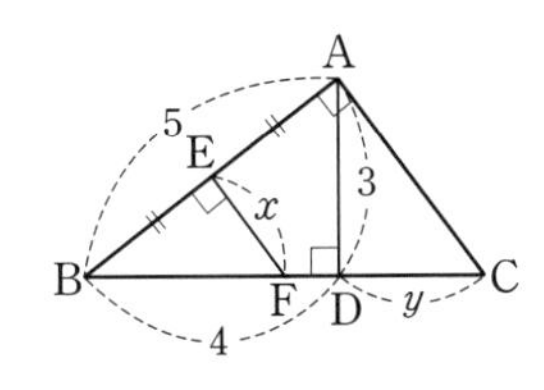

17 다음 그림은 직사각형 ABCD를 대각선 BD를 접는 선으로 하여 접은 것이다. $\overline{AD}$와 $\overline{BE}$의 교점 P에서 $\overline{BD}$에 내린 수선의 발을 Q라고 할 때, $\overline{PQ}$의 길이를 구하시오.

서술형

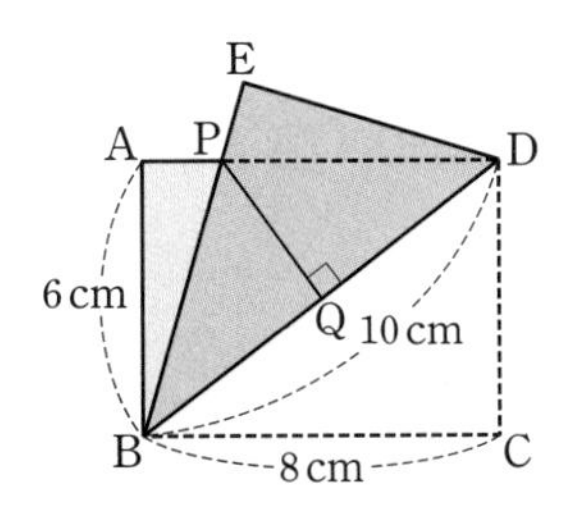

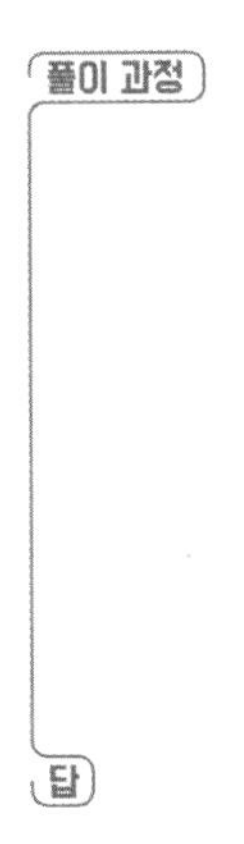

LEVEL 3 만점을 위한 도전 문제

18 오른쪽 그림과 같이 A0 용지의 긴 변을 반으로 접을 때마다 생기는 용지의 크기를 차례로 A1, A2, A3, A4, …라고 할 때, A0 용지와 A8 용지의 닮음비는?

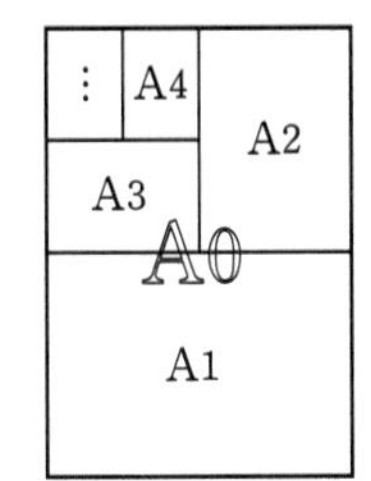

① 4 : 1 ② 8 : 1

③ 16 : 1 ④ 32 : 1

⑤ 64 : 1

19 오른쪽 그림과 같은 $\triangle ABC$에서 $\angle BAD=\angle CBE=\angle ACF$일 때, $\overline{DE}:\overline{EF}$를 가장 간단한 자연수의 비로 나타내시오.

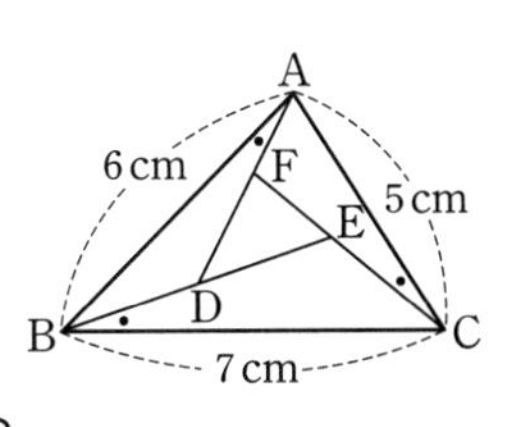

20 다음 그림과 같이 $\angle A=90^\circ$인 직각삼각형 ABC에서 점 M은 $\overline{BC}$의 중점이고 $\overline{AD}\perp\overline{BC}$, $\overline{DH}\perp\overline{AM}$일 때, $\overline{AH}$의 길이를 구하시오.

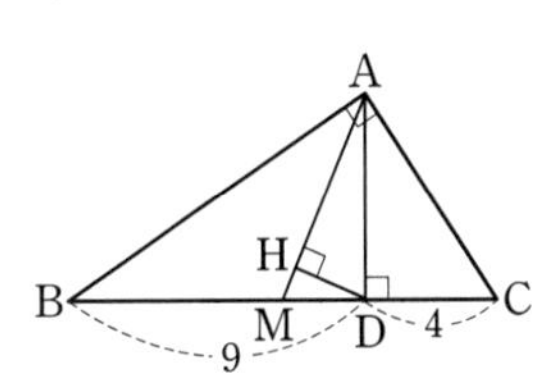

4 평행선 사이의 선분의 길이의 비

유형 1 삼각형에서 평행선과 선분의 길이의 비

유형 2 삼각형에서 평행선과 선분의 길이의 비의 응용

유형 3 평행선 찾기

유형 4 삼각형의 내각의 이등분선

유형 5 삼각형의 외각의 이등분선

유형 6 삼각형의 두 변의 중점을 연결한 선분의 성질

유형 7 삼각형의 두 변의 중점을 연결한 선분의 성질의 응용 (1)

유형 8 삼각형의 두 변의 중점을 연결한 선분의 성질의 응용 (2)

유형 9 삼각형의 각 변의 중점을 연결하여 만든 삼각형

유형 10 사각형의 각 변의 중점을 연결하여 만든 사각형

유형 11 사다리꼴에서 삼각형의 두 변의 중점을 연결한 선분의 성질의 응용

유형 12 평행선 사이에 있는 선분의 길이의 비

유형 13 사다리꼴에서 평행선과 선분의 길이의 비

유형 14 사다리꼴에서 평행선과 선분의 길이의 비의 응용 (1)

유형 15 사다리꼴에서 평행선과 선분의 길이의 비의 응용 (2)

유형 16 평행선과 선분의 길이의 비의 응용

유형 17 삼각형의 중선과 무게중심

유형 18 삼각형의 무게중심의 응용 (1)
– 두 변의 중점을 연결한 선분의 성질 이용

유형 19 삼각형의 무게중심의 응용 (2)
– 평행선과 선분의 길이의 비 이용

유형 20 삼각형의 무게중심과 넓이

유형 21 평행사변형에서 삼각형의 무게중심의 응용

● 정답과 해설 41쪽

4 평행선 사이의 선분의 길이의 비

★ 중요

유형 1 삼각형에서 평행선과 선분의 길이의 비

개념편 100쪽

$\triangle ABC$에서 $\overline{AB}$, $\overline{AC}$ 또는 그 연장선 위에 각각 점 D, E가 있을 때, $\overline{BC} /\!/ \overline{DE}$이면

(1) $a : a' = b : b' = c : c'$ (2) $a : a' = b : b'$

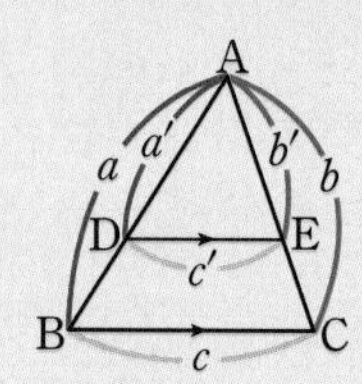

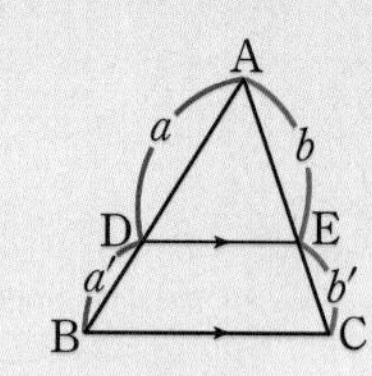

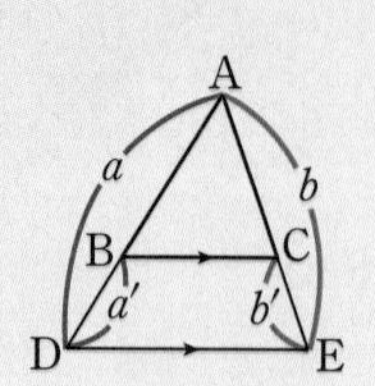

(1) $a : a' = b : b' = c : c'$ (2) $a : a' = b : b'$

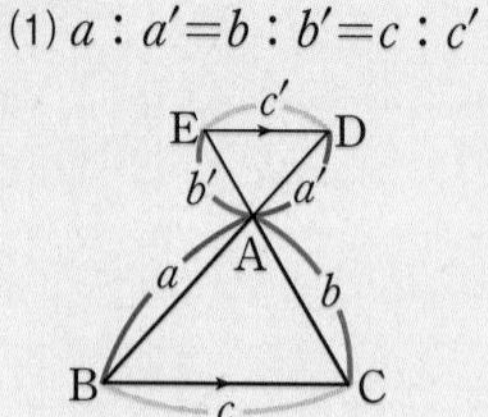

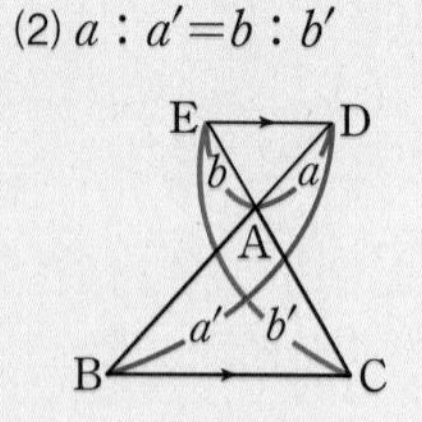

[1~5] 삼각형에서 평행선과 선분의 길이의 비 -

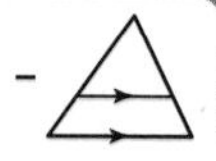

1 다음 그림과 같은 $\triangle ABC$에서 $\overline{BC} /\!/ \overline{DE}$일 때, x, y의 값을 각각 구하시오.

(1)

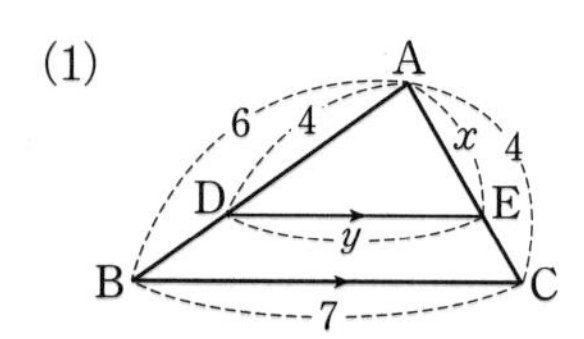

(2)

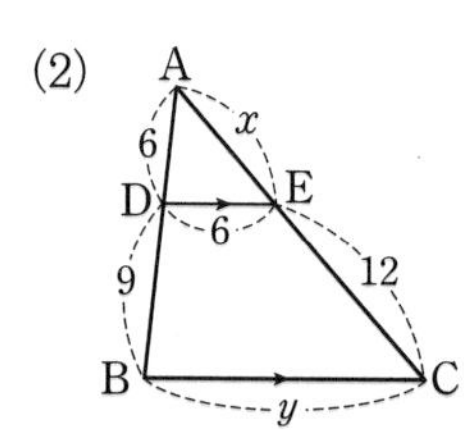

2 오른쪽 그림과 같은 $\triangle ABC$에서 $\overline{CB} /\!/ \overline{DE}$이고, $\overline{AE} : \overline{EB} = 3 : 2$이다. $\overline{AD} = 6\,\text{cm}$일 때, $\overline{AC}$의 길이를 구하시오.

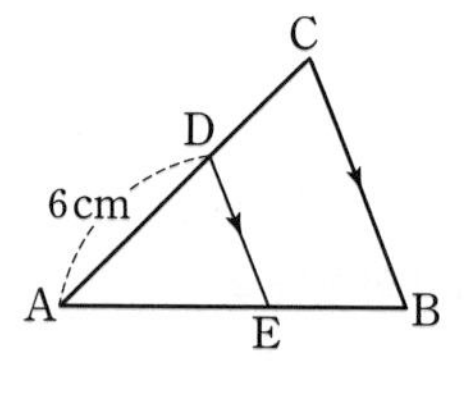

3 오른쪽 그림과 같은 평행사변형 ABCD에서 $\overline{AB}$의 연장선과 $\overline{DF}$의 연장선이 만나는 점을 E라고 할 때, $\overline{CF}$의 길이를 구하시오.

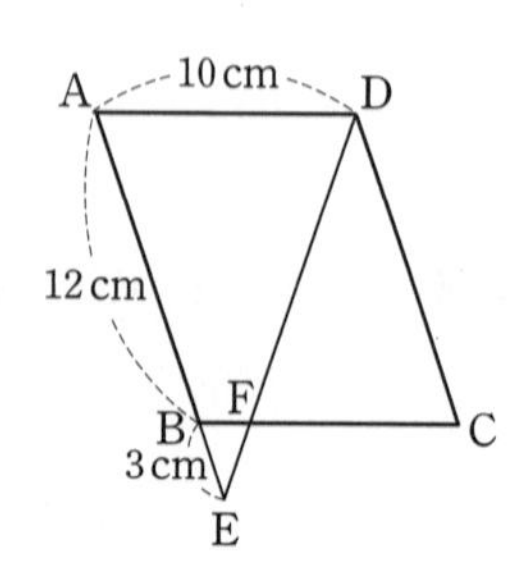

4 다음은 $\triangle ABC$에서 $\overline{AB}$, $\overline{AC}$ 위에 각각 점 D, E가 있을 때, $\overline{BC} /\!/ \overline{DE}$이면 $\overline{AD} : \overline{DB} = \overline{AE} : \overline{EC}$임을 설명하는 과정이다. (가)~(마)에 알맞은 것으로 옳지 <u>않은</u> 것은?

점 E에서 $\overline{AB}$에 평행한 직선을 그어 $\overline{BC}$와 만나는 점을 F라고 하자.

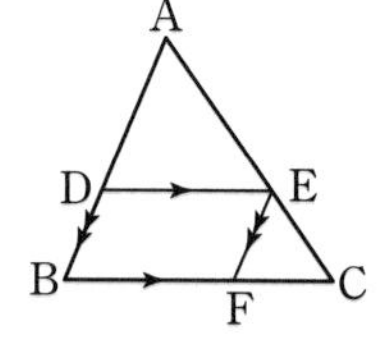

$\triangle ADE$와 $\triangle EFC$에서

$\angle DAE =$ (가) (동위각) … ㉠

$\angle AED = \angle ECF$ (동위각) … ㉡

㉠, ㉡에 의해

$\triangle ADE \backsim \triangle EFC$ ((나) 닮음)이므로

$\overline{AD} :$ (다) $= \overline{AE} :$ (라)

이때 □DBFE는 평행사변형이므로 $\overline{EF} =$ (마)

$\therefore \overline{AD} : \overline{DB} = \overline{AE} : \overline{EC}$

① (가) $\angle FEC$ ② (나) AA ③ (다) $\overline{AB}$
④ (라) $\overline{EC}$ ⑤ (마) $\overline{DB}$

□FBDE가 마름모임을 이용하여 선분의 길이의 비에 대한 식을 세워 보자.

까다로운 기출문제

5 오른쪽 그림과 같이 $\overline{AB} = 15\,\text{cm}$, $\overline{BC} = 10\,\text{cm}$인 $\triangle ABC$에서 □FBDE가 마름모일 때, $\overline{ED}$의 길이를 구하시오.

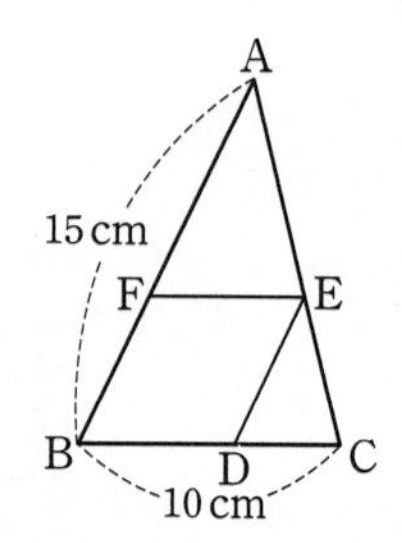

[6~8] 삼각형에서 평행선과 선분의 길이의 비 - 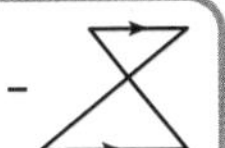

6 다음 그림에서 점 A가 $\overline{BE}$와 $\overline{CD}$의 교점이고 $\overline{BC} /\!/ \overline{DE}$일 때, x의 값을 구하시오.

(1) 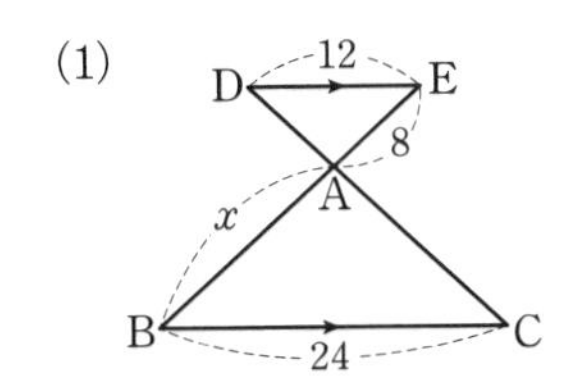

(2) 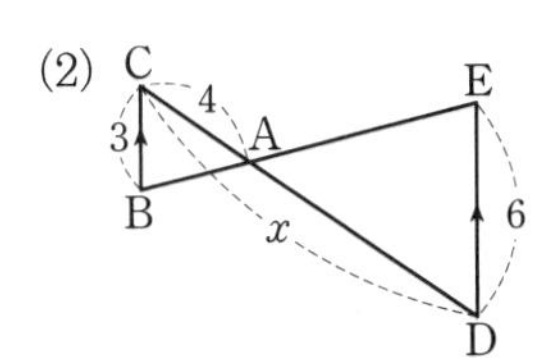

7 오른쪽 그림과 같은 평행사변형 ABCD에서 $\overline{AD}$ 위의 점 E와 꼭짓점 B를 이은 선분이 대각선 AC와 만나는 점을 F라고 할 때, $\overline{DE}$의 길이를 구하시오.

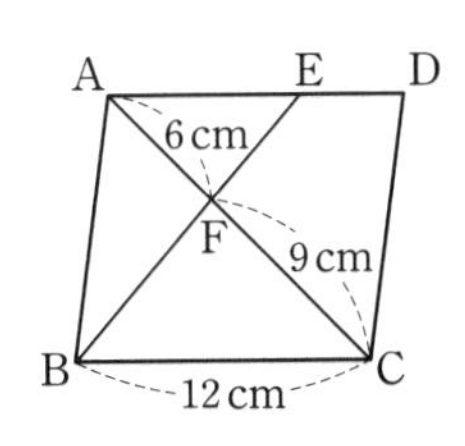

8 오른쪽 그림에서 $\overline{AB} /\!/ \overline{DG}$, $\overline{CD} /\!/ \overline{EF}$일 때, $\overline{EF}$의 길이는?

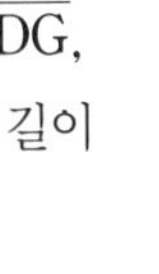
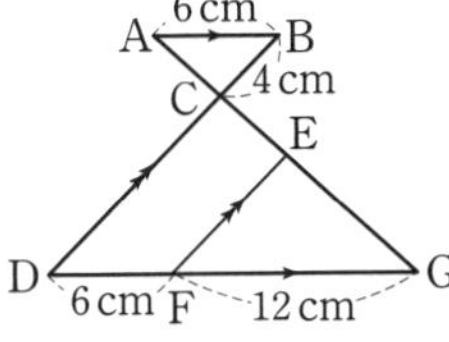

① 7 cm ② 8 cm
③ 9 cm ④ 10 cm
⑤ 11 cm

유형 2 삼각형에서 평행선과 선분의 길이의 비의 응용

개념편 100쪽

(1) △ABC에서 $\overline{BC} /\!/ \overline{DE}$일 때

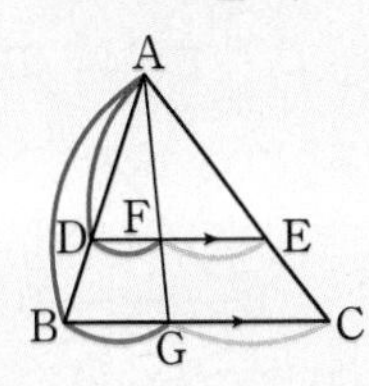

➡ $\overline{AD} : \overline{AB} = \overline{DF} : \overline{BG} = \overline{FE} : \overline{GC}$

(2) △ABC에서 $\overline{BC} /\!/ \overline{DE}$, $\overline{BE} /\!/ \overline{DF}$일 때

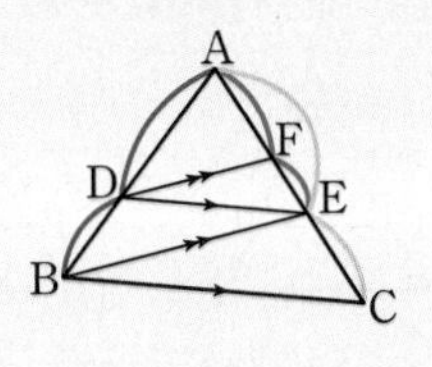

➡ $\overline{AD} : \overline{DB} = \overline{AF} : \overline{FE} = \overline{AE} : \overline{EC}$

9 오른쪽 그림과 같은 △ABC에서 $\overline{BC} /\!/ \overline{DE}$일 때, $x+y$의 값을 구하시오.

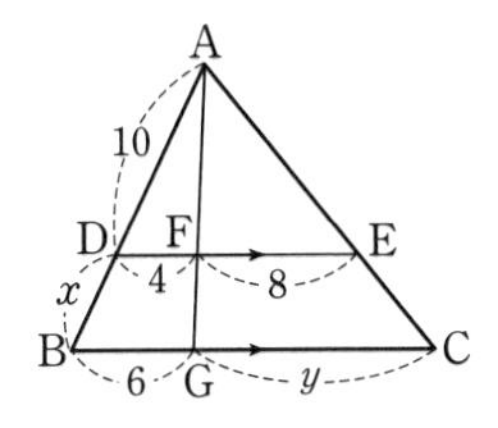

10 오른쪽 그림과 같은 △ABC에서 $\overline{BC} /\!/ \overline{DE}$, $\overline{BE} /\!/ \overline{DF}$일 때, 다음 물음에 답하시오.

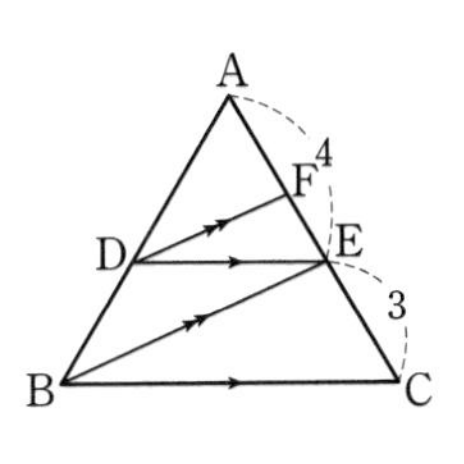

(1) △ABC와 닮음인 삼각형을 찾으시오.

(2) △ADF와 닮음인 삼각형을 찾으시오.

(3) $\overline{AF} : \overline{FE}$를 가장 간단한 자연수의 비로 나타내시오.

11 오른쪽 그림과 같은 △ABC에서 $\overline{BC} /\!/ \overline{DE}$, $\overline{DC} /\!/ \overline{FE}$일 때, x의 값은?

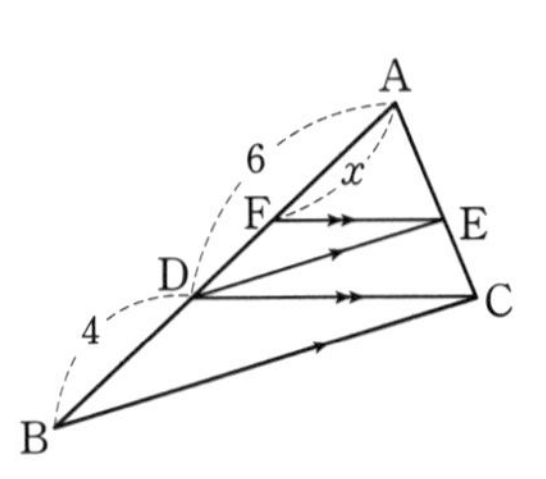

① 3 ② $\frac{16}{5}$
③ $\frac{18}{5}$ ④ 4
⑤ $\frac{21}{5}$

유형 3 평행선 찾기
개념편 101쪽

$\triangle ABC$에서 $\overline{AB}$, $\overline{AC}$ 또는 그 연장선 위에 각각 점 D, E가 있을 때

(1) $a : a' = b : b'$이면 $\overline{BC} /\!/ \overline{DE}$

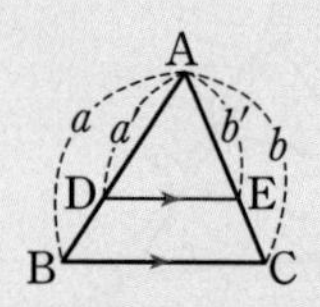
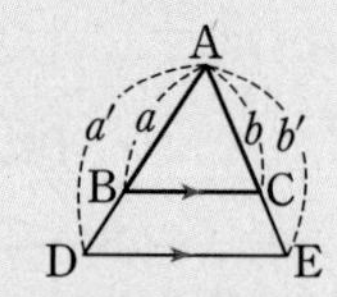
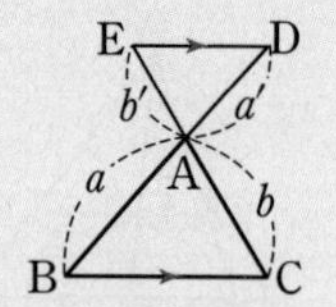

(2) $a : a' = b : b'$이면 $\overline{BC} /\!/ \overline{DE}$

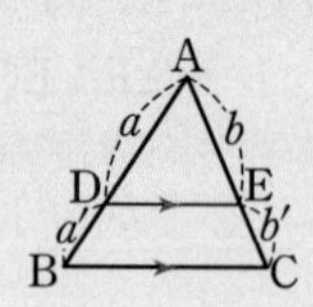
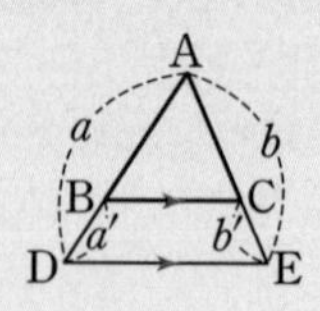
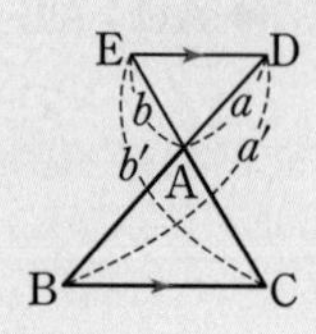

12 다음 중 $\overline{BC} /\!/ \overline{DE}$가 아닌 것은?

①
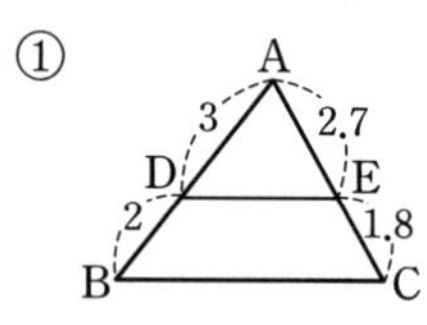

②
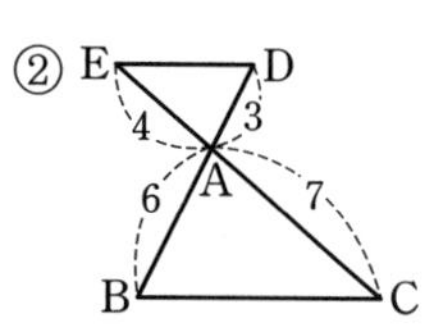

③
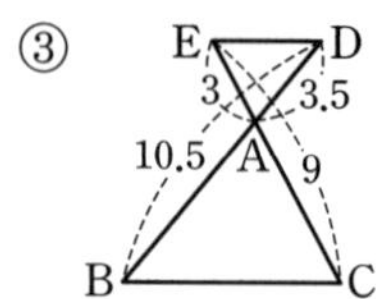

④
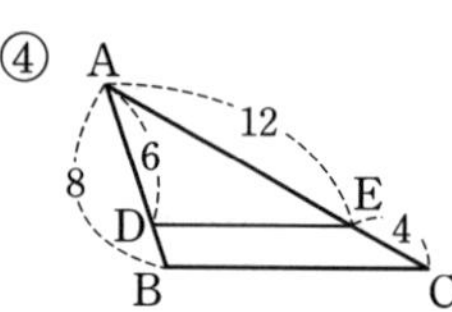

⑤
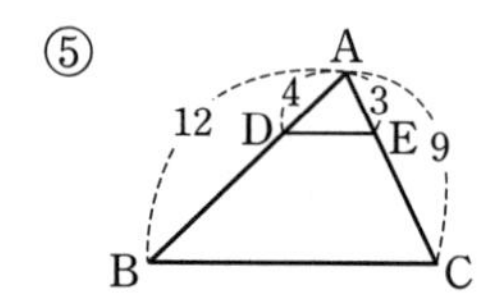

13 오른쪽 그림에서 서로 평행한 선분을 찾아 기호로 나타낸 것은?

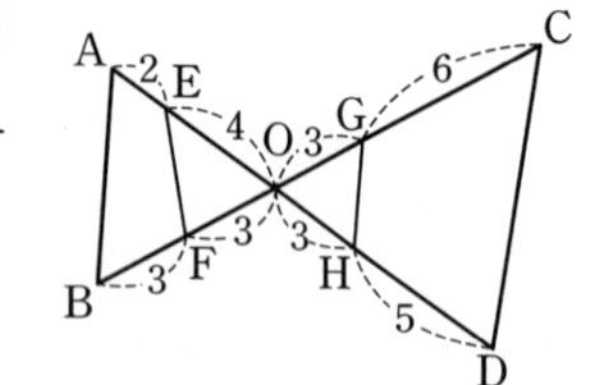

① $\overline{AB} /\!/ \overline{CD}$
② $\overline{AB} /\!/ \overline{EF}$
③ $\overline{AB} /\!/ \overline{GH}$
④ $\overline{EF} /\!/ \overline{GH}$
⑤ $\overline{GH} /\!/ \overline{CD}$

유형 4 삼각형의 내각의 이등분선
개념편 102~103쪽

$\triangle ABC$에서 $\angle A$의 이등분선이 $\overline{BC}$와 만나는 점을 D라고 하면

$\overline{AB} : \overline{AC} = \overline{BD} : \overline{CD}$

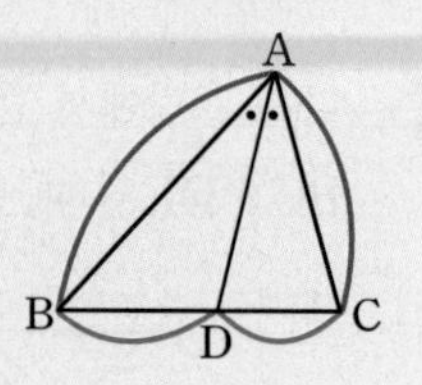

참고 $\triangle ABD : \triangle ADC$
$= \overline{BD} : \overline{CD}$
$= \overline{AB} : \overline{AC}$

14 다음 그림과 같은 $\triangle ABC$에서 $\overline{AD}$가 $\angle A$의 이등분선일 때, x의 값을 구하시오.

(1)
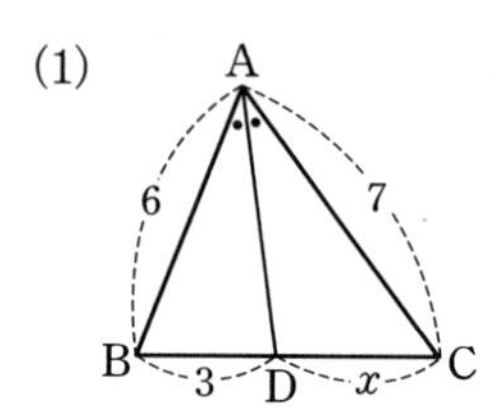

(2)
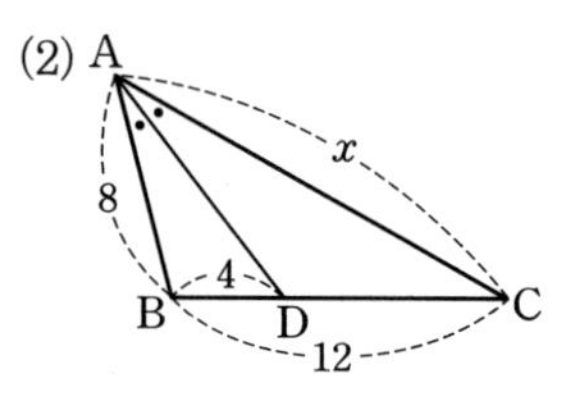

15 오른쪽 그림과 같은 $\triangle ABC$에서 $\angle BAD = \angle CAD$이고, 점 C를 지나고 $\overline{AD}$에 평행한 직선을 그어 $\overline{BA}$의 연장선과 만나는 점을 E라고 할 때, 다음 중 옳지 않은 것은?

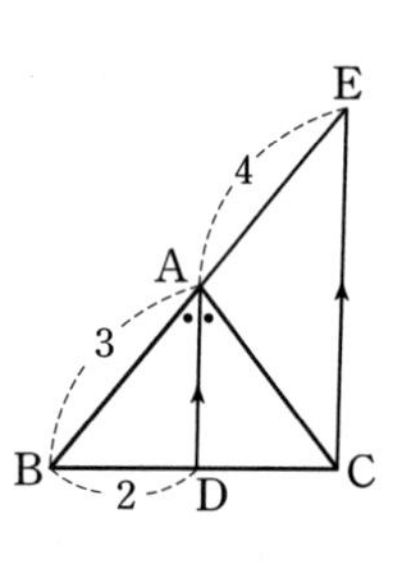

① $\angle BAD = \angle AEC$
② $\angle DAC = \angle ACE$
③ $\overline{BD} : \overline{CD} = 3 : 4$
④ $\overline{AC} = 4$
⑤ $\overline{CD} = 2$

16 오른쪽 그림과 같은 $\triangle ABC$에서 $\overline{AE}$는 $\angle A$의 이등분선이고 $\overline{AC} /\!/ \overline{DE}$일 때, $\overline{DE}$의 길이를 구하시오.

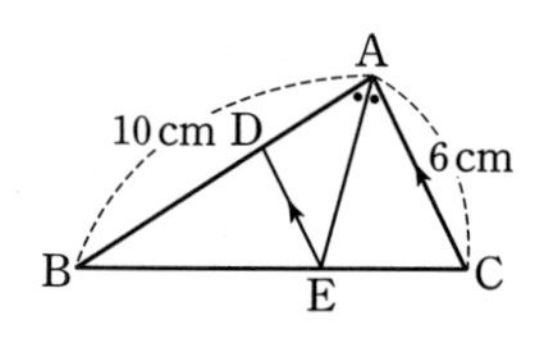

17 오른쪽 그림과 같은 $\triangle ABC$에서 $\overline{BE}$, $\overline{CD}$가 각각 $\angle B$, $\angle C$의 이등분선일 때, 다음을 구하시오.

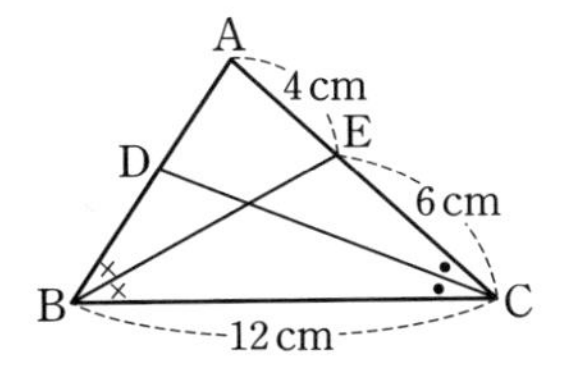

(1) $\overline{AB}$의 길이

(2) $\overline{AD}$의 길이

18 오른쪽 그림과 같은 $\triangle ABC$에서 $\overline{AD}$는 $\angle A$의 이등분선이고 $\overline{AB} : \overline{AC} = 4 : 3$, $\triangle ABD = 16\,cm^2$일 때, $\triangle ADC$의 넓이는?

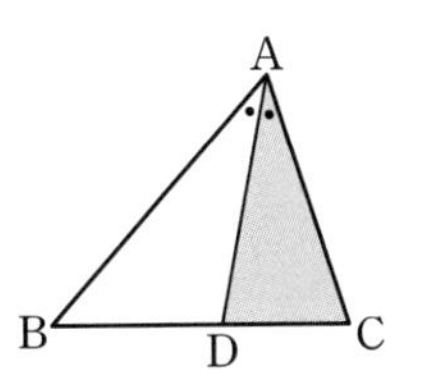

① $10\,cm^2$　② $11\,cm^2$　③ $12\,cm^2$
④ $13\,cm^2$　⑤ $14\,cm^2$

19 오른쪽 그림의 $\triangle ABC$에서 $\angle BAD = \angle CAD = 45°$일 때, $\triangle ADC$의 넓이는?

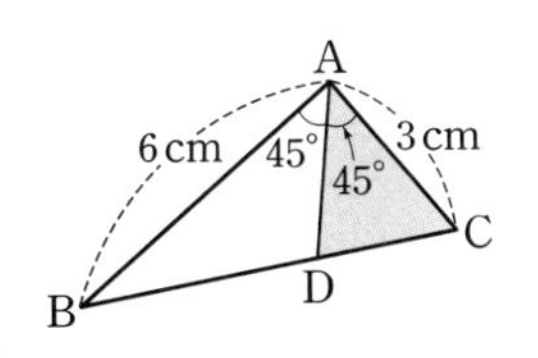

① $3\,cm^2$　② $\frac{10}{3}\,cm^2$
③ $\frac{11}{3}\,cm^2$　④ $4\,cm^2$
⑤ $\frac{14}{3}\,cm^2$

유형 5 삼각형의 외각의 이등분선 개념편 102~103쪽

$\triangle ABC$에서 $\angle A$의 외각의 이등분선이 $\overline{BC}$의 연장선과 만나는 점을 D라고 하면
$\overline{AB} : \overline{AC} = \overline{BD} : \overline{CD}$

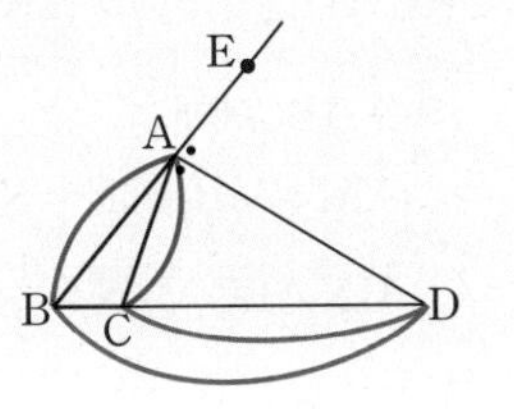

20 다음 그림과 같은 $\triangle ABC$에서 $\overline{AD}$가 $\angle A$의 외각의 이등분선일 때, x의 값을 구하시오.

(1)
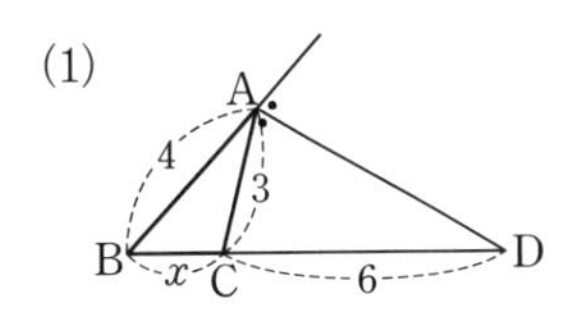

(2)
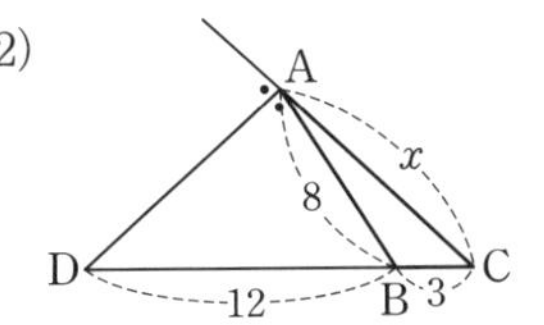

21 오른쪽 그림과 같은 $\triangle ABC$에서 $\overline{AD}$는 $\angle A$의 외각의 이등분선이고, $\triangle ABC$의 넓이가 $24\,cm^2$일 때, $\triangle ABD$의 넓이를 구하시오.

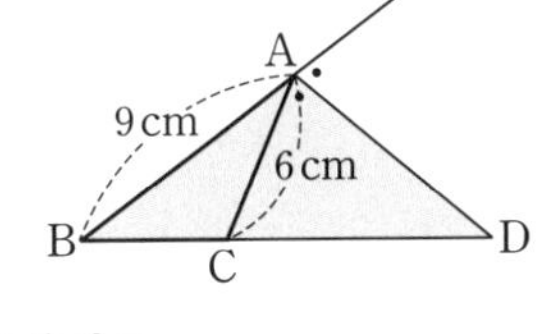

$\overline{DC}$, $\overline{CE}$의 길이를 차례로 구해 보자.

까다로운 기출문제

22 다음 그림과 같은 $\triangle ABC$에서 $\overline{AD}$는 $\angle A$의 이등분선이고 $\overline{AE}$는 $\angle A$의 외각의 이등분선일 때, $\overline{DE}$의 길이를 구하시오.

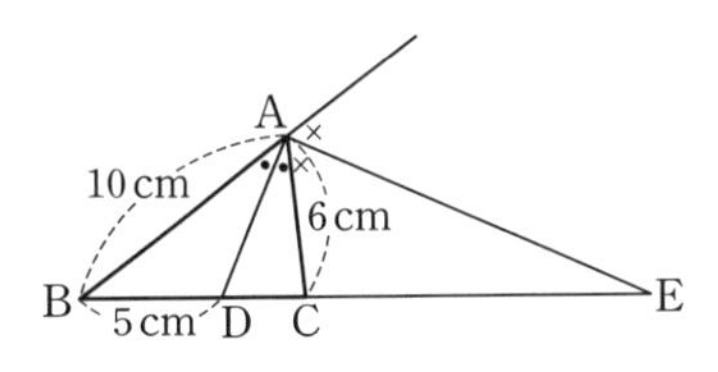

유형 6 삼각형의 두 변의 중점을 연결한 선분의 성질

개념편 106~107쪽

(1) △ABC에서
$\overline{AM}=\overline{MB}$, $\overline{AN}=\overline{NC}$이면
$\overline{MN}/\!/\overline{BC}$, $\overline{MN}=\frac{1}{2}\overline{BC}$

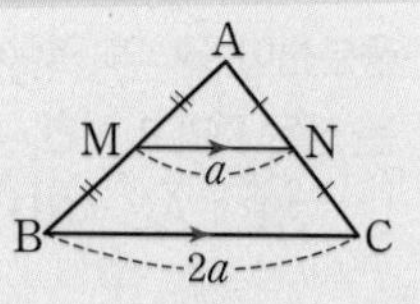

(2) △ABC에서
$\overline{AM}=\overline{MB}$, $\overline{MN}/\!/\overline{BC}$이면
$\overline{AN}=\overline{NC}$

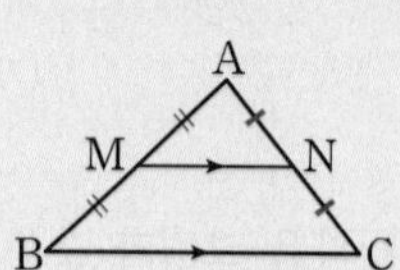

[23~25] 삼각형의 두 변의 중점을 연결한 선분의 성질 (1)

23 오른쪽 그림과 같은 △ABC에서 $\overline{AB}$, $\overline{BC}$의 중점을 각각 M, N이라고 하자. $\overline{MN}=11\,\text{cm}$, $\angle A=75°$, $\angle B=65°$일 때, $x+y$의 값은?

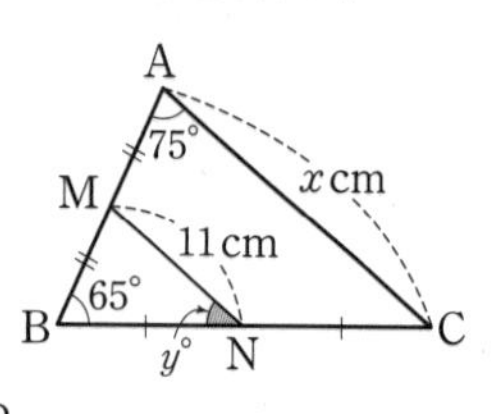

① 58 ② 59 ③ 60
④ 61 ⑤ 62

24 오른쪽 그림에서 네 점 M, N, P, Q는 각각 $\overline{AB}$, $\overline{AC}$, $\overline{DB}$, $\overline{DC}$의 중점이다. $\overline{BC}=30\,\text{cm}$일 때, 다음을 구하시오.

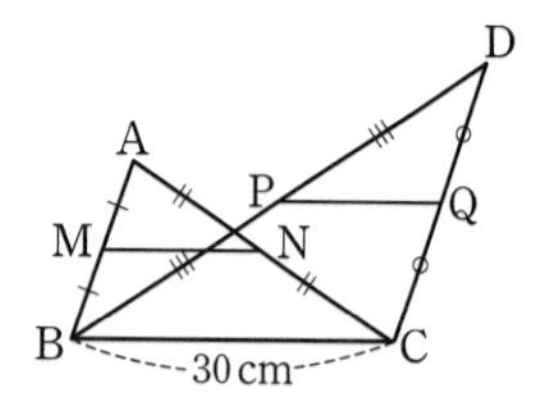

(1) $\overline{MN}$의 길이

(2) $\overline{PQ}$의 길이

25 오른쪽 그림과 같은 □ABCD에서 세 점 M, N, P는 각각 $\overline{AD}$, $\overline{BC}$, $\overline{BD}$의 중점이다. $\overline{MN}=9\,\text{cm}$이고 $\overline{AB}+\overline{CD}=22\,\text{cm}$일 때, △MPN의 둘레의 길이를 구하시오.

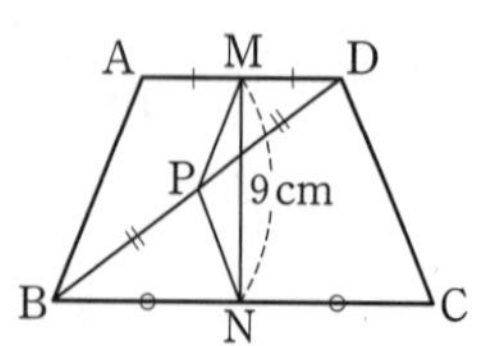

[26~28] 삼각형의 두 변의 중점을 연결한 선분의 성질 (2)

26 오른쪽 그림과 같은 △ABC에서 점 E는 $\overline{BC}$의 중점이고, $\overline{AC}/\!/\overline{DE}$이다. $\overline{AC}=12\,\text{cm}$일 때, $\overline{DE}$의 길이는?

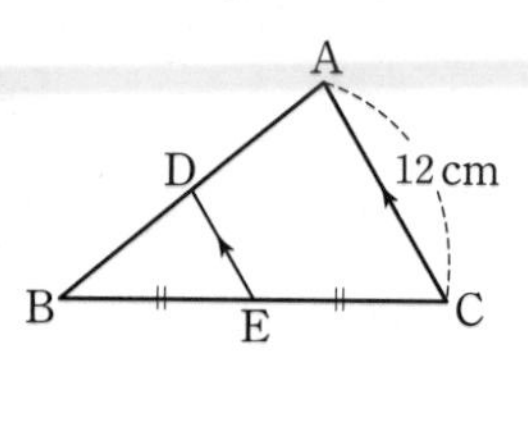

① 6 cm ② $\frac{13}{2}$ cm ③ $\frac{20}{3}$ cm
④ 7 cm ⑤ $\frac{15}{2}$ cm

27 오른쪽 그림과 같은 △ABC에서 두 점 D, E는 각각 $\overline{AC}$, $\overline{BD}$의 중점이다. $\overline{AB}/\!/\overline{EG}/\!/\overline{DF}$이고 $\overline{DF}=4$일 때, $x+y$의 값을 구하시오.

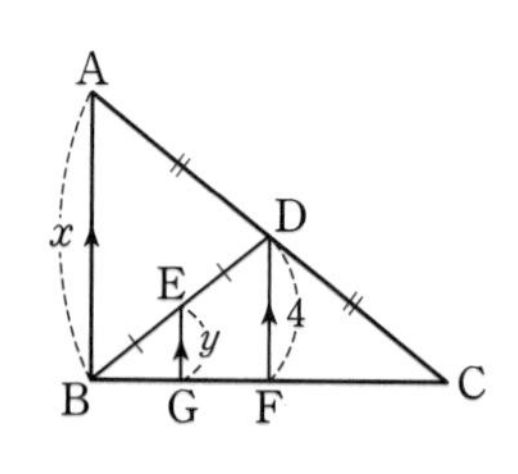

28 오른쪽 그림과 같은 △ABC에서 점 D는 $\overline{AB}$의 중점이고, $\overline{DE}/\!/\overline{BC}$, $\overline{DF}/\!/\overline{AC}$이다. $\overline{AC}=16\,\text{cm}$, $\overline{DE}=5\,\text{cm}$일 때, $\overline{BF}+\overline{CE}$의 길이는?

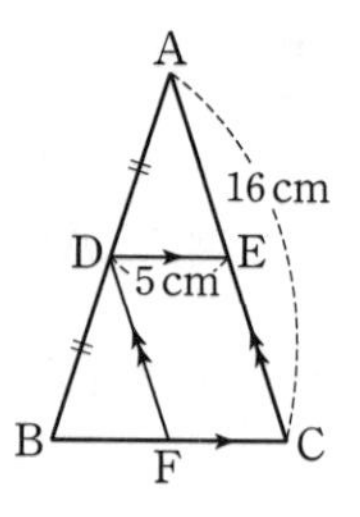

① 10 cm ② 11 cm
③ 12 cm ④ 13 cm
⑤ 14 cm

유형 7 삼각형의 두 변의 중점을 연결한 선분의 성질의 응용 (1)

개념편 106~107쪽

$\triangle ABC$에서 $\overline{BC}$의 중점을 D, $\overline{AB}$의 삼등분점을 E, F라고 하면

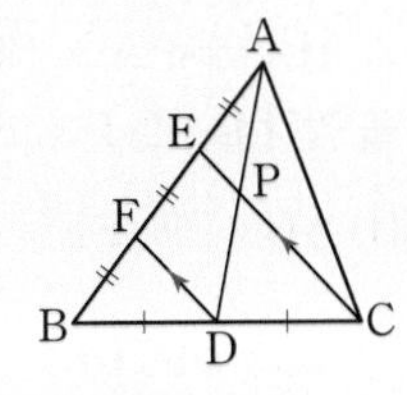

(1) $\triangle BCE$에서
$\overline{BF}=\overline{FE}$, $\overline{BD}=\overline{DC}$이므로
➡ $\overline{FD} /\!/ \overline{EC}$, $\overline{EC}=2\overline{FD}$

(2) $\triangle AFD$에서 $\overline{AE}=\overline{EF}$, $\overline{EP} /\!/ \overline{FD}$이므로
➡ $\overline{AP}=\overline{PD}$, $\overline{FD}=2\overline{EP}$

29 서술형 오른쪽 그림과 같은 $\triangle ABC$에서 두 점 E, F는 $\overline{AC}$의 삼등분점이고, 점 D는 $\overline{AB}$의 중점이다. $\overline{GF}=5\,\text{cm}$일 때, $\overline{BG}$의 길이를 구하시오.

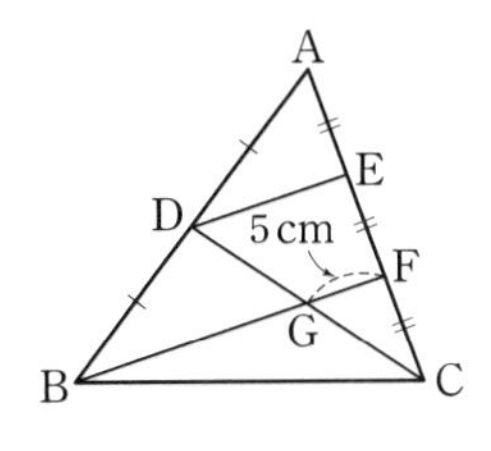

풀이 과정

답

30 다음 그림에서 점 F는 $\overline{AC}$의 중점이고, 두 점 D, E는 $\overline{AB}$의 삼등분점이다. $\overline{DG}=12\,\text{cm}$일 때, $\overline{FG}$의 길이를 구하시오.

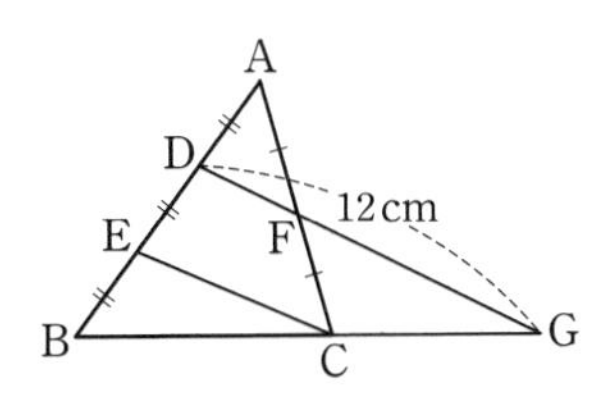

31 오른쪽 그림과 같은 $\triangle ABC$에서 두 점 D, F와 두 점 E, G는 각각 $\overline{AB}$, $\overline{AC}$의 삼등분점이고, $\overline{DE}=6\,\text{cm}$일 때, $\overline{PQ}$의 길이를 구하시오.

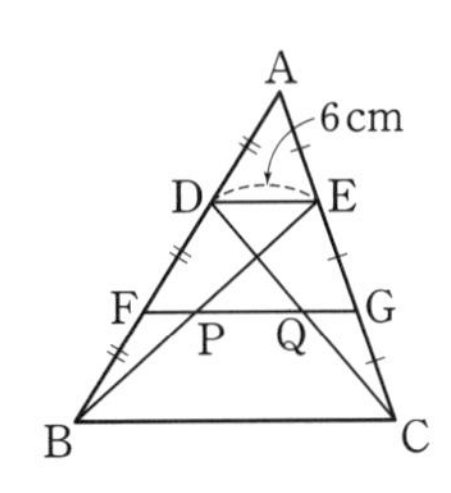

32 오른쪽 그림과 같은 $\triangle ABC$에서 $\overline{AD}=\overline{DB}$, $\overline{AE}=\overline{EF}=\overline{FC}$이고, $\overline{BF}$와 $\overline{CD}$가 만나는 점을 G라고 하자. $\overline{BG}=12\,\text{cm}$일 때, $\overline{DE}$의 길이는?

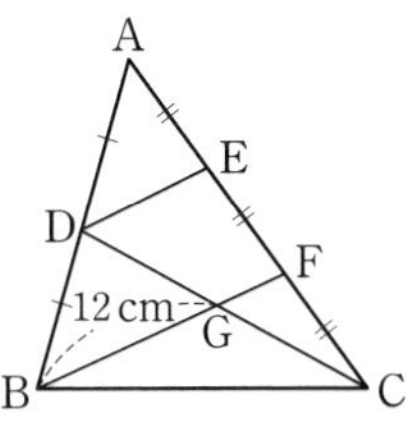

① 6 cm ② 7 cm ③ 8 cm
④ 9 cm ⑤ 10 cm

유형 8 삼각형의 두 변의 중점을 연결한 선분의 성질의 응용 (2)

개념편 106~107쪽

오른쪽 그림과 같이 $\overline{AB}=\overline{AD}$, $\overline{AM}=\overline{MC}$일 때, 점 A에서 $\overline{BC}$에 평행한 직선 AN을 그으면 $\triangle AMN \equiv \triangle CME$(ASA 합동)이므로

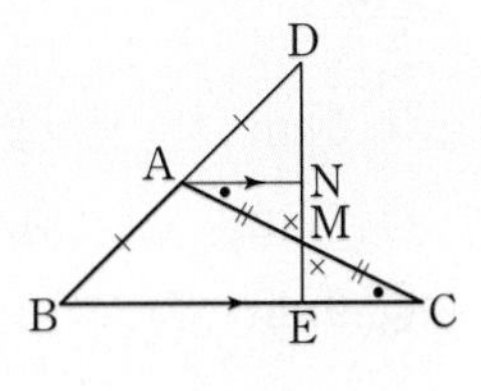

(1) $\overline{CE}=\overline{AN}=\frac{1}{2}\overline{BE}$

(2) $\overline{MN}=\overline{ME}=\frac{1}{2}\overline{NE}=\frac{1}{4}\overline{DE}$

참고 삼각형의 두 변의 중점을 연결한 선분이 없을 때는 평행한 보조선을 그어 문제를 해결한다.

33 오른쪽 그림과 같은 $\triangle ABC$에서 $\overline{BA}$의 연장선 위에 $\overline{AB}=\overline{AD}$가 되도록 점 D를 잡고, 점 D와 $\overline{AC}$의 중점 M을 이은 직선이 $\overline{BC}$와 만나는 점을 E라고 하자. 점 A를 지나고 $\overline{BC}$에 평행한 직선이 $\overline{DE}$와 만나는 점을 N이라 하고 $\overline{EC}=9\,\text{cm}$일 때, $\overline{BC}$의 길이를 구하시오.

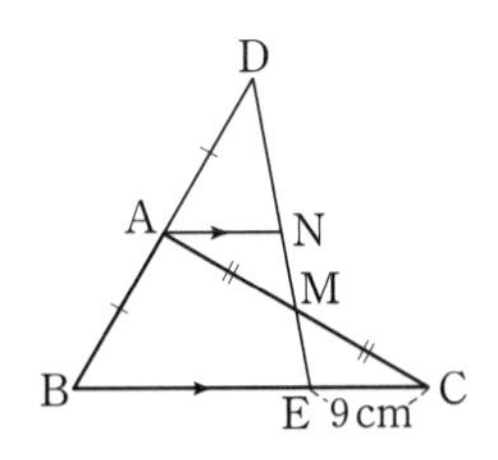

34 오른쪽 그림과 같은 $\triangle ABC$와 $\triangle DBE$에서 $\overline{AD}=\overline{DB}$, $\overline{DF}=\overline{EF}$이다. $\overline{FC}=5$일 때, $\overline{AC}$의 길이를 구하시오.

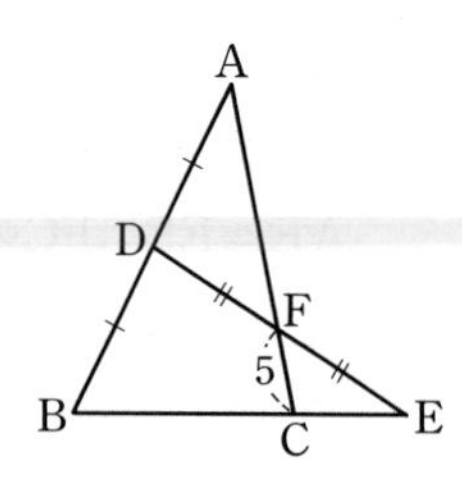

35 오른쪽 그림과 같은 $\triangle ABC$에서 $\overline{AD}=\overline{DB}$, $\overline{DF}=\overline{FC}$이다. $\overline{BC}=21\,cm$일 때, $\overline{CE}$의 길이는?

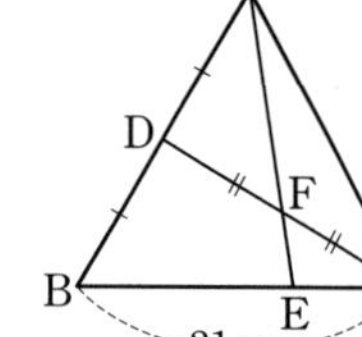

① 5 cm　② 6 cm　③ 7 cm　④ 8 cm　⑤ 9 cm

36 오른쪽 그림과 같은 $\triangle ABC$에서 두 점 D, F는 각각 $\overline{AB}$, $\overline{DC}$의 중점이고 $\overline{AF}=9\,cm$일 때, $\overline{AE}$의 길이를 구하시오.

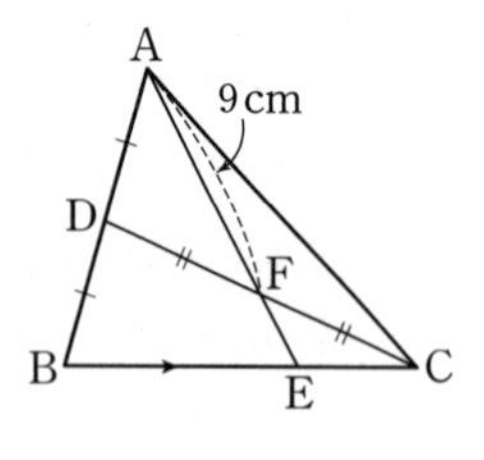

유형 9 삼각형의 각 변의 중점을 연결하여 만든 삼각형

개념편 106~107쪽

$\triangle ABC$에서 $\overline{AB}$, $\overline{BC}$, $\overline{CA}$의 중점을 각각 D, E, F라고 하면

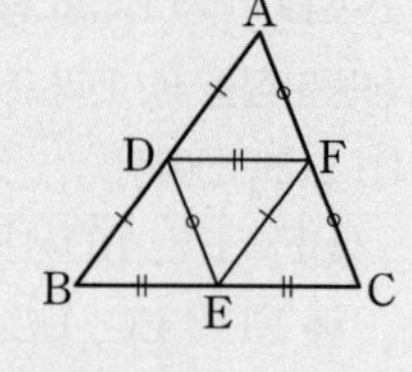

(1) $\overline{AB}/\!/\overline{FE}$, $\overline{FE}=\frac{1}{2}\overline{AB}$

$\overline{BC}/\!/\overline{DF}$, $\overline{DF}=\frac{1}{2}\overline{BC}$

$\overline{AC}/\!/\overline{DE}$, $\overline{DE}=\frac{1}{2}\overline{AC}$

(2) ($\triangle DEF$의 둘레의 길이)$=\overline{DE}+\overline{EF}+\overline{FD}$

$=\frac{1}{2}\times$($\triangle ABC$의 둘레의 길이)

37 오른쪽 그림과 같은 $\triangle ABC$에서 $\overline{AB}$, $\overline{BC}$, $\overline{CA}$의 중점을 각각 D, E, F라고 하자. $\overline{AB}=8\,cm$, $\overline{BC}=6\,cm$, $\overline{CA}=7\,cm$일 때, $\triangle DEF$의 둘레의 길이를 구하시오.

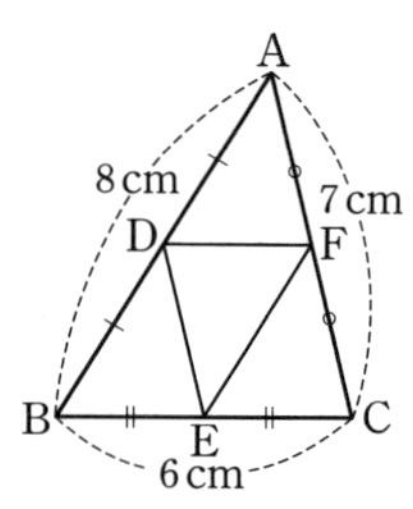

38 오른쪽 그림과 같은 $\triangle ABC$에서 $\overline{AB}$, $\overline{BC}$, $\overline{CA}$의 중점을 각각 D, E, F라고 하자. $\triangle DEF$의 둘레의 길이가 $14\,cm$일 때, $\triangle ABC$의 둘레의 길이를 구하시오.

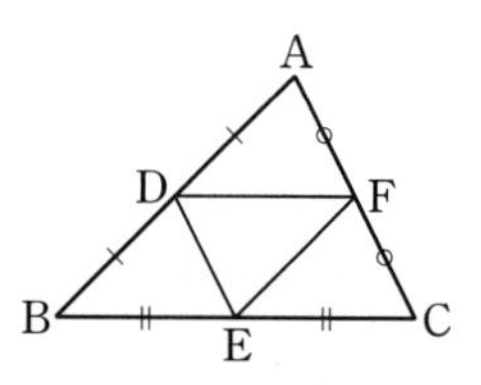

39 오른쪽 그림과 같은 $\triangle ABC$에서 $\overline{AB}$, $\overline{BC}$, $\overline{CA}$의 중점을 각각 D, E, F라고 할 때, 다음 중 옳지 않은 것을 모두 고르면? (정답 2개)

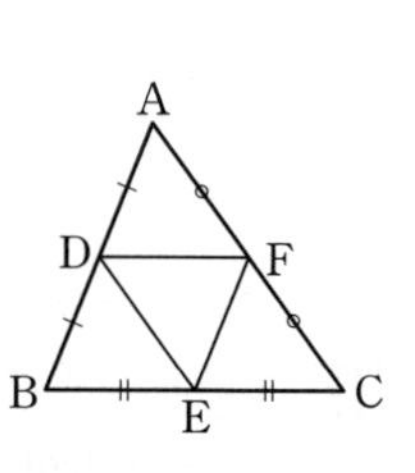

① $\overline{FE}/\!/\overline{AB}$　② $\overline{DE}=\overline{EF}$
③ $\angle AFD=\angle DEB$　④ $\triangle FEC \backsim \triangle ABC$
⑤ $\overline{DF}:\overline{BC}=1:3$

유형 10 사각형의 각 변의 중점을 연결하여 만든 사각형

개념편 106~107쪽

□ABCD에서 $\overline{AB}$, $\overline{BC}$, $\overline{CD}$, $\overline{DA}$의 중점을 각각 E, F, G, H라고 하면

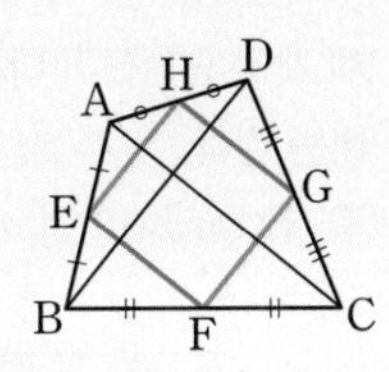

(1) $\overline{AC} /\!/ \overline{EF} /\!/ \overline{HG}$,

$\overline{EF}=\overline{HG}=\frac{1}{2}\overline{AC}$

(2) $\overline{BD} /\!/ \overline{EH} /\!/ \overline{FG}$, $\overline{EH}=\overline{FG}=\frac{1}{2}\overline{BD}$

40 오른쪽 그림과 같은 □ABCD에서 $\overline{AB}$, $\overline{BC}$, $\overline{CD}$, $\overline{DA}$의 중점을 각각 E, F, G, H라고 하자. $\overline{AC}=8\,\text{cm}$, $\overline{BD}=10\,\text{cm}$일 때, □EFGH의 둘레의 길이를 구하시오.

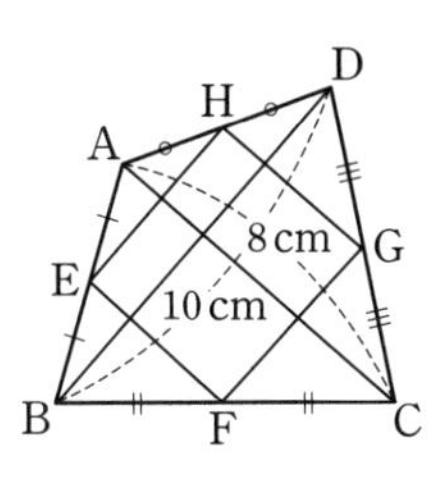

41 오른쪽 그림과 같은 직사각형 ABCD에서 네 변의 중점을 각각 P, Q, R, S라고 하자. $\overline{AC}=24\,\text{cm}$일 때, □PQRS의 둘레의 길이는?

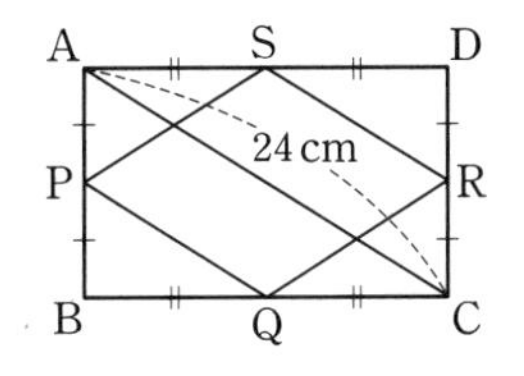

① 36 cm ② 40 cm ③ 48 cm
④ 50 cm ⑤ 72 cm

42 오른쪽 그림과 같은 마름모 ABCD에서 $\overline{AB}$, $\overline{BC}$, $\overline{CD}$, $\overline{DA}$의 중점을 각각 E, F, G, H라고 하자. $\overline{AC}=16\,\text{cm}$, $\overline{BD}=14\,\text{cm}$일 때, □EFGH의 넓이를 구하시오.

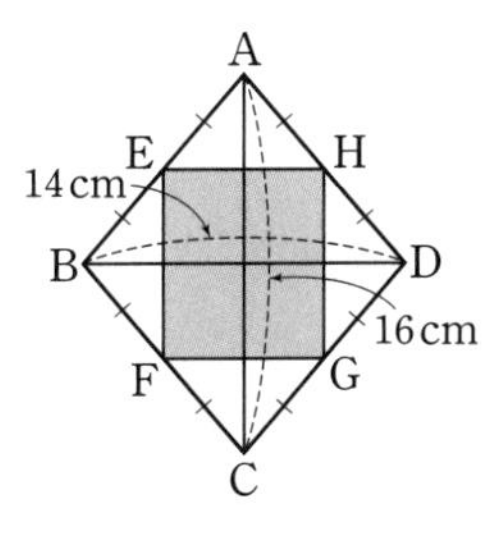

유형 11 사다리꼴에서 삼각형의 두 변의 중점을 연결한 선분의 성질의 응용

개념편 108쪽

$\overline{AD} /\!/ \overline{BC}$인 사다리꼴 ABCD에서 $\overline{AB}$, $\overline{DC}$의 중점을 각각 M, N이라고 하면 $\overline{AD} /\!/ \overline{MN} /\!/ \overline{BC}$이므로

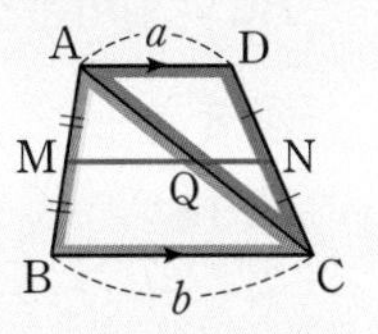

(1) △ABC에서 $\overline{MQ}=\frac{1}{2}b$

△ACD에서 $\overline{QN}=\frac{1}{2}a$

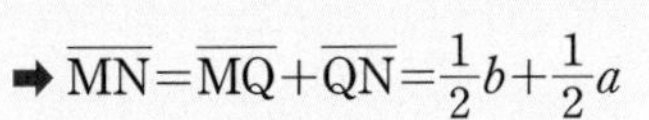

➡ $\overline{MN}=\overline{MQ}+\overline{QN}=\frac{1}{2}b+\frac{1}{2}a$

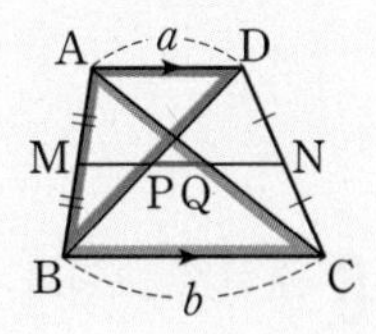

(2) △ABC에서 $\overline{MQ}=\frac{1}{2}b$

△ABD에서 $\overline{MP}=\frac{1}{2}a$

➡ $\overline{PQ}=\overline{MQ}-\overline{MP}=\frac{1}{2}b-\frac{1}{2}a$

43 오른쪽 그림과 같이 $\overline{AD} /\!/ \overline{BC}$인 사다리꼴 ABCD에서 $\overline{AB}$, $\overline{DC}$의 중점을 각각 M, N이라고 하자. $\overline{PN}=2\,\text{cm}$, $\overline{BC}=6\,\text{cm}$일 때, $\overline{AD}+\overline{MP}$의 길이를 구하시오.

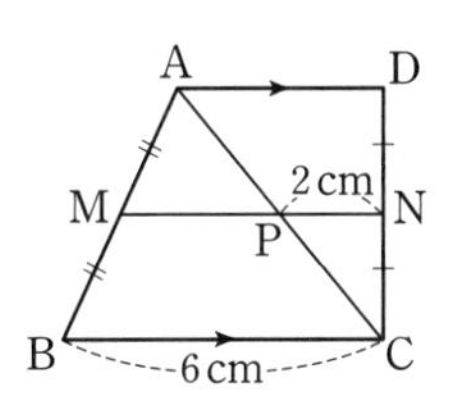

44 오른쪽 그림과 같이 $\overline{AD} /\!/ \overline{BC}$인 사다리꼴 ABCD에서 $\overline{AB}$, $\overline{DC}$의 중점을 각각 M, N이라고 하자. $\overline{AD}=8\,\text{cm}$, $\overline{BC}=20\,\text{cm}$일 때, $\overline{PQ}$의 길이는?

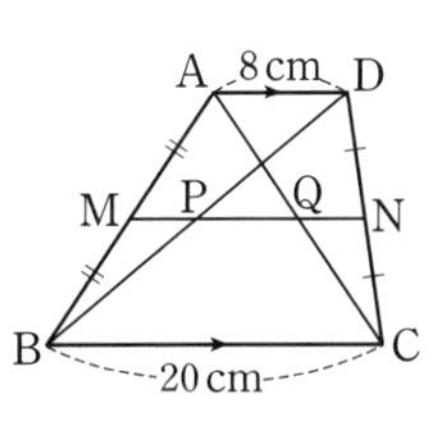

① $\frac{11}{2}$ cm ② 6 cm ③ $\frac{13}{2}$ cm
④ 7 cm ⑤ $\frac{15}{2}$ cm

45 오른쪽 그림과 같이 $\overline{AD}/\!/\overline{BC}$인 사다리꼴 ABCD에서 $\overline{AB}$, $\overline{DC}$의 중점을 각각 M, N이라고 하자. $\overline{AD}=8$, $\overline{PQ}=2$일 때, $\overline{BC}$의 길이는?

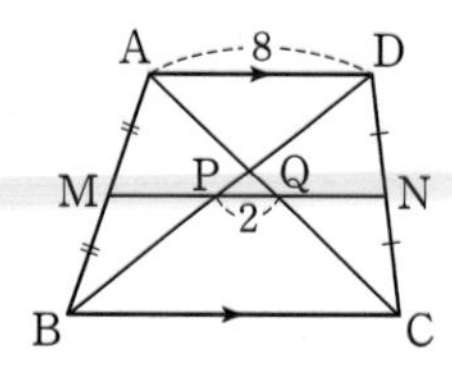

① 8 ② 10 ③ 12
④ 14 ⑤ 16

46 서술형

오른쪽 그림과 같이 $\overline{AD}/\!/\overline{BC}$인 사다리꼴 ABCD에서 두 점 M, N은 각각 $\overline{AB}$, $\overline{DC}$의 중점이다. $\overline{AD}=6\,\text{cm}$, $\overline{BC}=14\,\text{cm}$일 때, $\overline{MN}$의 길이를 구하시오.

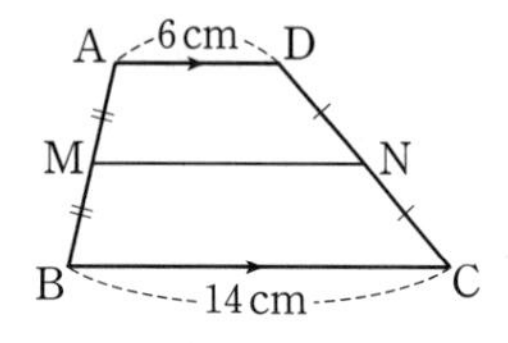

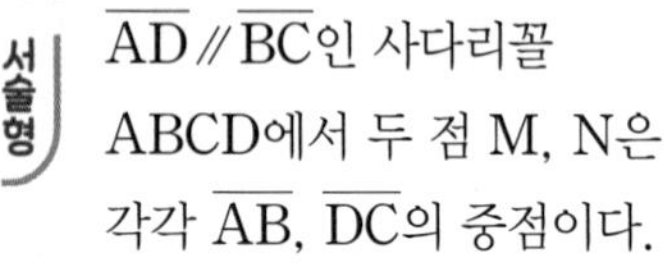

풀이 과정

답

$\overline{MP}$, $\overline{PQ}$의 길이를 $k(k>0)$에 대한 식으로 나타내어 보자.

까다로운 기출문제

47 오른쪽 그림과 같은 $\overline{AD}/\!/\overline{BC}$인 사다리꼴 ABCD에서 $\overline{AB}$, $\overline{DC}$의 중점을 각각 M, N이라고 하자. $\overline{AD}$와 $\overline{BC}$의 길이의 합이 26 cm이고 $\overline{MP}:\overline{PQ}=5:3$일 때, $\overline{AD}$의 길이를 구하시오.

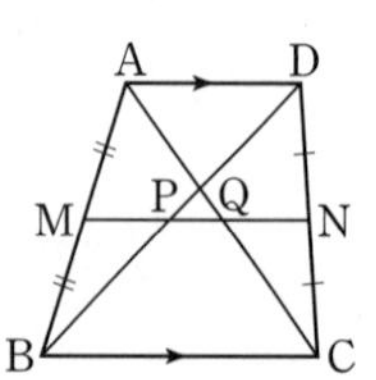

유형12 평행선 사이에 있는 선분의 길이의 비

개념편 110쪽

세 개의 평행선이 다른 두 직선과 만나서 생긴 선분의 길이의 비는 같다.

즉, $l/\!/m/\!/n$이면 $a:b=a':b'$

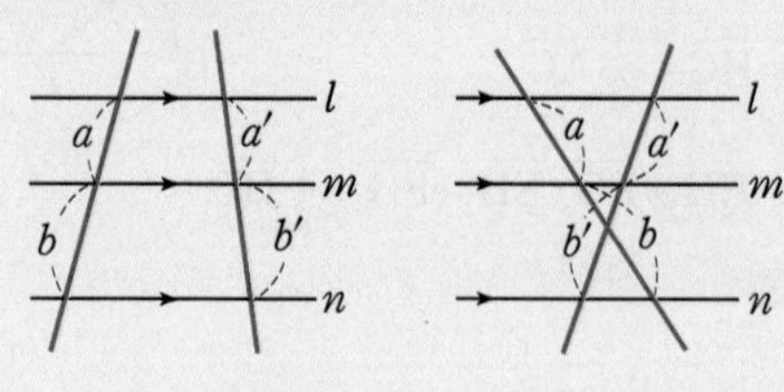

주의 '$a:b=a':b'$이면 $l/\!/m/\!/n$이다.'는 성립하지 않는다.

48 다음 그림에서 $l/\!/m/\!/n$일 때, x의 값을 구하시오.

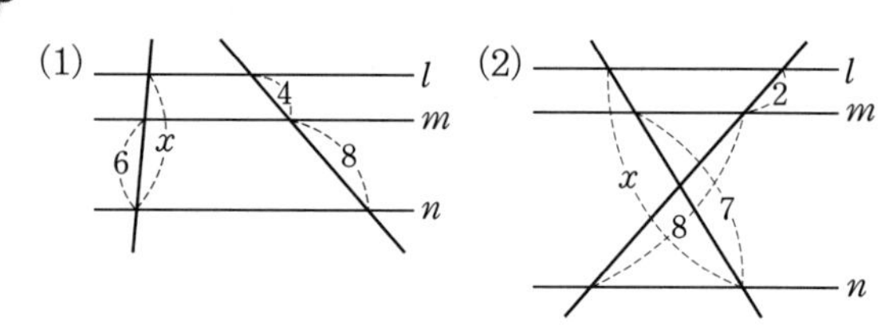

49 다음 그림에서 $l/\!/m/\!/n$일 때, $y-x$의 값은?

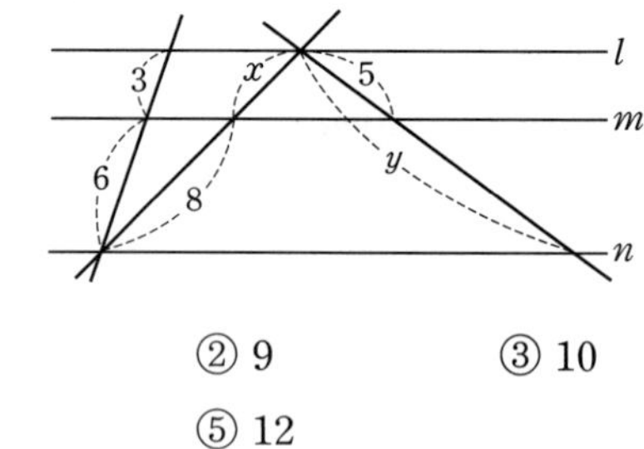

① 8 ② 9 ③ 10
④ 11 ⑤ 12

50 다음 그림에서 $p/\!/q/\!/r/\!/s$일 때, a, b의 값을 각각 구하시오.

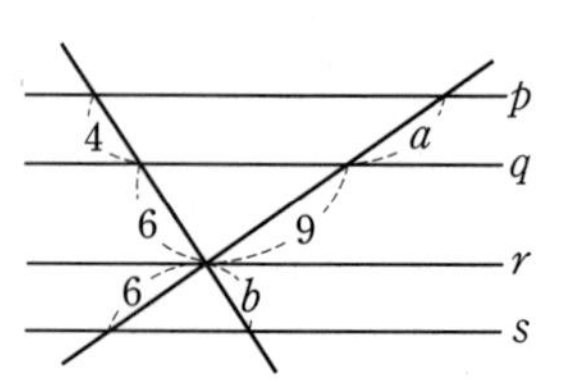

51 오른쪽 그림에서 $l /\!/ m /\!/ n$이고 $\overline{DG} : \overline{GC} = 5 : 3$일 때, xy의 값은?

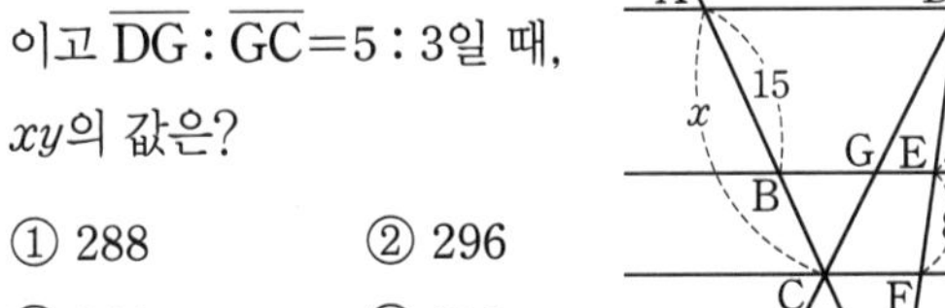

① 288 ② 296
③ 304 ④ 312
⑤ 320

52 오른쪽 그림에서 $l /\!/ m /\!/ n$일 때, $x+y$의 값을 구하시오.

서술형

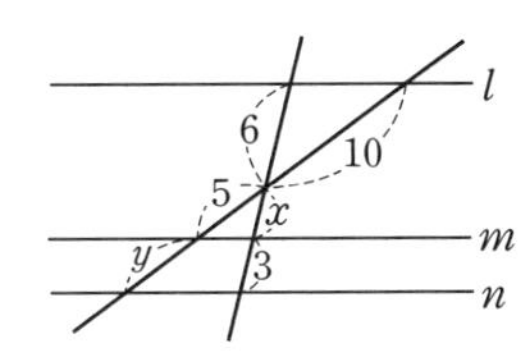

풀이 과정

답

53 다음 그림에서 $l /\!/ m /\!/ n$일 때, x의 값을 구하시오.

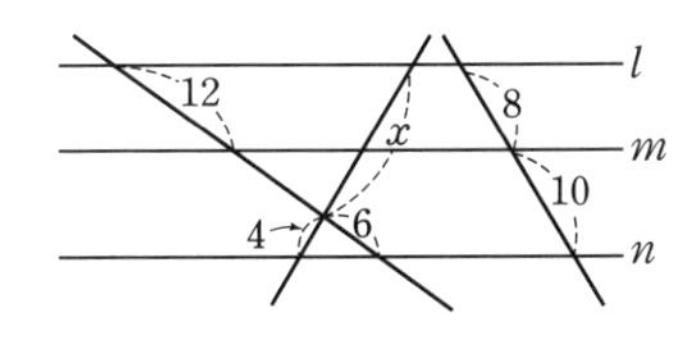

유형13 사다리꼴에서 평행선과 선분의 길이의 비

개념편 111쪽

사다리꼴 ABCD에서 $\overline{AD} /\!/ \overline{EF} /\!/ \overline{BC}$일 때, $\overline{EF}$의 길이는 다음과 같은 방법으로 구한다.

방법 1 평행선 이용

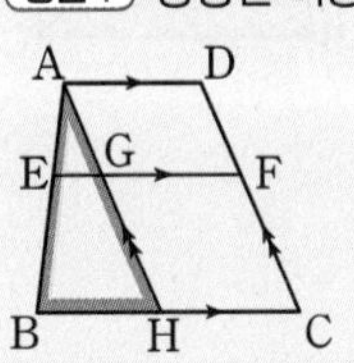

❶ △ABH에서 $\overline{EG}$, □AHCD에서 $\overline{GF}$의 길이를 구한다.
❷ $\overline{EF} = \overline{EG} + \overline{GF}$

방법 2 대각선 이용

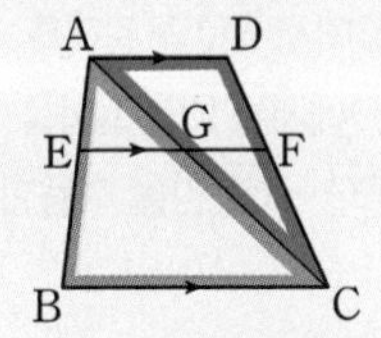

❶ △ABC에서 $\overline{EG}$, △ACD에서 $\overline{GF}$의 길이를 구한다.
❷ $\overline{EF} = \overline{EG} + \overline{GF}$

54 오른쪽 그림과 같은 사다리꼴 ABCD에서 $\overline{AD} /\!/ \overline{EF} /\!/ \overline{BC}$일 때, $\overline{EF}$의 길이는?

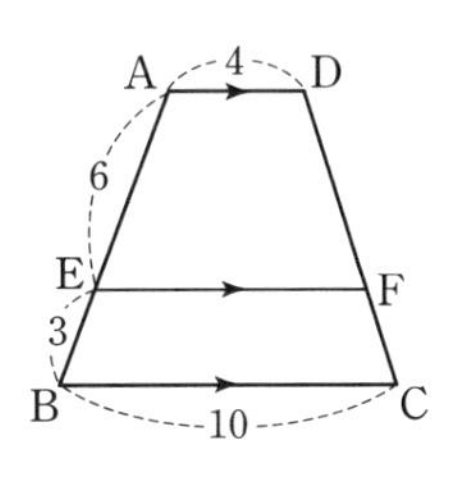

① 5 ② 6
③ 7 ④ 8
⑤ 9

55 오른쪽 그림과 같은 사다리꼴 ABCD에서 $\overline{AD} /\!/ \overline{EF} /\!/ \overline{BC}$이고 $\overline{AE} : \overline{EB} = 3 : 2$일 때, $\overline{BC}$의 길이를 구하시오.

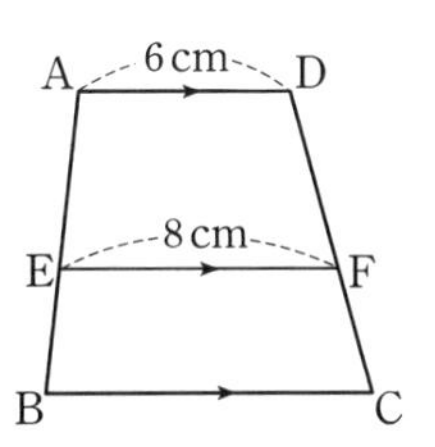

56 오른쪽 그림과 같은 사다리꼴 ABCD에서 $\overline{AD} /\!/ \overline{EF} /\!/ \overline{GH} /\!/ \overline{BC}$이고 $\overline{AE} = \overline{EG} = \overline{GB}$일 때, $\overline{GH}$의 길이를 구하시오.

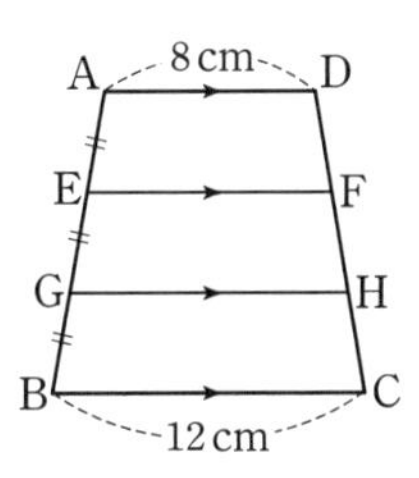

유형 14 사다리꼴에서 평행선과 선분의 길이의 비의 응용 (1)

개념편 111쪽

사다리꼴 ABCD에서
$\overline{AD} /\!/ \overline{EF} /\!/ \overline{BC}$일 때, $\overline{PQ}$의 길이는
다음과 같은 순서로 구한다.

❶ $\triangle ABC$에서 $\overline{EQ}$의 길이를 구하고,
$\triangle ABD$에서 $\overline{EP}$의 길이를 구한다.

❷ $\overline{PQ}=\overline{EQ}-\overline{EP}$임을 이용한다.

57 오른쪽 그림과 같은 사다리꼴 ABCD에서 $\overline{AD} /\!/ \overline{EF} /\!/ \overline{BC}$일 때, x, y의 값을 각각 구하시오.

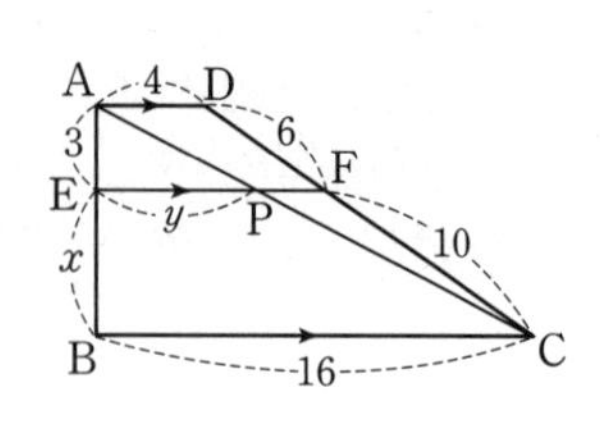

58 오른쪽 그림과 같은 사다리꼴 ABCD에서 $\overline{AD} /\!/ \overline{EF} /\!/ \overline{BC}$이고 $\overline{AE} : \overline{EB}=3 : 1$일 때, $\overline{PQ}$의 길이를 구하시오.

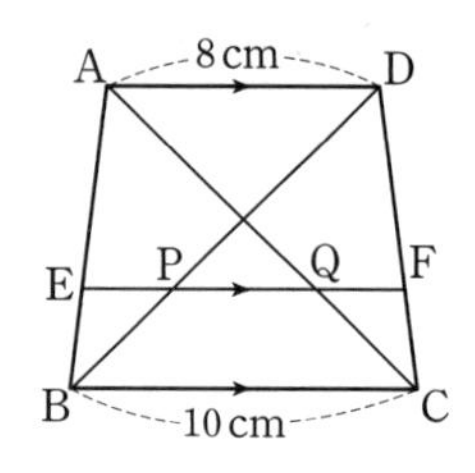

59 오른쪽 그림과 같은 사다리꼴 ABCD에서 $\overline{AD} /\!/ \overline{EF} /\!/ \overline{BC}$일 때, $\overline{PQ}$의 길이는?

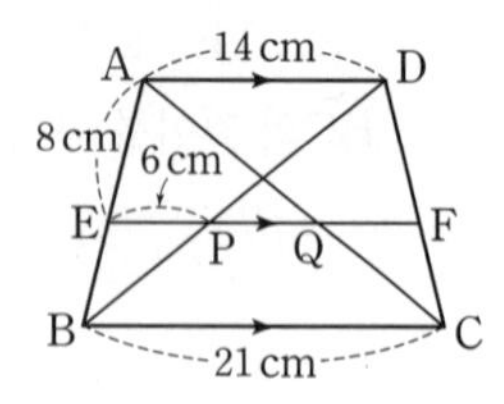

① 4 cm ② $\frac{9}{2}$ cm
③ 5 cm ④ $\frac{11}{2}$ cm
⑤ 6 cm

유형 15 사다리꼴에서 평행선과 선분의 길이의 비의 응용 (2)

개념편 111쪽

사다리꼴 ABCD에서
$\overline{AD} /\!/ \overline{EF} /\!/ \overline{BC}$일 때

(1) $\triangle AOD \backsim \triangle COB$ (AA 닮음)
➡ $\overline{OA} : \overline{OC}=\overline{OD} : \overline{OB}$
$=\overline{AD} : \overline{CB}$
$=a : b$

(2) $\overline{AE} : \overline{EB}=\overline{DF} : \overline{FC}=a : b$

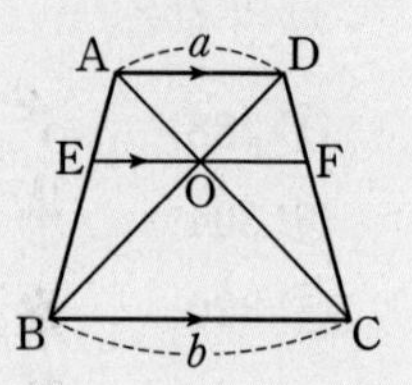

60 서술형 오른쪽 그림과 같이 $\overline{AD} /\!/ \overline{BC}$인 사다리꼴 ABCD에서 두 대각선의 교점 O를 지나면서 $\overline{BC}$에 평행한 $\overline{EF}$를 그을 때, $\overline{EF}$의 길이를 구하시오.

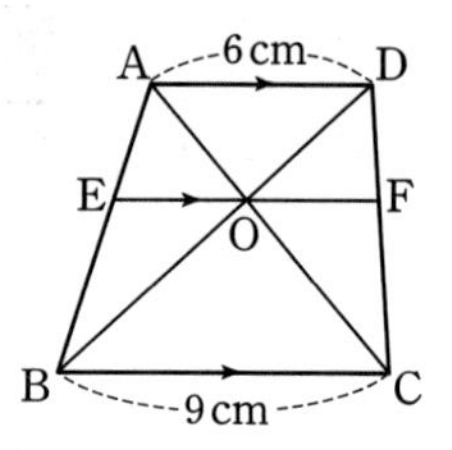

풀이 과정

답

61 오른쪽 그림과 같은 사다리꼴 ABCD에서 $\overline{AD} /\!/ \overline{EF} /\!/ \overline{BC}$이고, 점 O는 두 대각선의 교점이다. $\overline{AE} : \overline{EB}=1 : 2$이고 $\overline{AD}=4$ cm일 때, $\overline{BC}$의 길이를 구하시오.

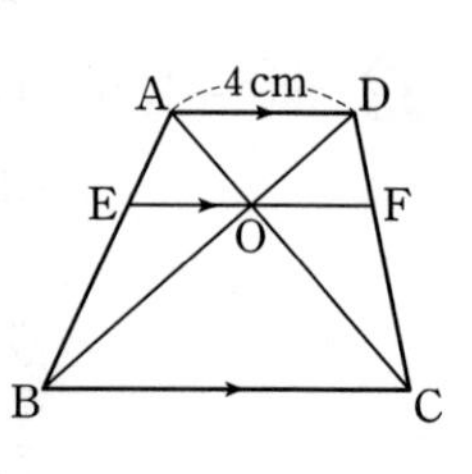

유형16 평행선과 선분의 길이의 비의 응용 개념편 112쪽

$\overline{AC}$와 $\overline{BD}$의 교점을 E라 하고,
$\overline{AB} /\!/ \overline{EF} /\!/ \overline{DC}$일 때

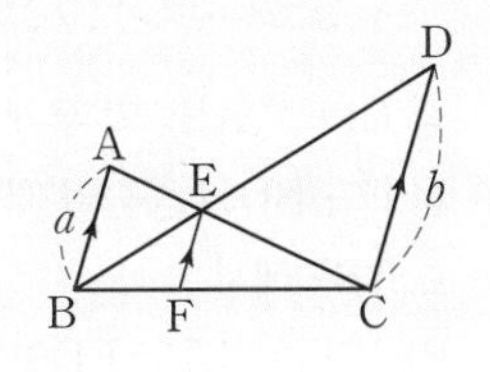

(1) $\overline{EF}=\dfrac{ab}{a+b}$

(2) $\overline{BF} : \overline{FC}=a : b$

참고 닮은 삼각형은 다음과 같이 세 쌍이 있다.
① $\triangle ABE \backsim \triangle CDE$ ➡ 닮음비는 $a : b$
② $\triangle CEF \backsim \triangle CAB$ ➡ 닮음비는 $b : (a+b)$
③ $\triangle BFE \backsim \triangle BCD$ ➡ 닮음비는 $a : (a+b)$

62 오른쪽 그림에서 $\overline{AB} /\!/ \overline{EF} /\!/ \overline{DC}$일 때, $\overline{BE} : \overline{BD}$와 $\overline{EF}$의 길이를 차례로 구하면?

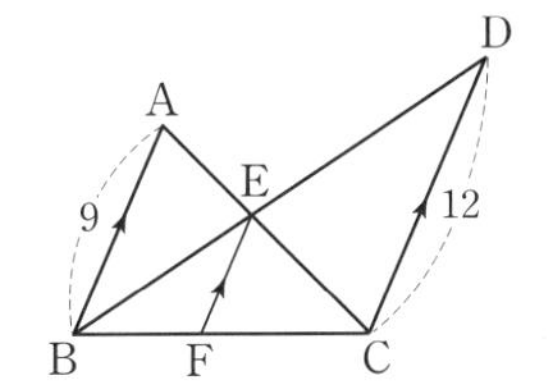

① $3 : 4,\ 4$
② $3 : 4,\ \dfrac{36}{7}$
③ $3 : 7,\ \dfrac{36}{7}$
④ $3 : 7,\ 6$
⑤ $9 : 16,\ 4$

63 다음 그림에서 $\overline{AB} /\!/ \overline{PQ} /\!/ \overline{DC}$일 때, $\overline{BQ}$의 길이는?

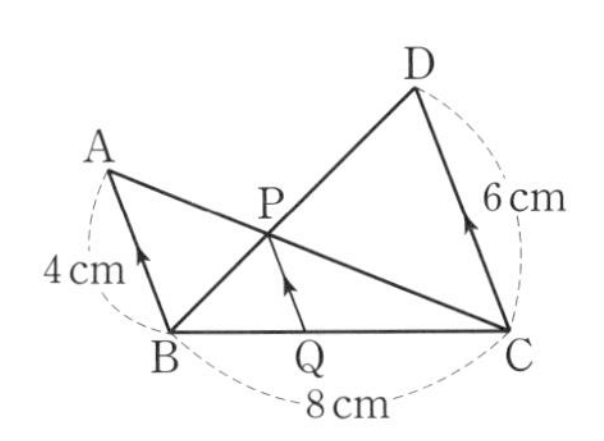

① 3 cm ② $\dfrac{16}{5}$ cm ③ $\dfrac{18}{5}$ cm
④ 4 cm ⑤ $\dfrac{21}{5}$ cm

64 오른쪽 그림에서 $\overline{AB} /\!/ \overline{EF} /\!/ \overline{DC}$일 때, $\overline{DC}$의 길이를 구하시오.

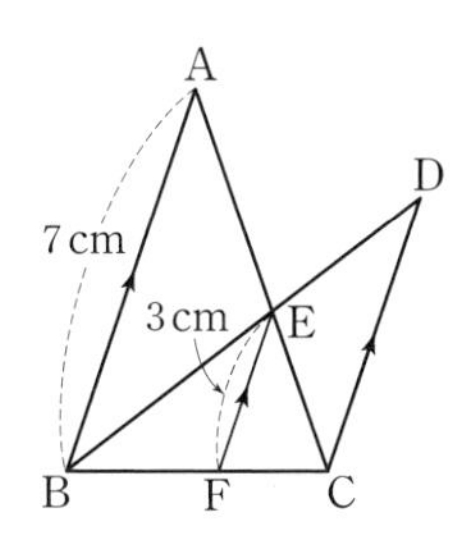

65 다음 그림에서 $\overline{AB}$, $\overline{EF}$, $\overline{DC}$가 모두 $\overline{BC}$와 수직일 때, $\overline{EF}$의 길이는?

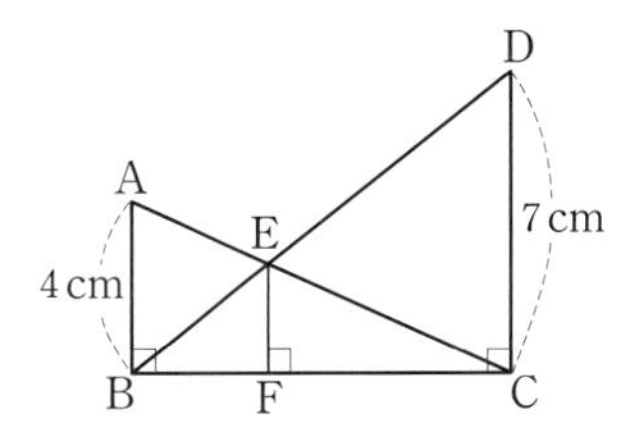

① 2 cm ② $\dfrac{9}{4}$ cm ③ $\dfrac{28}{11}$ cm
④ $\dfrac{11}{4}$ cm ⑤ 3 cm

까다로운 기출문제

점 P에서 $\overline{BC}$에 수선을 그어 보자.

66 오른쪽 그림에서 $\angle ABC=\angle BCD=90°$일 때, $\triangle PBC$의 넓이를 구하시오.

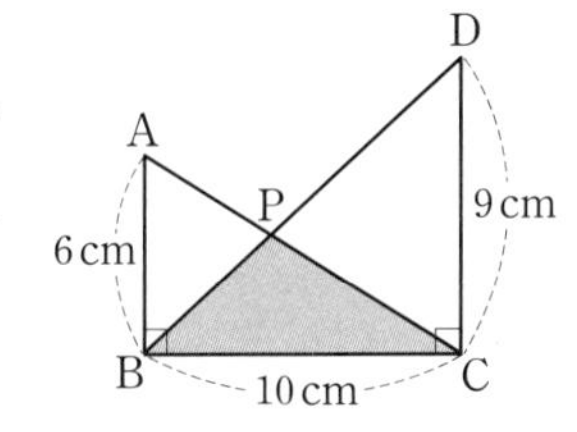

유형17 삼각형의 중선과 무게중심 개념편 114~115쪽

(1) 삼각형의 **중선**

삼각형의 한 꼭짓점과 그 대변의 중점을 이은 선분

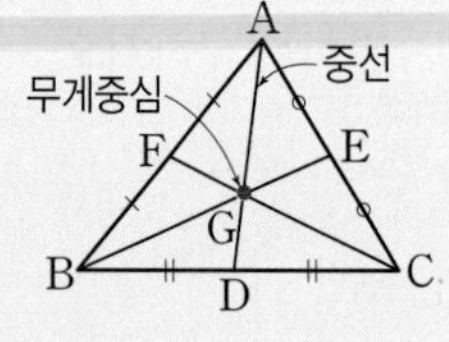

(2) 삼각형의 **무게중심**

삼각형의 세 중선의 교점

➡ 점 G가 $\triangle ABC$의 무게중심일 때

$\overline{AG}:\overline{GD}=\overline{BG}:\overline{GE}=\overline{CG}:\overline{GF}=2:1$

참고 삼각형의 한 중선은 그 삼각형의 넓이를 이등분한다.

➡ $\triangle ABD=\triangle ADC=\frac{1}{2}\triangle ABC$

67 오른쪽 그림에서 점 G는 $\triangle ABC$의 무게중심이다. $\overline{AC}=10$, $\overline{BG}=6$일 때, $x+y$의 값을 구하시오.

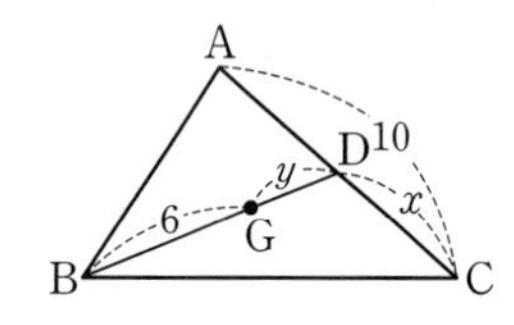

68 오른쪽 그림에서 점 G는 $\angle C=90°$인 직각삼각형 ABC의 무게중심이다. $\overline{AB}=10\text{ cm}$일 때, $\overline{CG}$의 길이는?

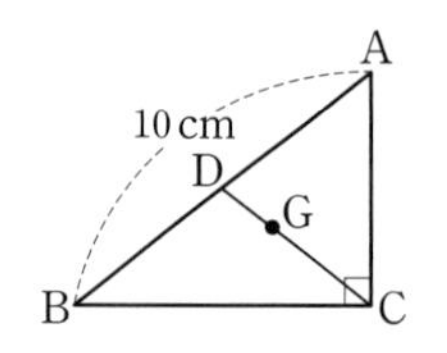

① $\frac{3}{2}$cm ② $\frac{8}{5}$cm ③ $\frac{5}{3}$cm ④ $\frac{5}{2}$cm ⑤ $\frac{10}{3}$cm

69 오른쪽 그림에서 두 점 G, G′은 각각 $\triangle ABC$, $\triangle GBC$의 무게중심이다. $\overline{AD}=9\text{cm}$일 때, 다음을 구하시오.

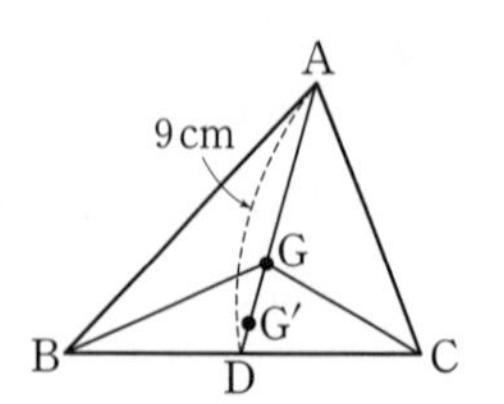

(1) $\overline{GG'}$의 길이

(2) $\overline{AG'}$의 길이

유형18 삼각형의 무게중심의 응용 (1) – 두 변의 중점을 연결한 선분의 성질 이용 개념편 114~115쪽

점 G가 $\triangle ABC$의 무게중심이고, 점 F가 $\overline{BD}$의 중점일 때 $\triangle ABD$에서 $\overline{BE}=\overline{EA}$, $\overline{BF}=\overline{FD}$이므로 $\overline{AD}=2\overline{EF}$

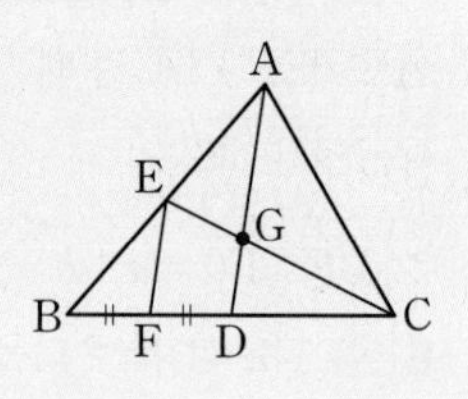

70 오른쪽 그림에서 점 G는 $\triangle ABC$의 무게중심이고, 점 F는 $\overline{BD}$의 중점이다. $\overline{EF}=12\text{cm}$일 때, $\overline{AG}$의 길이를 구하시오.

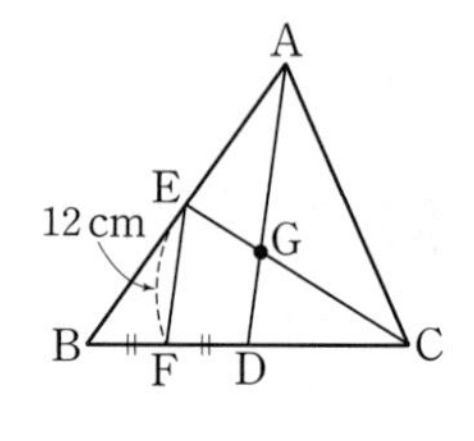

71 오른쪽 그림에서 점 G는 $\triangle ABC$의 무게중심이고, $\overline{AD}/\!/\overline{EF}$이다. $\overline{AG}=8\text{cm}$일 때, $\overline{EF}$의 길이는?

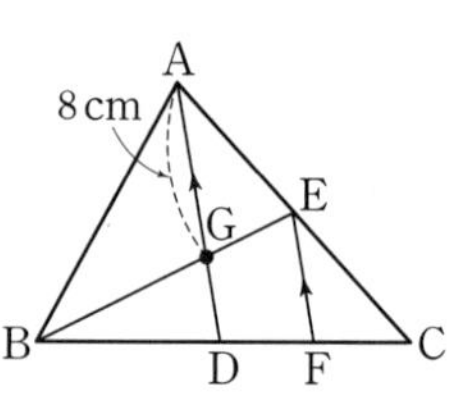
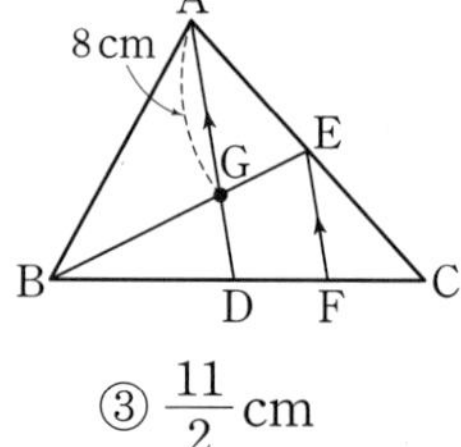

① $\frac{9}{2}$cm ② 5cm ③ $\frac{11}{2}$cm ④ 6cm ⑤ $\frac{13}{2}$cm

72 오른쪽 그림에서 점 G는 $\triangle ABC$의 무게중심이고, $\overline{BE}/\!/\overline{DF}$, $\overline{AD}\perp\overline{BC}$이다. $\overline{EF}=5\text{cm}$일 때, $\overline{AB}$의 길이를 구하시오.

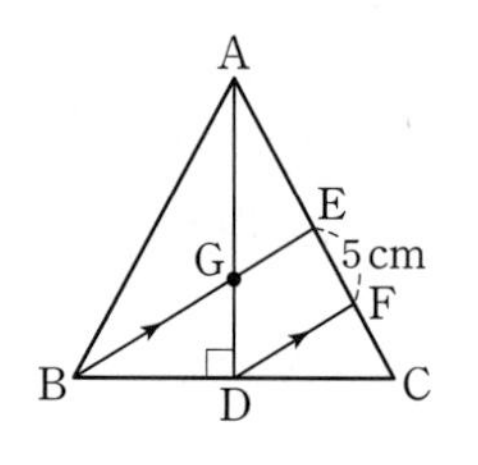

유형19 삼각형의 무게중심의 응용 (2) – 평행선과 선분의 길이의 비 이용 개념편 114~115쪽

점 G가 $\triangle ABC$의 무게중심이고, $\overline{BC} /\!/ \overline{DE}$일 때

(1) $\triangle ADG \backsim \triangle ABM$(AA 닮음)

➡ $\overline{DG} : \overline{BM} = \overline{AG} : \overline{AM}$

$= 2 : 3$

(2) $\triangle AGE \backsim \triangle AMC$(AA 닮음)

➡ $\overline{GE} : \overline{MC} = \overline{AG} : \overline{AM} = 2 : 3$

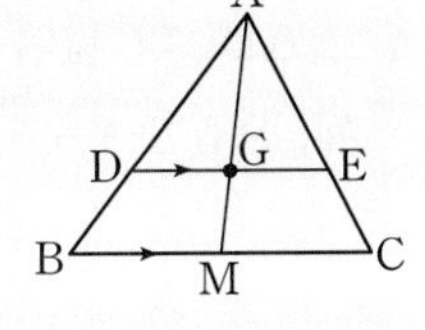

73 오른쪽 그림에서 점 G는 $\triangle ABC$의 무게중심이고 $\overline{DE} /\!/ \overline{BC}$일 때, x, y의 값을 각각 구하시오.

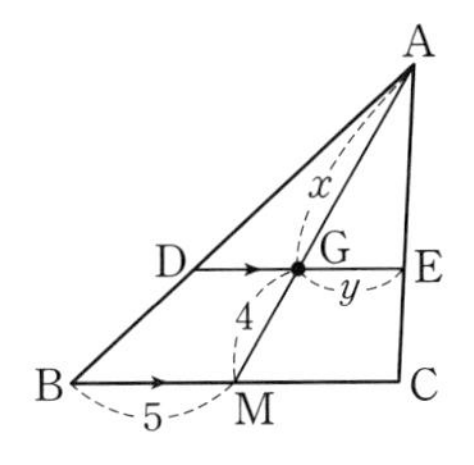

74 오른쪽 그림에서 점 G는 $\triangle ABC$의 무게중심이고, $\overline{AB} /\!/ \overline{DE}$이다. $\overline{DG} = 6\,cm$일 때, $\overline{AB}$의 길이는?

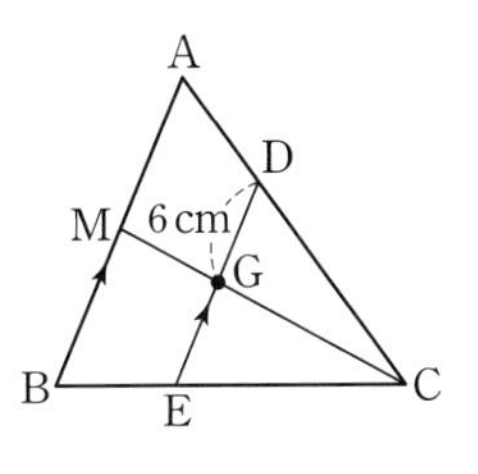

① 16 cm ② 17 cm ③ 18 cm ④ 19 cm ⑤ 20 cm

75 오른쪽 그림에서 점 G는 $\triangle ABC$의 무게중심이고, $\overline{EF} /\!/ \overline{BC}$이다. $\overline{AD} = 30\,cm$일 때, $\overline{FG}$의 길이는?

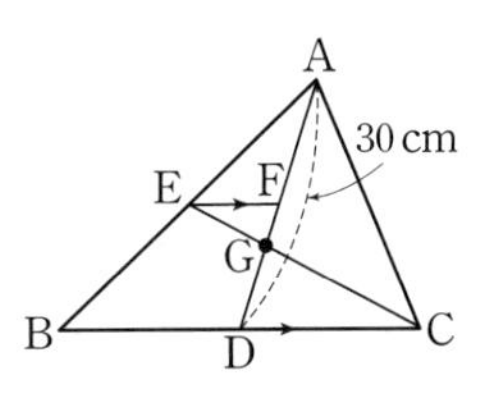

① 4 cm ② $\frac{9}{2}$ cm ③ 5 cm ④ $\frac{11}{2}$ cm ⑤ 6 cm

76 서술형

오른쪽 그림에서 두 점 G, G′은 각각 $\triangle ABD$, $\triangle ADC$의 무게중심이다. $\overline{BC} = 24\,cm$일 때, $\overline{GG'}$의 길이를 구하시오.

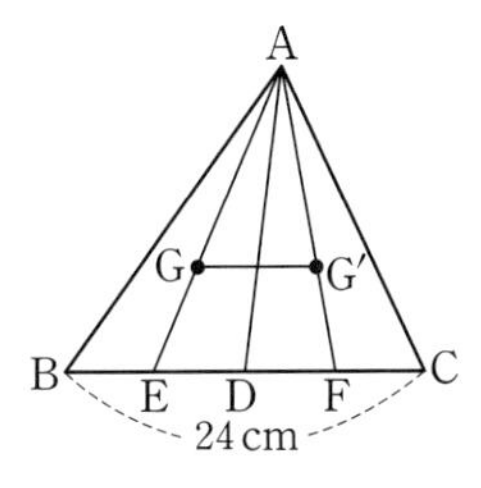

풀이 과정

답

77 오른쪽 그림에서 점 G는 $\triangle ABC$의 세 중선 $\overline{AD}$, $\overline{BE}$, $\overline{CF}$의 교점이다. $\overline{FE}$와 $\overline{AD}$의 교점을 H라고 할 때, 다음 물음에 답하시오.

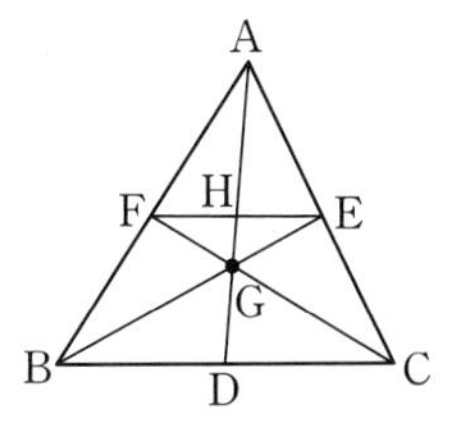

(1) $\overline{AH} : \overline{HG} : \overline{GD}$를 가장 간단한 자연수의 비로 나타내시오.

(2) $\overline{AD} = 18\,cm$일 때, $\overline{HG}$의 길이를 구하시오.

유형 20 삼각형의 무게중심과 넓이 개념편 116쪽

점 G가 △ABC의 무게중심일 때

(1) $S_1=S_2=S_3=S_4=S_5=S_6$
$=\frac{1}{6}\triangle ABC$

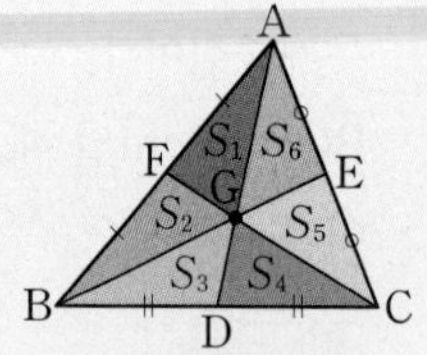

(2) $S_1=S_2=S_3=\frac{1}{3}\triangle ABC$

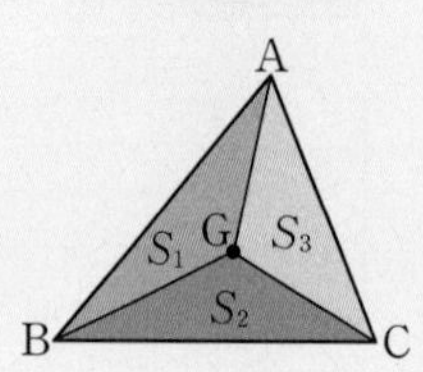

78 오른쪽 그림에서 점 G가 △ABC의 무게중심일 때, 다음 중 옳지 <u>않은</u> 것은?

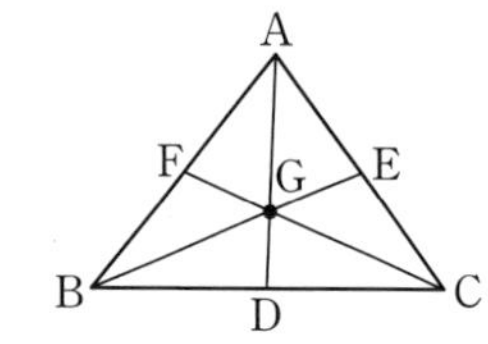

① $\overline{AG}:\overline{GD}=2:1$
② $\triangle ABD=\triangle ADC$
③ $\overline{AG}=\overline{BG}=\overline{CG}$
④ $\triangle GBD=\triangle GDC$
⑤ $\triangle ABC=6\triangle GBD$

79 오른쪽 그림에서 점 G는 △ABC의 무게중심이고 △ABC의 넓이가 $60\,cm^2$일 때, □GDCE의 넓이는?

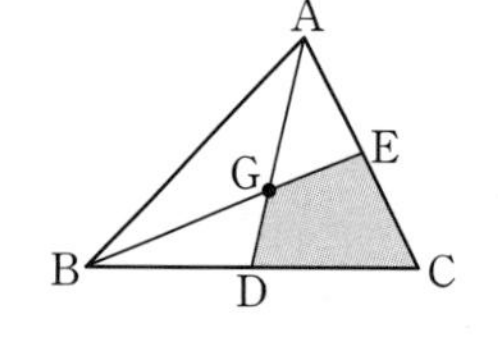

① $10\,cm^2$ ② $12\,cm^2$ ③ $15\,cm^2$
④ $18\,cm^2$ ⑤ $20\,cm^2$

80 오른쪽 그림에서 두 점 G, G′은 각각 △ABC, △GBC의 무게중심이고 △G′BD의 넓이가 $3\,cm^2$일 때, △ABC의 넓이를 구하시오.

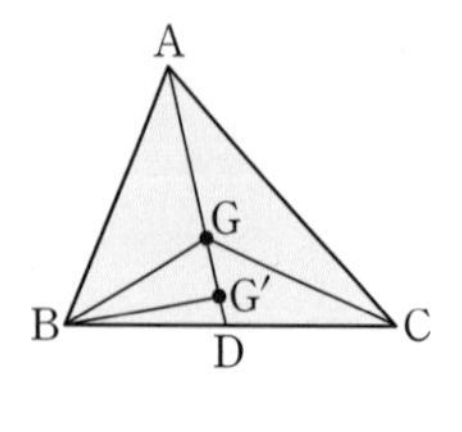

81 오른쪽 그림에서 G는 △ABC의 무게중심이고, 점 D, E는 각각 $\overline{BG}$, $\overline{CG}$의 중점이다. △ABC의 넓이가 $30\,cm^2$일 때, 색칠한 부분의 넓이를 구하시오.

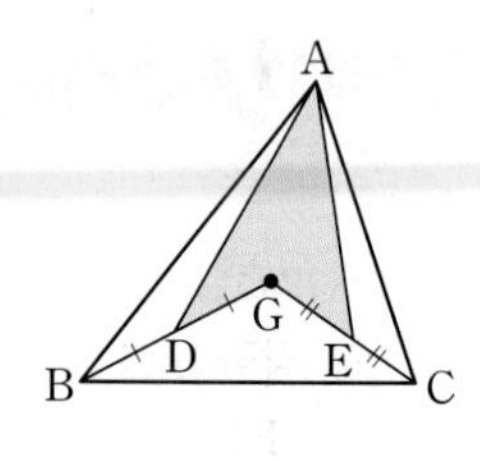

82 서술형 오른쪽 그림에서 점 G는 △ABC의 무게중심이고 △ABG의 넓이가 $32\,cm^2$일 때, △GDE의 넓이를 구하시오.

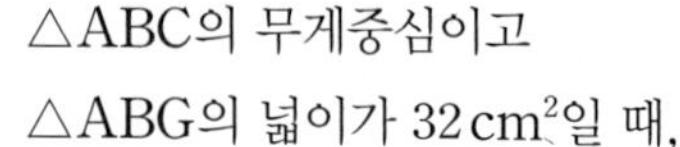

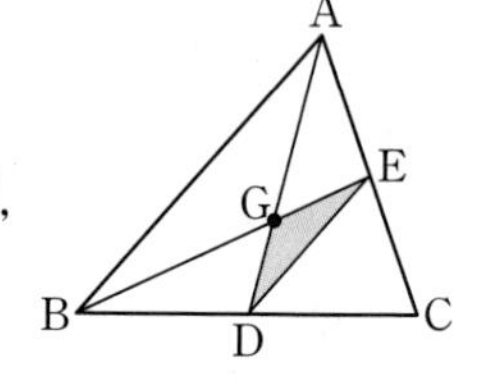

풀이 과정

답

83 오른쪽 그림과 같은 △ABC에서 두 점 D, E는 $\overline{BC}$의 삼등분점이고, 점 G는 $\overline{AD}$의 중점이다. △ABC의 넓이가 $27\,cm^2$일 때, △FEC의 넓이를 구하시오.

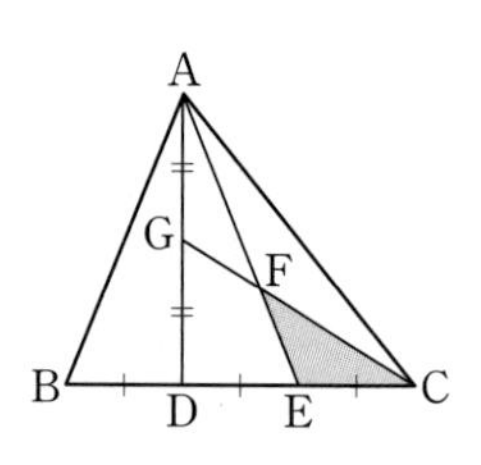

삼각형의 무게중심의 성질과 △GFE의 넓이를 이용하여 △AFE의 넓이를 구해 보자.

까다로운 기출문제

84 오른쪽 그림에서 점 G는 △ABC의 무게중심이고, $\overline{DE}/\!/\overline{BC}$이다. △GFE의 넓이가 $3\,cm^2$일 때, △EFC의 넓이를 구하시오.

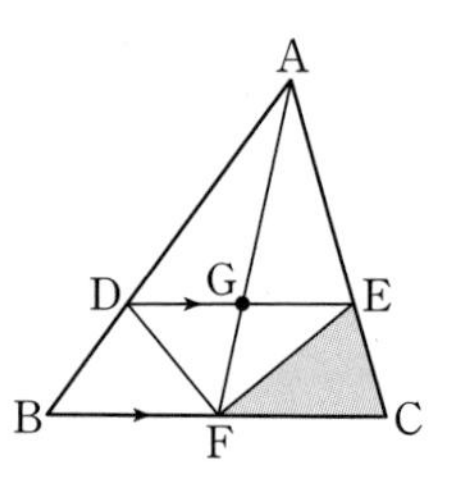

유형21 평행사변형에서 삼각형의 무게중심의 응용

개념편 117쪽

평행사변형 ABCD에서 두 점 M, N이 각각 $\overline{BC}$, $\overline{CD}$의 중점일 때

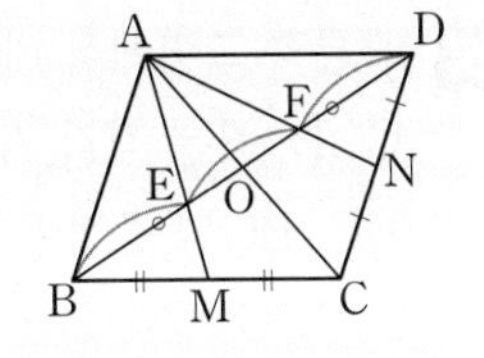

(1) 점 E는 △ABC의 무게중심, 점 F는 △ACD의 무게중심

(2) $\overline{BE}=\overline{EF}=\overline{FD}=\frac{1}{3}\overline{BD}$, $\overline{EO}=\overline{FO}$

(3) $\triangle ABE=\triangle AEF=\triangle AFD$
$=\frac{1}{3}\triangle ABD=\frac{1}{6}\square ABCD$

[85~88] 길이 구하기

85 오른쪽 그림과 같은 평행사변형 ABCD에서 $\overline{BC}$, $\overline{CD}$의 중점을 각각 M, N이라고 하자. $\overline{PQ}=5\,cm$일 때, $\overline{BD}$의 길이를 구하시오.

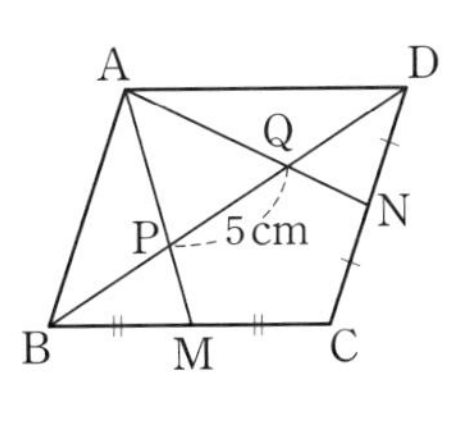

86 오른쪽 그림과 같은 평행사변형 ABCD에서 두 대각선의 교점을 O라고 하고, $\overline{CD}$의 중점을 M이라고 하자. $\overline{BD}=24\,cm$일 때, $\overline{OP}$의 길이는?

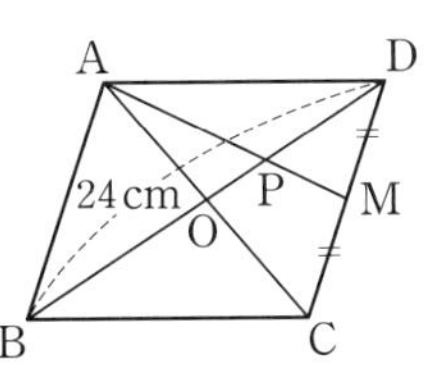

① $\frac{8}{3}$ cm ② 3 cm ③ $\frac{10}{3}$ cm
④ 4 cm ⑤ $\frac{9}{2}$ cm

87 오른쪽 그림과 같은 평행사변형 ABCD에서 두 대각선의 교점을 O라 하고, $\overline{BC}$의 중점을 M이라고 하자. $\overline{BE}=6\,cm$일 때, $\overline{DE}$의 길이를 구하시오.

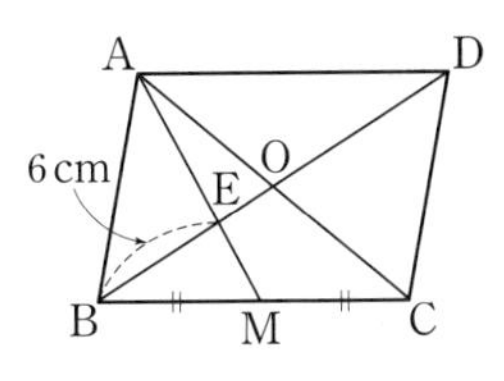

88 서술형 오른쪽 그림과 같은 평행사변형 ABCD에서 $\overline{BC}$, $\overline{CD}$의 중점을 각각 M, N이라 하고, $\overline{BD}$와 $\overline{AM}$, $\overline{AN}$의 교점을 각각 P, Q라고 하자. $\overline{MN}=9\,cm$일 때, $\overline{BP}$의 길이를 구하시오.

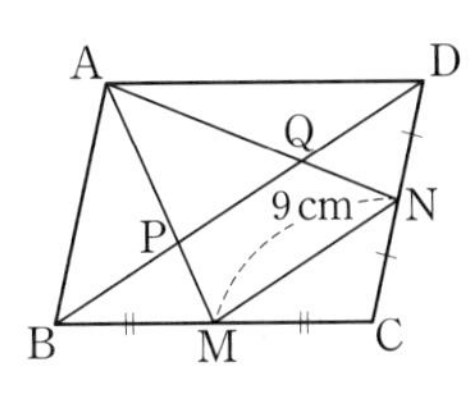

풀이 과정

답

[89~92] 넓이 구하기

89 오른쪽 그림과 같은 평행사변형 ABCD에서 두 점 E, F가 각각 $\overline{BC}$, $\overline{CD}$의 중점이고 □ABCD의 넓이가 $72\,cm^2$일 때, 다음을 구하시오.

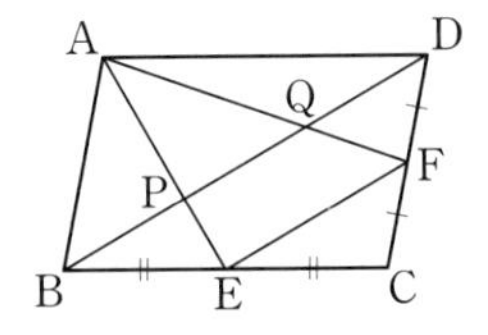

(1) △APQ의 넓이

(2) △ECF의 넓이

90 서술형

오른쪽 그림과 같은 평행사변형 ABCD에서 $\overline{BE}=\overline{EC}$이고, $\overline{AE}$와 $\overline{BD}$의 교점을 F라고 하자. △ABF의 넓이가 $4\,cm^2$일 때, □ABCD의 넓이를 구하시오.

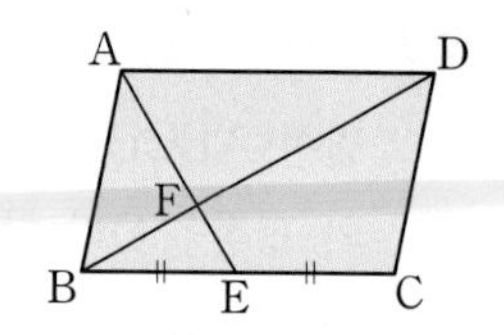

풀이 과정

답

91 오른쪽 그림과 같은 평행사변형 ABCD에서 $\overline{AD}$의 중점을 M이라 하고, $\overline{AC}$와 $\overline{BM}$의 교점을 P라고 하자. □ABCD의 넓이가 $48\,cm^2$일 때, △APM의 넓이를 구하시오.

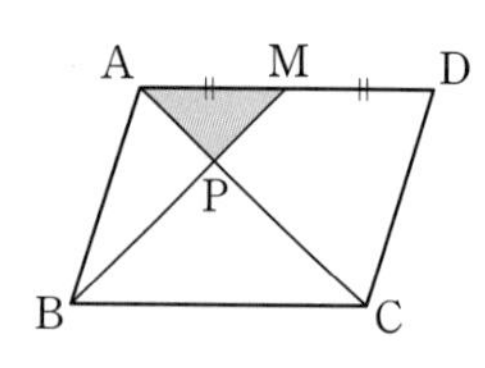

92 오른쪽 그림과 같은 평행사변형 ABCD에서 $\overline{BC}$, $\overline{CD}$의 중점을 각각 M, N이라 하고, $\overline{BD}$와 $\overline{AM}$, $\overline{AN}$의 교점을 각각 P, Q라고 하자. □ABCD의 넓이가 $42\,cm^2$일 때, 색칠한 부분의 넓이를 구하시오.

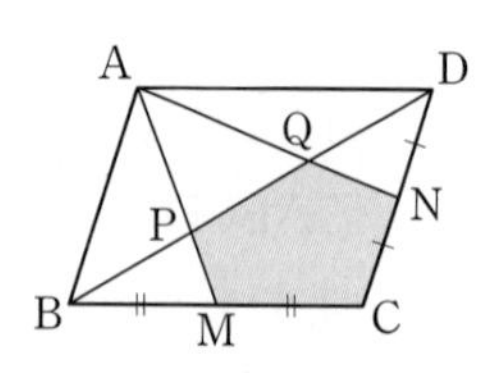

톡톡 튀는 문제

93 오른쪽 그림에서 네 점 B, C, D, E는 각각 $\overline{AG}$, $\overline{AH}$, $\overline{BF}$, $\overline{BG}$의 중점이다. △BFG : △CGH=1 : 2이고 $\overline{DE}=3$일 때, $\overline{BC}$의 길이를 구하시오.

(단, 세 점 F, G, H는 한 직선 위의 점이다.)

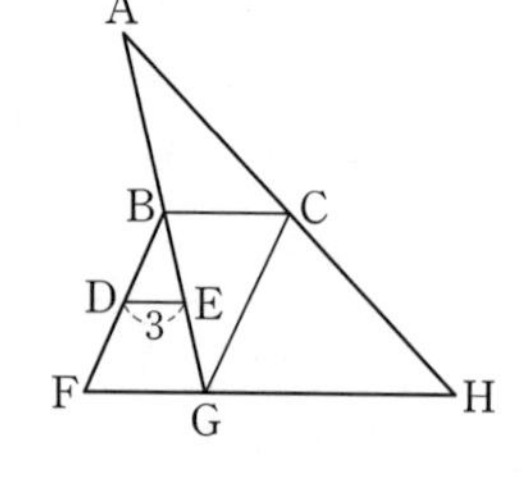

94 오른쪽 그림에서 $\overline{AD}$는 △ABC의 중선이고, 점 G는 △ABC의 무게중심이다. $\overline{GD}$를 지름으로 하는 원 O의 넓이가 $9\pi\,cm^2$일 때, $\overline{AG}$를 지름으로 하는 원 O′의 넓이를 구하시오.

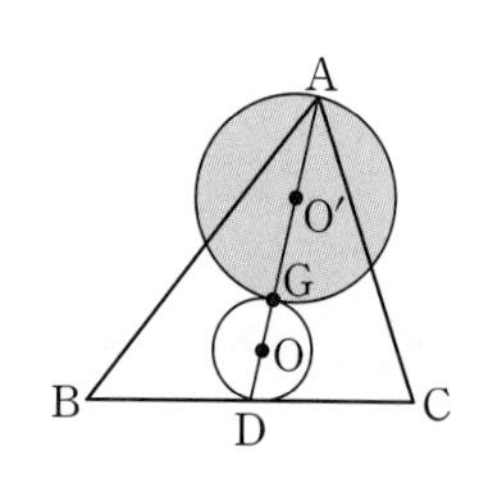

★ 중요

꼭 나오는 기본 문제

1 ★ 오른쪽 그림에서 $\overline{GF} /\!/ \overline{BC} /\!/ \overline{DE}$일 때, xy의 값을 구하시오.

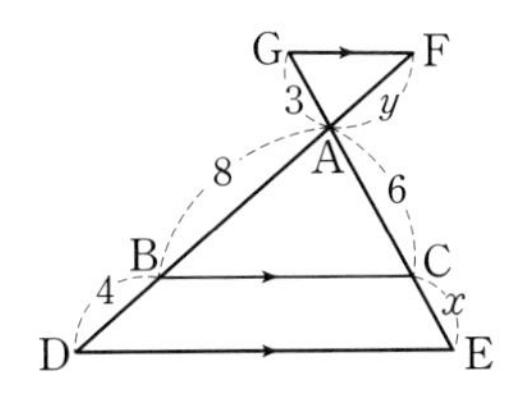

2 오른쪽 그림과 같은 $\triangle ABC$에서 $\overline{DE} /\!/ \overline{BC}$, $\overline{DF} /\!/ \overline{BE}$일 때, $\overline{EC}$의 길이를 구하시오.

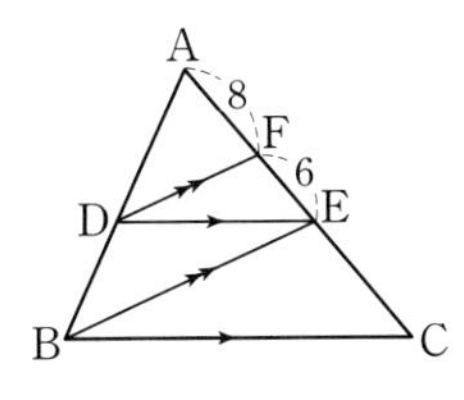

3 다음 중 $\overline{BC} /\!/ \overline{DE}$인 것은?

①

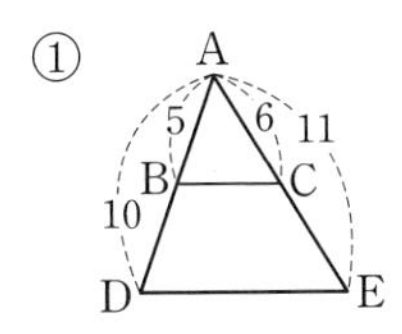

②

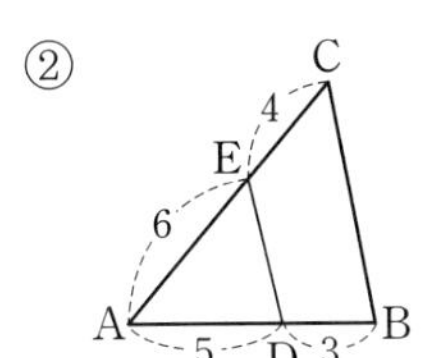

③

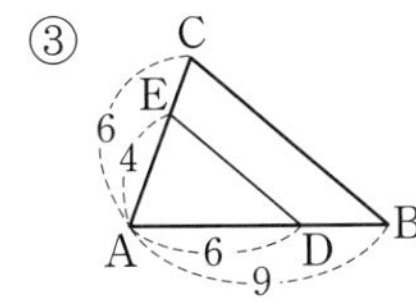

④

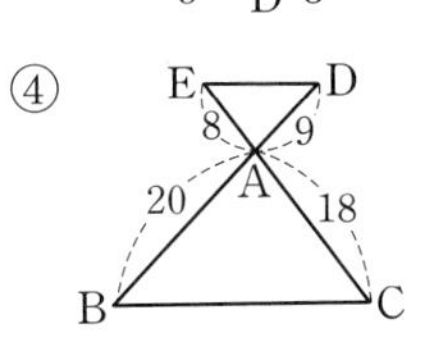

⑤

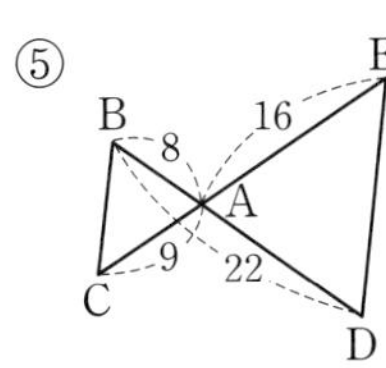

4 오른쪽 그림과 같은 $\triangle ABC$에서 $\angle A$의 이등분선과 $\overline{BC}$가 만나는 점을 D라고 할 때, $\overline{CD}$의 길이를 구하시오.

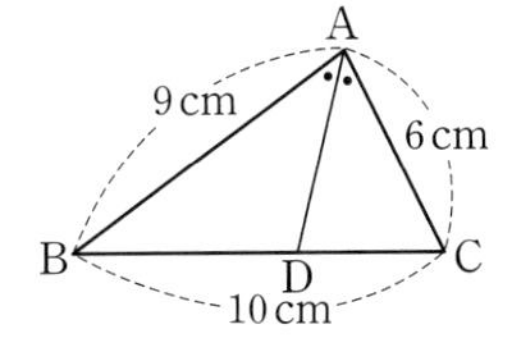

5 오른쪽 그림과 같은 $\triangle ABC$에서 $\overline{AB}$, $\overline{BC}$, $\overline{CA}$의 중점을 각각 D, E, F라고 하자. $\triangle ABC$의 둘레의 길이가 24 cm일 때, $\triangle DEF$의 둘레의 길이를 구하시오.

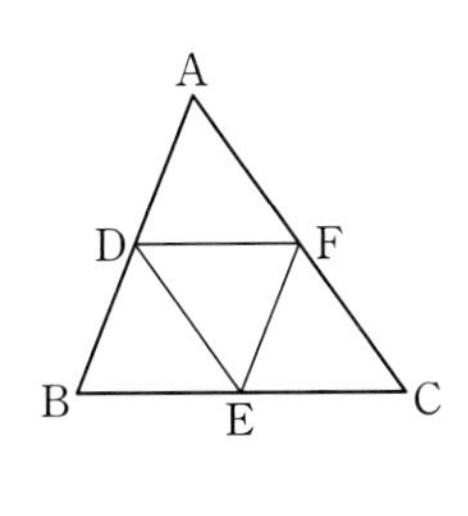

6 오른쪽 그림과 같이 $\overline{AD} /\!/ \overline{BC}$인 사다리꼴 ABCD에서 $\overline{AB}$, $\overline{DC}$의 중점을 각각 M, N이라 고 하자. $\overline{MP} = \overline{PQ} = \overline{QN}$이고 $\overline{AD} = 10$ cm일 때, $\overline{BC}$의 길이는?

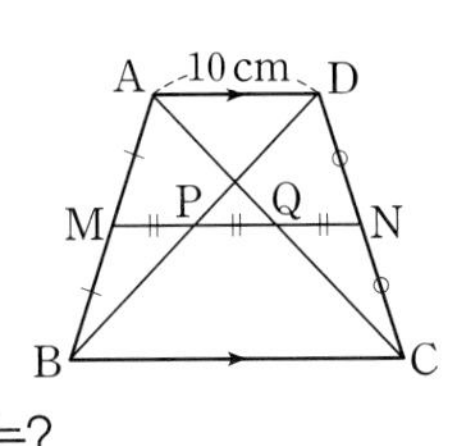

① 14 cm　② 16 cm　③ 18 cm
④ 20 cm　⑤ 22 cm

7 ★ 다음 그림에서 $l /\!/ m /\!/ n$일 때, $x+y$의 값을 구하시오.

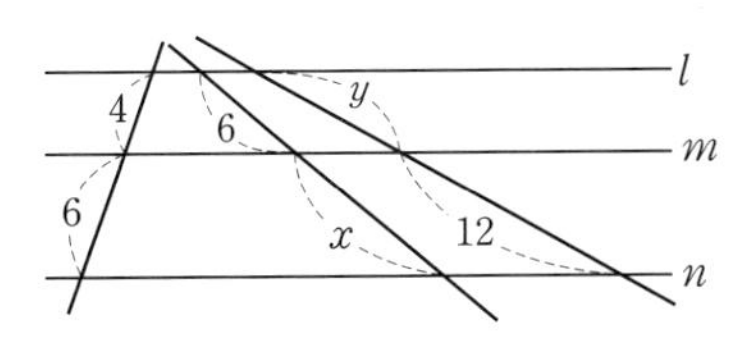

8 ★ 오른쪽 그림과 같이 $\overline{AD} /\!/ \overline{EF} /\!/ \overline{BC}$인 사다리꼴 ABCD에서 $\overline{AE} : \overline{EB} = 3 : 2$일 때, $\overline{EF}$의 길이를 구하시오.

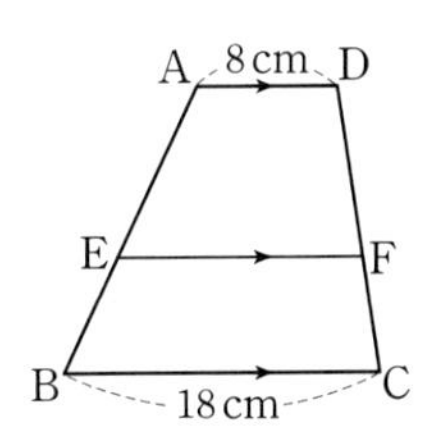

9 오른쪽 그림에서 점 G는 $\triangle ABC$의 무게중심이다. $\overline{BC}=12\,cm$이고 $\angle EBC=\angle DCB=60°$일 때, $\overline{EG}$의 길이를 구하시오.

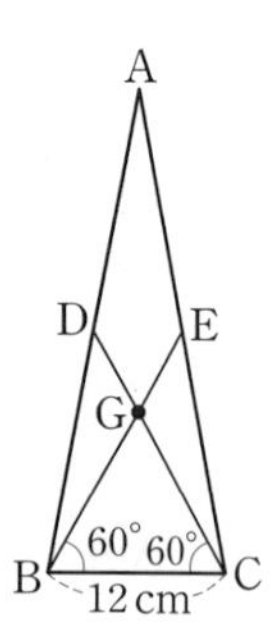

10 오른쪽 그림에서 두 점 G, G′은 각각 $\triangle ABC$, $\triangle GBC$의 무게중심이다. $\overline{GG'}=4\,cm$일 때, $\overline{AD}$의 길이를 구하시오.

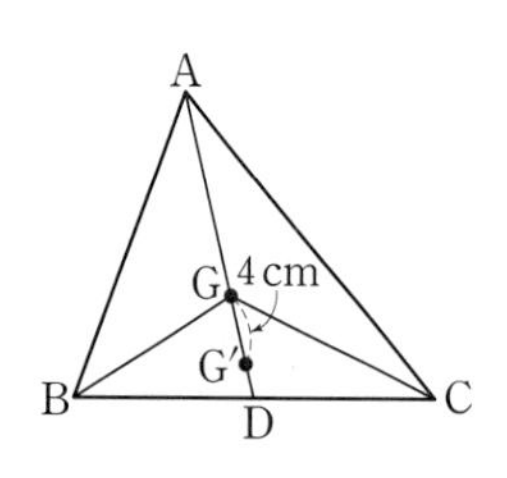

11 서술형 오른쪽 그림과 같이 $\overline{AB}=\overline{AC}$인 이등변삼각형 ABC에서 $\overline{AD}\perp\overline{BC}$이고 $\triangle ABC$의 넓이가 $30\,cm^2$일 때, □GDCE의 넓이를 구하시오.

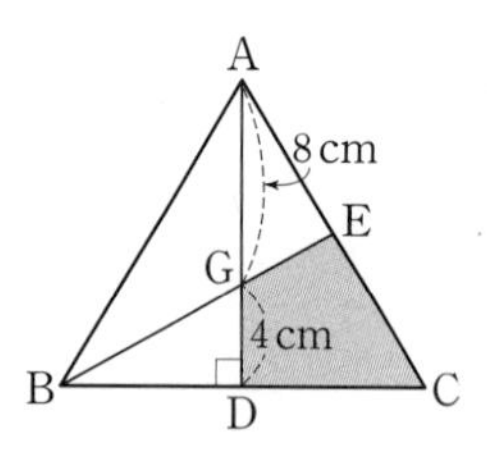

풀이 과정

답

자주 나오는 실력 문제

12 오른쪽 그림과 같은 $\triangle ABC$에서 $\overline{DE}/\!/\overline{BC}$이고, 세 점 A, D, E에서 $\overline{BC}$에 내린 수선의 발을 각각 H, F, G라고 하자. $\overline{AH}=6\,cm$, $\overline{BC}=9\,cm$이고 $\overline{DF}:\overline{FG}=1:3$일 때, □DFGE의 넓이를 구하시오.

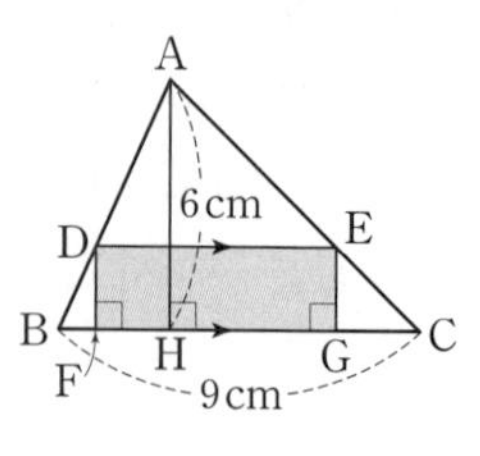

13 서술형 오른쪽 그림과 같이 $\overline{AD}/\!/\overline{BC}$인 등변사다리꼴 ABCD에서 세 점 E, F, G는 각각 $\overline{AD}$, $\overline{BD}$, $\overline{BC}$의 중점이다. $\angle ABD=42°$, $\angle BDC=80°$일 때, $\angle FEG$의 크기를 구하시오.

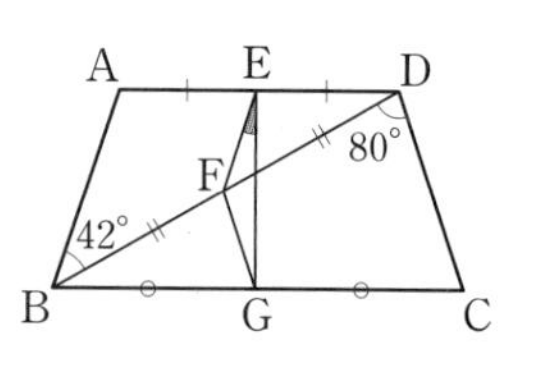

풀이 과정

답

14 오른쪽 그림과 같은 $\triangle ABC$에서 점 D는 $\overline{AB}$의 중점이고, 두 점 E, F는 $\overline{AC}$의 삼등분점이다. $\overline{DE}=8\,cm$일 때, $\overline{BG}$의 길이를 구하시오.

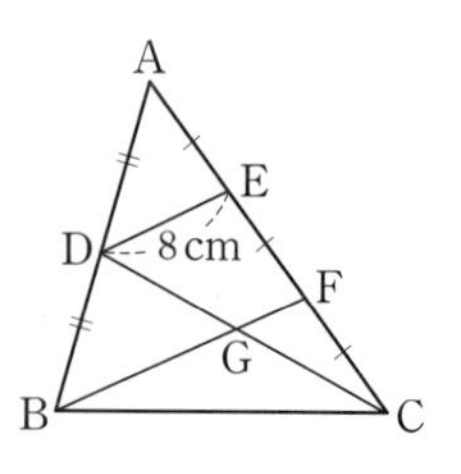

15 오른쪽 그림과 같은 △ABC에서 $\overline{BA}$의 연장선 위에 $\overline{AB}=\overline{AD}$인 점 D를 잡고, 점 D와 $\overline{AC}$의 중점 M을 연결한 직선이 $\overline{BC}$와 만나는 점을 E라고 하자. $\overline{BE}=10\,\text{cm}$일 때, $\overline{EC}$의 길이를 구하시오.

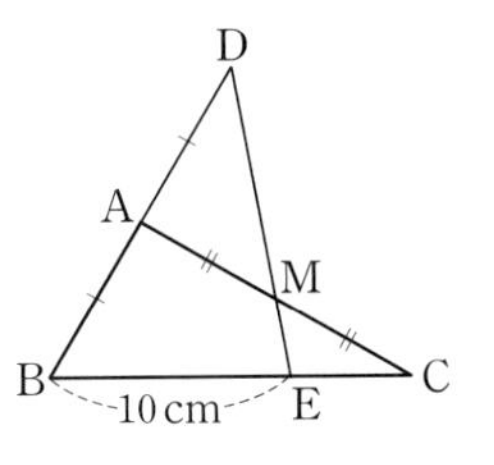

16 오른쪽 그림에서 $\overline{AB}\,/\!/\,\overline{EF}\,/\!/\,\overline{DC}$이고 $\overline{AB}=a$, $\overline{EF}=b$, $\overline{DC}=c$일 때, 다음 중 옳지 않은 것을 모두 고르면? (정답 2개)

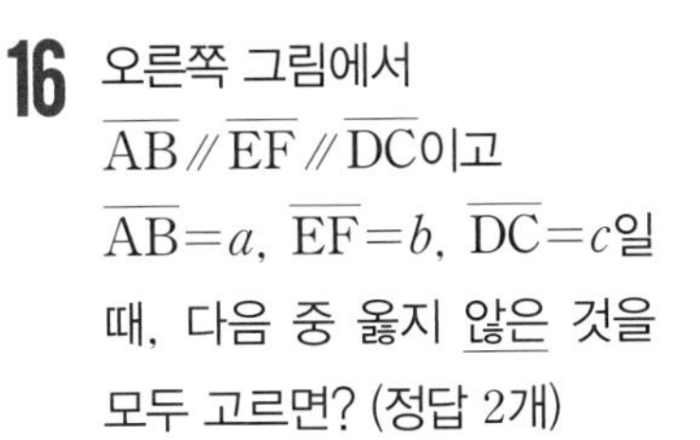

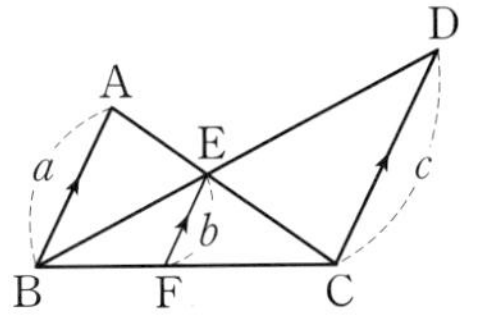

① △ABE∽△CDE ② △BFE∽△BCD
③ △CEF∽△CAB ④ $\overline{BF}:\overline{FC}=b:c$
⑤ $\overline{EF}=\dfrac{ab}{a+c}$

17 오른쪽 그림에서 점 G는 △ABC의 무게중심이고, 점 F는 $\overline{DC}$의 중점이다. $\overline{AG}=10\,\text{cm}$일 때, $\overline{EF}$의 길이를 구하시오.

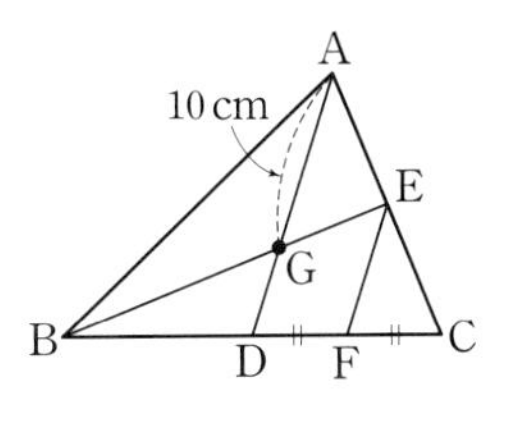

18 오른쪽 그림과 같은 평행사변형 ABCD에서 두 대각선의 교점을 O라 하고 $\overline{BC}$, $\overline{CD}$의 중점을 각각 M, N이라고 할 때, 다음 중 옳지 않은 것은?

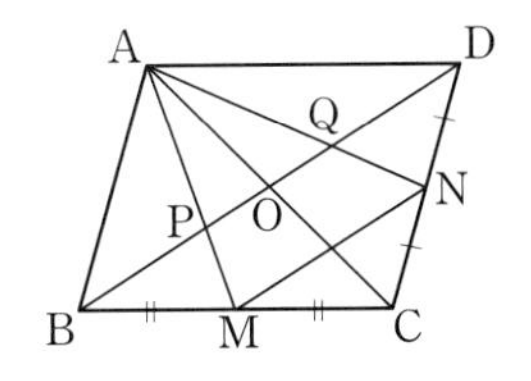

① $\overline{BP}=\overline{PQ}=\overline{QD}$ ② $\overline{PQ}:\overline{MN}=2:3$
③ $\overline{AP}=\overline{AQ}$ ④ $\triangle APQ=\dfrac{1}{6}\square ABCD$
⑤ $\triangle PBM=\dfrac{1}{12}\square ABCD$

만점을 위한 도전 문제

19 오른쪽 그림과 같은 △ABC에서 ∠BAC=∠DCB이고, $\overline{CE}$는 ∠ACD의 이등분선일 때, 다음 물음에 답하시오.

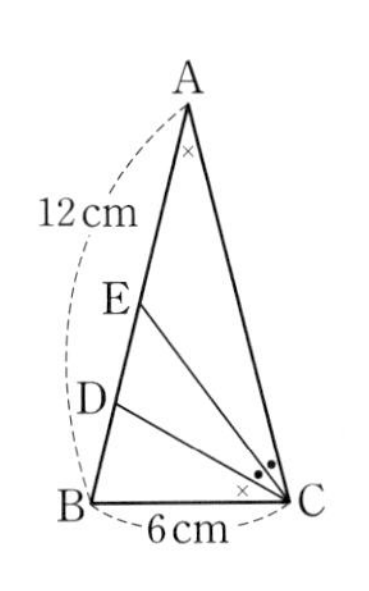

(1) △ABC와 닮음인 삼각형을 찾으시오.

(2) $\overline{AD}$의 길이를 구하시오.

(3) $\overline{DE}$의 길이를 구하시오.

20 다음 그림과 같이 $\overline{AD}\,/\!/\,\overline{BC}$인 사다리꼴 ABCD에서 $\overline{BC}$의 중점을 M이라 하고, $\overline{AM}$과 $\overline{BD}$, $\overline{DM}$과 $\overline{AC}$의 교점을 각각 P, Q라고 하자. 이때 $\overline{PQ}$의 길이를 구하시오.

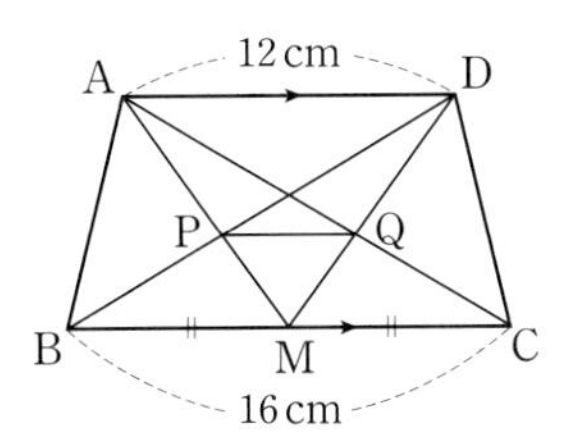

21 오른쪽 그림과 같은 평행사변형 ABCD에서 $\overline{BC}$, $\overline{CD}$의 중점을 각각 M, N이라 하고, $\overline{BN}$과 $\overline{DM}$의 교점을 E라고 하자. $\triangle BME=5\,\text{cm}^2$일 때, 색칠한 부분의 넓이를 구하시오.

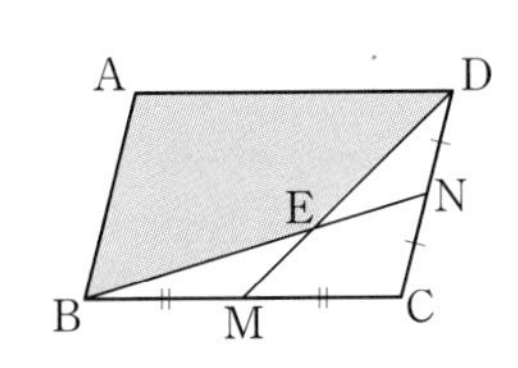

5 경우의 수

유형 1 경우의 수

유형 2 사건 A 또는 사건 B가 일어나는 경우의 수

유형 3 사건 A와 사건 B가 동시에 일어나는 경우의 수

유형 4 최단 거리로 가는 경우의 수

유형 5 한 줄로 세우기

유형 6 한 줄로 세우기 – 특정한 사람의 자리를 고정하는 경우

유형 7 한 줄로 세우기 – 이웃하는 경우

유형 8 색칠하는 경우의 수

유형 9 자연수 만들기 – 0을 포함하지 않는 경우

유형 10 자연수 만들기 – 0을 포함하는 경우

유형 11 대표 뽑기 – 자격이 다른 경우

유형 12 대표 뽑기 – 자격이 같은 경우

유형 13 만들 수 있는 선분 또는 삼각형의 개수

• 정답과 해설 54쪽

5 경우의 수

★ 중요

유형 1 경우의 수

개념편 130쪽

- 사건: 같은 조건에서 반복할 수 있는 실험이나 관찰에서 나타나는 결과
- 경우의 수: 어떤 사건이 일어나는 가짓수

예 주사위 한 개를 던질 때, 소수의 눈이 나오는 경우는 2, 3, 5이므로 그 경우의 수는 3이다.

주의 경우의 수를 구할 때는 모든 경우를 중복하지 않고, 빠짐없이 구한다.

1 주사위 한 개를 던질 때, 다음 중 그 경우의 수가 가장 큰 것은?

① 짝수의 눈이 나온다.
② 소수의 눈이 나온다.
③ 4 이상의 눈이 나온다.
④ 3의 배수의 눈이 나온다.
⑤ 6의 약수의 눈이 나온다.

2 서로 다른 주사위 두 개를 동시에 던질 때, 다음을 구하시오.

(1) 나오는 두 눈의 수의 합이 7인 경우의 수

(2) 나오는 두 눈의 수의 차가 2인 경우의 수

3 세희는 100원, 50원, 10원짜리 동전을 각각 5개씩 가지고 있다. 이 동전을 사용하여 세희가 200원을 지불하는 방법의 수는? (단, 거스름돈은 없다.)

① 4 ② 5 ③ 6
④ 7 ⑤ 8

4 주사위 한 개를 두 번 던져서 처음에 나오는 눈의 수를 x, 나중에 나오는 눈의 수를 y라고 할 때, $x+2y=11$이 되는 경우의 수를 구하시오.

5 길이가 각각 2, 3, 4, 6인 선분 4개가 있다. 이 중에서 3개를 선택하여 만들 수 있는 삼각형의 개수를 구하시오.

6 다음 그림과 같이 계단 4개가 있는 층계가 있다. 한 걸음에 한 계단 또는 두 계단을 오르는 방법으로만 계단을 오른다고 할 때, 지면에서부터 시작하여 계단 4개를 모두 오르는 경우의 수를 구하시오.

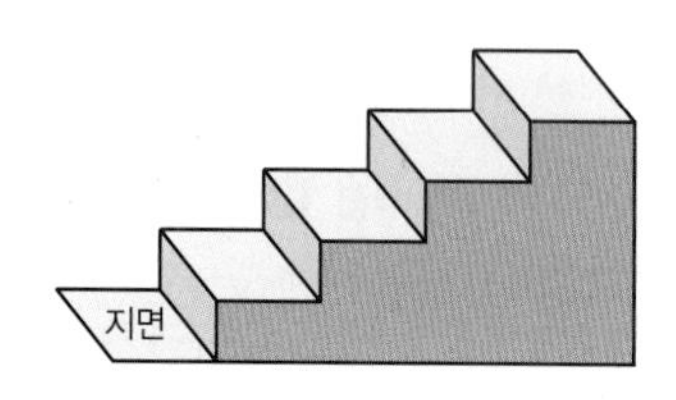

까다로운 기출문제

앞면이 나오는 횟수를 x번이라 하고, 방정식을 세워 봐!

7 다음 그림과 같이 수직선 위의 원점에 점 P가 있다. 동전 한 개를 던져서 앞면이 나오면 오른쪽으로 1만큼, 뒷면이 나오면 왼쪽으로 2만큼 점 P를 움직이기로 하였다. 동전을 연속하여 3번 던졌을 때, 점 P가 다시 원점으로 돌아오는 경우의 수를 구하시오.

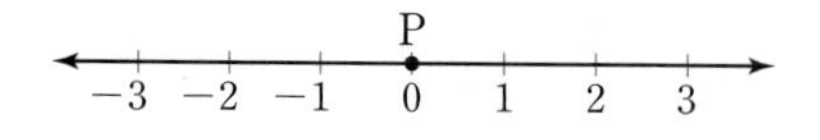

유형 2 사건 A 또는 사건 B가 일어나는 경우의 수

개념편 131쪽

두 사건 A, B가 동시에 일어나지 않을 때,
사건 A가 일어나는 경우의 수를 a, 사건 B가 일어나는 경우의 수를 b라고 하면

(사건 A 또는 사건 B가 일어나는 경우의 수) $=a+b$

예 서로 다른 사탕 3개와 초콜릿 2개 중에서 한 개를 고르는 경우의 수는 $3+2=5$

8 A 지점에서 B 지점으로 가는 교통편으로 기차와 버스가 있다. 이 기차와 버스는 각각 하루에 7회, 5회씩 다닌다고 할 때, A 지점에서 B 지점까지 기차 또는 버스로 가는 경우의 수는?

① 5 ② 7 ③ 10
④ 12 ⑤ 35

9 서로 다른 종류의 국어책 6권, 수학책 4권, 영어책 3권이 있다. 이 중에서 한 권을 선택하는 경우의 수를 구하시오.

10 어느 분식점에서 김밥 4종류, 라면 3종류, 볶음밥 2종류를 판매하고 있다. 이 분식점에서 판매하는 라면 또는 볶음밥 중에서 한 가지를 주문하는 경우의 수를 구하시오.

11 1부터 10까지의 자연수가 각각 하나씩 적힌 10장의 카드 중에서 한 장을 뽑을 때, 다음을 구하시오.

(1) 3의 배수 또는 10의 약수가 적힌 카드가 나오는 경우의 수

(2) 소수 또는 4의 배수가 적힌 카드가 나오는 경우의 수

12 서로 다른 주사위 두 개를 동시에 던질 때, 다음을 구하시오.

(1) 나오는 두 눈의 수의 합이 2 또는 8인 경우의 수

(2) 나오는 두 눈의 수의 차가 1 또는 5인 경우의 수

13 서술형

다음 그림과 같이 6등분, 3등분한 서로 다른 두 원판에 각각 1부터 6까지, 1부터 3까지의 자연수를 하나씩 적었다. 두 원판을 돌린 후 멈추었을 때, 두 원판의 각 바늘이 가리킨 수의 합이 3의 배수인 경우의 수를 구하시오. (단, 바늘이 경계선을 가리키는 경우는 생각하지 않는다.)

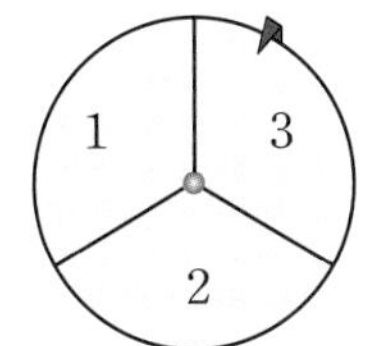

풀이 과정

답

까다로운 기출문제

3과 5의 공배수를 생각해 봐!

14 1부터 15까지의 자연수가 각각 하나씩 적힌 15개의 공이 들어 있는 주머니에서 공 한 개를 꺼낼 때, 3의 배수 또는 5의 배수가 적힌 공이 나오는 경우의 수를 구하시오.

• 정답과 해설 55쪽

유형 3 사건 A와 사건 B가 동시에 일어나는 경우의 수

개념편 132~133쪽

사건 A가 일어나는 경우의 수를 a, 그 각각에 대하여 사건 B가 일어나는 경우의 수를 b라고 하면

(사건 A와 사건 B가 동시에 일어나는 경우의 수) $=a\times b$

예 서로 다른 사탕 3개와 초콜릿 2개 중에서 사탕과 초콜릿을 각각 한 개씩 고르는 경우의 수는 $3\times2=6$

15 어느 중학교 야구팀에는 투수가 4명, 포수가 3명이라고 한다. 이 야구팀에서 투수와 포수를 각각 한 명씩 선택하는 경우의 수를 구하시오.

16 어느 산에 정상까지 오르는 등산로가 5개 있다. 이 산을 올라갔다가 내려오려고 하는데 내려올 때는 올라갈 때와 다른 길을 선택하려고 한다. 이때 등산로를 선택하는 모든 경우의 수를 구하시오.

17 다음 그림과 같이 4개의 자음과 5개의 모음이 각각 하나씩 적힌 9장의 카드가 있다. 이때 자음이 적힌 카드와 모음이 적힌 카드를 각각 한 장씩 사용하여 만들 수 있는 글자의 개수를 구하시오.

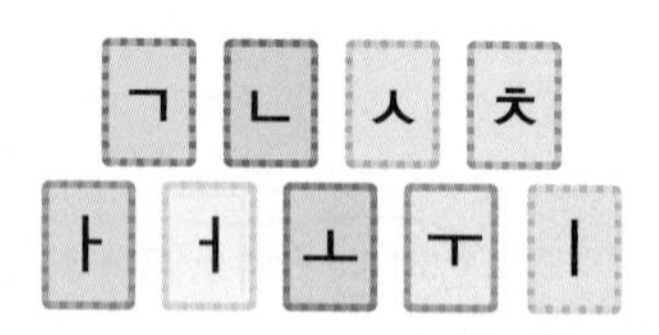

18 오른쪽 그림과 같은 구조로 된 도서관에서 열람실을 나와 복도를 거쳐 휴게실로 들어가는 경우의 수를 구하시오.

(단, 한 번 지나간 곳은 다시 지나지 않는다.)

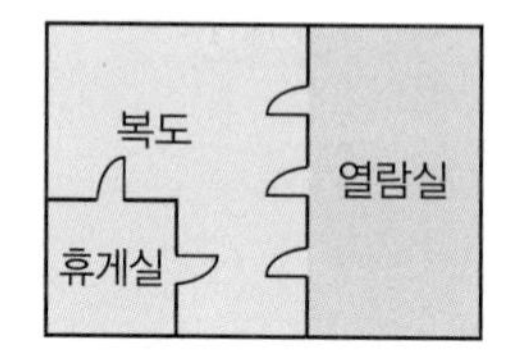

19 서술형 다음 그림과 같이 A, B, C 세 지점을 연결하는 도로가 있다. 이때 A 지점에서 C 지점까지 가는 경우의 수를 구하시오.

(단, 한 번 지나간 지점은 다시 지나지 않는다.)

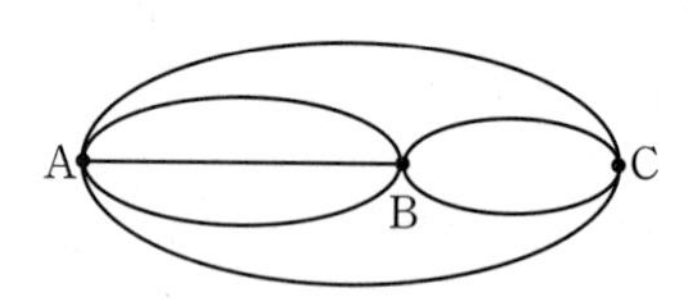

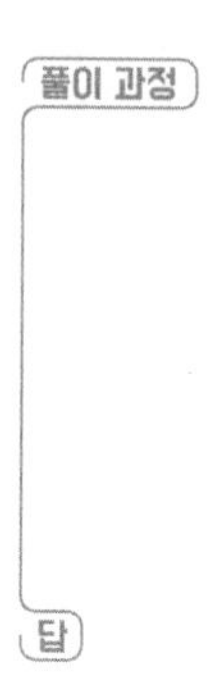

20 두 개의 주사위 A, B를 동시에 던질 때, A 주사위는 4 이상의 눈이 나오고 B 주사위는 홀수의 눈이 나오는 경우의 수는?

① 5　② 6　③ 7
④ 8　⑤ 9

21 서로 다른 동전 2개와 주사위 1개를 동시에 던질 때, 동전은 서로 다른 면이 나오고 주사위는 소수의 눈이 나오는 경우의 수를 구하시오.

• 서로 다른 동전 m개를 동시에 던질 때 일어나는 경우의 수: 2^m
• 서로 다른 주사위 n개를 동시에 던질 때 일어나는 경우의 수: 6^n

22 다음 사건에 대하여 일어나는 모든 경우의 수를 구하시오.

(1) 서로 다른 동전 세 개를 동시에 던질 때

(2) 서로 다른 동전 두 개와 주사위 한 개를 동시에 던질 때

(3) 동전 한 개와 서로 다른 주사위 두 개를 동시에 던질 때

까다로운

유형 4 최단 거리로 가는 경우의 수 개념편 132~133쪽

❶ A 지점에서 P 지점까지 최단 거리로 가는 경우의 수를 구한다.
→㉠, ㉡이므로 경우의 수는 2

❷ P 지점에서 B 지점까지 최단 거리로 가는 경우의 수를 구한다.
→㉢, ㉣이므로 경우의 수는 2

❸ ❶, ❷에서 구한 경우의 수를 곱한다. →$2\times2=4$

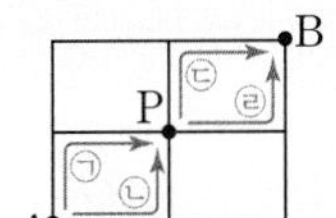

23 오른쪽 그림과 같은 모양의 도로가 있다. A 지점에서 출발하여 P 지점을 거쳐 B 지점까지 최단 거리로 가는 경우의 수를 구하시오.

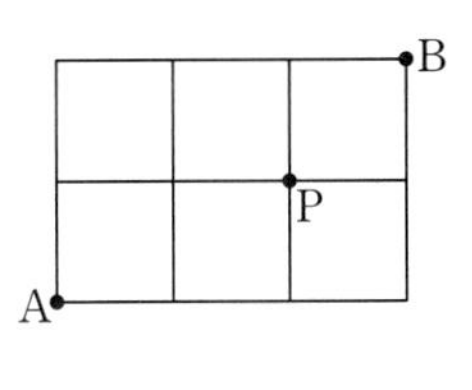

24 오른쪽 그림과 같은 경로를 따라 학교에서 출발하여 학원을 거쳐 집까지 최단 거리로 가는 경우의 수를 구하시오.

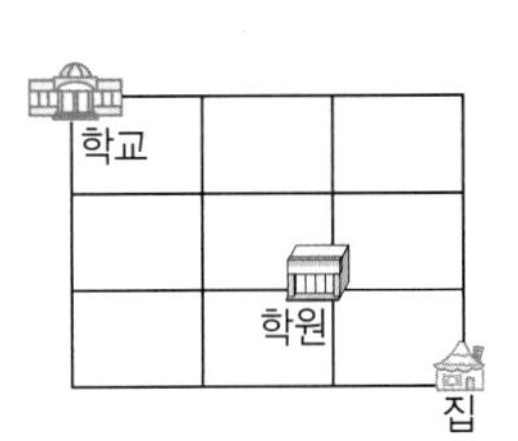

25 다음 그림과 같은 모양의 도로가 있다. A 지점에서 출발하여 P 지점과 Q 지점을 모두 거쳐 B 지점까지 최단 거리로 가는 경우의 수는?

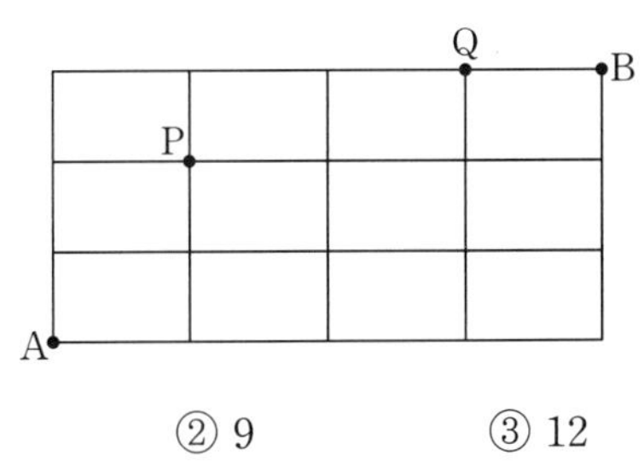

① 6 ② 9 ③ 12
④ 15 ⑤ 18

유형 5 한 줄로 세우기 개념편 136쪽

(1) n명을 한 줄로 세우는 경우의 수

➡ $n\times(n-1)\times(n-2)\times\cdots\times2\times1$

- n명 중에서 1명을 뽑는 경우의 수
- 1명을 뽑고, 남은 $(n-1)$명 중에서 1명을 뽑는 경우의 수
- 2명을 뽑고, 남은 $(n-2)$명 중에서 1명을 뽑는 경우의 수

예 3명을 한 줄로 세우는 경우의 수는
$3\times2\times1=6$

(2) n명 중에서 2명을 뽑아 한 줄로 세우는 경우의 수

➡ $n\times(n-1)$

(3) n명 중에서 3명을 뽑아 한 줄로 세우는 경우의 수

➡ $n\times(n-1)\times(n-2)$

26 세정이는 친구들과 경복궁, 덕수궁, 운현궁, 창경궁에 한 번씩 가려고 한다. 네 곳에 가는 순서를 정하는 경우의 수를 구하시오.

27 A, B, C, D, E 5명 중에서 3명을 뽑아 한 줄로 세우는 경우의 수는?

① 10 ② 12 ③ 18
④ 24 ⑤ 60

28 서로 다른 종류의 과일 6개 중에서 2개를 골라 우찬이와 현아에게 각각 한 개씩 주는 방법의 수는?

① 20 ② 24 ③ 30
④ 48 ⑤ 60

유형 6 한 줄로 세우기 - 특정한 사람의 자리를 고정하는 경우

개념편 136쪽

A를 포함한 n명을 한 줄로 세울 때, A를 특정한 자리에 고정하는 경우의 수
➡ A를 특정한 자리에 고정한 후, A를 제외한 $(n-1)$명을 한 줄로 세우는 경우의 수와 같다.

29 A, B, C, D, E 5개의 그림을 한 벽에 나란히 전시하려고 할 때, 그림 C가 한가운데에 놓이는 경우의 수는?

① 12 ② 24 ③ 36
④ 64 ⑤ 120

30 A, B, C, D 4명의 학생이 이어달리기를 할 때, A가 처음 또는 마지막 주자가 되는 경우의 수를 구하시오.

31 부모님과 윤서, 오빠, 언니 5명의 가족이 나란히 서서 사진을 찍으려고 한다. 이때 부모님이 양 끝에 서는 경우의 수를 구하시오.

까다로운 기출문제

남학생과 여학생이 각각 맨 앞에 서는 경우를 나누어서 생각해 봐!

32 남학생 3명과 여학생 3명이 한 줄로 설 때, 남학생과 여학생이 교대로 서는 경우의 수를 구하시오.

유형 7 한 줄로 세우기 - 이웃하는 경우

개념편 137쪽

❶ 이웃하는 것을 하나로 묶어 한 줄로 세우는 경우의 수를 구한다.
❷ 묶음 안에서 자리를 바꾸는 경우의 수를 구한다.
❸ ❶과 ❷의 경우의 수를 곱한다.
➡ (이웃하는 것을 하나로 묶어 한 줄로 세우는 경우의 수) × (묶음 안에서 자리를 바꾸는 경우의 수)

33 A, B, C, D 네 사람이 한 줄로 설 때, A와 B가 이웃하여 서는 경우의 수는?

① 4 ② 6 ③ 12
④ 18 ⑤ 24

34 서술형

남학생 3명과 여학생 3명을 한 줄로 세울 때, 여학생끼리 이웃하여 서는 경우의 수를 구하시오.

풀이 과정

답

35 석진, 윤기, 남준, 호석, 정국 5명을 한 줄로 세울 때, 석진이와 정국이가 이웃하여 맨 앞에 서는 경우의 수를 구하시오.

36 A, B, C, D, E, F 6명을 한 줄로 세울 때, A와 B는 이웃하고 E는 D의 바로 뒤에 서는 경우의 수를 구하시오.

• 정답과 해설 57쪽

틀리기 쉬운

유형 8 색칠하는 경우의 수

개념편 136~137쪽

(1) 모든 부분에 다른 색을 칠할 때

➡ 한 부분을 정하여 경우의 수를 구한 후, 다른 부분으로 옮겨가면서 이전에 칠한 색을 제외한 경우의 수를 구하여 곱한다.

(2) 이웃하는 부분만 다른 색을 칠할 때

➡ 각 부분에서 이웃하는 부분에 칠한 색을 제외한 경우의 수를 구하여 곱한다.

37 오른쪽 그림과 같이 A, B, C, D 네 부분으로 나누어진 도형을 빨강, 파랑, 노랑, 보라의 4가지 색을 사용하여 칠하려고 한다. 각 부분에 서로 다른 색을 칠하는 경우의 수는?

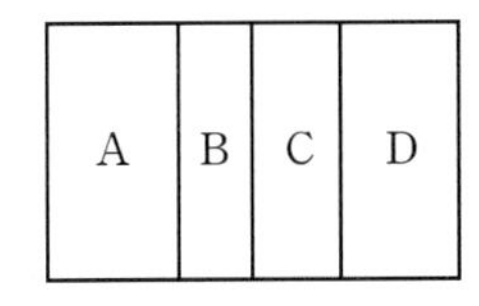

① 4 ② 10 ③ 12
④ 24 ⑤ 108

38 오른쪽 그림과 같은 깃발의 A, B, C 세 부분을 4가지 색을 사용하여 칠하려고 한다. 같은 색을 여러 번 사용해도 좋으나 이웃하는 부분에는 서로 다른 색을 칠하는 경우의 수를 구하시오.

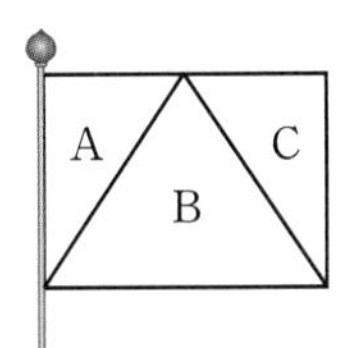

다른 부분과 닿아 있는 면이 가장 많은 부분부터 칠할 수 있는 색을 정하는 것이 편리해!

까다로운 기출문제

39 오른쪽 그림과 같은 가, 나, 다, 라 네 부분을 빨강, 노랑, 초록, 파랑, 보라의 5가지 색으로 칠하려고 한다. 같은 색을 여러 번 사용해도 좋으나 이웃하는 부분에는 서로 다른 색을 칠하는 경우의 수를 구하시오.

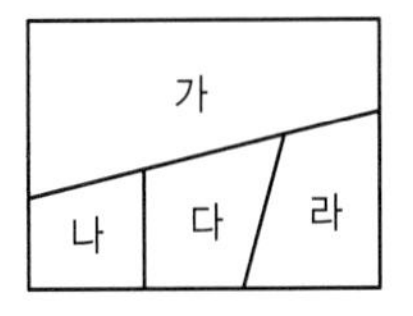

유형 9 자연수 만들기 - 0을 포함하지 않는 경우

개념편 138쪽

0을 포함하지 않는 서로 다른 한 자리의 숫자가 각각 하나씩 적힌 n장의 카드 중에서

(1) 2장을 동시에 뽑아 만들 수 있는 두 자리의 자연수의 개수

➡ $n\times(n-1)$(개)

- n: n장 중에서 1장을 뽑는 경우의 수
- $(n-1)$: 뽑은 1장을 제외한 $(n-1)$장 중에서 1장을 뽑는 경우의 수

(2) 3장을 동시에 뽑아 만들 수 있는 세 자리의 자연수의 개수

➡ $n\times(n-1)\times(n-2)$(개)

40 1, 3, 5, 7, 9의 숫자가 각각 하나씩 적힌 5장의 카드가 있다. 다음을 구하시오.

(1) 두 장을 동시에 뽑아 만들 수 있는 두 자리의 자연수의 개수

(2) 세 장을 동시에 뽑아 만들 수 있는 세 자리의 자연수의 개수

41 1, 2, 3, 4, 5, 6의 숫자가 각각 하나씩 적힌 공 6개가 들어 있는 상자에서 공 3개를 동시에 뽑아 세 자리의 자연수를 만들 때, 홀수의 개수를 구하시오.

42 1, 2, 3, 4, 5의 숫자가 각각 하나씩 적힌 5장의 카드 중에서 2장을 동시에 뽑아 두 자리의 자연수를 만들 때, 30보다 큰 자연수의 개수를 구하시오.

43 1부터 7까지의 자연수가 각각 하나씩 적힌 7장의 카드 중에서 2장을 동시에 뽑아 두 자리의 자연수를 만들 때, 15번째로 작은 수를 구하시오.

유형10 자연수 만들기 - 0을 포함하는 경우 개념편 138쪽

0을 포함한 서로 다른 한 자리의 숫자가 각각 하나씩 적힌 n장의 카드 중에서

(1) 2장을 동시에 뽑아 만들 수 있는 두 자리의 자연수의 개수

➡ $(n-1)\times(n-1)$(개)

- 첫 번째 $(n-1)$: 0을 제외한 $(n-1)$장 중에서 1장을 뽑는 경우의 수
- 두 번째 $(n-1)$: 뽑은 1장을 제외하고, 0을 포함한 $(n-1)$장 중에서 1장을 뽑는 경우의 수

(2) 3장을 동시에 뽑아 만들 수 있는 세 자리의 자연수의 개수

➡ $(n-1)\times(n-1)\times(n-2)$(개)

44 0, 1, 2, 3, 4의 숫자가 각각 하나씩 적힌 5장의 카드가 있다. 다음을 구하시오.

(1) 두 장을 동시에 뽑아 만들 수 있는 두 자리의 자연수의 개수

(2) 세 장을 동시에 뽑아 만들 수 있는 세 자리의 자연수의 개수

45 0, 1, 2, 3, 4, 5의 숫자가 각각 하나씩 적힌 6장의 카드 중에서 2장을 동시에 뽑아 두 자리의 자연수를 만들 때, 5의 배수의 개수를 구하시오.

46 0, 1, 2, 3, 4, 5의 숫자가 각각 하나씩 적힌 6장의 카드 중에서 3장을 동시에 뽑아 세 자리의 자연수를 만들 때, 짝수의 개수를 구하시오.

47 0, 1, 2, 3, 4의 숫자가 각각 하나씩 적힌 5장의 카드 중에서 2장을 동시에 뽑아 두 자리의 자연수를 만들 때, 32보다 작은 자연수의 개수를 구하시오.

유형11 대표 뽑기 - 자격이 다른 경우 개념편 139쪽

(1) n명 중에서 자격이 다른 대표 2명을 뽑는 경우의 수

➡ $n\times(n-1)$

(2) n명 중에서 자격이 다른 대표 3명을 뽑는 경우의 수

➡ $n\times(n-1)\times(n-2)$

참고 한 줄로 세우는 경우의 수와 같다.

48 A, B, C, D, E 5명의 후보 중에서 다음과 같이 학급 임원을 뽑는 경우의 수를 구하시오.

(1) 반장 1명, 부반장 1명

(2) 회장 1명, 부회장 1명, 총무 1명

49 어느 중학교 2학년 7개의 반을 대상으로 진행한 환경 미화 심사에서 1등, 2등, 3등을 각각 한 반씩 뽑는 경우의 수는?

① 105 ② 120 ③ 150
④ 175 ⑤ 210

50 지우를 포함한 8명의 학생 중에서 교내 체육 대회에 나갈 대표 선수를 뽑으려고 한다. 달리기, 높이뛰기, 투포환 선수를 각각 1명씩 뽑을 때, 지우가 높이뛰기 선수로 뽑히는 경우의 수를 구하시오.

51 1학년 학생 3명, 2학년 학생 4명으로 이루어진 동아리에서 대표는 2학년 학생 중에서 1명, 부대표는 1학년 학생과 2학년 학생 중에서 각각 1명씩 뽑는 경우의 수를 구하시오.

유형 12 대표 뽑기 – 자격이 같은 경우 개념편 139쪽

(1) n명 중에서 자격이 같은 대표 2명을 뽑는 경우의 수

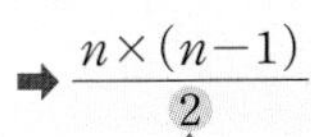

$\Rightarrow \dfrac{n\times(n-1)}{2}$

└ 대표로 (A, B)와 (B, A)를 뽑는 경우는 같은 경우이므로 2로 나눈다.

(2) n명 중에서 자격이 같은 대표 3명을 뽑는 경우의 수

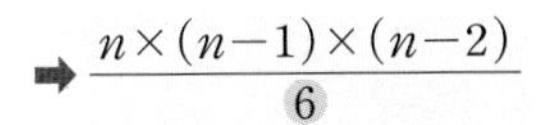

$\Rightarrow \dfrac{n\times(n-1)\times(n-2)}{6}$

└ 대표로 (A, B, C), (A, C, B), (B, A, C), (B, C, A), (C, A, B), (C, B, A)를 뽑는 경우는 같은 경우이므로 6으로 나눈다.

52 A, B, C, D 4명의 후보 중에서 대의원 2명을 뽑는 경우의 수는?

① 4 ② 6 ③ 8
④ 10 ⑤ 12

53 여학생 3명과 남학생 4명 중에서 다음과 같이 대표를 뽑는 경우의 수를 구하시오.

(1) 대표 3명

(2) 여학생 중에서 대표 1명, 남학생 중에서 대표 2명

54 국화, 장미, 안개꽃, 튤립, 수국 다섯 종류의 꽃 중에서 세 종류의 꽃을 사려고 할 때, 안개꽃을 포함해서 사는 경우의 수는?

① 4 ② 6 ③ 8
④ 10 ⑤ 12

55 어느 모임에서 만난 9명의 사람이 한 사람도 빠짐없이 서로 한 번씩 악수를 할 때, 악수를 한 총 횟수를 구하시오.

56 어느 축구 대회에서 각 축구팀이 서로 한 번씩 돌아가며 경기를 했더니 28번의 경기가 이루어졌다고 한다. 이때 대회에 참가한 축구팀은 모두 몇 팀인가?

① 7팀 ② 8팀 ③ 9팀
④ 10팀 ⑤ 11팀

57 서술형

서로 다른 수학 참고서 4권과 영어 참고서 5권 중에서 수학 참고서와 영어 참고서를 각각 2권씩 사는 경우의 수를 구하시오.

풀이 과정

답

정아가 회장으로 뽑히는 경우와 혜리가 회장으로 뽑히는 경우로 나누어 생각해 봐!

58 정아, 혜리, 태원, 은경, 지혜 5명의 학생 중에서 회장 1명과 부회장 2명을 뽑으려고 한다. 정아 또는 혜리가 회장으로 뽑히는 경우의 수는?

① 10 ② 12 ③ 18
④ 24 ⑤ 36

유형 13 만들 수 있는 선분 또는 삼각형의 개수

개념편 139쪽

어떤 세 점도 한 직선 위에 있지 않은 n개의 점 중에서

(1) 두 점을 이어 만들 수 있는 선분의 개수

➡ $\frac{n\times(n-1)}{2}$(개)

(2) 세 점을 이어 만들 수 있는 삼각형의 개수

➡ $\frac{n\times(n-1)\times(n-2)}{6}$(개)

참고 자격이 같은 대표를 뽑는 경우의 수와 같다.

59 오른쪽 그림과 같이 한 원 위에 5개의 점 A, B, C, D, E가 있다. 이 중에서 두 점을 이어 만들 수 있는 선분의 개수를 구하시오.

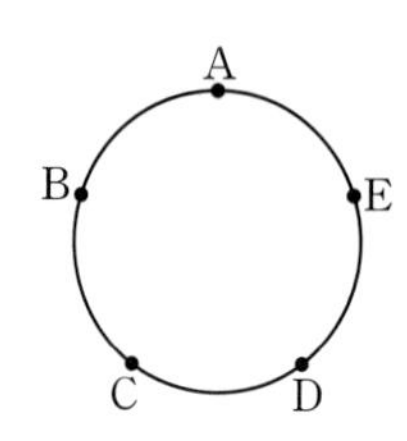

60 오른쪽 그림과 같이 한 원 위에 6개의 점 A, B, C, D, E, F가 있다. 이 중에서 세 점을 연결하여 만들 수 있는 삼각형의 개수를 구하시오.

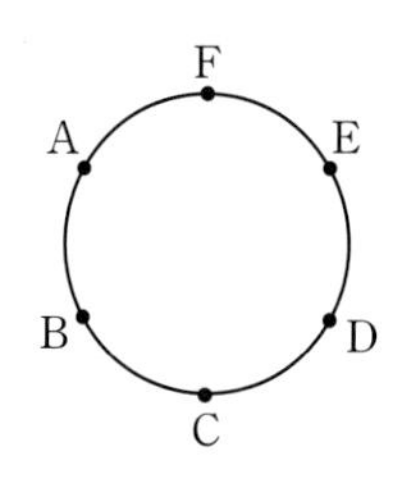

61 오른쪽 그림과 같이 반원 위에 6개의 점 A, B, C, D, E, F가 있다. 이 중에서 세 점을 연결하여 만들 수 있는 삼각형의 개수는?

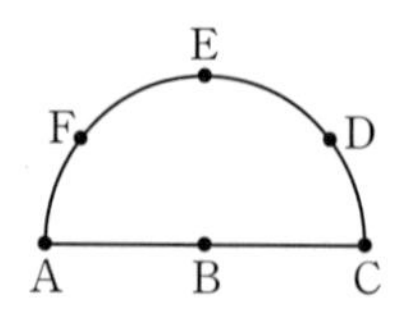

① 18개 ② 19개 ③ 20개
④ 21개 ⑤ 22개

톡톡 튀는 문제

62 서로 다른 주사위 2개를 동시에 던질 때, 나오는 두 눈의 수의 합을 x, 두 눈의 수의 곱을 y라고 하자. 다음 그림과 같이 x, y의 값을 각각 한 변의 길이로 하는 $\triangle ABC$와 $\triangle DEF$를 그릴 때, $\angle A=90°$ 또는 $\angle F=90°$가 되는 경우의 수는?

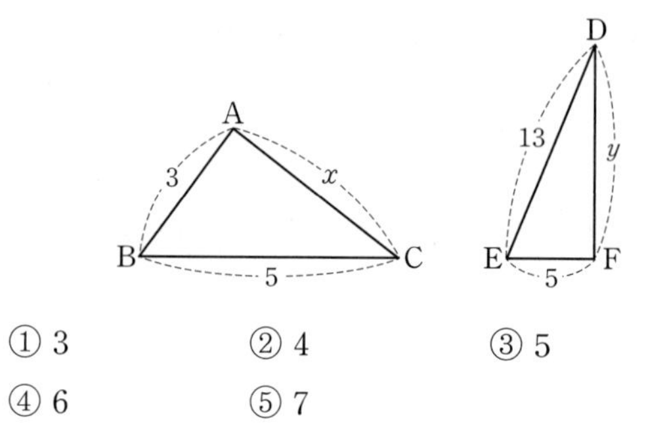

① 3 ② 4 ③ 5
④ 6 ⑤ 7

63 3명의 선수가 달리기를 하여 순위를 정하려고 한다. 만약 달리기 기록이 같으면 순위를 같게 할 때, 3명의 선수가 달리기 후 순위를 정하는 경우의 수를 구하시오.

중요

꼭 나오는 기본 문제

1 다음 보기 중에서 그 경우의 수가 가장 작은 것부터 차례로 나열하시오.

보기
ㄱ. 서로 다른 동전 두 개를 동시에 던질 때, 서로 다른 면이 나온다.
ㄴ. 흰 구슬이 5개, 검은 구슬이 4개 들어 있는 주머니에서 구슬 한 개를 꺼낼 때, 흰 구슬이 나온다.
ㄷ. 주사위 한 개를 던질 때, 6 이하의 눈이 나온다.
ㄹ. 서로 다른 주사위 두 개를 동시에 던질 때, 나오는 두 눈의 수의 합이 9이다.

2 희수는 편의점에서 1500원짜리 아이스크림 1개를 사려고 한다. 50원짜리 동전 4개, 100원짜리 동전 10개, 500원짜리 동전 3개를 가지고 있을 때, 아이스크림 값을 지불하는 방법의 수를 구하시오.
(단, 거스름돈은 없다.)

3 두 개의 주사위 A, B를 동시에 던져서 나오는 눈의 수를 각각 a, b라고 할 때, $a+3b=13$이 되는 경우의 수를 구하시오.

4 1부터 10까지의 자연수가 각각 하나씩 적힌 10장의 카드 중에서 한 장을 임의로 뽑을 때, 4의 배수 또는 5의 배수가 적힌 카드가 나오는 경우의 수는?

① 3 ② 4 ③ 5
④ 6 ⑤ 7

5 오른쪽 그림과 같이 네 지점 A, B, C, D를 연결하는 도로가 있다. A 지점에서 D 지점까지 가는 경우의 수를 구하시오. (단, 한 번 지나간 지점은 다시 지나지 않는다.)

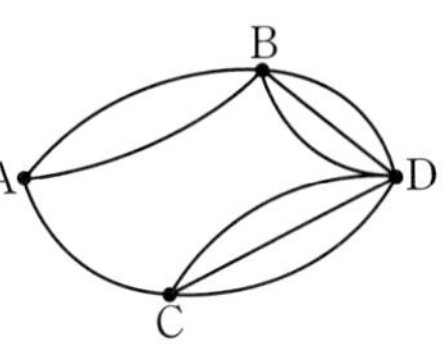

6 서로 다른 동전 세 개와 주사위 한 개를 동시에 던질 때, 일어나는 모든 경우의 수는?

① 16 ② 24 ③ 36
④ 48 ⑤ 60

7 국어, 영어, 수학, 사회, 과학 교과서가 각각 1권씩 있다. 이 중에서 3권을 뽑아 책꽂이에 나란히 꽂는 경우의 수는?

① 52 ② 56 ③ 60
④ 64 ⑤ 68

8 서술형 초등학생 2명, 중학생 3명을 한 줄로 세울 때, 중학생끼리 이웃하여 서는 경우의 수를 구하시오.

풀이 과정

답

9 오른쪽 그림과 같은 원판의 A, B, C 세 부분을 노랑, 파랑, 보라, 검정의 4가지 색을 이용하여 칠하려고 한다. 같은 색을 여러 번 사용해도 좋으나 이웃하는 부분에는 서로 다른 색을 칠하는 경우의 수를 구하시오.

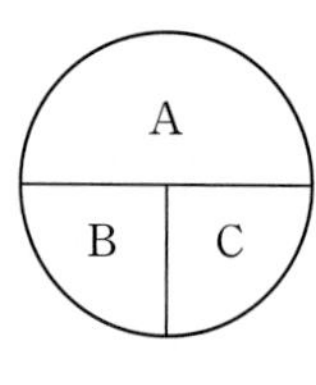

10 아래와 같은 5장의 카드 중에서 3장을 동시에 뽑아 세 자리의 자연수를 만들 때, 다음을 구하시오.

(1) [1] [2] [3] [4] [5] 432보다 큰 자연수의 개수

(2) [0] [1] [2] [3] [4] 300 이하인 자연수의 개수

11 댄스 대회에 출전한 9개의 팀 중에서 금상, 은상을 받는 팀을 각각 1팀씩 뽑는 경우의 수는?

① 18 ② 27 ③ 36
④ 54 ⑤ 72

12 7개의 농구팀이 서로 다른 팀과 한 번씩 경기를 할 때, 경기를 한 총 횟수를 구하시오.

가뿐하지! LEVEL 2 **자주 나오는 실력 문제**

13 서로 다른 주사위 두 개를 동시에 던질 때, 나오는 두 눈의 수의 차가 3 이상인 경우의 수는?

① 10 ② 11 ③ 12
④ 13 ⑤ 14

14 은성이와 혜나가 가위바위보를 한 번 할 때, 승부가 가려지는 경우의 수는?

① 3 ② 4 ③ 5
④ 6 ⑤ 7

15 a, b, c, d 4개의 문자를 $abcd$, $abdc$, $acbd$, $\cdots$, $dcba$와 같이 사전식으로 나열할 때, $cadb$가 나오는 것은 몇 번째인가?

① 12번째 ② 13번째 ③ 14번째
④ 15번째 ⑤ 16번째

16 유경이는 서로 다른 소설책 2권과 참고서 3권을 책꽂이에 나란히 꽂으려고 한다. 소설책은 소설책끼리, 참고서는 참고서끼리 이웃하도록 꽂는 경우의 수를 구하시오.

17 0, 1, 2, 3, 4의 숫자가 각각 하나씩 적힌 5장의 카드 중에서 3장을 동시에 뽑아 세 자리의 자연수를 만들어 작은 수부터 차례로 나열할 때, 27번째의 수를 구하시오.

18 재정이네 반 학생들 중에서 김씨 성을 가진 학생은 15명, 박씨 성을 가진 학생은 5명이다. 이들 중에서 2명을 뽑을 때, 2명 모두 김씨 성을 갖거나 박씨 성을 가진 학생이 뽑히는 경우의 수를 구하시오.

19 어떤 세 점도 한 직선 위에 있지 않은 7개의 점 중에서 두 점을 이어 만들 수 있는 선분의 개수를 x개, 세 점을 이어 만들 수 있는 삼각형의 개수를 y개라고 할 때, $x+y$의 값은?

① 56 ② 72 ③ 91
④ 118 ⑤ 126

할 수 있어! LEVEL 3

만점을 위한 도전 문제

20 두 개의 주사위 A, B를 동시에 던져서 나오는 두 눈의 수를 각각 x, y라고 할 때, $y>2x-1$이 되는 경우의 수를 구하시오.

21 1부터 9까지의 자연수가 각각 하나씩 적힌 9장의 카드 중에서 2장을 동시에 뽑을 때, 다음을 구하시오.

(1) 카드에 적힌 수의 합이 홀수인 경우의 수

(2) 카드에 적힌 수의 곱이 짝수인 경우의 수

22 1부터 5까지의 수험 번호가 각각 하나씩 적힌 5개의 의자가 있는 고사실에서 5명의 수험생이 앉으려고 한다. 이때 2명만 자기 수험 번호가 적힌 의자에 앉고, 나머지 3명은 다른 사람의 수험 번호가 적힌 의자에 앉게 되는 경우의 수를 구하시오.

6 확률

• 정답과 해설 62쪽

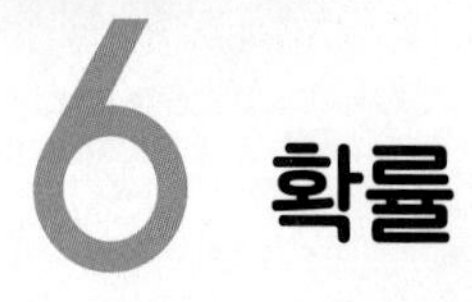

6 확률

★ 중요

유형 1 확률의 뜻

개념편 150~151쪽

(1) 확률: 동일한 조건 아래에서 같은 실험이나 관찰을 여러 번 반복할 때, 어떤 사건이 일어나는 상대도수가 가까워지는 일정한 값

(2) 사건 A가 일어날 확률: 일반적으로 어떤 실험이나 관찰에서 각 경우가 일어날 가능성이 같을 때, 일어날 수 있는 모든 경우의 수를 n, 사건 A가 일어나는 경우의 수를 a라고 하면 사건 A가 일어날 확률 p는

$$p=\frac{(\text{사건 } A\text{가 일어나는 경우의 수})}{(\text{모든 경우의 수})}=\frac{a}{n}$$

1 어느 놀이공원에서 선착순 1000명에게 행운권을 나누어 주었다. 추첨을 통해 1등 1명, 2등 5명, 3등 10명, 4등 20명에게 상품을 준다고 할 때, 행운권을 받은 사람이 상품을 받을 확률을 구하시오.

2 1부터 10까지의 자연수가 각각 하나씩 적힌 10장의 카드 중에서 한 장을 뽑을 때, 다음을 구하시오.

(1) 홀수가 적힌 카드가 나올 확률

(2) 소수가 적힌 카드가 나올 확률

3 서로 다른 동전 네 개를 동시에 던질 때, 앞면이 한 개 나올 확률은?

① $\frac{1}{8}$ ② $\frac{1}{4}$ ③ $\frac{5}{16}$ ④ $\frac{3}{8}$ ⑤ $\frac{1}{2}$

4 ★ 서로 다른 주사위 두 개를 동시에 던질 때, 나오는 두 눈의 수의 합이 9일 확률은?

① $\frac{1}{18}$ ② $\frac{1}{9}$ ③ $\frac{1}{6}$ ④ $\frac{2}{9}$ ⑤ $\frac{5}{18}$

5 ★ 모양과 크기가 같은 빨간 공 4개, 파란 공 8개, 노란 공 x개가 들어 있는 주머니에서 공 한 개를 꺼낼 때, 빨간 공이 나올 확률이 $\frac{1}{5}$이다. 이때 x의 값을 구하시오.

(도형에서의 확률)$=\frac{(\text{해당하는 부분의 넓이})}{(\text{도형의 전체 넓이})}$

6 오른쪽 그림과 같이 중심이 같은 세 원으로 과녁을 만들었다. 이 과녁에 화살을 한 발 쏠 때, 색칠한 부분을 맞힐 확률을 구하시오. (단, 화살이 과녁을 벗어나거나 경계선을 맞는 경우는 생각하지 않는다.)

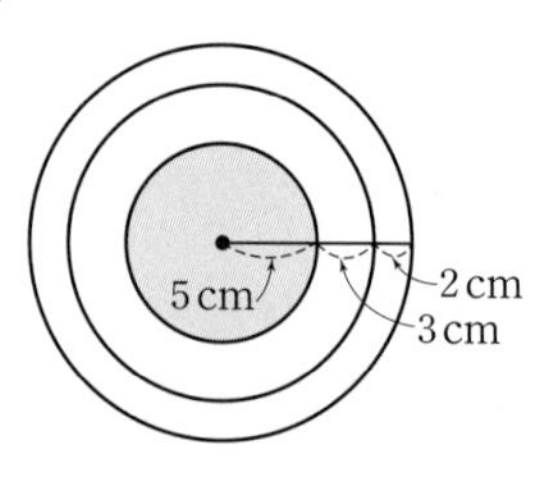

유형 2 여러 가지 확률 개념편 150~151쪽

❶ 모든 경우의 수를 구한다. ➡ n
❷ 사건 A가 일어나는 경우의 수를 구한다. ➡ a
❸ 사건 A가 일어날 확률을 구한다. ➡ $\frac{a}{n}$

[7~8] 한 줄로 세우기

7 준성, 창민, 동기, 윤호, 영주 5명이 한 줄로 설 때, 창민이가 두 번째, 영주가 네 번째에 설 확률은?

① $\frac{1}{20}$ ② $\frac{1}{10}$ ③ $\frac{1}{5}$
④ $\frac{1}{4}$ ⑤ $\frac{1}{2}$

8 A, B, C, D 4명이 한 줄로 설 때, A와 B가 이웃하여 설 확률을 구하시오.

[9~10] 자연수 만들기

9 서술형 0, 1, 2, 3의 숫자가 각각 하나씩 적힌 4장의 카드 중에서 2장을 동시에 뽑아 두 자리의 자연수를 만들 때, 23 이상일 확률을 구하시오.

풀이 과정

답

3의 배수는 각 자리의 숫자의 합도 3의 배수야!

10 1, 2, 3, 4의 숫자가 각각 하나씩 적힌 4장의 카드 중에서 2장을 동시에 뽑아 두 자리의 자연수를 만들 때, 3의 배수일 확률을 구하시오.

[11~13] 대표 뽑기

11 여학생 2명, 남학생 3명 중에서 대표 2명을 뽑을 때, 여학생, 남학생이 각각 1명씩 뽑힐 확률을 구하시오.

12 A, B, C, D 4명의 후보 중에서 대표 2명을 뽑을 때, C가 대표로 뽑힐 확률을 구하시오.

모든 경우의 수는 5명 중에서 자격이 같은 대표 3명을 뽑는 경우의 수와 같아.

13 길이가 2 cm, 3 cm, 4 cm, 6 cm, 8 cm인 막대 5개가 있다. 이 막대 중에서 3개를 임의로 고를 때, 삼각형이 만들어질 확률을 구하시오.

[14] 수직선

14 다음 그림과 같이 수직선 위의 원점에 점 P가 있다. 동전 한 개를 던져서 앞면이 나오면 오른쪽으로 1만큼, 뒷면이 나오면 왼쪽으로 2만큼 움직이기로 하였다. 동전을 연속하여 4번 던졌을 때, 점 P에 대응하는 수가 1일 확률을 구하시오.

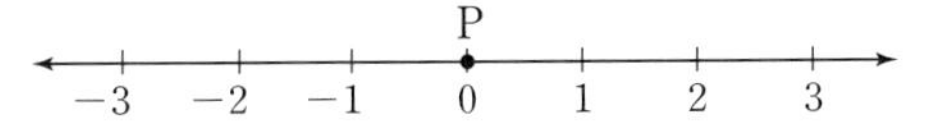

유형 3 방정식과 부등식에서의 확률 개념편 150~151쪽

❶ 모든 경우의 수를 구한다.
❷ 방정식 또는 부등식을 만족시키는 경우의 수를 구한다.
❸ 확률을 구한다.

➡ $\frac{\text{(방정식 또는 부등식을 만족시키는 경우의 수)}}{\text{(모든 경우의 수)}}=\frac{❷}{❶}$

15 주사위 한 개를 두 번 던져서 첫 번째에 나오는 눈의 수를 x, 두 번째에 나오는 눈의 수를 y라고 할 때, $2x+y=8$일 확률을 구하시오.

16 서로 다른 주사위 두 개를 동시에 던져서 나오는 눈의 수를 각각 x, y라고 할 때, $x+2y<9$일 확률을 구하시오.

17 주사위 한 개를 두 번 던져서 첫 번째에 나오는 눈의 수를 x, 두 번째에 나오는 눈의 수를 y라고 할 때, 순서쌍 $(x,\ y)$를 좌표로 하는 점이 오른쪽 그림의 직선 위에 있을 확률을 구하시오.

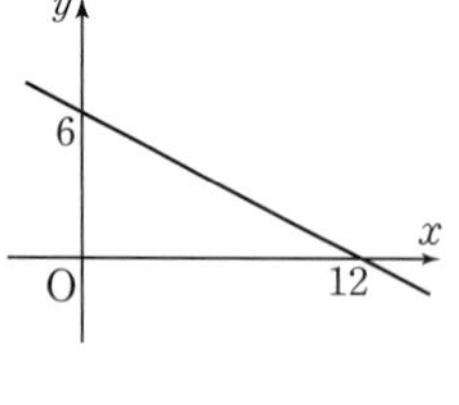

18 주사위 한 개를 두 번 던져서 처음에 나오는 눈의 수를 a, 나중에 나오는 눈의 수를 b라고 할 때, 두 직선 $ax+by=3$, $x+y=3$이 서로 평행할 확률은?

① $\frac{1}{36}$ ② $\frac{1}{12}$ ③ $\frac{1}{8}$
④ $\frac{5}{36}$ ⑤ $\frac{1}{6}$

19 서술형 두 개의 주사위 A, B를 동시에 던져서 나오는 눈의 수를 각각 a, b라고 할 때, 좌표평면 위의 네 점 $\mathrm{P}(0,\ b)$, $\mathrm{O}(0,\ 0)$, $\mathrm{Q}(a,\ 0)$, $\mathrm{R}(a,\ b)$로 이루어진 □POQR의 넓이가 12일 확률을 구하시오.

풀이 과정

답

까다로운 기출문제 (먼저 $ax-b=0$의 해를 구해 봐!)

20 각 면에 1부터 4까지의 자연수가 각각 하나씩 적힌 정사면체 한 개를 두 번 던져서 첫 번째에 바닥에 닿는 면에 적힌 수를 a, 두 번째에 바닥에 닿는 면에 적힌 수를 b라고 하자. 이때 x에 대한 방정식 $ax-b=0$의 해가 자연수일 확률을 구하시오.

• 정답과 해설 63쪽

유형 4 확률의 성질 개념편 152쪽

(1) 어떤 사건이 일어날 확률을 p라고 하면 $0 \le p \le 1$이다.
(2) 반드시 일어나는 사건의 확률은 1이다.
(3) 절대로 일어나지 않는 사건의 확률은 0이다.

21 1부터 12까지의 자연수가 각각 하나씩 적힌 12장의 카드가 들어 있는 상자가 있다. 이 상자에서 카드 한 장을 꺼낼 때, 다음 중 옳은 것은?

① 1이 적힌 카드가 나올 확률은 1이다.
② 0이 적힌 카드가 나올 확률은 0이다.
③ 5가 적힌 카드가 나올 확률은 $\frac{5}{12}$이다.
④ 12 이하의 수가 적힌 카드가 나올 확률은 $\frac{1}{12}$이다.
⑤ 12 이상의 수가 적힌 카드가 나올 확률은 0이다.

22 다음 중 그 확률이 0인 것을 모두 고르면? (정답 2개)

① 동전 한 개를 던질 때, 앞면과 뒷면이 동시에 나올 확률
② 서로 다른 동전 두 개를 동시에 던질 때, 두 개 모두 뒷면이 나올 확률
③ 주사위 한 개를 던질 때, 나오는 눈의 수가 6 이상일 확률
④ 서로 다른 주사위 두 개를 동시에 던질 때, 나오는 두 눈의 수의 합이 1 이하일 확률
⑤ 모양과 크기가 같은 흰 공 3개, 검은 공 2개가 들어 있는 주머니에서 공 한 개를 꺼낼 때, 검은 공이 나올 확률

23 사건 A가 일어날 확률이 p일 때, 다음 보기 중 옳은 것을 모두 고르시오.

보기
ㄱ. $p=\frac{(\text{사건 } A\text{가 일어나는 경우의 수})}{(\text{모든 경우의 수})}$이다.
ㄴ. p의 값의 범위는 $0<p<1$이다.
ㄷ. 사건 A가 항상 일어나면 $p=100$이다.
ㄹ. $p=0$이면 사건 A는 절대로 일어나지 않는다.

유형 5 어떤 사건이 일어나지 않을 확률 개념편 153쪽

• 사건 A가 일어날 확률을 p라고 하면
(사건 A가 일어나지 않을 확률)$=1-p$
• 사건 A가 일어날 확률을 p, 사건 A가 일어나지 않을 확률을 q라고 하면 $p+q=1$

참고 일반적으로 문제에 '~않을', '~아닐', '~못할' 등의 말이 있으면 어떤 사건이 일어나지 않을 확률을 이용한다.

24 희선이가 어떤 문제를 맞힐 확률이 $\frac{4}{5}$일 때, 희선이가 이 문제를 맞히지 못할 확률을 구하시오.

25 1부터 20까지의 자연수가 각각 하나씩 적힌 20개의 공이 들어 있는 주머니에서 공 한 개를 꺼낼 때, 공에 적힌 수가 소수가 아닐 확률을 구하시오.

26 A, B, C, D, E 5명을 한 줄로 세울 때, A와 D가 이웃하여 서지 않을 확률을 구하시오.

27 서로 다른 주사위 두 개를 동시에 던질 때, 두 눈의 수의 합이 4 이상일 확률을 구하시오.

● 정답과 해설 64쪽

유형 6 '적어도 ~일' 확률

개념편 153쪽

(적어도 하나는 ~일 확률)=1−(모두 ~가 아닐 확률)

참고 일반적으로 문제에 '적어도', '최소한'이라는 말이 있으면 어떤 사건이 일어나지 않을 확률을 이용한다.

28 서로 다른 동전 4개를 동시에 던질 때, 적어도 한 개는 뒷면이 나올 확률은?

① $\frac{1}{16}$ ② $\frac{3}{8}$ ③ $\frac{1}{2}$
④ $\frac{5}{8}$ ⑤ $\frac{15}{16}$

29 서로 다른 주사위 두 개를 동시에 던질 때, 적어도 한 개는 짝수의 눈이 나올 확률을 구하시오.

30 서술형
1학년 학생 3명과 2학년 학생 4명 중에서 제비뽑기로 대표 두 명을 뽑을 때, 적어도 한 명은 1학년 학생이 뽑힐 확률을 구하시오.

풀이 과정

답

유형 7 사건 A 또는 사건 B가 일어날 확률

개념편 156쪽

동일한 실험이나 관찰에서 두 사건 A, B가 동시에 일어나지 않을 때, 사건 A가 일어날 확률을 p, 사건 B가 일어날 확률을 q라고 하면

(사건 A 또는 사건 B가 일어날 확률)$=p+q$

참고 일반적으로 문제에 '또는', '~이거나'라는 말이 있으면 두 사건이 일어날 확률을 더한다.

31 다음 표는 어느 중학교 2학년 학생들의 혈액형을 조사하여 나타낸 것이다. 이 학교에서 한 학생을 임의로 선택할 때, 혈액형이 B형 또는 O형일 확률을 구하시오.

혈액형	A	B	O	AB
학생 수(명)	67	18	54	11

32 1부터 25까지의 자연수가 각각 하나씩 적힌 25장의 카드 중에서 한 장을 임의로 뽑을 때, 5의 배수 또는 6의 배수가 적힌 카드가 뽑힐 확률을 구하시오.

33 서로 다른 주사위 두 개를 동시에 던질 때, 나오는 두 눈의 수의 차가 3 또는 5일 확률을 구하시오.

(점 P가 꼭짓점 C에 위치하려면 두 눈의 수의 합이 얼마이어야 하는지 구해 보자!)

34 오른쪽 그림과 같이 한 변의 길이가 1인 정사각형 ABCD에서 점 P가 꼭짓점 A를 출발하여 주사위 한 개를 두 번 던져서 나오는 두 눈의 수의 합만큼 변을 따라 화살표 방향으로 움직인다. 점 P가 꼭짓점 C에 있을 확률을 구하시오.

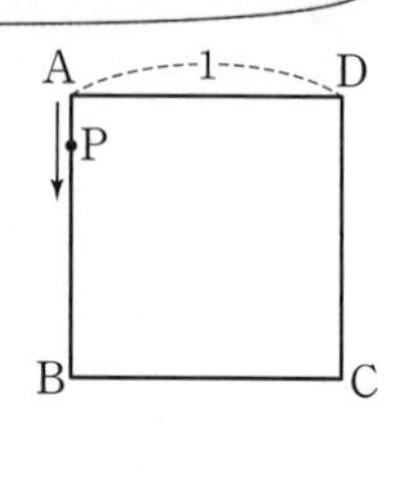

유형 8 사건 A와 사건 B가 동시에 일어날 확률

개념편 157쪽

두 사건 A, B가 서로 영향을 끼치지 않을 때, 사건 A가 일어날 확률을 p, 사건 B가 일어날 확률을 q라고 하면

(1) (사건 A와 사건 B가 동시에 일어날 확률)$=p\times q$

(2) (사건 A는 일어나고, 사건 B는 일어나지 않을 확률)
$=p\times(1-q)$

(3) (두 사건 A, B 모두 일어나지 않을 확률)
$=(1-p)\times(1-q)$

참고 일반적으로 문제에 '동시에', '그리고', '~와', '~하고 나서'라는 말이 있으면 두 사건이 일어날 확률을 곱한다.

[35~37] $p\times q$ 꼴

35 동전 한 개와 주사위 한 개를 동시에 던질 때, 동전은 뒷면이 나오고 주사위는 4의 약수의 눈이 나올 확률을 구하시오.

36 A 주머니에는 모양과 크기가 같은 파란 공 2개, 노란 공 3개가 들어 있고, B 주머니에는 모양과 크기가 같은 파란 공 4개, 노란 공 2개가 들어 있다. A, B 두 주머니에서 각각 공을 1개씩 꺼낼 때, A 주머니에서 노란 공이 나오고 B 주머니에서 파란 공이 나올 확률을 구하시오.

37 다음 그림과 같이 5등분한 두 원판 A, B가 있다. 이 두 원판을 돌린 후 멈추었을 때, 두 원판의 바늘이 모두 소수가 적힌 부분을 가리킬 확률을 구하시오.
(단, 바늘이 경계선을 가리키는 경우는 생각하지 않는다.)

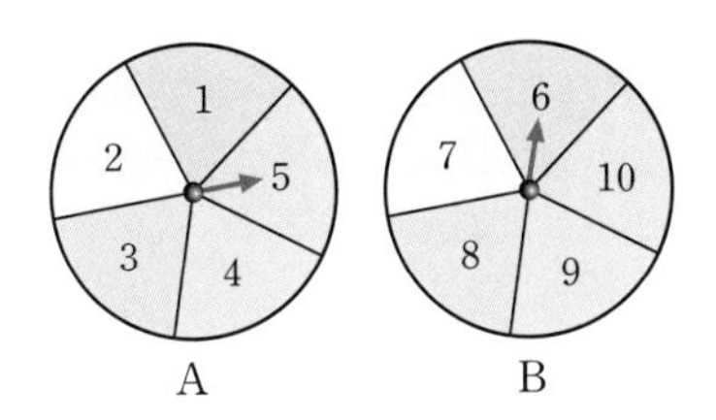

[38~40] $p\times(1-q)$ 꼴

38 A, B 두 참가자가 어떤 오디션 프로그램에서 본선에 진출할 확률이 각각 $\frac{1}{3}$, $\frac{1}{4}$일 때, A 참가자만 본선에 진출할 확률을 구하시오.

39 서술형 두 사람이 가위바위보를 세 번 할 때, 첫 번째, 두 번째는 비기고 세 번째에는 승부가 결정될 확률을 구하시오.

풀이 과정

답

40 지호가 A, B 두 문제를 푸는데 A 문제를 맞힐 확률은 $\frac{5}{6}$, 두 문제를 모두 맞힐 확률은 $\frac{1}{3}$이다. 이때 지호가 A 문제는 맞히고, B 문제는 맞히지 못할 확률을 구하시오.

[41~43] $(1-p)\times(1-q)$ 꼴

41 내일 비가 올 확률이 40 %이고 모레 비가 올 확률이 70 %일 때, 내일과 모레 모두 비가 오지 않을 확률은?

① 0.12 ② 0.18 ③ 0.28
④ 0.42 ⑤ 0.7

42 A가 자유투를 할 때, 평균적으로 5번 중에서 3번은 성공한다고 한다. A가 자유투를 2번 해서 한 번도 성공하지 못할 확률을 구하시오.

43 서술형 오른쪽 그림과 같은 전기회로에서 두 스위치 A, B가 닫힐 확률이 각각 $\frac{3}{4}$, $\frac{2}{5}$일 때, 전구에 불이 들어오지 않을 확률을 구하시오.

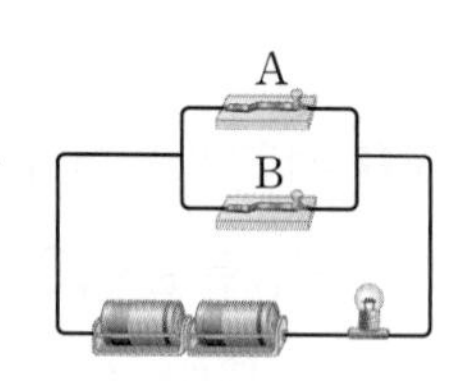

풀이 과정

답

유형 9 두 사건 A, B 중에서 적어도 하나가 일어날 확률

개념편 157쪽

두 사건 A, B가 서로 영향을 끼치지 않을 때, 두 사건 A, B 중에서 적어도 하나가 일어날 확률은

$1-$(두 사건 A, B가 모두 일어나지 않을 확률)

44 영어 시험에서 1번 문제를 맞힐 확률이 초윤이는 $\frac{3}{5}$이고 윤나는 $\frac{3}{4}$일 때, 적어도 한 사람은 1번 문제를 맞힐 확률은?

① $\frac{1}{20}$ ② $\frac{1}{10}$ ③ $\frac{3}{10}$
④ $\frac{9}{20}$ ⑤ $\frac{9}{10}$

45 영주와 제영이가 만나기로 약속하였을 때, 영주가 약속을 지킬 확률은 $\frac{4}{5}$이고 제영이가 약속을 지킬 확률은 $\frac{8}{9}$이다. 이때 두 사람이 만나지 못할 확률을 구하시오.

46 명중률이 각각 $\frac{1}{3}$, $\frac{1}{2}$, $\frac{3}{4}$인 갑, 을, 병 세 사람이 동시에 목표물을 향해 화살을 한 발씩 쏠 때, 적어도 한 명은 목표물을 맞힐 확률을 구하시오.

유형10 확률의 덧셈과 곱셈 개념편 156~157쪽

확률의 덧셈과 곱셈이 섞인 문제는 각 사건의 확률을 확률의 곱셈을 이용하여 구한 후, 구한 확률을 더한다.

47 A 주머니에는 모양과 크기가 같은 흰 공 3개, 검은 공 5개가 들어 있고, B 주머니에는 모양과 크기가 같은 흰 공 2개, 검은 공 4개가 들어 있다. A, B 두 주머니에서 각각 공을 1개씩 꺼낼 때, 두 공의 색이 서로 다를 확률을 구하시오.

48 A 주머니에는 모양과 크기가 같은 흰 공 1개, 검은 공 4개가 들어 있고, B 주머니에는 모양과 크기가 같은 흰 공 1개, 검은 공 2개가 들어 있다. 임의로 A, B 두 주머니 중에서 하나를 택하여 공 한 개를 꺼낼 때, 흰 공을 꺼낼 확률은?

(단, 두 주머니 A, B를 선택할 확률은 같다.)

① $\frac{1}{30}$ ② $\frac{2}{15}$ ③ $\frac{4}{15}$
④ $\frac{11}{30}$ ⑤ $\frac{11}{15}$

49 보라와 원호가 축구 경기에서 승부차기를 성공할 확률은 각각 $\frac{1}{6}$, $\frac{4}{5}$이다. 보라와 원호가 각각 승부차기를 한 번씩 할 때, 두 사람 중에서 한 사람만 승부차기를 성공할 확률을 구하시오.

50 두 자연수 a, b가 각각 짝수일 확률이 $\frac{2}{3}$, $\frac{3}{7}$일 때, $a+b$가 홀수일 확률은?

① $\frac{1}{7}$ ② $\frac{5}{21}$ ③ $\frac{8}{21}$
④ $\frac{10}{21}$ ⑤ $\frac{11}{21}$

51 유리가 수학 시험의 객관식 문제 중에서 마지막 세 문제를 풀지 않고 임의로 답을 적었다. 객관식 문제는 정답이 1개인 오지선다형일 때, 세 문제 중에서 한 문제만 틀릴 확률을 구하시오.

황사가 오는 경우를 ○, 황사가 오지 않는 경우를 ×라 하고 표로 나타내 보자!

52 어느 지역의 기상청 통계 결과에 따르면 황사가 온 다음 날에 황사가 올 확률은 $\frac{1}{5}$이고, 황사가 오지 않은 다음 날에 황사가 올 확률은 $\frac{1}{4}$이라고 한다. 수요일에 황사가 왔다고 할 때, 이틀 후인 금요일에도 황사가 올 확률은?

① $\frac{1}{25}$ ② $\frac{1}{20}$ ③ $\frac{1}{5}$
④ $\frac{6}{25}$ ⑤ $\frac{2}{5}$

유형 11 연속하여 꺼내는 경우의 확률 (1) - 꺼낸 것을 다시 넣는 경우

개념편 158쪽

처음에 일어난 사건이 나중에 일어나는 사건에 영향을 주지 않는다.

➡ 처음과 나중의 조건이 같다.

(처음에 꺼낼 때의 전체 개수) = (나중에 꺼낼 때의 전체 개수)

1회(n개)　2회(n개)

53 모양과 크기가 같은 빨간 공 2개, 흰 공 1개, 검은 공 4개가 들어 있는 주머니에서 공 1개를 꺼내 색을 확인하고 다시 넣은 후 공 1개를 또 꺼낼 때, 2개 모두 빨간 공일 확률은?

① $\frac{1}{42}$　② $\frac{4}{49}$　③ $\frac{5}{42}$
④ $\frac{1}{7}$　⑤ $\frac{3}{14}$

54 1부터 10까지의 자연수가 각각 하나씩 적힌 10장의 카드 중에서 1장을 뽑아 숫자를 확인하고 다시 넣은 후 1장을 또 뽑을 때, 첫 번째에는 짝수가 적힌 카드가 나오고, 두 번째에는 6의 약수가 적힌 카드가 나올 확률을 구하시오.

55 당첨 제비 3개를 포함하여 7개의 제비가 들어 있는 상자에서 먼저 현수가 제비 한 개를 뽑아 확인하고 다시 넣은 후 수아가 제비 한 개를 뽑을 때, 현수와 수아 중에서 한 사람만 당첨 제비를 뽑을 확률을 구하시오.

유형 12 연속하여 꺼내는 경우의 확률 (2) - 꺼낸 것을 다시 넣지 않는 경우

개념편 158쪽

처음에 일어난 사건이 나중에 일어나는 사건에 영향을 준다.

➡ 처음과 나중의 조건이 다르다.

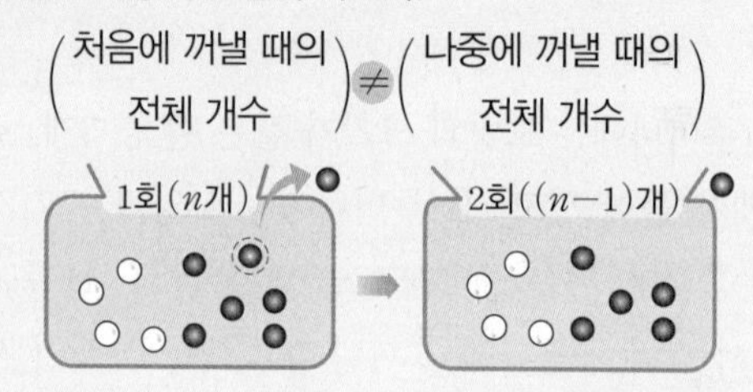

56 주머니에 모양과 크기가 같은 흰 공 5개, 검은 공 6개가 들어 있다. 이 주머니에서 공 2개를 연속하여 꺼낼 때, 모두 흰 공일 확률을 구하시오.

(단, 꺼낸 공은 다시 넣지 않는다.)

57 상자 안에 들어 있는 제품 10개 중에서 불량품이 4개 섞여 있다. 이 중에서 차례로 제품 2개를 꺼낼 때, 적어도 1개는 불량품일 확률은?

① $\frac{4}{25}$　② $\frac{1}{3}$　③ $\frac{11}{25}$
④ $\frac{2}{3}$　⑤ $\frac{21}{25}$

58 검은 바둑돌 6개, 흰 바둑돌 4개가 들어 있는 바둑통에서 바둑돌 2개를 차례로 꺼낼 때, 서로 다른 색의 바둑돌을 꺼낼 확률을 구하시오.

(단, 꺼낸 바둑돌은 다시 넣지 않는다.)

까다로운

유형 13 승패에 대한 확률

개념편 156~157쪽

A팀과 B팀 중에서 먼저 한 번 성공하는 팀이 우승하는 게임을 한다. A팀부터 시작해서 두 팀이 번갈아 가며 게임을 할 때,

(1) 4회 이내에 A팀이 우승하는 경우
➡ A팀이 1회 또는 3회에 성공

(2) 4회 이내에 B팀이 우승하는 경우
➡ B팀이 2회 또는 4회에 성공

참고 A팀과 B팀이 비기는 경우가 없을 때,
➡ (A팀이 이길 확률)$=1-$(B팀이 이길 확률)

59 A, B 두 사람이 1회에는 A, 2회에는 B, 3회에는 A, 4회에는 B, …의 순서로 번갈아 가며 주사위 1개를 한 번씩 던지는 놀이를 한다. 2 이하의 눈이 먼저 나오는 사람이 이기는 것으로 할 때, 4회 이내에 A가 이길 확률을 구하시오.

60 농구 결승전에서 A, B 두 팀이 시합을 하는데 전체 5번의 경기 중에서 3번을 먼저 이기는 팀이 우승을 한다고 한다. 2번의 경기를 치른 현재 B팀이 먼저 2승을 거두고 있다고 할 때, B팀이 우승할 확률을 구하시오. (단, 비기는 경우는 없고, 이길 확률과 질 확률은 두 팀이 서로 같다.)

61 지효와 재석이가 3번 경기를 하여 2번을 먼저 이기면 승리하는 게임을 한다. 한 번의 경기에서 지효가 이길 확률은 $\frac{2}{5}$일 때, 이 게임에서 지효가 승리할 확률을 구하시오. (단, 비기는 경우는 없다.)

톡톡 튀는 문제

62 다음 그림과 같이 배열된 네 개의 책상 A, B, C, D에 1, 2, 3, 4의 숫자가 각각 하나씩 적힌 카드 4장을 임의로 한 장씩 올려놓았다. 책상 A에 놓인 카드에 적힌 수가 책상 B에 놓인 카드에 적힌 수보다 크고, 책상 C에 놓인 카드에 적힌 수가 책상 D에 놓인 카드에 적힌 수보다 클 확률을 구하시오.

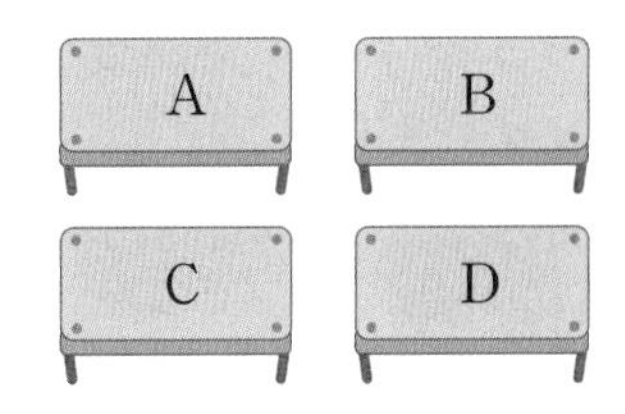

63 다음 그림과 같이 한 변의 길이가 1인 여러 개의 정사각형으로 이루어진 도형이 있다. 주사위 한 개를 두 번 던져서 첫 번째에 나온 눈의 수의 길이만큼 점 A에서 오른쪽 방향으로 이동한 점을 B라 하고, 두 번째에 나온 눈의 수의 길이만큼 점 B에서 위쪽으로 이동한 점을 C라고 하자. 세 점 A, B, C를 꼭짓점으로 하는 △ABC의 넓이가 4 이상일 확률을 구하시오.

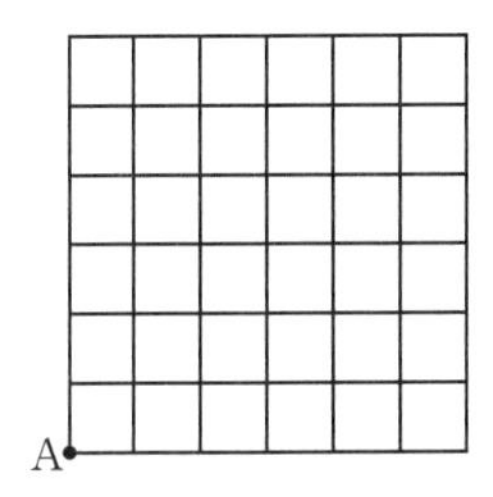

중요

꼭 나오는 기본 문제

1 다음 중 그 값이 가장 큰 것은?

① 주사위 한 개를 두 번 던질 때, 나오는 두 눈의 수의 합이 8이 될 확률
② 서로 다른 주사위 두 개를 동시에 던질 때, 같은 수의 눈이 나올 확률
③ 서로 다른 동전 두 개를 동시에 던질 때, 모두 뒷면이 나올 확률
④ A, B, C, D, E 5명이 한 줄로 설 때, B, C가 이웃하여 설 확률
⑤ A, B, C, D 4명 중에서 대표 2명을 뽑을 때, A가 뽑힐 확률

2 1, 2, 3, 4, 5의 숫자가 각각 하나씩 적힌 5장의 카드 중에서 2장을 동시에 뽑아 두 자리의 자연수를 만들 때, 21 이하일 확률은?

① $\frac{1}{5}$ ② $\frac{1}{4}$ ③ $\frac{3}{10}$
④ $\frac{7}{20}$ ⑤ $\frac{2}{5}$

3 주사위 한 개를 두 번 던져서 첫 번째에 나온 눈의 수를 x, 두 번째에 나온 눈의 수를 y라고 할 때, $3x-y=7$일 확률을 구하시오.

4 사건 A가 일어날 확률을 p, 일어나지 않을 확률을 q라고 할 때, 다음 중 옳지 않은 것은?

① $0 \le p \le 1$
② $p+q=1$
③ $0<q<1$
④ $p=q$이면 $p=\frac{1}{2}$이다.
⑤ $q=1$이면 사건 A는 절대로 일어나지 않는다.

5 1부터 20까지의 자연수가 각각 하나씩 적힌 20개의 구슬이 들어 있는 주머니에서 구슬 한 개를 꺼낼 때, 구슬에 적힌 수가 4의 배수가 아닐 확률을 구하시오.

6 ○, ×로 답하는 4개의 문제에 임의로 답을 할 때, 적어도 한 문제 이상 맞힐 확률은?

① $\frac{1}{32}$ ② $\frac{1}{16}$ ③ $\frac{1}{8}$
④ $\frac{15}{16}$ ⑤ 1

7 

남학생 4명과 여학생 3명 중에서 대표 2명을 뽑을 때, 2명 모두 남학생이거나 여학생일 확률을 구하시오.

풀이 과정

답

8 주사위 한 개를 두 번 던질 때, 첫 번째에는 5 이상의 눈이 나오고, 두 번째에는 소수의 눈이 나올 확률을 구하시오.

9 명중률이 각각 $\frac{5}{6}$, $\frac{3}{5}$인 두 선수 A, B가 동시에 하나의 목표물에 총을 쏘았을 때, 적어도 한 선수는 목표물을 명중할 확률을 구하시오.

10 A 주머니에는 모양과 크기가 같은 흰 바둑돌 4개, 검은 바둑돌 4개가 들어 있고, B 주머니에는 모양과 크기가 같은 흰 바둑돌 2개, 검은 바둑돌 6개가 들어 있다. A, B 두 주머니에서 동시에 바둑돌을 한 개씩 꺼낼 때, 다음 중 옳은 것은?

① 모두 빨간 바둑돌이 나올 확률은 1이다.

② 모두 흰 바둑돌이 나올 확률은 $\frac{3}{8}$이다.

③ 모두 검은 바둑돌이 나올 확률은 $\frac{5}{8}$이다.

④ 같은 색의 바둑돌이 나올 확률은 $\frac{1}{2}$이다.

⑤ 서로 다른 색의 바둑돌이 나올 확률은 $\frac{7}{8}$이다.

11 당첨 제비 3개를 포함하여 9개의 제비가 들어 있는 상자에서 제비 한 개를 뽑아 확인하고 다시 넣은 후 또 한 개를 뽑을 때, 처음에는 당첨되고 나중에는 당첨되지 않을 확률은?

① $\frac{1}{27}$ ② $\frac{1}{12}$ ③ $\frac{5}{24}$
④ $\frac{2}{9}$ ⑤ $\frac{1}{4}$

자주 나오는 실력 문제

12 0, 1, 2, 3, 4의 숫자가 각각 하나씩 적힌 5장의 카드 중에서 2장을 동시에 뽑아 두 자리의 자연수를 만들 때, 짝수일 확률을 구하시오.

13 서술형

밑에서부터 5번째 계단에 서 있는 준호가 동전 한 개를 던져서 앞면이 나오면 계단을 2칸 올라가고, 뒷면이 나오면 계단을 1칸 내려가기로 하였다. 동전을 4번 던졌을 때, 준호가 처음 위치보다 2칸 위에 있을 확률을 구하시오. (단, 계단의 칸의 개수는 오르내리기에 충분하다.)

풀이 과정

답

14 모양과 크기가 같은 노란 공 x개, 파란 공 5개가 들어 있는 주머니에서 공 한 개를 꺼낼 때, 노란 공이 나올 확률이 $\frac{3}{4}$이다. 이 주머니에 노란 공 30개를 더 넣은 후 공 한 개를 꺼낼 때, 노란 공이 나올 확률을 구하시오.

15 오른쪽 그림과 같이 한 변의 길이가 1인 정오각형 ABCDE에서 점 P가 꼭짓점 A를 출발하여 주사위 한 개를 두 번 던져서 나오는 눈의 수의 합만큼 변을 따라 화살표 방향으로 움직인다. 점 P가 꼭짓점 E에 있을 확률을 구하시오.

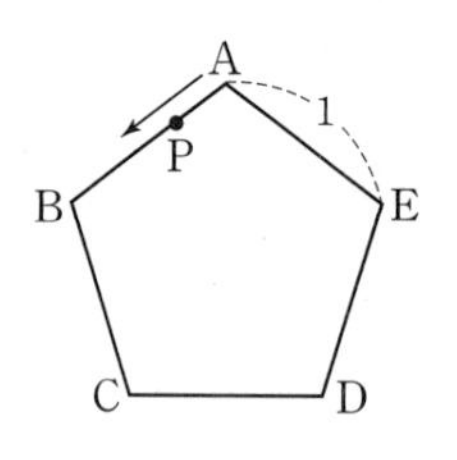

16 세 학생 A, B, C가 어떤 시험에 합격할 확률이 각각 $\frac{2}{3}$, $\frac{1}{2}$, $\frac{3}{5}$일 때, A, B, C 중에서 두 학생만 합격할 확률을 구하시오.

17 주머니에 모양과 크기가 같은 오렌지 맛 사탕 1개와 딸기 맛 사탕 4개가 들어 있다. 이 주머니에서 A, B, C, D, E 5명이 차례로 사탕을 1개씩 꺼낼 때, 오렌지 맛 사탕을 꺼낼 확률이 가장 높은 사람은?

(단, 한 번 꺼낸 사탕은 다시 넣지 않는다.)

① A ② B 또는 D ③ C
④ E ⑤ 모두 같다.

만점을 위한 도전 문제

18 1부터 50까지의 자연수가 각각 하나씩 적힌 50장의 카드 중에서 한 장을 뽑아 나온 수를 90으로 나눌 때, 그 수가 유한소수가 아닐 확률을 구하시오.

19 1부터 50까지의 자연수가 각각 하나씩 적힌 50장의 카드 중에서 한 장을 뽑을 때, 카드에 적힌 수가 24, 42와 같이 3을 포함하지 않는 수일 확률을 구하시오.

20 오른쪽 그림과 같이 P에 공을 넣으면 아래쪽으로만 이동하여 A, B, C, D, E 중에서 어느 한 곳으로 공이 나오는 관이 있다. 공 한 개를 P에 넣을 때, 그 공이 B로 나올 확률을 구하시오. (단, 공이 각 갈림길에서 어느 한쪽으로 빠져나갈 확률은 모두 같다.)

책 속의 가접 별책 (특허 제 0557442호)
'정답과 해설'은 본책에서 쉽게 분리할 수 있도록 제작되었으므로
유통 과정에서 분리될 수 있으나 파본이 아닌 정상 제품입니다.

실력 향상 POWER

유형편

정답과 해설

중학 수학

2·2

개념+유형

visang

ABOVE IMAGINATION

우리는 남다른 상상과 혁신으로
교육 문화의 새로운 전형을 만들어
모든 이의 행복한 경험과 성장에 기여한다

정답만 모아 스피드 체크

1 삼각형의 성질

유형 1~4 P. 6~9

1 (가) $\overline{AD}$ (나) $\angle CAD$ (다) $\triangle ACD$
2 $50°$ 3 $44°$ 4 $30°$ 5 $44°$ 6 $78°$
7 $\angle B=65°$, $\overline{BD}=4$ cm 8 $40°$ 9 $114°$
10 $36°$ 11 $25°$ 12 ④ 13 $26°$ 14 6 cm
15 8 cm 16 6 cm 17 10 cm 18 7 cm 19 4 cm
20 6 cm 21 (1) $70°$ (2) 4 cm 22 ① 23 14 cm^2

유형 5~6 P. 9~11

24 ③ 25 ⑤ 26 3 cm 27 72 cm^2
28 7 cm 29 35 30 ③ 31 20 cm 32 ③
33 $22°$ 34 78 cm^2

유형 7~17 P. 11~16

35 (1) 13 (2) 6 36 17 cm 37 15 38 17
39 17 cm 40 60 cm^2 41 7 cm^2 42 234 cm^2
43 5 cm 44 20 cm 45 36 cm^2 46 3 cm
47 (1) 144 cm^2 (2) 30 cm^2 48 169 cm^2
49 20 cm 50 49 cm^2 51 ④ 52 9, 41
53 ③ 54 ⑤ 55 56 56 95 57 ③
58 28 59 ② 60 58 61 ③ 62 72초
63 36π 64 8 cm 65 17π cm^2 66 ③
67 10 cm 68 35 cm^2

유형 18~27 P. 17~25

69 ② 70 ②, ③ 71 $120°$ 72 10 cm 73 ③
74 14 cm 75 $24°$ 76 ③ 77 $54°$ 78 $210°$
79 ② 80 $58°$ 81 $119°$ 82 $110°$ 83 ③
84 ③ 85 4 cm 86 4π cm^2 87 ②
88 $(24-4\pi)$ cm^2 89 $\left(9-\frac{9}{4}\pi\right)$ cm^2 90 8

91 2 cm 92 9 cm 93 ②, ⑤ 94 ④ 95 $110°$
96 42 cm 97 7 cm 98 ⑤ 99 $\frac{5}{2}$ cm 100 10π cm
101 $70°$ 102 6 cm 103 27 cm^2 104 $108°$
105 $125°$ 106 $20°$ 107 ⑤ 108 ① 109 $110°$
110 $100°$ 111 $106°$ 112 $58°$ 113 $40°$ 114 $128°$
115 12π cm^2 116 ㄷ, ㄹ, ㅂ 117 ④
118 $114°$ 119 16.5 120 $135°$ 121 $\frac{29}{4}\pi$ cm^2
122 108 123 ①

단원 마무리 P. 26~29

1 ③ 2 ③ 3 ② 4 ③ 5 3 cm
6 ② 7 ④ 8 196 cm^2
9 ④ 10 6 cm^2 11 $34°$ 12 30 cm 13 16 cm
14 $130°$ 15 $54°$ 16 ③ 17 8 cm^2 18 6 cm^2
19 9 cm^2, 25 cm^2 20 64, 514 21 168 cm^2
22 41 cm 23 $198°$ 24 $14°$ 25 $7.5°$ 26 $58°$
27 $90°$ 28 $100°$

2 사각형의 성질

유형 1~8 P. 32~38

1 $10°$ 2 ③ 3 $100°$ 4 $x=4$, $y=1$
5 ⑤ 6 ③ 7 ④ 8 ㄱ, ㄹ 9 ③
10 3 cm 11 ③ 12 ① 13 12 cm 14 6 cm
15 $28°$ 16 ⑤ 17 $126°$ 18 $80°$ 19 ⑤
20 $90°$ 21 $26°$ 22 $160°$ 23 18 cm 24 8 cm
25 ③
26 (가) $\overline{CD}$ (나) $\overline{DA}$ (다) SSS (라) $\angle DCA$ (마) $\angle DAC$ (바) $\overline{AD} /\!/ \overline{BC}$
27 4 28 ㄴ 29 ③ 30 ㄴ, ㅁ
31 평행사변형 32 ④ 33 ① 34 ③
35 ④ 36 64 cm^2 37 10 cm^2
38 ③ 39 29 cm^2 40 42 cm^2
41 16 cm^2

유형 9~20 P. 39~46

42 ⑤ 43 10° 44 58° 45 ④
46 (가) $\overline{BC}$ (나) SSS (다) ∠DCB (라) ∠DAB
47 ㄴ, ㄹ 48 ㄹ 49 65 50 140°
51 (가) $\overline{AB}$ (나) $\overline{AO}$ (다) SSS (라) ∠AOD (마) 180°
52 58° 53 55° 54 ③ 55 마름모
56 90° 57 ② 58 70° 59 29° 60 30°
61 90° 62 4 cm² 63 150° 64 ①, ⑤
65 ㄴ, ㄹ 66 ①, ②, ④ 67 40° 68 ③
69 34° 70 (1) 8 cm (2) 15 cm 71 10 cm
72 120° 73 평행사변형 74 마름모 75 ③, ⑤
76 32 cm 77 8 cm² 78 90° 79 ④ 80 ③, ⑤
81 ㄱ, ㄹ 82 ④ 83 ② 84 ㄷ, ㅁ 85 ⑤
86 20 cm

유형 21~25 P. 46~49

87 48 cm² 88 30 cm² 89 15 cm²
90 ③ 91 50 cm² 92 $\frac{144}{13}$ cm 93 18 cm²
94 ② 95 9 cm² 96 50 cm²
97 $\overline{AP}$, $\overline{AC}$, $\overline{AC}$ // $\overline{PQ}$, $\overline{CQ}$, $\overline{AB}$ // $\overline{CQ}$
98 (1) 20 cm² (2) 12 cm² 99 14 cm²
100 10 cm² 101 18 cm² 102 75 cm²
103 ④ 104 장우
105 오른쪽 그림과 같이 $\overline{AB}$를 긋고, 점 C를 지나면서 $\overline{AB}$에 평행한 $\overline{PQ}$를 긋는다.
이때 $\overline{AQ}$를 그으면 $\overline{AB}$ // $\overline{PQ}$이므로 △ABC=△ABQ
따라서 새로운 경계선을 $\overline{AQ}$로 하면 두 논의 넓이는 변하지 않는다.

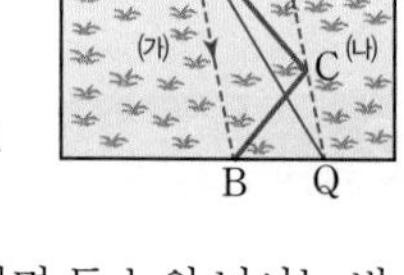

단원 마무리 P. 50~53

1 ② 2 17 cm 3 ④ 4 ④ 5 ⑤
6 48 cm² 7 70° 8 24 cm 9 ④ 10 ①, ③
11 12 cm² 12 ⑤ 13 5 cm 14 ③ 15 3 cm
16 105° 17 ③ 18 정사각형 19 $\frac{16}{3}\pi$ cm²
20 ② 21 ⑤ 22 ⑤ 23 $\frac{96}{5}$ 24 75°

3 도형의 닮음

유형 1~6 P. 56~59

1 $\overline{FE}$, ∠C 2 ㄱ, ㄴ, ㄹ, ㅁ 3 ⑤
4 ② 5 ⑤ 6 12 cm 7 $x=9$, $y=10$, $z=98$
8 36 cm 9 20π cm 10 16 cm 11 120 cm
12 $x=3$, $y=6$ 13 ⑤ 14 6π cm 15 10
16 $\frac{21}{4}$ cm 17 18 cm² 18 3 cm 19 1 : 3 : 5
20 B 피자 4판 21 256 cm³ 22 54 cm³
23 76 cm³ 24 19분

유형 7~14 P. 59~64

25 △ABC∽△NMO(SSS 닮음),
△DEF∽△KJL(SAS 닮음),
△GHI∽△RQP(AA 닮음)
26 ① 27 (1) 15 (2) $\frac{16}{3}$ 28 $\frac{9}{2}$ cm 29 9
30 (1) $\frac{9}{2}$ (2) $\frac{32}{5}$ 31 9 cm 32 ③ 33 3 cm
34 32 cm² 35 $\frac{20}{7}$ cm 36 3 cm
37 6 cm 38 15 cm 39 3 : 4 40 $\frac{7}{4}$ cm 41 13
42 ④ 43 36 44 150 cm² 45 $\frac{36}{5}$ cm
46 $\frac{75}{2}$ cm² 47 $\frac{48}{25}$ cm 48 43.2 km
49 6.3 m 50 7 m 51 12 cm 52 3 cm 53 $\frac{21}{2}$ cm
54 (1) 3 : 1 (2) 81 : 1 55 640 m

단원 마무리 P. 65~67

1 48 cm 2 ⑤ 3 3 cm 4 ⑤ 5 ④
6 2 7 5 cm 8 $\frac{20}{3}$ cm 9 $\frac{48}{5}$ cm
10 $x=\frac{18}{5}$, $y=\frac{32}{5}$ 11 40 m 12 12 cm²
13 133 cm³ 14 16 cm²
15 ㄱ, ㄴ, ㄷ, ㄹ 16 $\frac{33}{8}$ 17 $\frac{15}{4}$ cm
18 ③ 19 7 : 5 20 $\frac{72}{13}$

4 평행선 사이의 선분의 길이의 비

유형 1~5 P. 70~73

1 (1) $x=\frac{8}{3}$, $y=\frac{14}{3}$ (2) $x=8$, $y=15$ 2 10cm
3 8cm 4 ③ 5 6cm 6 (1) 16 (2) 12
7 4cm 8 ② 9 17
10 (1) △ADE (2) △ABE (3) 4 : 3 11 ③
12 ② 13 ③ 14 (1) $\frac{7}{2}$ (2) 16 15 ⑤
16 $\frac{15}{4}$cm 17 (1) 8cm (2) $\frac{40}{11}$cm
18 ③ 19 ① 20 (1) 2 (2) 10 21 72cm²
22 15cm

유형 6~11 P. 74~78

23 ⑤ 24 (1) 15cm (2) 15cm 25 20cm
26 ① 27 10 28 ④ 29 15cm 30 9cm
31 6cm 32 ③ 33 27cm 34 20 35 ③
36 12cm 37 $\frac{21}{2}$cm 38 28cm 39 ②, ⑤
40 18cm 41 ③ 42 56cm² 43 7cm
44 ② 45 ③ 46 10cm 47 10cm

유형 12~16 P. 78~81

48 (1) 9 (2) $\frac{35}{4}$ 49 ④ 50 $a=6$, $b=4$
51 ⑤ 52 8 53 14 54 ④ 55 $\frac{28}{3}$cm
56 $\frac{32}{3}$cm 57 $x=5$, $y=6$ 58 $\frac{11}{2}$cm
59 ⑤ 60 $\frac{36}{5}$cm 61 8cm 62 ③
63 ② 64 $\frac{21}{4}$cm 65 ③ 66 18cm²

유형 17~21 P. 82~86

67 8 68 ⑤ 69 (1) 2cm (2) 8cm 70 16cm
71 ④ 72 20cm 73 $x=8$, $y=\frac{10}{3}$ 74 ③
75 ③ 76 8cm 77 (1) 3 : 1 : 2 (2) 3cm
78 ③ 79 ⑤ 80 54cm² 81 10cm²
82 8cm² 83 3cm² 84 $\frac{9}{2}$cm² 85 15cm
86 ④ 87 12cm 88 6cm
89 (1) 12cm² (2) 9cm² 90 24cm²
91 4cm² 92 14cm² 93 6 94 36π cm²

단원 마무리 P. 87~89

1 12 2 $\frac{21}{2}$ 3 ③ 4 4cm 5 12cm
6 ④ 7 17 8 14cm 9 6cm 10 18cm
11 10cm² 12 12cm² 13 19° 14 12cm 15 5cm
16 ④, ⑤ 17 $\frac{15}{2}$cm 18 ③
19 (1) △CBD (2) 9cm (3) 3cm 20 $\frac{24}{5}$cm
21 40cm²

5 경우의 수

유형 1~4 P. 92~95

1 ⑤ 2 (1) 6 (2) 8 3 ② 4 3
5 2개 6 5 7 3 8 ④ 9 13
10 5 11 (1) 7 (2) 6 12 (1) 6 (2) 12
13 6 14 7 15 12 16 20 17 20개
18 6 19 8 20 ⑤ 21 6
22 (1) 8 (2) 24 (3) 72 23 6 24 12
25 ②

유형 5~13 P. 95~100

26 24　27 ⑤　28 ③　29 ②　30 12
31 12　32 72　33 ③　34 144　35 12
36 48　37 ④　38 36　39 180
40 (1) 20개 (2) 60개　41 60개　42 12개　43 34
44 (1) 16개 (2) 48개　45 9개　46 52개　47 10개
48 (1) 20 (2) 60　49 ⑤　50 42　51 36
52 ②　53 (1) 35 (2) 18　54 ②　55 36회
56 ②　57 60　58 ②　59 10개　60 20개
61 ②　62 ⑤　63 13

단원 마무리 P. 101~103

1 ㄱ, ㄹ, ㄴ, ㄷ　2 7　3 2　4 ②
5 9　6 ④　7 ③　8 36　9 24
10 (1) 16개 (2) 24개　11 ⑤　12 21회　13 ③
14 ④　15 ③　16 24　17 304　18 115
19 ①　20 9　21 (1) 20 (2) 26　22 20

6 확률

유형 1~6 P. 106~110

1 $\frac{9}{250}$　2 (1) $\frac{1}{2}$ (2) $\frac{2}{5}$　3 ②　4 ②
5 8　6 $\frac{1}{4}$　7 ①　8 $\frac{1}{2}$　9 $\frac{4}{9}$
10 $\frac{1}{3}$　11 $\frac{3}{5}$　12 $\frac{1}{2}$　13 $\frac{2}{5}$　14 $\frac{1}{4}$
15 $\frac{1}{12}$　16 $\frac{1}{3}$　17 $\frac{1}{12}$　18 ④　19 $\frac{1}{9}$
20 $\frac{1}{2}$　21 ②　22 ①, ④　23 ㄱ, ㄹ　24 $\frac{1}{5}$
25 $\frac{3}{5}$　26 $\frac{3}{5}$　27 $\frac{11}{12}$　28 ⑤　29 $\frac{3}{4}$
30 $\frac{5}{7}$

유형 7~13 P. 110~115

31 $\frac{12}{25}$　32 $\frac{9}{25}$　33 $\frac{2}{9}$　34 $\frac{1}{4}$　35 $\frac{1}{4}$
36 $\frac{2}{5}$　37 $\frac{3}{25}$　38 $\frac{1}{4}$　39 $\frac{2}{27}$　40 $\frac{1}{2}$
41 ②　42 $\frac{4}{25}$　43 $\frac{3}{20}$　44 ⑤　45 $\frac{13}{45}$
46 $\frac{11}{12}$　47 $\frac{11}{24}$　48 ③　49 $\frac{7}{10}$　50 ⑤
51 $\frac{12}{125}$　52 ④　53 ②　54 $\frac{1}{5}$　55 $\frac{24}{49}$
56 $\frac{2}{11}$　57 ④　58 $\frac{8}{15}$　59 $\frac{13}{27}$　60 $\frac{7}{8}$
61 $\frac{44}{125}$　62 $\frac{1}{4}$　63 $\frac{11}{18}$

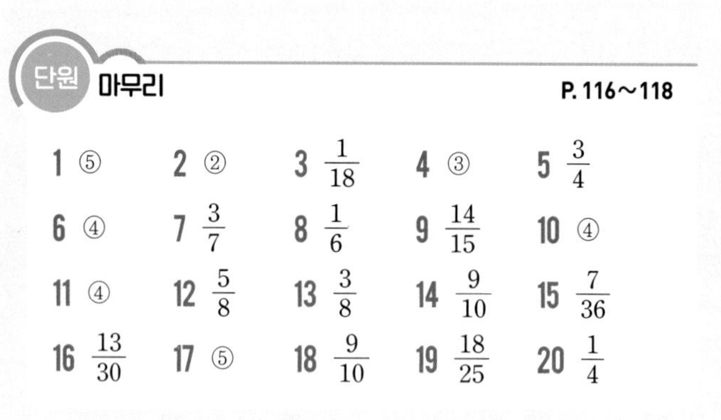

단원 마무리 P. 116~118

1 ⑤　2 ②　3 $\frac{1}{18}$　4 ③　5 $\frac{3}{4}$
6 ④　7 $\frac{3}{7}$　8 $\frac{1}{6}$　9 $\frac{14}{15}$　10 ④
11 ④　12 $\frac{5}{8}$　13 $\frac{3}{8}$　14 $\frac{9}{10}$　15 $\frac{7}{36}$
16 $\frac{13}{30}$　17 ⑤　18 $\frac{9}{10}$　19 $\frac{18}{25}$　20 $\frac{1}{4}$

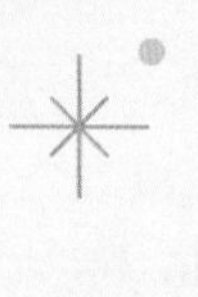

유형 1~4 P.6~9

1 답 (가) $\overline{AD}$ (나) $\angle CAD$ (다) $\triangle ACD$

2 답 $50°$
$\triangle ABC$에서 $\overline{AB}=\overline{AC}$이므로
$\angle x=\frac{1}{2}\times(180°-80°)=50°$

3 답 $44°$
$\angle BAC=180°-112°=68°$
$\triangle ABC$에서 $\overline{CA}=\overline{CB}$이므로
$\angle B=\angle BAC=68°$
$\therefore \angle x=180°-(68°+68°)=44°$

4 답 $30°$
$\triangle BCD$에서 $\overline{BC}=\overline{BD}$이므로
$\angle BDC=\angle C=70°$
$\therefore \angle DBC=180°-(70°+70°)=40°$
$\triangle ABC$에서 $\overline{AB}=\overline{AC}$이므로
$\angle ABC=\angle C=70°$
$\therefore \angle ABD=\angle ABC-\angle DBC=70°-40°=30°$

5 답 $44°$
$\angle A=\angle x$라고 하면 $\angle DBE=\angle A=\angle x$
$\triangle ABC$에서 $\overline{AB}=\overline{AC}$이므로
$\angle C=\angle ABC=\angle x+24°$
따라서 $\triangle ABC$에서
$\angle x+(\angle x+24°)+(\angle x+24°)=180°$
$3\angle x=132°$ $\therefore \angle x=44°$
$\therefore \angle A=44°$

6 답 $78°$
$\angle CDE=\angle ADF=51°$(맞꼭지각)이므로
$\triangle DEC$에서 $\angle C=180°-(51°+90°)=39°$
이때 $\triangle ABC$에서 $\overline{AB}=\overline{AC}$이므로
$\angle B=\angle C=39°$
$\therefore \angle FAD=39°+39°=78°$

7 답 $\angle B=65°$, $\overline{BD}=4\,cm$
$\overline{AD}\perp\overline{BC}$이므로 $\angle ADB=90°$
$\triangle ABD$에서 $\angle B=180°-(25°+90°)=65°$
$\triangle ABC$에서 $\overline{BD}=\overline{CD}$이므로
$\overline{BD}=\frac{1}{2}\overline{BC}=\frac{1}{2}\times 8=4(cm)$

다른 풀이
$\angle BAC=2\angle BAD=2\times 25°=50°$
$\triangle ABC$에서 $\overline{AB}=\overline{AC}$이므로
$\angle B=\frac{1}{2}\times(180°-50°)=65°$

8 답 $40°$
$\triangle ABD$에서 $\overline{AD}=\overline{BD}$이므로
$\angle B=\angle BAD=50°$
$\therefore \angle ADC=50°+50°=100°$
$\triangle ADC$에서 $\overline{AD}=\overline{CD}$이므로
$\angle C=\frac{1}{2}\times(180°-100°)=40°$

9 답 $114°$
$\triangle ABC$에서 $\overline{AB}=\overline{AC}$이므로
$\angle ACB=\angle B=38°$
$\therefore \angle DAC=38°+38°=76°$
$\triangle ACD$에서 $\overline{AC}=\overline{CD}$이므로
$\angle D=\angle DAC=76°$
따라서 $\triangle BCD$에서 $\angle DCE=38°+76°=114°$

10 답 $36°$
$\triangle ABD$에서 $\overline{DA}=\overline{DB}$이므로
$\angle ABD=\angle A=\angle x$
$\therefore \angle BDC=\angle x+\angle x=2\angle x$ ⋯ (i)
$\triangle BCD$에서 $\overline{BC}=\overline{BD}$이므로
$\angle C=\angle BDC=2\angle x$
$\triangle ABC$에서 $\overline{AB}=\overline{AC}$이므로
$\angle ABC=\angle C=2\angle x$ ⋯ (ii)
따라서 $\triangle ABC$에서 $\angle x+2\angle x+2\angle x=180°$이므로
$5\angle x=180°$ $\therefore \angle x=36°$ ⋯ (iii)

채점 기준	비율
(i) $\angle BDC$의 크기를 $\angle x$를 사용하여 나타내기	40 %
(ii) $\angle ABC$의 크기를 $\angle x$를 사용하여 나타내기	40 %
(iii) $\angle x$의 크기 구하기	20 %

11 답 $25°$
$\angle B=\angle x$라고 하면
$\triangle DBE$에서 $\overline{BD}=\overline{DE}$이므로
$\angle DEB=\angle B=\angle x$
$\therefore \angle ADE=\angle x+\angle x=2\angle x$

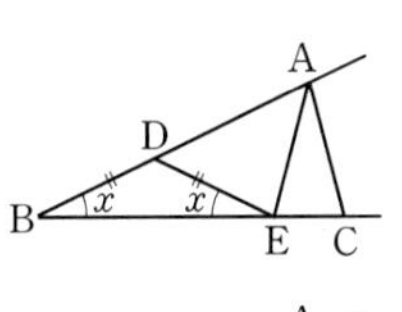

$\triangle ADE$에서 $\overline{ED}=\overline{EA}$이므로
$\angle DAE=\angle ADE=2\angle x$
$\triangle ABE$에서

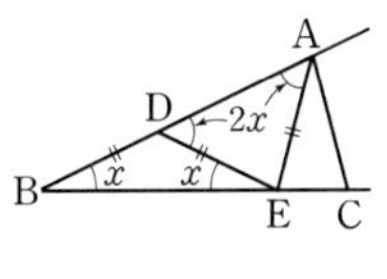

$\angle AEC=\angle x+2\angle x=3\angle x$
$\triangle AEC$에서 $\overline{AE}=\overline{AC}$이므로
$\angle ACE=\angle AEC=3\angle x$

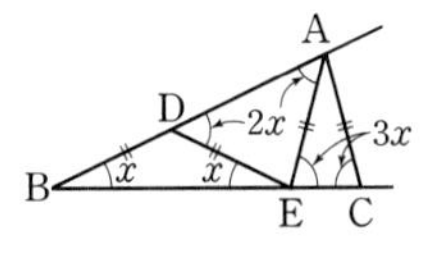

따라서 $\triangle ABC$에서
$80°+\angle x+3\angle x=180°$이므로
$4\angle x=100°$ $\therefore \angle x=25°$
$\therefore \angle B=25°$

12 답 ④

△ABC에서 ∠ABC=∠C이므로 ∠DBC=$\frac{1}{2}$∠C

△DBC에서 $\frac{1}{2}$∠C+∠C=78°이므로

$\frac{3}{2}$∠C=78° ∴ ∠C=52°

따라서 △ABC에서

∠A=180°−(52°+52°)=76°

13 답 26°

△ABC에서 $\overline{AB}=\overline{AC}$이므로

∠ABC=∠ACB=$\frac{1}{2}$×(180°−52°)=64°

∴ ∠DBC=$\frac{1}{2}$∠ABC=$\frac{1}{2}$×64°=32°

이때 ∠ACE=180°−64°=116°이므로

∠DCE=$\frac{1}{2}$∠ACE=$\frac{1}{2}$×116°=58°

따라서 △BCD에서

32°+∠D=58° ∴ ∠D=26°

14 답 6 cm

△ABC에서 ∠A=180°−(50°+80°)=50°

즉, ∠A=∠B이므로 △ABC는 $\overline{AC}=\overline{BC}$인 이등변삼각형이다.

∴ $\overline{AC}=\overline{BC}$=6 cm

15 답 8 cm

△ABC에서 ∠B=∠C이므로 $\overline{AB}=\overline{AC}$

∴ $\overline{AB}=\frac{1}{2}\times(22-6)=8$(cm)

16 답 6 cm

△DBC에서 ∠DCB=70°−35°=35°이므로

∠DCB=∠B

즉, △DBC는 $\overline{BD}=\overline{CD}$인 이등변삼각형이다. …(i)

△ADC에서 ∠DAC=180°−110°=70°이므로

∠DAC=∠ADC

즉, △ACD는 $\overline{AC}=\overline{CD}$인 이등변삼각형이다. …(ii)

∴ $\overline{AC}=\overline{CD}=\overline{BD}$=6 cm …(iii)

채점 기준	비율
(i) $\overline{BD}=\overline{CD}$임을 설명하기	40 %
(ii) $\overline{AC}=\overline{CD}$임을 설명하기	40 %
(iii) $\overline{AC}$의 길이 구하기	20 %

17 답 10 cm

△ABC가 직각이등변삼각형이므로

∠A=∠B=$\frac{1}{2}$×(180°−90°)=45°

이때 $\overline{CD}$는 ∠C의 이등분선이므로

∠ACD=∠BCD=$\frac{1}{2}$∠ACB=$\frac{1}{2}$×90°=45°

따라서 △ADC는 $\overline{AD}=\overline{CD}$인 직각이등변삼각형이고,

△DBC는 $\overline{BD}=\overline{CD}$인 직각이등변삼각형이다.

∴ $\overline{AD}=\overline{BD}=\overline{CD}$=5 cm

∴ $\overline{AB}=\overline{AD}+\overline{BD}$=5+5=10(cm)

18 답 7 cm

△ABC에서 $\overline{AB}=\overline{AC}$이므로

∠ABC=∠C=$\frac{1}{2}$×(180°−36°)=72°

∴ ∠ABD=∠DBC=$\frac{1}{2}$∠ABC

=$\frac{1}{2}$×72°=36°

즉, △ABD는 $\overline{AD}=\overline{BD}$인 이등변삼각형이다.

△ABD에서 ∠BDC=36°+36°=72°

즉, △BCD는 $\overline{BC}=\overline{BD}$인 이등변삼각형이다.

∴ $\overline{AD}=\overline{BD}=\overline{BC}$=7 cm

19 답 4 cm

△ABC에서 ∠A=180°−(30°+90°)=60°

△ABD에서 $\overline{AB}=\overline{AD}$이므로

∠ABD=∠ADB=$\frac{1}{2}$×(180°−60°)=60°

이때 ∠DBC=90°−60°=30°이므로

∠DBC=∠C

따라서 △DBC는 $\overline{DB}=\overline{DC}$인 이등변삼각형이다.

∴ $\overline{BD}=\overline{CD}$=4 cm

20 답 6 cm

△ABC에서 ∠B=∠C이므로

$\overline{AC}=\overline{AB}$=9 cm

오른쪽 그림과 같이 $\overline{AP}$를 그으면

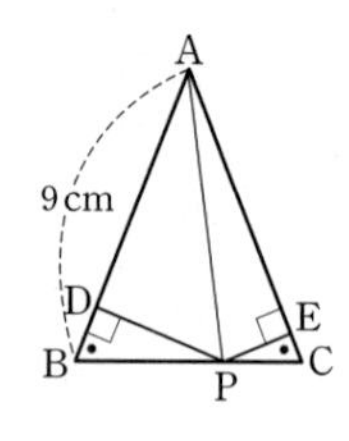

△ABC=△ABP+△APC이므로

$27=\frac{1}{2}\times9\times\overline{PD}+\frac{1}{2}\times9\times\overline{PE}$

$27=\frac{9}{2}(\overline{PD}+\overline{PE})$

∴ $\overline{PD}+\overline{PE}$=6(cm)

21 답 (1) 70° (2) 4 cm

(1) $\overline{AD}$ // $\overline{BC}$이므로

∠DAC=∠BCA(엇각), ∠BAC=∠DAC(접은 각)

∴ ∠BAC=∠BCA

△ABC에서 ∠BAC=$\frac{1}{2}$×(180°−40°)=70°

(2) ∠BAC=∠BCA이므로 △ABC는 $\overline{BA}=\overline{BC}$인 이등변삼각형이다.

∴ $\overline{BC}=\overline{AB}$=4 cm

22 답 ①

$\overline{DA} /\!/ \overline{BC}$이므로

$\angle DAB = \angle ABC$(엇각)(④)

$\angle DAB = \angle BAC$(접은 각)(③)

$\therefore \angle ABC = \angle BAC$(⑤)

즉, $\triangle ABC$는 이등변삼각형이므로 $\overline{AC} = \overline{BC}$(②)

따라서 옳지 않은 것은 ①이다.

23 답 $14\,cm^2$

$\overline{AC} /\!/ \overline{BD}$이므로

$\angle ACB = \angle CBD$(엇각), $\angle ABC = \angle CBD$(접은 각)

$\therefore \angle ABC = \angle ACB$

따라서 $\triangle ABC$는 $\overline{AB} = \overline{AC}$인 이등변삼각형이므로

$\overline{AC} = \overline{AB} = 7\,cm$

$\therefore \triangle ABC = \frac{1}{2} \times 7 \times 4 = 14(cm^2)$

유형 5~6 P. 9~11

24 답 ③

ㄴ에서 나머지 한 각의 크기는

$180° - (52° + 90°) = 38°$

따라서 두 직각삼각형 ㄴ과 ㅂ은 빗변의 길이와 한 예각의 크기가 각각 같으므로 RHA 합동이다.

25 답 ⑤

① RHS 합동　② SAS 합동

③ RHA 합동 또는 ASA 합동　④ ASA 합동

따라서 합동이 되기 위한 조건이 아닌 것은 ⑤이다.

26 답 $3\,cm$

$\triangle AMC$와 $\triangle BMD$에서

$\angle ACM = \angle BDM = 90°$, $\overline{AM} = \overline{BM}$,

$\angle AMC = \angle BMD$(맞꼭지각)이므로

$\triangle AMC \equiv \triangle BMD$(RHA 합동)

$\therefore \overline{BD} = \overline{AC} = 3\,cm$

27 답 $72\,cm^2$

$\triangle DBA$와 $\triangle EAC$에서

$\angle ADB = \angle CEA = 90°$, $\overline{AB} = \overline{CA}$,

$\angle DBA + \angle BAD = 90°$이고,

$\angle BAD + \angle EAC = 90°$이므로 $\angle DBA = \angle EAC$

$\therefore \triangle DBA \equiv \triangle EAC$(RHA 합동) ⋯ (i)

따라서 $\overline{DA} = \overline{EC} = 5\,cm$, $\overline{AE} = \overline{BD} = 7\,cm$이므로 ⋯ (ii)

(사각형 DBCE의 넓이)$= \frac{1}{2} \times (5+7) \times (5+7)$

$= 72(cm^2)$ ⋯ (iii)

채점 기준	비율
(i) $\triangle DBA \equiv \triangle EAC$임을 설명하기	40 %
(ii) $\overline{DA}$, $\overline{AE}$의 길이 구하기	30 %
(iii) 사각형 DBCE의 넓이 구하기	30 %

28 답 $7\,cm$

$\triangle ABD$와 $\triangle CAE$에서

$\angle ADB = \angle CEA = 90°$, $\overline{AB} = \overline{CA}$,

$\angle ABD = 90° - \angle BAD = \angle CAE$

$\therefore \triangle ABD \equiv \triangle CAE$(RHA 합동)

따라서 $\overline{AD} = \overline{CE} = 8\,cm$, $\overline{AE} = \overline{BD} = 15\,cm$이므로

$\overline{DE} = \overline{AE} - \overline{AD} = 15 - 8 = 7(cm)$

29 답 35

$\triangle ABD$와 $\triangle AED$에서

$\angle ABD = \angle AED = 90°$, $\overline{AD}$는 공통, $\overline{DB} = \overline{DE}$이므로

$\triangle ABD \equiv \triangle AED$(RHS 합동)

따라서 $\overline{AB} = \overline{AE} = 8\,cm$이므로 $x = 8$

이때 $\angle BAD = \angle EAD$이므로

$\angle EAD = \angle BAD = \frac{1}{2}\angle BAC = \frac{1}{2} \times (90° - 36°) = 27°$

$\therefore y = 27$

$\therefore x + y = 8 + 27 = 35$

30 답 ③

$\triangle PBM$과 $\triangle QCM$에서

$\angle BPM = \angle CQM = 90°$, $\overline{BM} = \overline{CM}$, $\overline{MP} = \overline{MQ}$이므로

$\triangle PBM \equiv \triangle QCM$(RHS 합동)

이때 $\triangle ABC$에서 $\angle B = \angle C$이므로

$\angle C = \frac{1}{2} \times (180° - 50°) = 65°$

따라서 $\triangle QCM$에서 $\angle QMC = 90° - 65° = 25°$

다른 풀이

사각형 APMQ에서

$\angle PMQ = 360° - (90° + 50° + 90°) = 130°$

이때 $\triangle PBM \equiv \triangle QCM$(RHS 합동)이므로

$\angle QMC = \angle PMB = \frac{1}{2} \times (180° - 130°) = 25°$

31 답 $20\,cm$

$\triangle AED$와 $\triangle ACD$에서

$\angle AED = \angle ACD = 90°$, $\overline{AD}$는 공통, $\overline{AE} = \overline{AC}$이므로

$\triangle AED \equiv \triangle ACD$(RHS 합동)

$\therefore \overline{DE} = \overline{DC}$

이때 $\overline{AE} = \overline{AC} = 5\,cm$이므로

$\overline{BE} = \overline{AB} - \overline{AE} = 13 - 5 = 8(cm)$

따라서 $\triangle BDE$의 둘레의 길이는

$\overline{BD} + \overline{DE} + \overline{BE} = (\overline{BD} + \overline{DC}) + \overline{BE}$

$= \overline{BC} + \overline{BE}$

$= 12 + 8 = 20(cm)$

32 답 ③

$\triangle AOP$와 $\triangle BOP$에서

$\angle OAP=\angle OBP=90°$, $\overline{OP}$는 공통, $\overline{PA}=\overline{PB}$이므로

$\triangle AOP\equiv\triangle BOP$(RHS 합동)(⑤)

$\therefore$ $\angle AOP=\angle BOP$(①),

$\angle APO=\angle BPO$(②),

$\overline{OA}=\overline{OB}$(④)

따라서 옳지 않은 것은 ③이다.

33 답 $22°$

$\triangle AOP$와 $\triangle BOP$에서

$\angle OAP=\angle OBP=90°$, $\overline{OP}$는 공통, $\overline{PA}=\overline{PB}$이므로

$\triangle AOP\equiv\triangle BOP$(RHS 합동)

$\therefore \angle OPB=\angle OPA=\frac{1}{2}\angle APB$

$=\frac{1}{2}\times 136°=68°$

따라서 $\triangle POB$에서

$\angle POB=90°-68°=22°$

34 답 $78\,cm^2$

다음 그림과 같이 점 D에서 $\overline{AC}$에 내린 수선의 발을 E라고 하자.

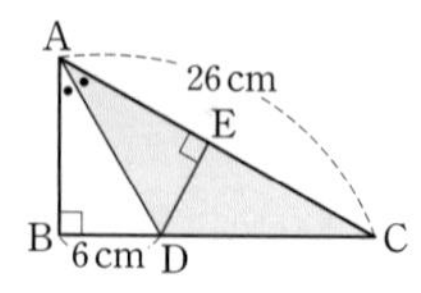

$\triangle ABD$와 $\triangle AED$에서

$\angle ABD=\angle AED=90°$, $\overline{AD}$는 공통,

$\angle BAD=\angle EAD$이므로

$\triangle ABD\equiv\triangle AED$(RHA 합동)

따라서 $\overline{DE}=\overline{DB}=6\,cm$이므로

$\triangle ADC=\frac{1}{2}\times 26\times 6=78(cm^2)$

유형 7~17 P. 11~16

35 답 (1) 13 (2) 6

(1) $x^2=5^2+12^2=169$

이때 $x>0$이므로 $x=13$

(2) $x^2+8^2=10^2$에서 $x^2=10^2-8^2=36$

이때 $x>0$이므로 $x=6$

36 답 17 cm

$\triangle ABC$의 넓이가 $60\,cm^2$이므로

$\frac{1}{2}\times 8\times\overline{AC}=60$ $\therefore \overline{AC}=15(cm)$

$\overline{BC}^2=8^2+15^2=289$

이때 $\overline{BC}>0$이므로 $\overline{BC}=17(cm)$

37 답 15

정사각형 ABCD의 넓이가 $9\,cm^2$이므로

$\overline{BC}^2=9$

이때 $\overline{BC}>0$이므로 $\overline{BC}=3(cm)$

정사각형 GCEF의 넓이가 $81\,cm^2$이므로

$\overline{CE}^2=81$

이때 $\overline{CE}>0$이므로 $\overline{CE}=9(cm)$

따라서 $\triangle FBE$에서

$x^2=(3+9)^2+9^2=225$

이때 $x>0$이므로 $x=15$

38 답 17

$\triangle ABD$에서 $16^2+x^2=20^2$이므로

$x^2=20^2-16^2=144$

이때 $x>0$이므로 $x=12$

$\triangle ADC$에서 $y^2+12^2=13^2$이므로

$y^2=13^2-12^2=25$

이때 $y>0$이므로 $y=5$

$\therefore x+y=12+5=17$

39 답 17 cm

$\triangle ADC$에서 $6^2+\overline{AC}^2=10^2$이므로

$\overline{AC}^2=10^2-6^2=64$

이때 $\overline{AC}>0$이므로 $\overline{AC}=8(cm)$

$\triangle ABC$에서

$\overline{AB}^2=(9+6)^2+8^2=289$이므로

이때 $\overline{AB}>0$이므로 $\overline{AB}=17(cm)$

40 답 $60\,cm^2$

오른쪽 그림과 같이 꼭짓점 A에서 $\overline{BC}$에 내린 수선의 발을 H라고 하면

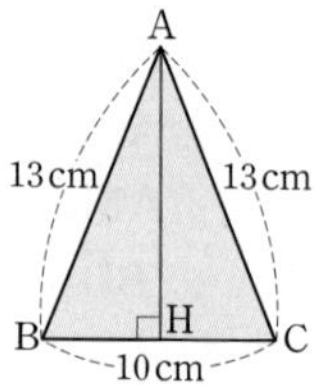

$\overline{BH}=\frac{1}{2}\overline{BC}=\frac{1}{2}\times 10=5(cm)$

$\triangle ABH$에서 $5^2+\overline{AH}^2=13^2$이므로

$\overline{AH}^2=13^2-5^2=144$

이때 $\overline{AH}>0$이므로 $\overline{AH}=12(cm)$

$\therefore \triangle ABC=\frac{1}{2}\times 10\times 12=60(cm^2)$

41 답 $7\,cm^2$

$\triangle ABC$에서 $\overline{AC}^2=2^2+1^2=5$

$\triangle ACD$에서 $\overline{AD}^2=5+1^2=6$

$\triangle ADE$에서 $\overline{AE}^2=6+1^2=7$

$\therefore$ (정사각형 AEFG의 넓이)$=\overline{AE}^2=7(cm^2)$

42 답 $234\,\text{cm}^2$

오른쪽 그림과 같이 $\overline{BD}$를 그으면

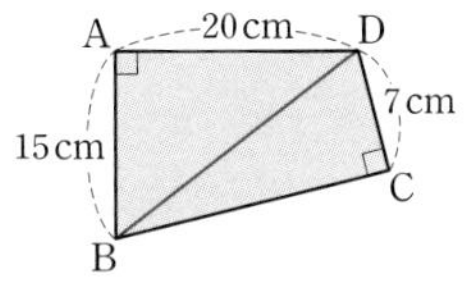

$\triangle ABD$에서

$\overline{BD}^2=15^2+20^2=625$

이때 $\overline{BD}>0$이므로

$\overline{BD}=25(\text{cm})$ … (i)

$\triangle BCD$에서 $\overline{BC}^2+7^2=25^2$이므로

$\overline{BC}^2=25^2-7^2=576$

이때 $\overline{BC}>0$이므로 $\overline{BC}=24(\text{cm})$ … (ii)

$\therefore$ (사각형 ABCD의 넓이)

$=\triangle ABD+\triangle BCD$

$=\frac{1}{2}\times15\times20+\frac{1}{2}\times24\times7$

$=150+84=234(\text{cm}^2)$ … (iii)

채점 기준	비율
(i) $\overline{BD}$의 길이 구하기	40 %
(ii) $\overline{BC}$의 길이 구하기	40 %
(iii) 사각형 ABCD의 넓이 구하기	20 %

43 답 $5\,\text{cm}$

다음 그림과 같이 꼭짓점 D에서 $\overline{BC}$에 내린 수선의 발을 H라고 하자.

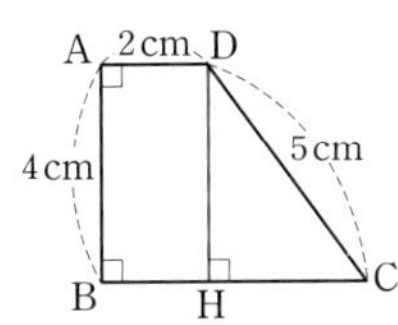

$\overline{BH}=\overline{AD}=2\,\text{cm}$, $\overline{DH}=\overline{AB}=4\,\text{cm}$

$\triangle DHC$에서 $\overline{HC}^2+4^2=5^2$이므로

$\overline{HC}^2=5^2-4^2=9$

이때 $\overline{HC}>0$이므로 $\overline{HC}=3(\text{cm})$

$\therefore \overline{BC}=\overline{BH}+\overline{HC}=2+3=5(\text{cm})$

44 답 $20\,\text{cm}$

다음 그림과 같이 꼭짓점 A에서 $\overline{BC}$에 내린 수선의 발을 H라고 하자.

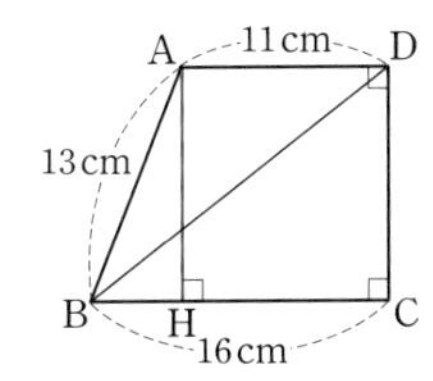

$\overline{HC}=\overline{AD}=11\,\text{cm}$이므로

$\overline{BH}=\overline{BC}-\overline{HC}=16-11=5(\text{cm})$

$\triangle ABH$에서 $5^2+\overline{AH}^2=13^2$이므로

$\overline{AH}^2=13^2-5^2=144$

이때 $\overline{AH}>0$이므로 $\overline{AH}=12(\text{cm})$

$\therefore \overline{DC}=\overline{AH}=12\,\text{cm}$

따라서 $\triangle DBC$에서 $\overline{BD}^2=16^2+12^2=400$

이때 $\overline{BD}>0$이므로 $\overline{BD}=20(\text{cm})$

45 답 $36\,\text{cm}^2$

(정사각형 ADEB의 넓이)+(정사각형 ACHI의 넓이)

=(정사각형 BFGC의 넓이)

즉, (정사각형 ADEB의 넓이)+54=90

$\therefore$ (정사각형 ADEB의 넓이)$=36(\text{cm}^2)$

46 답 $3\,\text{cm}$

(정사각형 BHIC의 넓이)+(정사각형 ACDE의 넓이)

=(정사각형 AFGB의 넓이)

즉, (정사각형 BHIC의 넓이)+16=25

$\therefore$ (정사각형 BHIC의 넓이)$=9(\text{cm}^2)$

따라서 $\overline{BC}^2=9$이고, $\overline{BC}>0$이므로 $\overline{BC}=3(\text{cm})$

47 답 (1) $144\,\text{cm}^2$ (2) $30\,\text{cm}^2$

(1) (정사각형 P의 넓이)+25=169

$\therefore$ (정사각형 P의 넓이)$=169-25=144(\text{cm}^2)$

(2) $\overline{AB}^2=144$이고, $\overline{AB}>0$이므로 $\overline{AB}=12(\text{cm})$

$\overline{AC}^2=25$이고, $\overline{AC}>0$이므로 $\overline{AC}=5(\text{cm})$

$\therefore \triangle ABC=\frac{1}{2}\times12\times5=30(\text{cm}^2)$

48 답 $169\,\text{cm}^2$

$\triangle AEH\equiv\triangle BFE\equiv\triangle CGF\equiv\triangle DHG$ (SAS 합동)이므로 사각형 EFGH는 정사각형이다.

$\triangle AEH$에서 $\overline{EH}^2=5^2+12^2=169$

$\therefore$ (정사각형 EFGH의 넓이)$=\overline{EH}^2=169(\text{cm}^2)$

49 답 $20\,\text{cm}$

$\overline{AE}=\overline{BF}=\overline{CG}=\overline{DH}=4\,\text{cm}$이므로

$\overline{AH}=\overline{BE}=\overline{CF}=\overline{DG}=7-4=3(\text{cm})$

즉, $\triangle AEH\equiv\triangle BFE\equiv\triangle CGF\equiv\triangle DHG$ (SAS 합동)이므로 사각형 EFGH는 정사각형이다.

$\triangle AEH$에서 $\overline{EH}^2=4^2+3^2=25$

이때 $\overline{EH}>0$이므로 $\overline{EH}=5(\text{cm})$

$\therefore$ (정사각형 EFGH의 둘레의 길이)

$=4\times5=20(\text{cm})$

50 답 $49\,\text{cm}^2$

$\triangle AEH\equiv\triangle BFE\equiv\triangle CGF\equiv\triangle DHG$ (SAS 합동)이므로 사각형 EFGH는 정사각형이다.

정사각형 EFGH의 넓이가 $25\,\text{cm}^2$이므로

$\overline{EH}^2=25$

이때 $\overline{EH}>0$이므로 $\overline{EH}=5(\text{cm})$

$\triangle AEH$에서 $\overline{AH}^2+3^2=5^2$이므로

$\overline{AH}^2=5^2-3^2=16$

이때 $\overline{AH}>0$이므로 $\overline{AH}=4(\text{cm})$

$\therefore \overline{AD}=\overline{AH}+\overline{HD}=4+3=7(\text{cm})$

$\therefore$ (정사각형 ABCD의 넓이)$=\overline{AD}^2=7^2=49(\text{cm}^2)$

51 답 ④

① $2^2+3^2\neq4^2$이므로 직각삼각형이 아니다.
② $2^2+5^2\neq6^2$이므로 직각삼각형이 아니다.
③ $3^2+6^2\neq7^2$이므로 직각삼각형이 아니다.
④ $6^2+8^2=10^2$이므로 직각삼각형이다.
⑤ $5^2+13^2\neq15^2$이므로 직각삼각형이 아니다.
따라서 직각삼각형인 것은 ④이다.

52 답 9, 41

(i) 가장 긴 변의 길이가 $x$cm일 때
$x^2=4^2+5^2=41$
(ii) 가장 긴 변의 길이가 5cm일 때
$x^2+4^2=5^2 \quad \therefore x^2=9$
따라서 (i), (ii)에 의해 x^2의 값은 9, 41이다.

53 답 ③

① $5^2=3^2+4^2$이므로 직각삼각형이다.
② $13^2=5^2+12^2$이므로 직각삼각형이다.
③ $9^2<6^2+7^2$이므로 예각삼각형이다.
④ $14^2>7^2+8^2$이므로 둔각삼각형이다.
⑤ $20^2=12^2+16^2$이므로 직각삼각형이다.
따라서 예각삼각형인 것은 ③이다.

54 답 ⑤

$\overline{DE}^2+\overline{BC}^2=\overline{BE}^2+\overline{CD}^2$이므로
$\overline{DE}^2+9^2=6^2+8^2 \quad \therefore \overline{DE}^2=19$

55 답 56

$\triangle$ABC에서 $\overline{AC}^2=9^2+12^2=225$ ··· (i)
$\overline{DE}^2+\overline{AC}^2=\overline{AE}^2+\overline{CD}^2$이므로
$\overline{DE}^2+225=13^2+\overline{CD}^2$
$\therefore \overline{CD}^2-\overline{DE}^2=225-169=56$ ··· (ii)

채점 기준	비율
(i) $\overline{AC}^2$의 값 구하기	40 %
(ii) $\overline{CD}^2-\overline{DE}^2$의 값 구하기	60 %

56 답 95

$\triangle$ADE에서 $\overline{DE}^2=7^2+7^2=98$
$\triangle$ADC에서 $\overline{CD}^2=7^2+(7+5)^2=193$
$\overline{DE}^2+\overline{BC}^2=\overline{BE}^2+\overline{CD}^2$이므로
$98+\overline{BC}^2=\overline{BE}^2+193$
$\therefore \overline{BC}^2-\overline{BE}^2=95$

57 답 ③

$\overline{AB}^2+\overline{CD}^2=\overline{AD}^2+\overline{BC}^2$이므로
$4^2+5^2=x^2+6^2 \quad \therefore x^2=5$

58 답 28

$\overline{AB}^2+\overline{CD}^2=\overline{AD}^2+\overline{BC}^2$이므로
$8^2+y^2=x^2+6^2$
$\therefore x^2-y^2=64-36=28$

59 답 ②

$\triangle$AHD에서 $\overline{AD}^2=8^2+6^2=100$
$\overline{AB}^2+\overline{CD}^2=\overline{AD}^2+\overline{BC}^2$이므로
$x^2+11^2=100+12^2 \quad \therefore x^2=123$

60 답 58

$\overline{AP}^2+\overline{CP}^2=\overline{BP}^2+\overline{DP}^2$이므로
$5^2+7^2=4^2+x^2 \quad \therefore x^2=58$

61 답 ③

$\overline{AP}^2+\overline{CP}^2=\overline{BP}^2+\overline{DP}^2$이므로
$2^2+\overline{CP}^2=4^2+\overline{DP}^2$
$\therefore \overline{CP}^2-\overline{DP}^2=12$

62 답 72초

학교에서 나무 B까지의 거리를 xm라고 하면
사각형 ABCD가 직사각형이므로
$\overline{AP}^2+\overline{CP}^2=\overline{BP}^2+\overline{DP}^2$에서
$90^2+130^2=x^2+150^2$, $x^2=2500$
이때 $x>0$이므로 $x=50$
따라서 학교에서 나무 B까지의 거리는 50m, 즉 0.05km이므로 학교에서 출발하여 시속 2.5km로 걸어서 나무 B까지 가는 데 걸리는 시간은
$\frac{0.05}{2.5}=0.02$(시간)$=1.2$(분)$=72$(초)

63 답 36π

$R=\frac{1}{2}\times\pi\times\left(\frac{12}{2}\right)^2=18\pi$
이때 $P+Q=R$이므로
$P+Q+R=2R=2\times18\pi=36\pi$

64 답 8cm

$P+R=Q$이므로
$R=Q-P=\frac{25}{2}\pi-\frac{9}{2}\pi=8\pi(\text{cm}^2)$ ··· (i)
즉, $\frac{1}{2}\times\pi\times\left(\frac{\overline{AC}}{2}\right)^2=8\pi$에서 ··· (ii)
$\overline{AC}^2=64$
이때 $\overline{AC}>0$이므로 $\overline{AC}=8$(cm) ··· (iii)

채점 기준	비율
(i) R의 값 구하기	50 %
(ii) $\overline{AC}$의 길이를 구하는 식 세우기	30 %
(iii) $\overline{AC}$의 길이 구하기	20 %

65 답 $17\pi\,\text{cm}^2$

($\overline{AC}$를 지름으로 하는 반원의 넓이)

$=\frac{1}{2}\times\pi\times\left(\frac{8}{2}\right)^2=8\pi(\text{cm}^2)$

$\therefore$ ($\overline{BC}$를 지름으로 하는 반원의 넓이)

$=25\pi-8\pi=17\pi(\text{cm}^2)$

66 답 ③

(색칠한 부분의 넓이)$=\triangle ABC$

$=\frac{1}{2}\times24\times10=120(\text{cm}^2)$

67 답 10 cm

$\triangle ABC=$(색칠한 부분의 넓이)$=24\,\text{cm}^2$이므로

$\frac{1}{2}\times8\times\overline{AC}=24$ $\quad\therefore\ \overline{AC}=6(\text{cm})$

따라서 $\triangle ABC$에서 $\overline{BC}^2=8^2+6^2=100$이고,

$\overline{BC}>0$이므로 $\overline{BC}=10(\text{cm})$

68 답 $35\,\text{cm}^2$

다음 그림과 같이 색칠한 부분의 넓이를 각각 S_1, S_2, S_3, S_4라고 하자.

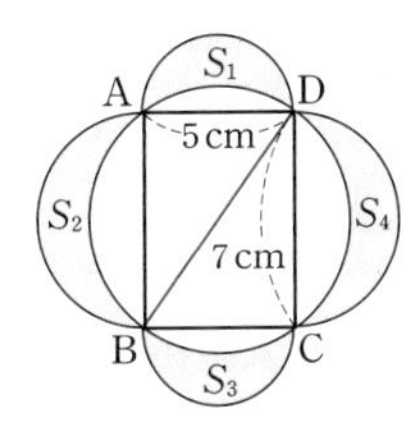

$\overline{BD}$를 그으면 $\triangle ABD$, $\triangle BCD$는 직각삼각형이므로

$S_1+S_2=\triangle ABD$, $S_3+S_4=\triangle BCD$

$\therefore$ (색칠한 부분의 넓이)$=S_1+S_2+S_3+S_4$

$=\triangle ABD+\triangle BCD$

$=$(직사각형 ABCD의 넓이)

$=5\times7=35(\text{cm}^2)$

유형 18~27 P. 17~25

69 답 ②

② 점 I는 삼각형의 세 내각의 이등분선의 교점이다.

70 답 ②, ③

② 점 I는 $\triangle ABC$의 세 내각의 이등분선의 교점이므로

$\angle ABI=\angle CBI$

③ $\triangle IAD$와 $\triangle IAF$에서

$\angle IDA=\angle IFA=90^\circ$,

$\overline{AI}$는 공통,

$\angle IAD=\angle IAF$이므로

$\triangle IAD\equiv\triangle IAF$ (RHA 합동)

따라서 옳은 것은 ②, ③이다.

71 답 120°

점 I는 $\triangle ABC$의 내심이므로

$\angle IBC=\angle ABI=23^\circ$, $\angle ICB=\angle ACI=37^\circ$

따라서 $\triangle IBC$에서

$\angle x=180^\circ-(23^\circ+37^\circ)=120^\circ$

72 답 10 cm

점 I는 $\triangle ABC$의 내심이므로

$\angle DBI=\angle IBC$, $\angle ECI=\angle ICB$

이때 $\overline{DE}/\!/\overline{BC}$이므로

$\angle DIB=\angle IBC$(엇각), $\angle EIC=\angle ICB$(엇각)

$\therefore\ \angle DBI=\angle DIB$, $\angle EIC=\angle ECI$

즉, $\triangle DBI$, $\triangle EIC$는 각각 이등변삼각형이므로

$\overline{DI}=\overline{DB}=4\,\text{cm}$, $\overline{EI}=\overline{EC}=6\,\text{cm}$

$\therefore\ \overline{DE}=\overline{DI}+\overline{EI}=4+6=10(\text{cm})$

73 답 ③

$\angle DBI=\angle IBC=\angle DIB$(④)이므로 $\triangle DBI$는

$\overline{DB}=\overline{DI}$(①)인 이등변삼각형이다.

$\angle ECI=\angle ICB=\angle EIC$이므로 $\triangle EIC$는

$\overline{EI}=\overline{EC}$(②)인 이등변삼각형이다.

$\therefore\ \overline{BD}+\overline{CE}=\overline{DI}+\overline{IE}=\overline{DE}$(⑤)

따라서 옳지 않은 것은 ③이다.

74 답 14 cm

오른쪽 그림과 같이 $\overline{IB}$, $\overline{IC}$를 그으면

점 I는 $\triangle ABC$의 내심이므로

$\angle DBI=\angle IBC$, $\angle ECI=\angle ICB$

이때 $\overline{DE}/\!/\overline{BC}$이므로

$\angle DIB=\angle IBC$(엇각),

$\angle EIC=\angle ICB$(엇각)

$\therefore\ \angle DBI=\angle DIB$, $\angle ECI=\angle EIC$

즉, $\triangle DBI$, $\triangle EIC$는 각각 이등변삼각형이므로

$\overline{DI}=\overline{DB}$, $\overline{EI}=\overline{EC}$

$\therefore$ ($\triangle ADE$의 둘레의 길이)

$=\overline{AD}+\overline{DE}+\overline{EA}$

$=\overline{AD}+(\overline{DI}+\overline{EI})+\overline{EA}$

$=(\overline{AD}+\overline{DB})+(\overline{EC}+\overline{EA})$

$=\overline{AB}+\overline{AC}$

$=8+6=14(\text{cm})$

75 답 **24°**

$40°+26°+\angle x=90°$이므로 $\angle x=24°$

76 답 ③

오른쪽 그림과 같이 $\overline{AI}$를 그으면

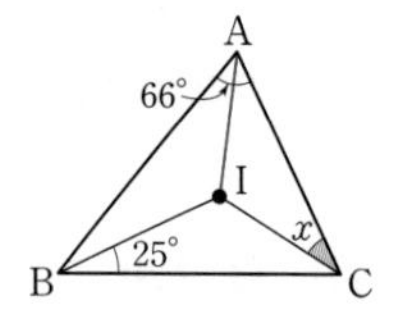

$\angle IAB=\angle IAC=\frac{1}{2}\angle A$

$=\frac{1}{2}\times 66°=33°$

따라서 $33°+25°+\angle x=90°$이므로

$\angle x=32°$

다른 풀이

$\angle ABI=\angle IBC=25°$이므로 $\angle ABC=25°+25°=50°$

$\triangle ABC$에서 $\angle ACB=180°-(66°+50°)=64°$

$\therefore\ \angle x=\frac{1}{2}\angle ACB=\frac{1}{2}\times 64°=32°$

77 답 **54°**

오른쪽 그림과 같이 $\overline{IB}$를 그으면

$\angle IBA=\angle IBC=\frac{1}{2}\angle B$

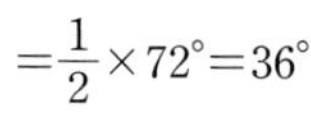

$=\frac{1}{2}\times 72°=36°$

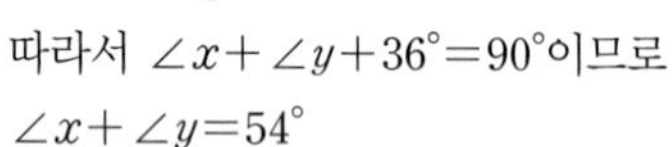

따라서 $\angle x+\angle y+36°=90°$이므로

$\angle x+\angle y=54°$

다른 풀이

$\angle IAB=\angle IAC=\angle x$, $\angle ICA=\angle ICB=\angle y$이므로

$\triangle ABC$에서 $72°+2\angle x+2\angle y=180°$

$2\angle x+2\angle y=108°$ $\quad\therefore\ \angle x+\angle y=54°$

78 답 **210°**

오른쪽 그림과 같이 $\overline{IC}$를 그으면

$\angle ICE=\frac{1}{2}\angle C=\frac{1}{2}\times 80°=40°$

$\angle IAB=\angle IAE=\angle x$,

$\angle IBA=\angle IBD=\angle y$라고 하면

$\angle x+\angle y+40°=90°$

$\therefore\ \angle x+\angle y=50°$

$\triangle ADC$에서 $\angle ADB=\angle x+80°$

$\triangle BCE$에서 $\angle AEB=\angle y+80°$

$\therefore\ \angle ADB+\angle AEB=(\angle x+80°)+(\angle y+80°)$

$=\angle x+\angle y+160°$

$=50°+160°=210°$

79 답 ②

$\angle BIC=90°+\frac{1}{2}\angle A=90°+\frac{1}{2}\times 78°=129°$

80 답 **58°**

$\angle ICB=\angle ICA=31°$이므로

$\triangle IBC$에서 $\angle x=180°-(27°+31°)=122°$ $\quad\cdots$ (i)

또 $\angle BIC=90°+\frac{1}{2}\angle A$이므로

$122°=90°+\frac{1}{2}\angle y$ $\quad\therefore\ \angle y=64°$ $\quad\cdots$ (ii)

$\therefore\ \angle x-\angle y=122°-64°=58°$ $\quad\cdots$ (iii)

채점 기준	비율
(i) $\angle x$의 크기 구하기	40 %
(ii) $\angle y$의 크기 구하기	40 %
(iii) $\angle x-\angle y$의 크기 구하기	20 %

81 답 **119°**

$\triangle ABC$에서 $\overline{AB}=\overline{AC}$이므로

$\angle C=\frac{1}{2}\times(180°-64°)=58°$

$\therefore\ \angle AIB=90°+\frac{1}{2}\angle C$

$=90°+\frac{1}{2}\times 58°=119°$

82 답 **110°**

$\angle BAC:\angle ABC:\angle BCA=4:2:3$이므로

$\angle ABC=180°\times\frac{2}{9}=40°$ $\quad\cdots$ (i)

$\therefore\ \angle x=90°+\frac{1}{2}\angle ABC$

$=90°+\frac{1}{2}\times 40°=110°$ $\quad\cdots$ (ii)

채점 기준	비율
(i) $\angle ABC$의 크기 구하기	40 %
(ii) $\angle x$의 크기 구하기	60 %

83 답 ③

점 I는 $\triangle ABC$의 내심이므로

$\angle BIC=90°+\frac{1}{2}\angle A$

$=90°+\frac{1}{2}\times 68°=124°$

점 I′은 $\triangle IBC$의 내심이므로

$\angle BI'C=90°+\frac{1}{2}\angle BIC$

$=90°+\frac{1}{2}\times 124°=152°$

84 답 ③

$\frac{1}{2}\times 5\times(\triangle ABC$의 둘레의 길이$)=65$

$\therefore$ ($\triangle ABC$의 둘레의 길이)$=26$(cm)

85 답 **4 cm**

$\triangle ABC$의 내접원의 반지름의 길이를 r cm라고 하면

$\frac{1}{2}\times r\times(13+15+14)=84$이므로

$21r=84$ $\quad\therefore\ r=4$

따라서 $\triangle ABC$의 내접원의 반지름의 길이는 4 cm이다.

86 답 $4\pi\,cm^2$

$\triangle ABC$의 내접원의 반지름의 길이를 $r$cm라고 하면

$\frac{1}{2}\times r\times(13+5+12)=\frac{1}{2}\times 5\times 12$이므로

$15r=30 \quad \therefore r=2$

$\therefore$ ($\triangle ABC$의 내접원의 넓이)$=\pi\times 2^2=4\pi(cm^2)$

87 답 ②

$\triangle ABC$에서 $\overline{BC}^2+15^2=17^2$이므로

$\overline{BC}^2=17^2-15^2=64$

이때 $\overline{BC}>0$이므로 $\overline{BC}=8(cm)$

$\triangle ABC$의 내접원의 반지름의 길이를 $r$cm라고 하면

$\frac{1}{2}\times r\times(17+8+15)=\frac{1}{2}\times 8\times 15$이므로

$20r=60 \quad \therefore r=3$

$\therefore \triangle IAB=\frac{1}{2}\times 17\times 3=\frac{51}{2}(cm^2)$

88 답 $(24-4\pi)\,cm^2$

$\triangle ABC$의 내접원의 반지름의 길이를 $r$cm라고 하면

$\frac{1}{2}\times r\times(10+8+6)=\frac{1}{2}\times 8\times 6$이므로

$12r=24 \quad \therefore r=2$ …(i)

$\therefore$ (색칠한 부분의 넓이)$=\triangle ABC-$(내접원 I의 넓이)

$=24-\pi\times 2^2$

$=24-4\pi(cm^2)$ …(ii)

채점 기준	비율
(i) $\triangle ABC$의 내접원의 반지름의 길이 구하기	60 %
(ii) 색칠한 부분의 넓이 구하기	40 %

89 $\left(9-\frac{9}{4}\pi\right)cm^2$

$\triangle ABC$의 내접원의 반지름의 길이를 $r$cm라고 하면

$\frac{1}{2}\times r\times(15+9+12)=\frac{1}{2}\times 9\times 12$이므로

$18r=54 \quad \therefore r=3$

$\therefore$ (색칠한 부분의 넓이)

$=$(정사각형 IECF의 넓이)$-$(부채꼴 IEF의 넓이)

$=3\times 3-\frac{1}{4}\times\pi\times 3^2$

$=9-\frac{9}{4}\pi(cm^2)$

90 답 8

$\overline{BE}=\overline{BD}=5cm$

$\overline{CE}=\overline{CF}=\overline{AC}-\overline{AF}$

$=\overline{AC}-\overline{AD}=5-2=3(cm)$

$\therefore x=\overline{BE}+\overline{CE}=5+3=8$

91 답 2cm

$\overline{AD}=\overline{AF}=x$cm라고 하면

$\overline{BE}=\overline{BD}=(6-x)cm$, $\overline{CE}=\overline{CF}=(9-x)cm$

이때 $\overline{BE}+\overline{CE}=\overline{BC}$이므로 $(6-x)+(9-x)=11$

$15-2x=11,\ 2x=4 \quad \therefore x=2$

$\therefore \overline{AD}=2cm$

92 답 9cm

$\overline{AD}=\overline{AF}=x$cm, $\overline{CE}=\overline{CF}=y$cm라고 하면

$\overline{BD}=\overline{BE}=7$cm이고,

$\triangle ABC$의 둘레의 길이가 32cm이므로

$2(x+y+7)=32,\ x+y+7=16 \quad \therefore x+y=9$

$\therefore \overline{AC}=x+y=9(cm)$

93 답 ②, ⑤

② 점 O는 삼각형의 세 변의 수직이등분선의 교점이다.

⑤ 점 O에서 세 꼭짓점에 이르는 거리는 같다.

94 답 ④

① 외심에서 세 꼭짓점에 이르는 거리는 같으므로
$\overline{OA}=\overline{OB}=\overline{OC}$

②, ③ $\triangle OAD$와 $\triangle OBD$에서
$\angle ODA=\angle ODB=90°$, $\overline{DA}=\overline{DB}$, $\overline{OD}$는 공통이므로
$\triangle OAD\equiv\triangle OBD$(SAS 합동)
$\therefore \angle OAD=\angle OBD$

⑤ 점 O는 $\triangle ABC$의 세 변의 수직이등분선의 교점이므로
$\triangle ABC$의 외심, 즉 외접원의 중심이다.

따라서 옳지 않은 것은 ④이다.

참고 ④는 점 O가 $\triangle ABC$의 내심일 때 성립한다.

95 답 110°

$\overline{OA}=\overline{OB}$이므로 $\angle OAB=\angle OBA=35°$

따라서 $\triangle ABO$에서

$\angle x=180°-(35°+35°)=110°$

96 답 42cm

$\overline{BD}=\overline{AD}=7cm$, $\overline{CF}=\overline{AF}=6cm$, $\overline{CE}=\overline{BE}=8cm$

$\therefore$ ($\triangle ABC$의 둘레의 길이)$=2\times(7+6+8)=42(cm)$

97 답 7cm

점 O가 $\triangle ABC$의 외심이므로

$\overline{BC}=2\overline{DC}=2\times 5=10(cm)$

$\triangle OBC$에서 $\overline{OB}=\overline{OC}$이므로

$\overline{OB}=\overline{OC}=\frac{1}{2}\times(24-10)=7(cm)$

따라서 $\triangle ABC$의 외접원의 반지름의 길이는 7cm이다.

98 답 ⑤

⑤ 접시의 중심은 $\triangle ABC$의 외심이므로 $\overline{AB}$, $\overline{BC}$, $\overline{CA}$의 수직이등분선의 교점을 찾아 외심을 구한다.

99 답 $\frac{5}{2}$ cm

점 M이 직각삼각형 ABC의 외심이므로

$\overline{AM}=\overline{BM}=\overline{CM}$

$\therefore \overline{CM}=\frac{1}{2}\overline{AB}=\frac{1}{2}\times 5=\frac{5}{2}$(cm)

100 답 10π cm

직각삼각형의 외심은 빗변의 중점이므로

$\triangle ABC$의 외접원의 반지름의 길이는

$\frac{1}{2}\overline{AC}=\frac{1}{2}\times 10=5$(cm)

$\therefore$ ($\triangle ABC$의 외접원의 둘레의 길이)

$=2\pi\times 5=10\pi$(cm)

101 답 70°

점 M이 직각삼각형 ABC의 외심이므로 $\overline{AM}=\overline{BM}$

$\therefore \angle BAM=\angle ABM=35^\circ$

따라서 $\triangle ABM$에서

$\angle AMC=35^\circ+35^\circ=70^\circ$

102 답 6 cm

오른쪽 그림과 같이 $\overline{OC}$를 그으면 점 O는 직각삼각형 ABC의 외심이므로

$\overline{OA}=\overline{OB}=\overline{OC}$

이때 $\triangle OBC$에서 $\overline{OB}=\overline{OC}$이므로

$\angle OCB=\angle B=60^\circ$ ⋯ (i)

$\therefore \angle BOC=180^\circ-(60^\circ+60^\circ)=60^\circ$ ⋯ (ii)

따라서 $\triangle OBC$는 정삼각형이므로

$\overline{BC}=\overline{OB}=\frac{1}{2}\overline{AB}=\frac{1}{2}\times 12=6$(cm) ⋯ (iii)

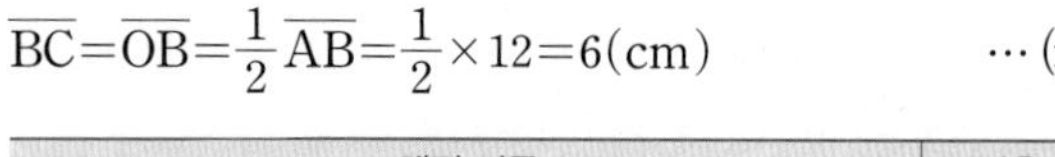

채점 기준	비율
(i) $\angle OCB$의 크기 구하기	40 %
(ii) $\angle BOC$의 크기 구하기	20 %
(iii) $\overline{BC}$의 길이 구하기	40 %

103 답 27 cm^2

점 O는 직각삼각형 ABC의 외심이므로

$\overline{OA}=\overline{OB}$

즉, $\triangle AOC=\triangle OBC$이므로

$\triangle OBC=\frac{1}{2}\triangle ABC$

$=\frac{1}{2}\times\left(\frac{1}{2}\times 12\times 9\right)=27(\text{cm}^2)$

104 답 108°

$\angle BAO:\angle OAC=2:3$이므로

$\angle BAO=90^\circ\times\frac{2}{5}=36^\circ$

이때 점 O는 직각삼각형 ABC의 외심이므로 $\overline{OA}=\overline{OB}$

따라서 $\triangle ABO$에서 $\overline{OA}=\overline{OB}$이므로

$\angle ABO=\angle BAO=36^\circ$

$\therefore \angle AOB=180^\circ-(36^\circ+36^\circ)=108^\circ$

105 답 125°

점 O가 $\triangle ABC$의 외심이므로

$\overline{OA}=\overline{OB}=\overline{OC}$

이때 $\triangle OAC$에서 $\overline{OA}=\overline{OC}$이므로

$\angle OCA=\angle OAC=35^\circ$

$\therefore \angle AOC=180^\circ-(35^\circ+35^\circ)=110^\circ$

$\triangle OBC$에서 $\overline{OB}=\overline{OC}$이므로

$\angle OBC=\angle OCB=35^\circ+20^\circ=55^\circ$

$\therefore \angle BOC=180^\circ-(55^\circ+55^\circ)=70^\circ$

$\therefore \angle AOB=\angle AOC-\angle BOC=110^\circ-70^\circ=40^\circ$

$\triangle OAB$에서 $\overline{OA}=\overline{OB}$이므로

$\angle OBA=\angle OAB=\frac{1}{2}\times(180^\circ-40^\circ)=70^\circ$

$\therefore \angle B=\angle OBA+\angle OBC=70^\circ+55^\circ=125^\circ$

106 답 20°

$\angle x+30^\circ+40^\circ=90^\circ$이므로 $\angle x=20^\circ$

107 답 ⑤

$20^\circ+15^\circ+\angle OAC=90^\circ$이므로 $\angle OAC=55^\circ$

$\triangle OAB$에서 $\overline{OA}=\overline{OB}$이므로 $\angle OAB=\angle OBA=20^\circ$

$\therefore \angle BAC=\angle OAB+\angle OAC=20^\circ+55^\circ=75^\circ$

다른 풀이

$\triangle OBC$에서 $\overline{OB}=\overline{OC}$이므로 $\angle OBC=\angle OCB=15^\circ$

따라서 $\angle BOC=180^\circ-(15^\circ+15^\circ)=150^\circ$이므로

$\angle BAC=\frac{1}{2}\angle BOC=\frac{1}{2}\times 150^\circ=75^\circ$

108 답 ①

$\angle OCA+29^\circ+35^\circ=90^\circ$이므로 $\angle OCA=26^\circ$

$\triangle OBC$에서 $\overline{OB}=\overline{OC}$이므로 $\angle OCB=\angle OBC=35^\circ$

$\therefore \angle C=\angle OCB+\angle OCA=35^\circ+26^\circ=61^\circ$

109 답 110°

$\angle BOC=2\angle A=2\times 55^\circ=110^\circ$

110 답 100°

$\triangle OAB$에서 $\overline{OA}=\overline{OB}$이므로

$\angle OBA=\angle OAB=20^\circ$

따라서 $\angle ABC=20^\circ+30^\circ=50^\circ$이므로

$\angle AOC=2\angle ABC=2\times 50^\circ=100^\circ$

111 답 **106°**

△OBC에서 $\overline{OB}=\overline{OC}$이므로

$\angle OCB=\frac{1}{2}\times(180°-128°)=26°$

따라서 $\angle ACB=27°+26°=53°$이므로

$\angle AOB=2\angle ACB=2\times53°=106°$

112 답 **58°**

△OBC에서 $\overline{OB}=\overline{OC}$이므로

$\angle OCB=\angle OBC=32°$ … (i)

따라서 $\angle BOC=180°-(32°+32°)=116°$이므로 … (ii)

$\angle A=\frac{1}{2}\angle BOC=\frac{1}{2}\times116°=58°$ … (iii)

채점 기준	비율
(i) ∠OCB의 크기 구하기	40 %
(ii) ∠BOC의 크기 구하기	20 %
(iii) ∠A의 크기 구하기	40 %

113 답 **40°**

$\angle AOB:\angle BOC:\angle COA=2:3:4$이므로

$\angle AOB=360°\times\frac{2}{9}=80°$ … (i)

$\therefore \angle ACB=\frac{1}{2}\angle AOB=\frac{1}{2}\times80°=40°$ … (ii)

채점 기준	비율
(i) ∠AOB의 크기 구하기	40 %
(ii) ∠ACB의 크기 구하기	60 %

114 답 **128°**

오른쪽 그림과 같이 $\overline{OA}$를 그으면

$\overline{OA}=\overline{OB}=\overline{OC}$이므로

$\angle BAO=\angle ABO=40°$,

$\angle CAO=\angle ACO=24°$

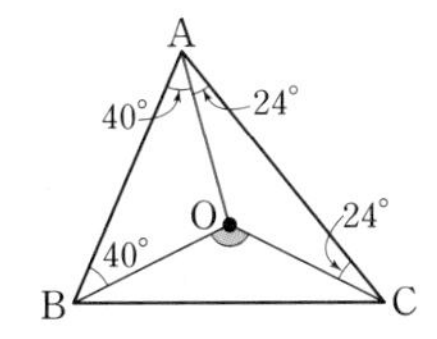

$\therefore \angle A=\angle BAO+\angle CAO$

$=40°+24°=64°$

$\therefore \angle BOC=2\angle A=2\times64°=128°$

115 답 $12\pi\,cm^2$

오른쪽 그림과 같이 $\overline{BC}$를 그으면 점 O는 △ABC의 외심이다.

△OAB에서 $\overline{OA}=\overline{OB}$이므로

$\angle OAB=\angle OBA=25°$

△OCA에서 $\overline{OA}=\overline{OC}$이므로

$\angle OAC=\angle OCA=35°$

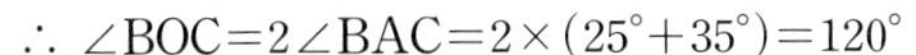

$\therefore \angle BOC=2\angle BAC=2\times(25°+35°)=120°$

∴ (부채꼴 OBC의 넓이)

$=\pi\times6^2\times\frac{120}{360}=12\pi(cm^2)$

116 답 ㄷ, ㄹ, ㅂ

ㄷ. 삼각형의 내심에서 세 변에 이르는 거리는 같다.

ㄹ. 삼각형의 외심에서 세 꼭짓점에 이르는 거리는 같다.

ㅂ. 삼각형의 외심은 삼각형의 종류에 따라 위치가 다르다.

117 답 ④

점 I는 △ABC의 내심이므로 $\overline{ID}=\overline{IE}=\overline{IF}$

즉, △DEF의 세 꼭짓점으로부터 같은 거리에 있으므로

점 I는 △DEF의 외심이다.

따라서 옳지 않은 것은 ④이다.

118 답 **114°**

$\angle A=\frac{1}{2}\angle BOC=\frac{1}{2}\times96°=48°$

$\therefore \angle BIC=90°+\frac{1}{2}\angle A=90°+\frac{1}{2}\times48°=114°$

119 답 **16.5°**

$\angle BOC=2\angle A=2\times38°=76°$

△OBC에서 $\overline{OB}=\overline{OC}$이므로

$\angle OBC=\frac{1}{2}\times(180°-76°)=52°$

△ABC에서 $\angle ABC=\frac{1}{2}\times(180°-38°)=71°$이므로

$\angle IBC=\frac{1}{2}\angle ABC=\frac{1}{2}\times71°=35.5°$

$\therefore \angle x=\angle OBC-\angle IBC=52°-35.5°=16.5°$

120 답 **135°**

△ABC에서 $\angle ACB=180°-(60°+90°)=30°$

△OBC에서 $\overline{OB}=\overline{OC}$이므로

$\angle OBC=\angle OCB=30°$

이때 점 I는 △ABC의 내심이므로

$\angle ICB=\frac{1}{2}\angle ACB=\frac{1}{2}\times30°=15°$

따라서 △PBC에서

$\angle BPC=180°-(30°+15°)=135°$

121 답 $\frac{29}{4}\pi\,cm^2$

△ABC의 외접원의 반지름의 길이를 R cm라고 하면

$R=\frac{1}{2}\overline{BC}=\frac{1}{2}\times5=\frac{5}{2}$

△ABC의 내접원의 반지름의 길이를 r cm라고 하면

$\frac{1}{2}\times r\times(3+5+4)=\frac{1}{2}\times3\times4$

$6r=6 \qquad \therefore r=1$

따라서 외접원과 내접원의 넓이의 합은

$\pi\times\left(\frac{5}{2}\right)^2+\pi\times1^2=\frac{29}{4}\pi(cm^2)$

122 답 108

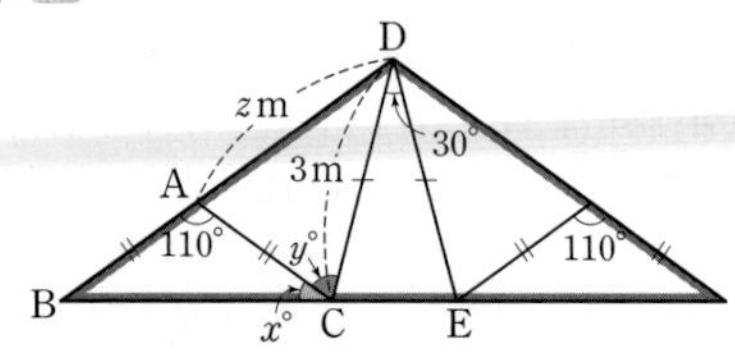

△ABC에서 $\overline{AB}=\overline{AC}$이므로

$\angle ACB=\frac{1}{2}\times(180°-110°)=35°$ $\therefore x=35$

△DCE에서 $\overline{DC}=\overline{DE}$이므로

$\angle DCE=\frac{1}{2}\times(180°-30°)=75°$

$\therefore \angle ACD=180°-(35°+75°)=70°$ $\therefore y=70$

이때 $\angle DAC=180°-110°=70°$이므로

$\angle DAC=\angle DCA$

즉, △DAC는 $\overline{DA}=\overline{DC}$인 이등변삼각형이므로

$\overline{DA}=\overline{DC}=3$ m $\therefore z=3$

$\therefore x+y+z=35+70+3=108$

123 답 ①

△DEF의 둘레의 길이를 l이라고 하면

△ABC의 둘레의 길이는 $2l$이다.

△ABC와 △DEF의 넓이를 각각 R, r를 사용하여 나타내면

$\triangle ABC=\frac{1}{2}\times R\times 2l=Rl$,

$\triangle DEF=\frac{1}{2}\times r\times l=\frac{1}{2}rl$

이때 △ABC=△DEF이므로

$Rl=\frac{1}{2}rl$ $\therefore R=\frac{1}{2}r$

$\therefore R:r=\frac{1}{2}r:r=1:2$

단원 마무리 P. 26~29

1 ③	2 ③	3 ②	4 ③	5 3 cm
6 ②	7 ④	8 196 cm²		
9 ④	10 6 cm²	11 34°	12 30 cm	13 16 cm
14 130°	15 54°	16 ③	17 8 cm²	18 6 cm²
19 9 cm², 25 cm²		20 64, 514		21 168 cm²
22 41 cm	23 198°	24 14°	25 7.5°	26 58°
27 90°	28 100°			

1 ① △ABP와 △ACP에서

$\overline{AB}=\overline{AC}$, $\angle BAP=\angle CAP$, $\overline{AP}$는 공통이므로

△ABP≡△ACP(SAS 합동)

② △PBD와 △PCD에서

$\overline{BD}=\overline{CD}$, $\angle PDB=\angle PDC=90°$, $\overline{PD}$는 공통이므로

△PBD≡△PCD(SAS 합동)

④ △PBD≡△PCD이므로 $\angle BPD=\angle CPD$

⑤ $\overline{BD}=\overline{PD}$이면 $\angle BPD=\angle PBD=45°$

$\overline{CD}=\overline{PD}$이면 $\angle CPD=\angle PCD=45°$

$\therefore \angle BPC=\angle BPD+\angle CPD=45°+45°=90°$

따라서 옳지 않은 것은 ③이다.

2 $\angle B=\angle x$라고 하면

△ABC에서 $\overline{AB}=\overline{AC}$이므로

$\angle ACB=\angle B=\angle x$

$\therefore \angle DAC=\angle x+\angle x=2\angle x$

△ACD에서 $\overline{AC}=\overline{DC}$이므로

$\angle ADC=\angle DAC=2\angle x$

따라서 △DBC에서 $\angle x+2\angle x=105°$이므로

$3\angle x=105°$ $\therefore \angle x=35°$

$\therefore \angle B=35°$

3 $\overline{AC}/\!/\overline{BD}$이므로

$\angle ACB=\angle CBD$(엇각), $\angle ABC=\angle CBD$(접은 각)

$\therefore \angle ABC=\angle ACB$

따라서 △ABC는 $\overline{AB}=\overline{AC}$인 이등변삼각형이므로

$\overline{AC}=\overline{AB}=5$ cm

$\therefore$ (△ABC의 둘레의 길이)$=\overline{AB}+\overline{BC}+\overline{CA}$

$=5+4+5=14$(cm)

4 ①, ② △ADB와 △CEA에서

$\angle BDA=\angle AEC=90°$, $\overline{AB}=\overline{CA}$,

$\angle DBA+\angle BAD=90°$이고,

$\angle BAD+\angle EAC=90°$이므로 $\angle DBA=\angle EAC$

$\therefore$ △ADB≡△CEA(RHA 합동)

④ $\overline{DE}=\overline{DA}+\overline{AE}=\overline{EC}+\overline{BD}=4+6=10$(cm)

⑤ (사각형 DBCE의 넓이)$=\frac{1}{2}\times(4+6)\times10=50$(cm²)

따라서 옳지 않은 것은 ③이다.

5 다음 그림과 같이 점 D에서 $\overline{AB}$에 내린 수선의 발을 H라고 하자.

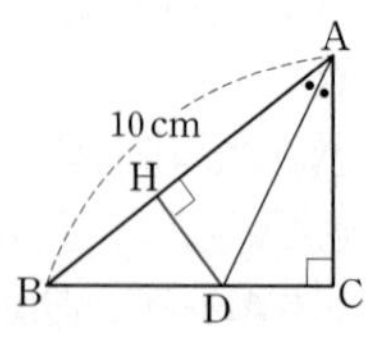

$\triangle ABD=\frac{1}{2}\times10\times\overline{DH}=15$(cm²)

$\therefore \overline{DH}=3$(cm)

한편, $\triangle$ACD와 $\triangle$AHD에서
$\angle$ACD$=\angle$AHD$=90°$, $\overline{AD}$는 공통,
$\angle$CAD$=\angle$HAD이므로
$\triangle$ACD$\equiv\triangle$AHD(RHA 합동)
$\therefore \overline{DC}=\overline{DH}=3$cm

6 $\triangle$ABC에서 $\overline{AC}^2+5^2=13^2$이므로
$\overline{AC}^2=13^2-5^2=144$
이때 $\overline{AC}>0$이므로 $\overline{AC}=12$(cm)
$\triangle$ACD에서 $\overline{CD}^2+12^2=15^2$이므로
$\overline{CD}^2=15^2-12^2=81$
이때 $\overline{CD}>0$이므로 $\overline{CD}=9$(cm)
$\therefore \triangle ACD=\frac{1}{2}\times9\times12=54(cm^2)$

7 오른쪽 그림과 같이 꼭짓점 A에서 $\overline{BC}$에 내린 수선의 발을 H라고 하면

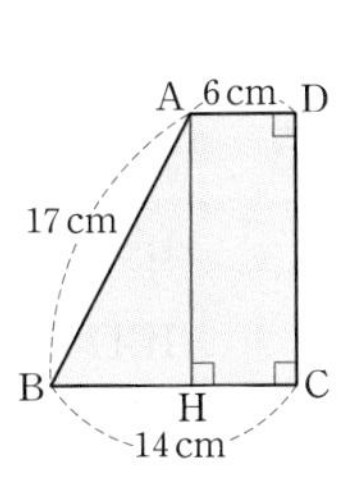

$\overline{HC}=\overline{AD}=6$cm이므로
$\overline{BH}=\overline{BC}-\overline{HC}=14-6=8$(cm)
$\triangle$ABH에서 $8^2+\overline{AH}^2=17^2$이므로
$\overline{AH}^2=17^2-8^2=225$
이때 $\overline{AH}>0$이므로 $\overline{AH}=15$(cm)
$\therefore$ (사다리꼴 ABCD의 넓이)
$=\frac{1}{2}\times(6+14)\times15=150(cm^2)$

8 $\triangle AEH\equiv\triangle BFE\equiv\triangle CGF\equiv\triangle DHG$(SAS 합동)이므로 사각형 EFGH는 정사각형이다.
정사각형 EFGH의 넓이가 $100cm^2$이므로
$\overline{EH}^2=100$
이때 $\overline{EH}>0$이므로 $\overline{EH}=10$(cm)
$\triangle$AEH에서 $\overline{AE}^2+6^2=10^2$이므로
$\overline{AE}^2=10^2-6^2=64$
이때 $\overline{AE}>0$이므로 $\overline{AE}=8$(cm)
$\therefore$ (정사각형 ABCD의 넓이)$=(8+6)^2=196(cm^2)$

9 $7^2>3^2+5^2$이므로
$\triangle$ABC는 오른쪽 그림과 같이 $\angle B>90°$인 둔각삼각형이다.

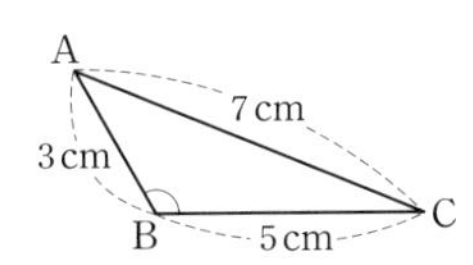

10 $\triangle$ABC에서 $\overline{AB}^2+3^2=5^2$이므로
$\overline{AB}^2=5^2-3^2=16$
이때 $\overline{AB}>0$이므로 $\overline{AB}=4$(cm)
$\therefore$ (색칠한 부분의 넓이)$=\triangle$ABC
$=\frac{1}{2}\times4\times3=6(cm^2)$

11 $118°=90°+\frac{1}{2}\angle B$이므로
$\frac{1}{2}\angle B=28°$ $\therefore \angle B=56°$
$\triangle$ABC에서 $\overline{AB}=\overline{AC}$이므로
$\angle C=\angle B=56°$
$\therefore \angle BAC=180°-(56°+56°)=68°$
$\therefore \angle x=\frac{1}{2}\angle BAC=\frac{1}{2}\times68°=34°$

12 $\overline{CE}=\overline{CF}=5$cm
$\overline{BD}=\overline{BE}=6$cm이므로
$\overline{AF}=\overline{AD}=\overline{AB}-\overline{BD}=10-6=4$(cm)
$\therefore$ ($\triangle$ABC의 둘레의 길이)$=\overline{AB}+\overline{BC}+\overline{CA}$
$=10+(6+5)+(5+4)$
$=30$(cm)

13 $\triangle$ABC에서 $\angle C=90°-30°=60°$
점 O는 $\triangle$ABC의 외심이므로 $\overline{OA}=\overline{OB}=\overline{OC}$
이때 $\triangle$OBC에서
$\angle OBC=\angle C=60°$
$\therefore \angle BOC=180°-(60°+60°)=60°$
따라서 $\triangle$OBC는 정삼각형이므로
$\overline{OC}=\overline{OB}=\overline{BC}=8$cm
$\therefore \overline{AC}=2\overline{OC}=2\times8=16$(cm)

14 오른쪽 그림과 같이 $\overline{OC}$를 그으면

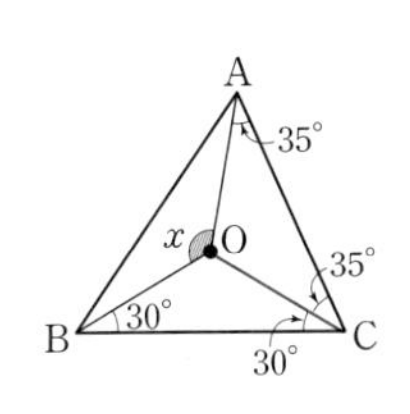

$\overline{OA}=\overline{OB}=\overline{OC}$이므로
$\angle OCA=\angle OAC=35°$
$\angle OCB=\angle OBC=30°$
$\therefore \angle C=35°+30°=65°$
$\therefore \angle x=2\angle C=2\times65°=130°$

15 $\triangle$ABD에서 $\overline{BA}=\overline{BD}$이므로
$\angle ADB=\frac{1}{2}\times(180°-76°)=52°$
$\triangle$EDC에서 $\overline{CD}=\overline{CE}$이므로
$\angle EDC=\frac{1}{2}\times(180°-32°)=74°$
$\therefore \angle ADE=180°-(52°+74°)=54°$

16 $\triangle$ABC에서 $\overline{AB}=\overline{AC}$이므로
$\angle ABC=\angle ACB=\frac{1}{2}\times(180°-60°)=60°$
이때 $\angle ABD=2\angle DBC$이므로
$\angle DBC=\frac{1}{3}\angle ABC=\frac{1}{3}\times60°=20°$
또 $\angle DCE=\frac{1}{2}\times(180°-60°)=60°$이므로
$\triangle$DBC에서
$20°+\angle BDC=60°$ $\therefore \angle BDC=40°$

17 △ABC에서

$\angle B=\angle BAC=\frac{1}{2}\times(180^\circ-90^\circ)=45^\circ$

△DBE에서 $\angle DEB=90^\circ-45^\circ=45^\circ$

즉, △DBE는 $\overline{DB}=\overline{DE}$인 직각이등변삼각형이다.

한편, △ADE와 △ACE에서

$\angle ADE=\angle ACE=90^\circ$, $\overline{AE}$는 공통,

$\overline{AD}=\overline{AC}$이므로

△ADE≡△ACE(RHS 합동)

따라서 $\overline{DE}=\overline{CE}=4\,cm$이므로

$\overline{BD}=\overline{DE}=4\,cm$

$\therefore$ $\triangle DBE=\frac{1}{2}\times4\times4=8(cm^2)$

18 △ABF와 △BCG에서

$\angle AFB=\angle BGC=90^\circ$, $\overline{AB}=\overline{BC}$,

$\angle BAF=90^\circ-\angle ABF=\angle CBG$이므로

△ABF≡△BCG(RHA 합동)

따라서 $\overline{BF}=\overline{CG}=4\,cm$, $\overline{BG}=\overline{AF}=6\,cm$이므로

$\overline{FG}=\overline{BG}-\overline{BF}=6-4=2(cm)$

$\therefore$ $\triangle AFG=\frac{1}{2}\times2\times6=6(cm^2)$

19 정사각형 P의 넓이가 $16\,cm^2$이므로 $\overline{AB}^2=16$

이때 $\overline{AB}>0$이므로 $\overline{AB}=4(cm)$

$\triangle ABC=\frac{1}{2}\times4\times\overline{AC}=6$

$\therefore$ $\overline{AC}=3(cm)$

$\therefore$ (정사각형 Q의 넓이)$=\overline{AC}^2=3^2=9(cm^2)$,

(정사각형 R의 넓이)$=16+9=25(cm^2)$

20 ㉠ 가장 긴 변의 길이가 $x\,cm$일 때

$x^2=15^2+17^2=514$ ⋯ (i)

㉡ 가장 긴 변의 길이가 17 cm일 때

$x^2+15^2=17^2$ $\therefore$ $x^2=64$ ⋯ (ii)

따라서 ㉠, ㉡에 의해 x^2의 값은 64, 514이다. ⋯ (iii)

채점 기준	비율
(i) 가장 긴 변의 길이가 $x\,cm$일 때, x^2의 값 구하기	40 %
(ii) 가장 긴 변의 길이가 17 cm일 때, x^2의 값 구하기	40 %
(iii) 가능한 x^2의 값 모두 구하기	20 %

21 오른쪽 그림과 같이 $\overline{OC}$를 그으면

$\overline{OC}=\overline{OA}=25\,cm$

△OCE에서 $24^2+\overline{CE}^2=25^2$이므로

$\overline{CE}^2=25^2-24^2=49$

이때 $\overline{CE}>0$이므로 $\overline{CE}=7(cm)$

$\therefore$ (사각형 ODCE의 넓이)

$=7\times24=168(cm^2)$

22 오른쪽 그림과 같이 $\overline{IB}$, $\overline{IC}$를 각각 그으면 점 I는 △ABC의 내심이므로

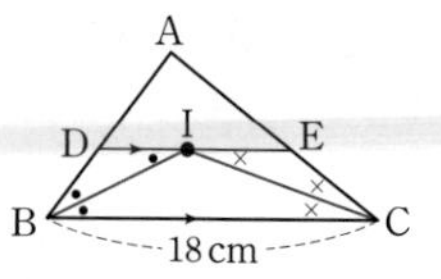

$\angle DBI=\angle IBC$, $\angle ECI=\angle ICB$

이때 $\overline{DE}/\!/\overline{BC}$이므로

$\angle DIB=\angle IBC$(엇각), $\angle EIC=\angle ICB$(엇각)

$\therefore$ $\angle DBI=\angle DIB$, $\angle ECI=\angle EIC$

즉, △DBI, △EIC는 각각 이등변삼각형이므로

$\overline{DB}=\overline{DI}$, $\overline{EC}=\overline{EI}$

$\therefore$ (△ABC의 둘레의 길이)

$=\overline{AB}+\overline{AC}+\overline{BC}$

$=(\overline{AD}+\overline{DB})+(\overline{AE}+\overline{EC})+18$

$=(\overline{AD}+\overline{DI})+(\overline{AE}+\overline{EI})+18$

$=$(△ADE의 둘레의 길이)$+18$

$=23+18=41(cm)$

23 오른쪽 그림과 같이 $\overline{AI}$를 그으면

$\angle IAD=\frac{1}{2}\angle A=\frac{1}{2}\times72^\circ=36^\circ$

$\angle IBD=\angle IBC=\angle x$,

$\angle ICB=\angle ICE=\angle y$라고 하면

$36^\circ+\angle x+\angle y=90^\circ$

$\therefore$ $\angle x+\angle y=54^\circ$

△ADC에서 $\angle BDC=72^\circ+\angle y$

△ABE에서 $\angle BEC=72^\circ+\angle x$

$\therefore$ $\angle BDC+\angle BEC$

$=(72^\circ+\angle y)+(72^\circ+\angle x)$

$=144^\circ+\angle x+\angle y$

$=144^\circ+54^\circ=198^\circ$

24 점 E가 직각삼각형 ABC의 외심이므로

$\overline{AE}=\overline{BE}=\overline{CE}$

$\therefore$ $\angle BAE=\angle ABE=38^\circ$

△ABE에서

$\angle AED=38^\circ+38^\circ=76^\circ$

따라서 △AED에서

$\angle EAD=180^\circ-(76^\circ+90^\circ)=14^\circ$

25 $\angle BOC=2\angle A=2\times50^\circ=100^\circ$

△OBC에서 $\overline{OB}=\overline{OC}$이므로

$\angle OCB=\frac{1}{2}\times(180^\circ-100^\circ)=40^\circ$

△ABC에서 $\angle ACB=\frac{1}{2}\times(180^\circ-50^\circ)=65^\circ$이므로

$\angle ICB=\frac{1}{2}\angle ACB=\frac{1}{2}\times65^\circ=32.5^\circ$

$\therefore$ $\angle OCI=\angle OCB-\angle ICB$

$=40^\circ-32.5^\circ=7.5^\circ$

26 $\triangle$ABC에서 $\overline{AB}=\overline{AC}$이므로

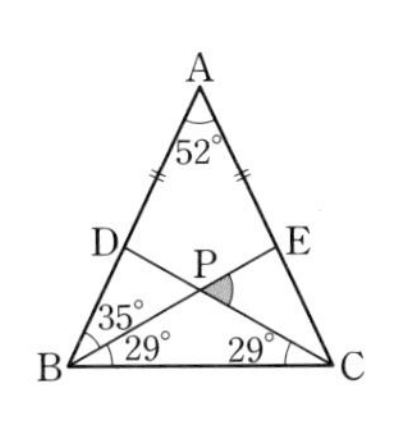

$\angle ABC=\frac{1}{2}\times(180°-52°)=64°$

$\therefore\ \angle EBC=64°-35°=29°$

한편, $\triangle$DBC와 $\triangle$ECB에서

$\overline{DB}=\overline{EC}$, $\angle DBC=\angle ECB$,

$\overline{BC}$는 공통이므로

$\triangle DBC\equiv\triangle ECB$(SAS 합동)

$\therefore\ \angle DCB=\angle EBC=29°$

따라서 $\triangle$PBC에서

$\angle EPC=29°+29°=58°$

27 오른쪽 그림과 같이 $\overline{OB}$를 그으면 점 O가 $\triangle$ABC의 외심이므로 $\overline{OA}=\overline{OB}=\overline{OC}$

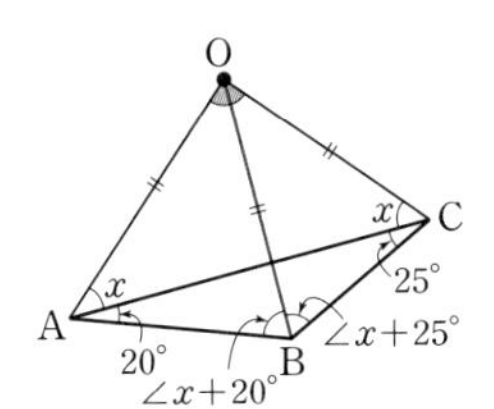

$\triangle$OAC에서 $\overline{OA}=\overline{OC}$이므로

$\angle OAC=\angle OCA=\angle x$라고 하자.

$\triangle$OAB에서 $\overline{OA}=\overline{OB}$이므로

$\angle OBA=\angle OAB=\angle x+20°$

$\triangle$OBC에서 $\overline{OB}=\overline{OC}$이므로

$\angle OBC=\angle OCB=\angle x+25°$

$\triangle$ABC에서

$20°+(\angle x+20°+\angle x+25°)+25°=180°$

$2\angle x=90°\qquad\therefore\ \angle x=45°$

따라서 $\triangle$OAC에서

$\angle AOC=180°-(45°+45°)=90°$

28 $\triangle$OAB는 $\overline{OA}=\overline{OB}$인 이등변삼각형이고

$\angle BAC=2\angle BAI=2\times35°=70°$이므로

$\angle BAO=\angle ABO=70°-25°=45°$

$\triangle$OBC는 $\overline{OB}=\overline{OC}$인 이등변삼각형이고

$\angle BOC=2\angle BAC=2\times70°=140°$이므로

$\angle OBC=\frac{1}{2}\times(180°-140°)=20°$

$\therefore\ \angle ABD=\angle ABO+\angle OBC$

$=45°+20°=65°$

따라서 $\triangle$ABD에서

$\angle ADE=35°+65°=100°$

유형 1~8 P. 32~38

1 답 $10°$

$\overline{AD}/\!/\overline{BC}$이므로 $\angle x=\angle ADB=25°$(엇각)

$\triangle OBC$에서 $25°+\angle y=60°$ $\therefore \angle y=35°$

$\therefore \angle y-\angle x=35°-25°=10°$

2 답 ③

$\overline{AD}/\!/\overline{BC}$이므로 $\angle DBC=\angle ADB=35°$(엇각)

$\overline{AB}/\!/\overline{DC}$이므로 $\angle BDC=\angle ABD=\angle x$(엇각)

따라서 $\triangle DBC$에서 $\angle x+35°+(55°+\angle y)=180°$

$\therefore \angle x+\angle y=90°$

3 답 $100°$

$\overline{AB}/\!/\overline{DC}$이므로

$\angle ABD=\angle BDC=40°$(엇각),

$\angle EDB=\angle BDC=40°$(접은 각)

따라서 $\triangle QBD$에서 $\angle AQE=180°-(40°+40°)=100°$

4 답 $x=4,\ y=1$

$\overline{BC}=\overline{AD}=6$이므로

$2x-2=6,\ 2x=8$ $\therefore x=4$

$\overline{DC}=\overline{AB}=4$이므로

$4y=4$ $\therefore y=1$

5 답 ⑤

$\overline{DC}=\overline{AB}=9\,cm$이므로

$\overline{AD}+9+\overline{BC}+9=40(cm)$

$\therefore \overline{AD}+\overline{BC}=22(cm)$

이때 $\overline{AD}=\overline{BC}$이므로

$\overline{AD}=\frac{1}{2}\times 22=11(cm)$

6 답 ③

$\triangle ACD$에서 $\angle D=180°-(60°+58°)=62°$

$\therefore \angle B=\angle D=62°$

7 답 ④

④ ㈑ ASA

8 답 ㄱ, ㄹ

ㄱ. $\angle ADC=\angle ABC=55°$

ㄴ. $\angle ABC+\angle BCD=180°$이므로

$\angle BCD=180°-55°=125°$

ㄷ. $\overline{DO}=\frac{1}{2}\overline{BD}=\frac{1}{2}\times 8=4(cm)$

ㄹ. $\overline{AC}=2\overline{AO}=2\times 2=4(cm)$

따라서 옳은 것은 ㄱ, ㄹ이다.

9 답 ③

① 두 쌍의 대변의 길이는 각각 같으므로 $\overline{AD}=\overline{BC}$

②, ③ 두 대각선은 서로 다른 것을 이등분하므로

$\overline{OA}=\overline{OC},\ \overline{OB}=\overline{OD}$

④ 두 쌍의 대각의 크기는 각각 같으므로

$\angle BAD=\angle BCD$

⑤ $\triangle OAD$와 $\triangle OCB$에서

$\overline{OA}=\overline{OC},\ \angle AOD=\angle COB$(맞꼭지각),

$\overline{OD}=\overline{OB}$이므로

$\triangle OAD\equiv\triangle OCB$(SAS 합동)

따라서 옳지 않은 것은 ③이다.

10 답 $3\,cm$

$\overline{AD}/\!/\overline{BC}$이므로 $\angle AEB=\angle EBC$(엇각)

$\therefore \angle ABE=\angle AEB$

즉, $\triangle ABE$는 $\overline{AB}=\overline{AE}$인 이등변삼각형이므로

$\overline{AE}=\overline{AB}=6\,cm$

이때 $\overline{AD}=\overline{BC}=9\,cm$이므로

$\overline{DE}=\overline{AD}-\overline{AE}=9-6=3(cm)$

11 답 ③

$\overline{AB}/\!/\overline{DC}$이므로 $\angle BFC=\angle FCD$(엇각)

$\therefore \angle BFC=\angle BCF$

즉, $\triangle BCF$는 $\overline{BC}=\overline{BF}$인 이등변삼각형이므로

$\overline{BF}=\overline{BC}=6\,cm$

이때 $\overline{AB}=\overline{CD}=3\,cm$이므로

$\overline{AF}=\overline{BF}-\overline{AB}=6-3=3(cm)$

12 답 ①

점 A의 좌표를 $(a,\ 3)$이라고 하면

$\overline{AD}=0-a=-a,\ \overline{BC}=3-(-4)=7$

이때 $\overline{AD}=\overline{BC}$이므로 $-a=7$ $\therefore a=-7$

$\therefore A(-7,\ 3)$

13 답 $12\,cm$

$\triangle ABE$와 $\triangle FCE$에서

$\angle ABE=\angle FCE$(엇각), $\overline{BE}=\overline{CE}$,

$\angle AEB=\angle FEC$(맞꼭지각)이므로

$\triangle ABE\equiv\triangle FCE$(ASA 합동)

$\therefore \overline{CF}=\overline{BA}=6\,cm$ … (i)

이때 $\overline{DC}=\overline{AB}=6\,cm$이므로 … (ii)

$\overline{DF}=\overline{DC}+\overline{CF}=6+6=12(cm)$ … (iii)

채점 기준	비율
(i) $\overline{CF}$의 길이 구하기	50 %
(ii) $\overline{DC}$의 길이 구하기	30 %
(iii) $\overline{DF}$의 길이 구하기	20 %

14 **답** 6 cm

$\overline{AD} /\!/ \overline{BC}$이므로 $\angle BEA = \angle DAE$(엇각)

$\therefore \angle BAE = \angle BEA$

즉, $\triangle BEA$는 $\overline{BA} = \overline{BE}$인 이등변삼각형이므로

$\overline{BE} = \overline{BA} = 8\,cm$

$\therefore \overline{CE} = \overline{BC} - \overline{BE} = \overline{AD} - \overline{BE} = 10 - 8 = 2(cm)$

$\overline{AD} /\!/ \overline{BC}$이므로 $\angle CFD = \angle ADF$(엇각)

$\therefore \angle CDF = \angle CFD$

즉, $\triangle CDF$는 $\overline{CD} = \overline{CF}$인 이등변삼각형이므로

$\overline{CF} = \overline{CD} = \overline{AB} = 8\,cm$

$\therefore \overline{EF} = \overline{CF} - \overline{CE} = 8 - 2 = 6(cm)$

다른 풀이

$\overline{BC} = \overline{BE} + \overline{CF} - \overline{EF}$이므로

$10 = 8 + 8 - \overline{EF}$ $\quad \therefore \overline{EF} = 6(cm)$

15 **답** 28°

다음 그림과 같이 $\overline{AD}$의 연장선과 $\overline{BM}$의 연장선이 만나는 점을 F라고 하자.

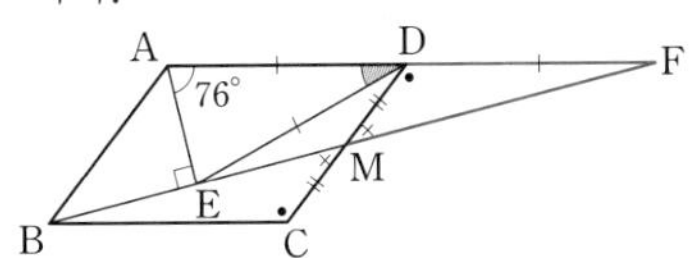

$\triangle BCM$과 $\triangle FDM$에서

$\angle BCM = \angle FDM$(엇각), $\overline{CM} = \overline{DM}$,

$\angle BMC = \angle FMD$(맞꼭지각)이므로

$\triangle BCM \equiv \triangle FDM$(ASA 합동)

이때 $\overline{BC} = \overline{FD}$이고, $\overline{BC} = \overline{AD}$이므로 $\overline{AD} = \overline{FD}$

따라서 점 D는 직각삼각형 AEF의 외심이다.

$\therefore \overline{DA} = \overline{DE} = \overline{DF}$

즉, $\triangle DAE$는 $\overline{DA} = \overline{DE}$인 이등변삼각형이므로

$\angle DEA = \angle DAE = 76°$

$\therefore \angle ADE = 180° - (76° + 76°) = 28°$

16 **답** ⑤

$\angle C + \angle D = 180°$이므로 $\angle D = 180° - 115° = 65°$

따라서 $\triangle AED$에서 $\angle AED = 180° - (30° + 65°) = 85°$

17 **답** 126°

$\angle A + \angle B = 180°$이고, $\angle A : \angle B = 7 : 3$이므로

$\angle A = 180° \times \frac{7}{10} = 126°$ ⋯ (i)

$\therefore \angle C = \angle A = 126°$ ⋯ (ii)

채점 기준	비율
(i) ∠A의 크기 구하기	70 %
(ii) ∠C의 크기 구하기	30 %

18 **답** 80°

$\overline{AB} /\!/ \overline{DE}$이므로 $\angle BAE = \angle AED = 50°$(엇각)

$\therefore \angle BAD = 2\angle BAE = 2 \times 50° = 100°$

이때 $\angle BAD + \angle x = 180°$이므로

$\angle x = 180° - 100° = 80°$

19 **답** ⑤

$\overline{AD} /\!/ \overline{BE}$이므로 $\angle DAE = \angle AEC = 34°$(엇각)

$\therefore \angle DAC = 2\angle DAE = 2 \times 34° = 68°$

이때 $\angle D = \angle B = 68°$이므로

$\triangle ACD$에서 $\angle ACD = 180° - (68° + 68°) = 44°$

20 **답** 90°

$\angle BAD + \angle ADC = 180°$이므로

$\frac{1}{2}\angle BAD + \frac{1}{2}\angle ADC = 90°$

$\therefore \angle DAE + \angle ADE = 90°$

따라서 $\triangle AED$에서 $\angle AED = 180° - 90° = 90°$

21 **답** 26°

$\angle BAD = \angle C = 128°$이므로

$\angle BAF = \frac{1}{2}\angle BAD = \frac{1}{2} \times 128° = 64°$

$\triangle ABF$에서 $\angle ABF = 180° - (90° + 64°) = 26°$

이때 $\angle ABC + \angle C = 180°$이므로

$\angle ABC = 180° - 128° = 52°$

$\therefore \angle FBC = \angle ABC - \angle ABF = 52° - 26° = 26°$

22 **답** 160°

$\angle AEB = 180° - 110° = 70°$이고,

$\overline{AD} /\!/ \overline{BC}$이므로 $\angle FAE = \angle AEB = 70°$(엇각)

$\therefore \angle BAF = 2\angle FAE = 2 \times 70° = 140°$

이때 $\angle ABE = 180° - 140° = 40°$이므로

$\angle ABF = \frac{1}{2}\angle ABE = \frac{1}{2} \times 40° = 20°$

따라서 $\triangle ABF$에서 $\angle BFD = 140° + 20° = 160°$

23 **답** 18 cm

평행사변형의 두 쌍의 대변의 길이는 각각 같으므로

$\overline{AB} = \overline{DC} = 7\,cm$ ⋯ (i)

평행사변형의 두 대각선은 서로 다른 것을 이등분하므로

$\overline{AO} = \frac{1}{2}\overline{AC} = \frac{1}{2} \times 10 = 5(cm)$ ⋯ (ii)

$\overline{BO} = \frac{1}{2}\overline{BD} = \frac{1}{2} \times 12 = 6(cm)$ ⋯ (iii)

$\therefore$ ($\triangle ABO$의 둘레의 길이) $= \overline{AB} + \overline{AO} + \overline{BO}$

$= 7 + 5 + 6$

$= 18(cm)$ ⋯ (iv)

채점 기준	비율
(i) $\overline{AB}$의 길이 구하기	20 %
(ii) $\overline{AO}$의 길이 구하기	30 %
(iii) $\overline{BO}$의 길이 구하기	30 %
(iv) △ABO의 둘레의 길이 구하기	20 %

24 답 8cm

$\overline{OA}=\overline{OC}$, $\overline{OB}=\overline{OD}$이므로

$\overline{OC}+\overline{OD}=\frac{1}{2}\overline{AC}+\frac{1}{2}\overline{BD}=\frac{1}{2}(\overline{AC}+\overline{BD})$

$=\frac{1}{2}\times 10=5(\text{cm})$

이때 $\overline{CD}=\overline{AB}=3\text{cm}$이므로

(△OCD의 둘레의 길이)$=\overline{OC}+\overline{CD}+\overline{OD}$

$=(\overline{OC}+\overline{OD})+\overline{CD}$

$=5+3=8(\text{cm})$

25 답 ③

① 평행사변형의 두 대각선은 서로 다른 것을 이등분하므로 $\overline{OB}=\overline{OD}$

②, ④, ⑤ △OPA와 △OQC에서

$\angle PAO=\angle QCO$(엇각), $\overline{OA}=\overline{OC}$,

$\angle AOP=\angle COQ$(맞꼭지각)이므로

$\triangle OPA\equiv\triangle OQC$(ASA 합동)

$\therefore \overline{OP}=\overline{OQ}$, $\angle APO=\angle CQO$

따라서 옳지 않은 것은 ③이다.

26 답 (가) $\overline{CD}$ (나) $\overline{DA}$ (다) SSS (라) $\angle DCA$ (마) $\angle DAC$ (바) $\overline{AD}/\!/\overline{BC}$

27 답 4

$\overline{AB}=\overline{DC}$, $\overline{AD}=\overline{BC}$이어야 하므로

$9=2x-3y$ ⋯ ㉠

$x-2y=2x+y$에서 $x+3y=0$ ⋯ ㉡

㉠, ㉡을 연립하여 풀면 $x=3$, $y=-1$

$\therefore x-y=3-(-1)=4$

28 답 ㄴ

ㄱ. 두 쌍의 대변의 길이가 각각 같으므로 평행사변형이다.

ㄷ. 엇각의 크기가 같으므로 한 쌍의 대변이 평행하고 그 길이가 같다.
즉, 평행사변형이다.

ㄹ. 두 대각선이 서로 다른 것을 이등분하므로 평행사변형이다.

따라서 평행사변형이 아닌 것은 ㄴ이다.

29 답 ③

① 두 쌍의 대각의 크기가 각각 같으므로 평행사변형이다.

② 한 쌍의 대변이 평행하고 그 길이가 같으므로 평행사변형이다.

③ 두 쌍의 대변의 길이가 각각 같지 않으므로 평행사변형이 아니다.

④ 한 쌍의 대변이 평행하고 그 길이가 같으므로 평행사변형이다.

⑤ 두 대각선이 서로 다른 것을 이등분하므로 평행사변형이다.

따라서 평행사변형이 되지 않는 것은 ③이다.

30 답 ㄴ, ㅁ

ㄱ. 한 쌍의 대변이 평행하고, 다른 한 쌍의 대변의 길이가 같으므로 평행사변형이 아니다.

ㄴ. 오른쪽 그림의 △ABC와 △CDA에서

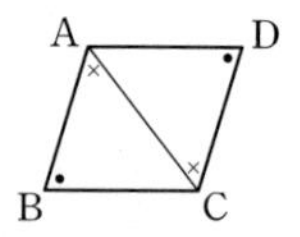

$\angle B=\angle D$, $\angle BAC=\angle DCA$이므로

$\angle BCA=\angle DAC$

$\therefore \angle A=\angle BAC+\angle DAC$

$=\angle DCA+\angle BCA=\angle C$

즉, 두 쌍의 대각의 크기가 각각 같으므로 평행사변형이다.

ㄷ. 오른쪽 그림의 □ABCD는 $\angle A=\angle B$, $\angle C=\angle D$이지만 평행사변형이 아니다.

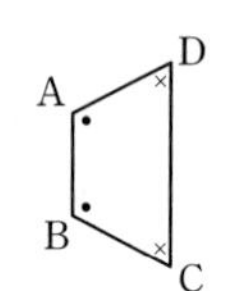

ㄹ. 오른쪽 그림의 □ABCD는 $\overline{AC}=\overline{BD}$, $\overline{AC}\perp\overline{BD}$이지만 $\overline{OA}\neq\overline{OC}$, $\overline{OB}\neq\overline{OD}$이므로 평행사변형이 아니다.

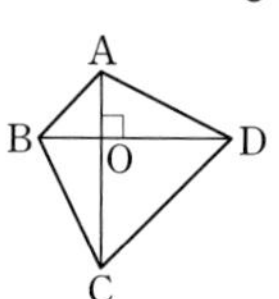

ㅁ. △AOD≡△COB이므로

$\overline{OA}=\overline{OC}$, $\overline{OD}=\overline{OB}$

즉, 두 대각선이 서로 다른 것을 이등분하므로 □ABCD는 평행사변형이다.

따라서 평행사변형이 되는 것은 ㄴ, ㅁ이다.

31 답 평행사변형

□ABCD가 평행사변형이므로

$\overline{AE}/\!/\overline{FC}$ ⋯ ㉠ ⋯ (i)

$\overline{AD}=\overline{BC}$, $\overline{ED}=\overline{BF}$이므로

$\overline{AE}=\overline{AD}-\overline{ED}=\overline{BC}-\overline{BF}=\overline{FC}$ ⋯ ㉡ ⋯ (ii)

따라서 ㉠, ㉡에 의해 한 쌍의 대변이 평행하고 그 길이가 같으므로 □AFCE는 평행사변형이다. ⋯ (iii)

채점 기준	비율
(i) $\overline{AE}/\!/\overline{FC}$임을 알기	40 %
(ii) $\overline{AE}=\overline{FC}$임을 알기	40 %
(iii) □AFCE가 평행사변형임을 알기	20 %

32 답 ④

□ABCD는 평행사변형이므로

$\overline{AO}=\overline{CO}$, $\overline{BO}=\overline{DO}$

$\overline{EO}=\frac{1}{2}\overline{AO}=\frac{1}{2}\overline{CO}=\overline{GO}$ ⋯ ㉠

$\overline{FO}=\frac{1}{2}\overline{BO}=\frac{1}{2}\overline{DO}=\overline{HO}$ ⋯ ㉡

따라서 ㉠, ㉡에 의해 □EFGH는 두 대각선이 서로 다른 것을 이등분하므로 평행사변형이다.

33 답 ①

△ABE와 △CDF에서
$\angle AEB=\angle CFD=90^\circ$, $\overline{AB}=\overline{CD}$,
$\angle ABE=\angle CDF$(엇각)이므로
$\triangle ABE\equiv\triangle CDF$(RHA 합동)(④)
$\therefore\ \overline{AE}=\overline{CF}$(②) … ㉠
또 $\angle AEF=\angle CFE=90^\circ$(엇각)이므로
$\overline{AE}/\!/\overline{FC}$(③) … ㉡
㉠, ㉡에 의해 한 쌍의 대변이 평행하고 그 길이가 같으므로
□AECF는 평행사변형이다.(⑤)
따라서 옳지 않은 것은 ①이다.

34 답 ③

$\overline{AD}/\!/\overline{BC}$이므로 $\overline{AF}/\!/\overline{EC}$ … ㉠
$\angle BEA=\angle FAE$(엇각)이고, $\angle BAE=\angle FAE$이므로
$\angle BEA=\angle BAE$
즉, △BEA는 $\overline{BE}=\overline{BA}$인 이등변삼각형이므로
$\overline{BE}=\overline{BA}=10\,cm$
같은 방법으로 하면
△DFC는 $\overline{DF}=\overline{DC}$인 이등변삼각형이므로
$\overline{DF}=\overline{DC}=\overline{AB}=10\,cm$
$\therefore\ \overline{AF}=\overline{EC}=15-10=5(cm)$ … ㉡
㉠, ㉡에 의해 □AECF는 평행사변형이다.
따라서 □AECF의 둘레의 길이는
$2\times(5+12)=34(cm)$

35 답 ④

□ABCD가 평행사변형이므로
$\overline{OA}=\overline{OC}$, $\overline{OB}=\overline{OD}$ … ㉠
이때 $\overline{BE}=\overline{DF}$이므로
$\overline{OE}=\overline{OB}-\overline{BE}=\overline{OD}-\overline{DF}=\overline{OF}$ … ㉡
㉠, ㉡에 의해 □AECF는 평행사변형이다.
△AEC에서 $\angle AEC=180^\circ-(35^\circ+30^\circ)=115^\circ$
$\therefore\ \angle AFC=\angle AEC=115^\circ$

36 답 $64\,cm^2$

$\square ABCD=4\triangle OCD=4\times16=64(cm^2)$

37 답 $10\,cm^2$

△APO와 △CQO에서
$\angle PAO=\angle QCO$(엇각), $\overline{AO}=\overline{CO}$,
$\angle AOP=\angle COQ$(맞꼭지각)이므로
$\triangle APO\equiv\triangle CQO$(ASA 합동)
$\therefore\ \triangle APO=\triangle CQO$
$\therefore$ (색칠한 부분의 넓이)$=\triangle APO+\triangle DOQ$
$=\triangle CQO+\triangle DOQ$
$=\triangle DOC=\frac{1}{4}\square ABCD$
$=\frac{1}{4}\times40=10(cm^2)$

38 답 ③

$\overline{CB}=\overline{CE}$, $\overline{CD}=\overline{CF}$이므로 □BFED도 평행사변형이다.
① $\triangle OBC=\triangle AOD=9\,cm^2$
② $\triangle ABC=2\triangle AOD=2\times9=18(cm^2)$
③ $\triangle CFE=\triangle BCD=2\triangle AOD=2\times9=18(cm^2)$
④ $\triangle BFD=2\triangle BCD=2\times2\triangle AOD$
$=4\triangle AOD=4\times9=36(cm^2)$
⑤ $\square BFED=4\triangle BCD=4\times2\triangle AOD$
$=8\triangle AOD=8\times9=72(cm^2)$
따라서 옳지 않은 것은 ③이다.

39 답 $29\,cm^2$

$\triangle PAB+\triangle PCD=\triangle PDA+\triangle PBC$이므로
$\triangle PAB+19=25+23$ $\therefore\ \triangle PAB=29(cm^2)$

40 답 $42\,cm^2$

$\triangle PAD+\triangle PBC=\frac{1}{2}\square ABCD$이므로
$\square ABCD=2(\triangle PAD+\triangle PBC)$
$=2\times(13+8)=42(cm^2)$

41 답 $16\,cm^2$

$\triangle PAB+\triangle PCD=\frac{1}{2}\square ABCD=\frac{1}{2}\times80=40(cm^2)$
$\therefore\ \triangle PAB=40\times\frac{2}{5}=16(cm^2)$

유형 9~20 P. 39~46

42 답 ⑤

$\overline{OA}=\overline{OC}$이므로
$7x-1=5x+3$, $2x=4$ $\therefore\ x=2$
$\therefore\ \overline{BD}=\overline{AC}=2\overline{AO}=2\times(7\times2-1)=26$

43 답 10°

$\angle BOC=\angle AOD=100^\circ$(맞꼭지각)이고,
△OBC에서 $\overline{OB}=\overline{OC}$이므로
$\angle x=\frac{1}{2}\times(180^\circ-100^\circ)=40^\circ$
이때 $\angle OCB=\angle OBC=40^\circ$이고, $\angle BCD=90^\circ$이므로
$\angle y=90^\circ-40^\circ=50^\circ$
$\therefore\ \angle y-\angle x=50^\circ-40^\circ=10^\circ$

44 답 58°

△ABE에서 $\angle ABE=90^\circ$이므로
$\angle AEB=180^\circ-(90^\circ+26^\circ)=64^\circ$
이때 $\angle AEF=\angle FEC$(접은 각)이므로
$\angle AEF=\frac{1}{2}\times(180^\circ-64^\circ)=58^\circ$

45 답 ④

② $\angle A+\angle B=180^\circ$이므로 $\angle A=\angle B$이면

$\angle A=\angle B=\frac{1}{2}\times 180^\circ=90^\circ$

즉, 한 내각의 크기가 90°이므로 평행사변형 ABCD는 직사각형이 된다.

④ 평행사변형이 마름모가 되는 조건이다.

⑤ $\overline{AO}=\overline{BO}$이면 $\overline{AC}=\overline{BD}$이므로 평행사변형 ABCD는 직사각형이 된다.

따라서 직사각형이 되는 조건이 아닌 것은 ④이다.

46 답 (가) $\overline{BC}$ (나) SSS (다) $\angle DCB$ (라) $\angle DAB$

47 답 ㄴ, ㄹ

ㄴ. $\overline{AC}=\overline{BD}$이므로 평행사변형 ABCD는 직사각형이 된다.

ㄹ. $\angle ABC=90^\circ$이면 평행사변형 ABCD는 직사각형이 된다.

48 답 ㄹ

ㄴ. $\overline{AC}\perp\overline{BD}$이므로 $\angle BOC=90^\circ$

ㅂ. $\triangle ABO$와 $\triangle CBO$에서

$\overline{AB}=\overline{CB}$, $\overline{AO}=\overline{CO}$, $\overline{BO}$는 공통이므로

$\triangle ABO\equiv\triangle CBO$ (SSS 합동)

$\therefore \angle ABD=\angle CBD$

따라서 옳지 않은 것은 ㄹ이다.

49 답 65

$\overline{AB}=\overline{BC}$이므로

$7=4x-1$, $4x=8$ $\quad\therefore x=2$

$\overline{BC}/\!/\overline{AD}$이므로 $\angle CBD=\angle ADB=27^\circ$(엇각)

이때 $\overline{AC}\perp\overline{BD}$이므로 $\angle BOC=90^\circ$

따라서 $\triangle BCO$에서 $\angle BCO=180^\circ-(90^\circ+27^\circ)=63^\circ$

$\therefore y=63$

$\therefore x+y=2+63=65$

50 답 140°

$\triangle BCD$에서 $\overline{CB}=\overline{CD}$이므로

$\angle CBD=\angle CDB=20^\circ$

$\therefore \angle C=180^\circ-(20^\circ+20^\circ)=140^\circ$

$\therefore \angle A=\angle C=140^\circ$

다른 풀이

$\overline{AB}/\!/\overline{DC}$이므로 $\angle ABD=\angle CDB=20^\circ$(엇각)

$\triangle ABD$에서 $\overline{AB}=\overline{AD}$이므로

$\angle ADB=\angle ABD=20^\circ$

$\therefore \angle A=180^\circ-(20^\circ+20^\circ)=140^\circ$

51 답 (가) $\overline{AB}$ (나) $\overline{AO}$ (다) SSS (라) $\angle AOD$ (마) 180°

52 답 58°

$\triangle BCD$에서 $\overline{CB}=\overline{CD}$이므로

$\angle BDC=\frac{1}{2}\times(180^\circ-116^\circ)=32^\circ$ $\quad\cdots$ (i)

$\triangle PHD$에서 $\angle DPH=180^\circ-(90^\circ+32^\circ)=58^\circ$ $\quad\cdots$ (ii)

$\therefore \angle APB=\angle DPH=58^\circ$(맞꼭지각) $\quad\cdots$ (iii)

채점 기준	비율
(i) $\angle BDC$의 크기 구하기	40 %
(ii) $\angle DPH$의 크기 구하기	40 %
(iii) $\angle APB$의 크기 구하기	20 %

53 답 55°

$\triangle ABP$와 $\triangle ADQ$에서

$\angle APB=\angle AQD=90^\circ$, $\overline{AB}=\overline{AD}$, $\angle B=\angle D$이므로

$\triangle ABP\equiv\triangle ADQ$ (RHA 합동)

$\therefore \angle BAP=\angle DAQ=180^\circ-(90^\circ+70^\circ)=20^\circ$

이때 $\angle B+\angle BAD=180^\circ$이므로

$\angle BAD=180^\circ-70^\circ=110^\circ$

$\therefore \angle PAQ=110^\circ-(20^\circ+20^\circ)=70^\circ$

따라서 $\triangle APQ$에서 $\overline{AP}=\overline{AQ}$이므로

$\angle APQ=\frac{1}{2}\times(180^\circ-70^\circ)=55^\circ$

54 답 ③

①, ②, ⑤ 평행사변형 ABCD가 직사각형이 되는 조건이다.

따라서 마름모가 되는 조건은 ③이다.

55 답 마름모

$\overline{AD}/\!/\overline{BC}$이므로 $\angle ADB=\angle DBC$(엇각)

즉, $\triangle ABD$에서 $\angle ABD=\angle ADB$이므로 $\overline{AB}=\overline{AD}$

따라서 평행사변형에서 이웃하는 두 변의 길이가 같으므로 □ABCD는 마름모이다.

56 답 90°

$\overline{AB}=\overline{DC}$이므로

$2x+1=3x-11$ $\quad\therefore x=12$

이때 $\overline{AB}=2x+1=2\times12+1=25$,

$\overline{BC}=x+13=12+13=25$이므로

$\overline{AB}=\overline{BC}$

따라서 □ABCD는 마름모이므로 $\overline{AC}\perp\overline{BD}$이다.

$\therefore \angle AOB=90^\circ$

57 답 ②

$\overline{OD}=\frac{1}{2}\overline{BD}=\frac{1}{2}\overline{AC}=\frac{1}{2}\times14=7$(cm)

$\therefore x=7$

$\angle DOC=90^\circ$이므로 $y=90$

$\therefore y-x=90-7=83$

58 답 $70°$

$\triangle AED$와 $\triangle CED$에서

$\overline{AD}=\overline{CD}$, $\angle ADE=\angle CDE=45°$, $\overline{DE}$는 공통이므로

$\triangle AED \equiv \triangle CED$(SAS 합동)

$\therefore \angle DCE=\angle DAE=25°$

따라서 $\triangle CED$에서 $\angle BEC=45°+25°=70°$

59 답 $29°$

$\triangle ADE$에서 $\overline{AD}=\overline{AE}$이므로

$\angle AED=\angle ADE=74°$

$\therefore \angle EAD=180°-(74°+74°)=32°$

이때 $\angle BAD=90°$이므로 $\angle EAB=32°+90°=122°$

따라서 $\overline{AB}=\overline{AD}=\overline{AE}$이므로

$\triangle ABE$에서 $\angle ABE=\frac{1}{2}\times(180°-122°)=29°$

60 답 $30°$

$\triangle EBC$는 정삼각형이므로 $\angle ECB=60°$

$\therefore \angle ECD=90°-60°=30°$

$\triangle CDE$는 $\overline{CE}=\overline{CD}$인 이등변삼각형이므로

$\angle CDE=\frac{1}{2}\times(180°-30°)=75°$

이때 $\angle BDC=45°$이므로 $\angle EDB=75°-45°=30°$

61 답 $90°$

$\triangle ABE$와 $\triangle BCF$에서

$\overline{AB}=\overline{BC}$, $\angle ABE=\angle BCF=90°$, $\overline{BE}=\overline{CF}$이므로

$\triangle ABE \equiv \triangle BCF$(SAS 합동) ··· (i)

이때 $\angle BAE=\angle CBF$이므로

$\angle GBE+\angle GEB=\angle GAB+\angle GEB=90°$ ··· (ii)

따라서 $\triangle GBE$에서 $\angle BGE=180°-90°=90°$

$\therefore \angle AGF=\angle BGE=90°$(맞꼭지각) ··· (iii)

채점 기준	비율
(i) $\triangle ABE \equiv \triangle BCF$임을 알기	30 %
(ii) $\angle GBE+\angle GEB=90°$임을 알기	40 %
(iii) $\angle AGF$의 크기 구하기	30 %

62 답 $4\,cm^2$

$\triangle EIC$와 $\triangle EJD$에서

$\angle ECI=\angle EDJ=45°$, $\overline{EC}=\overline{ED}$,

$\angle IEC=90°-\angle CEJ=\angle JED$이므로

$\triangle EIC \equiv \triangle EJD$(ASA 합동)

$\therefore \square EICJ=\triangle EIC+\triangle ECJ$

$=\triangle EJD+\triangle ECJ$

$=\triangle ECD$

$=\frac{1}{4}\square ABCD$

$=\frac{1}{4}\times 4^2=4(cm^2)$

63 답 $150°$

$\triangle PBC$가 정삼각형이므로 $\angle PBC=\angle PCB=60°$

$\therefore \angle ABP=\angle DCP=90°-60°=30°$

이때 $\overline{BA}=\overline{BP}$, $\overline{CD}=\overline{CP}$이므로

$\angle APB=\angle DPC=\frac{1}{2}\times(180°-30°)=75°$

따라서 $\angle BPC=60°$이므로

$\angle APD=360°-(75°+60°+75°)=150°$

64 답 ①, ⑤

① 마름모의 두 대각선의 길이가 같으므로 정사각형이 된다.

⑤ $\angle B+\angle C=180°$이므로 $\angle B=\angle C$이면

$\angle B=\angle C=\frac{1}{2}\times 180°=90°$

즉, 마름모의 한 내각의 크기가 $90°$이므로 정사각형이 된다.

65 답 ㄴ, ㄹ

ㄱ. $\overline{AB}=\overline{BC}$이면 평행사변형 ABCD는 마름모가 된다.
이때 $\overline{AC}=\overline{BD}$이면 마름모 ABCD는 정사각형이 된다.

ㄴ. 평행사변형이 마름모가 되는 조건이다.

ㄷ. $\angle A=90°$이면 평행사변형 ABCD는 직사각형이 된다.
이때 $\overline{AB}=\overline{BC}$이면 직사각형 ABCD는 정사각형이 된다.

ㄹ. 평행사변형이 직사각형이 되는 조건이다.

ㅁ. $\overline{AC}=\overline{BD}$이면 평행사변형 ABCD는 직사각형이 된다.
이때 $\overline{AC}\perp\overline{BD}$이면 직사각형 ABCD는 정사각형이 된다.

따라서 정사각형이 되는 조건이 아닌 것은 ㄴ, ㄹ이다.

66 답 ①, ②, ④

③, ⑤ 직사각형이 된다.

⑥ 마름모가 된다.

따라서 정사각형이 되는 것은 ①, ②, ④이다.

67 답 $40°$

$\angle ABC=\angle C=70°$이므로

$\angle DBC=70°-30°=40°$

이때 $\overline{AD}/\!/\overline{BC}$이므로 $\angle ADB=\angle DBC=40°$(엇각)

68 답 ③

①, ⑤ $\triangle ABC$와 $\triangle DCB$에서
$\overline{AB}=\overline{DC}$, $\angle ABC=\angle DCB$, $\overline{BC}$는 공통이므로
$\triangle ABC \equiv \triangle DCB$(SAS 합동)
$\therefore \overline{AC}=\overline{BD}$, $\angle BAC=\angle CDB$

② $\triangle ABC \equiv \triangle DCB$이므로 $\angle ACB=\angle DBC$
즉, $\triangle OBC$는 이등변삼각형이므로 $\overline{OB}=\overline{OC}$
이때 $\overline{AC}=\overline{BD}$이므로
$\overline{OA}=\overline{AC}-\overline{OC}=\overline{BD}-\overline{OB}=\overline{OD}$

④ $\overline{AD}/\!/\overline{BC}$이고, $\angle ABC=\angle DCB$이므로
$\angle BAD=180°-\angle ABC=180°-\angle DCB=\angle CDA$

따라서 옳지 않은 것은 ③이다.

69 답 34°

△ABD에서 $\overline{AB}=\overline{AD}$이므로

$\angle ABD=\angle ADB=\angle x$ … (i)

또 $\overline{AD}/\!/\overline{BC}$이므로

$\angle DBC=\angle ADB=\angle x$(엇각) … (ii)

이때 $\angle ABC=\angle C=68°$이므로

$2\angle x=68°$ $\quad\therefore \angle x=34°$ … (iii)

채점 기준	비율
(i) $\angle ABD=\angle x$임을 알기	40 %
(ii) $\angle DBC=\angle x$임을 알기	40 %
(iii) $\angle x$의 크기 구하기	20 %

70 답 (1) 8 cm (2) 15 cm

(1) 오른쪽 그림과 같이 꼭짓점 D에서 $\overline{BC}$에 내린 수선의 발을 F라고 하면 $\overline{EF}=\overline{AD}=6\text{cm}$

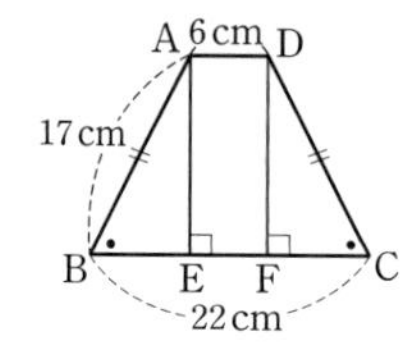

△ABE≡△DCF(RHA 합동)

이므로 $\overline{BE}=\overline{CF}$

$\therefore \overline{BE}=\frac{1}{2}\times(22-6)=8(\text{cm})$

(2) △ABE에서 $\overline{AE}^2=17^2-8^2=225$

이때 $\overline{AE}>0$이므로 $\overline{AE}=15(\text{cm})$

71 답 10 cm

오른쪽 그림과 같이 점 D를 지나고 $\overline{AB}$에 평행한 직선을 그어 $\overline{BC}$와 만나는 점을 E라고 하면 □ABED는 평행사변형이다.

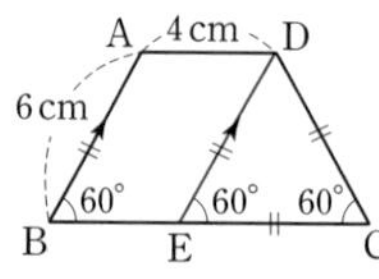

$\therefore \overline{DE}=\overline{AB}=6\text{cm}$, $\overline{BE}=\overline{AD}=4\text{cm}$

이때 $\angle C=\angle B=60°$이고, $\overline{AB}/\!/\overline{DE}$이므로

$\angle DEC=\angle B=60°$(동위각)

△DEC에서 $\angle EDC=180°-(60°+60°)=60°$

즉, △DEC는 정삼각형이므로

$\overline{EC}=\overline{DC}=\overline{DE}=6\text{cm}$

$\therefore \overline{BC}=\overline{BE}+\overline{EC}=4+6=10(\text{cm})$

72 답 120°

오른쪽 그림과 같이 점 D를 지나고 $\overline{AB}$에 평행한 직선을 그어 $\overline{BC}$와 만나는 점을 E라고 하면 □ABED는 평행사변형이다.

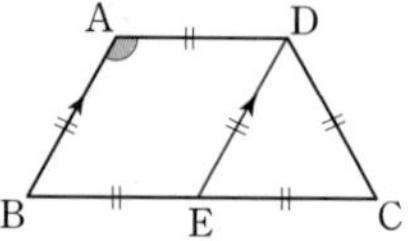

이때 $\overline{AB}=\overline{AD}$이므로 □ABED는 마름모이다.

$\therefore \overline{AB}=\overline{BE}=\overline{ED}=\overline{DA}$

또 $\overline{BC}=2\overline{AD}$이고, $\overline{AD}=\overline{BE}$이므로 $\overline{BE}=\overline{EC}$

즉, $\overline{DE}=\overline{EC}=\overline{DC}$이므로 △DEC는 정삼각형이다.

$\therefore \angle DEC=60°$

$\therefore \angle BED=180°-60°=120°$

따라서 □ABED에서 $\angle A=\angle BED=120°$

73 답 평행사변형

△ABE와 △CDF에서

$\angle A=\angle C=90°$, $\overline{BE}=\overline{DF}$, $\overline{AB}=\overline{CD}$이므로

△ABE≡△CDF(RHS 합동)

$\therefore \overline{AE}=\overline{CF}$

이때 $\overline{AD}=\overline{BC}$이므로 $\overline{ED}=\overline{AD}-\overline{AE}=\overline{BC}-\overline{CF}=\overline{BF}$

따라서 □EBFD는 두 쌍의 대변의 길이가 각각 같으므로 평행사변형이다.

74 답 마름모

$\overline{AF}/\!/\overline{BE}$에서 $\angle AFB=\angle FBE$(엇각)이므로

$\angle ABF=\angle AFB$ $\quad\therefore \overline{AB}=\overline{AF}$ … ㉠

또 $\overline{AF}/\!/\overline{BE}$에서 $\angle AEB=\angle FAE$(엇각)이므로

$\angle BAE=\angle BEA$ $\quad\therefore \overline{AB}=\overline{BE}$ … ㉡

㉠, ㉡에 의해 $\overline{AF}=\overline{BE}$

따라서 □ABEF는 $\overline{AF}/\!/\overline{BE}$, $\overline{AF}=\overline{BE}$이므로 평행사변형이고, 이때 이웃하는 두 변의 길이가 같으므로 마름모이다.

75 답 ③, ⑤

$\angle BAD+\angle ADC=180°$이므로

$\angle FAD+\angle FDA=\frac{1}{2}(\angle BAD+\angle ADC)$

$=\frac{1}{2}\times180°=90°$

△AFD에서 $\angle AFD=180°-90°=90°$

같은 방법으로 하면 △HBC에서 $\angle BHC=90°$

또 $\angle DAB+\angle ABC=180°$이므로

$\angle EAB+\angle EBA=\frac{1}{2}(\angle DAB+\angle ABC)$

$=\frac{1}{2}\times180°=90°$

△ABE에서 $\angle AEB=180°-90°=90°$

$\therefore \angle HEF=\angle AEB=90°$(맞꼭지각)

같은 방법으로 하면 △DGC에서 $\angle DGC=90°$이므로

$\angle HGF=\angle DGC=90°$(맞꼭지각)

즉, □EFGH는 네 내각의 크기가 모두 같으므로 직사각형이다.

따라서 직사각형에 대한 설명으로 옳지 않은 것은 ③, ⑤이다.

76 답 32 cm

△EOD와 △FOB에서

$\angle EDO=\angle FBO$(엇각), $\overline{DO}=\overline{BO}$,

$\angle EOD=\angle FOB$(맞꼭지각)이므로

△EOD≡△FOB(ASA 합동)

$\therefore \overline{ED}=\overline{FB}$

따라서 □EBFD는 $\overline{ED}/\!/\overline{BF}$, $\overline{ED}=\overline{BF}$이므로 평행사변형이고, 이때 두 대각선이 서로 다른 것을 수직이등분하므로 마름모이다.

$\overline{AD}=\overline{BC}=12\text{cm}$이므로 $\overline{ED}=12-4=8(\text{cm})$

$\therefore$ (□EBFD의 둘레의 길이)$=4\times8=32(\text{cm})$

77 답 8cm^2

오른쪽 그림과 같이 $\overline{MN}$을 그으면

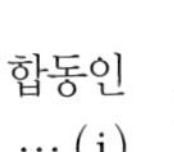

$\overline{AD}=2\overline{AB}$에서

$\overline{AB}=\overline{AM}=\overline{MD}$이므로

□ABNM과 □MNCD는 합동인 정사각형이다. ⋯ (i)

정사각형의 두 대각선은 길이가 같고, 서로 다른 것을 수직이등분하므로

$\overline{PM}=\overline{PN}=\overline{QM}=\overline{QN}$, $\angle MPN=\angle MQN=90°$

따라서 □MPNQ는 네 변의 길이가 같으므로 마름모이고, 이때 한 내각의 크기가 90°이므로 정사각형이다. ⋯ (ii)

$\therefore$ □MPNQ$=2\triangle MPN=2\times\frac{1}{4}$□ABNM

$=\frac{1}{2}$□ABNM$=\frac{1}{2}\times 4^2=8(\text{cm}^2)$ ⋯ (iii)

채점 기준	비율
(i) □ABNM과 □MNCD가 합동인 정사각형임을 알기	30 %
(ii) □MPNQ가 정사각형임을 알기	40 %
(iii) □MPNQ의 넓이 구하기	30 %

78 답 90°

$\triangle ABH$와 $\triangle DFH$에서

$\angle ABH=\angle DFH$(엇각), $\overline{AB}=\overline{DF}$,

$\angle BAH=\angle FDH$(엇각)이므로

$\triangle ABH\equiv\triangle DFH$(ASA 합동)

$\therefore \overline{AH}=\overline{DH}$

같은 방법으로 하면 $\triangle ABG\equiv\triangle ECG$(ASA 합동)이므로

$\overline{BG}=\overline{CG}$

이때 $\overline{AD}=2\overline{AB}$이므로 $\overline{AH}=\overline{AB}=\overline{BG}$

따라서 □ABGH는 $\overline{AH}/\!/\overline{BG}$, $\overline{AH}=\overline{BG}$이므로 평행사변형이고, 이때 이웃하는 두 변의 길이가 같으므로 마름모이다.

$\therefore \angle x=90°$

79 답 ④

③ $\angle ADB=\angle DBC$(엇각)이므로 $\angle ABD=\angle DBC$이면
$\angle ADB=\angle ABD$ $\therefore \overline{AD}=\overline{AB}$
즉, 이웃하는 두 변의 길이가 같은 평행사변형이므로 마름모이다.

④ 두 대각선이 서로 수직인 평행사변형은 마름모이다.

따라서 옳지 않은 것은 ④이다.

80 답 ③, ⑤

① 직사각형이다.

② 등변사다리꼴일 수도 있다.

④ 이웃하는 두 변의 길이가 같은 직사각형은 정사각형이다.

따라서 옳은 것은 ③, ⑤이다.

81 답 ㄱ, ㄹ

ㄱ. 사다리꼴은 다른 한 쌍의 대변이 평행해야 평행사변형이다.

ㄹ. 등변사다리꼴은 한 내각이 직각이어야 직사각형이다.

82 답 ④

83 답 ②

두 대각선의 길이가 같은 사각형은 ㄴ, ㄹ, ㅁ의 3개이므로

$a=3$

두 대각선이 서로 다른 것을 수직이등분하는 사각형은 ㄷ, ㄹ의 2개이므로 $b=2$

$\therefore a+b=3+2=5$

84 답 ㄷ, ㅁ

평행사변형의 각 변의 중점을 연결하여 만든 사각형은 평행사변형이므로 □EFGH는 평행사변형이다.

따라서 평행사변형에 대한 설명으로 옳은 것은 ㄷ, ㅁ이다.

참고 $\triangle AEH\equiv\triangle CGF$(SAS 합동)이므로 $\overline{EH}=\overline{GF}$
$\triangle BEF\equiv\triangle DGH$(SAS 합동)이므로 $\overline{EF}=\overline{GH}$
따라서 두 쌍의 대변의 길이가 각각 같으므로
□EFGH는 평행사변형이다.

85 답 ⑤

마름모의 각 변의 중점을 연결하여 만든 사각형은 직사각형이므로 □PQRS는 직사각형이다.

따라서 직사각형에 대한 설명으로 옳지 않은 것은 ⑤이다.

참고 $\triangle APS\equiv\triangle CQR$(SAS 합동),
$\triangle BPQ\equiv\triangle DSR$(SAS 합동)이므로
$\angle APS=\angle ASP=\angle CQR=\angle CRQ$,
$\angle BPQ=\angle BQP=\angle DSR=\angle DRS$
따라서 □PQRS에서 $\angle P=\angle Q=\angle R=\angle S$이므로
□PQRS는 직사각형이다.

86 답 20 cm

직사각형의 각 변의 중점을 연결하여 만든 사각형은 마름모이므로 □EFGH는 마름모이다.

$\therefore$ (□EFGH의 둘레의 길이)$=4\times5=20(\text{cm})$

참고 $\triangle AEH\equiv\triangle BEF\equiv\triangle CGF\equiv\triangle DGH$(SAS 합동)이므로
$\overline{EH}=\overline{EF}=\overline{GF}=\overline{GH}$
따라서 네 변의 길이가 같으므로 □EFGH는 마름모이다.

유형 21 ~ 25

P. 46~49

87 답 48cm^2

$\overline{AE}/\!/\overline{DB}$이므로 $\triangle DEB=\triangle DAB$

$\therefore \triangle DEC=\triangle DEB+\triangle DBC$

$=\triangle DAB+\triangle DBC$

$=$□ABCD$=48(\text{cm}^2)$

88 답 $30\,\text{cm}^2$

$\overline{AC} /\!/ \overline{DE}$이므로 $\triangle ACD = \triangle ACE$ … (i)

$\therefore \square ABCD = \triangle ABC + \triangle ACD$
$= \triangle ABC + \triangle ACE$
$= 20 + 10 = 30(\text{cm}^2)$ … (ii)

채점 기준	비율
(i) $\triangle ACD = \triangle ACE$임을 알기	50 %
(ii) $\square ABCD$의 넓이 구하기	50 %

89 답 $15\,\text{cm}^2$

오른쪽 그림과 같이 $\overline{DE}$를 그으면

$\overline{DC} /\!/ \overline{AE}$이므로

$\triangle ADC = \triangle EDC$

$\therefore \triangle ABC = \triangle DBC + \triangle ADC$
$= \triangle DBC + \triangle EDC$
$= \triangle DBE = \frac{1}{2} \times (7+3) \times 3 = 15(\text{cm}^2)$

90 답 ③

① $\triangle AGC \equiv \triangle HBC$ (SAS 합동)이므로 $\overline{AG} = \overline{HB}$

② $\overline{BI} /\!/ \overline{CH}$이므로 $\triangle HAC = \triangle HBC$
$\triangle HBC \equiv \triangle AGC$이므로 $\triangle HBC = \triangle AGC$
$\overline{AM} /\!/ \overline{CG}$이므로 $\triangle AGC = \triangle LGC$
$\therefore \triangle HAC = \triangle HBC = \triangle AGC = \triangle LGC$

④ $\triangle HAC = \triangle LGC$이므로 $\square ACHI = \square LMGC$

⑤ $\square ADEB = \square BFML$, $\square ACHI = \square LMGC$이므로
$\square ADEB + \square ACHI = \square BFML + \square LMGC$
$= \square BFGC$

따라서 옳지 않은 것은 ③이다.

91 답 $50\,\text{cm}^2$

$\triangle ABC$에서 $\overline{AC}^2 = 10^2 - 8^2 = 36$

이때 $\overline{AC} > 0$이므로 $\overline{AC} = 6(\text{cm})$

$\triangle ABF = \triangle EBC = \triangle EBA$
$= \frac{1}{2} \square ADEB = \frac{1}{2} \times 8^2 = 32(\text{cm}^2)$

$\triangle AGC = \triangle HBC = \triangle HAC$
$= \frac{1}{2} \square ACHI = \frac{1}{2} \times 6^2 = 18(\text{cm}^2)$

$\therefore$ (색칠한 부분의 넓이)$= \triangle ABF + \triangle AGC$
$= 32 + 18 = 50(\text{cm}^2)$

다른 풀이

오른쪽 그림과 같이 꼭짓점 A에서 $\overline{BC}$, $\overline{FG}$에 내린 수선의 발을 각각 L, M이라고 하면

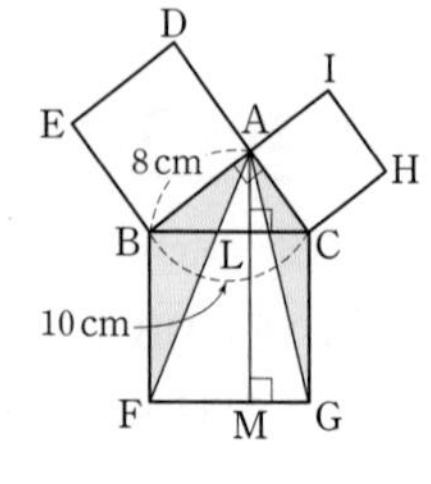

$\triangle ABF + \triangle AGC$
$= \triangle BFL + \triangle LGC$
$= \frac{1}{2} \times (\square BFML + \square LMGC)$
$= \frac{1}{2} \square BFGC = \frac{1}{2} \times 10^2 = 50(\text{cm}^2)$

92 답 $\frac{144}{13}\,\text{cm}$

$\triangle ABC$에서 $\overline{BC}^2 = 12^2 + 5^2 = 169$

이때 $\overline{BC} > 0$이므로 $\overline{BC} = 13(\text{cm})$

$\overline{BF} = \overline{BC} = 13\,\text{cm}$이고, $\square BFML = \square ADEB$이므로

$13 \times \overline{FM} = 12^2 \quad \therefore \overline{FM} = \frac{144}{13}(\text{cm})$

93 답 $18\,\text{cm}^2$

점 M이 $\overline{BC}$의 중점이므로

$\triangle ABM = \frac{1}{2} \triangle ABC = \frac{1}{2} \times 54 = 27(\text{cm}^2)$

이때 $\overline{AP} : \overline{PM} = 1 : 2$이므로 $\triangle ABP : \triangle PBM = 1 : 2$

$\therefore \triangle PBM = \frac{2}{3} \triangle ABM = \frac{2}{3} \times 27 = 18(\text{cm}^2)$

94 답 ②

$\overline{AE} : \overline{EC} = 2 : 1$이므로

$\triangle ABE : \triangle EBC = 2 : 1$

$\therefore \triangle EBC = \frac{1}{3} \triangle ABC = \frac{1}{3} \times 15 = 5(\text{cm}^2)$

이때 $\overline{BD} : \overline{DC} = 3 : 2$이므로

$\triangle EBD : \triangle EDC = 3 : 2$

$\therefore \triangle EDC = \frac{2}{5} \triangle EBC = \frac{2}{5} \times 5 = 2(\text{cm}^2)$

95 답 $9\,\text{cm}^2$

$\overline{BM} : \overline{MQ} = 2 : 3$이므로

$\triangle PBM : \triangle PMQ = 2 : 3$

즉, $6 : \triangle PMQ = 2 : 3$이므로

$2\triangle PMQ = 18 \quad \therefore \triangle PMQ = 9(\text{cm}^2)$

이때 $\overline{PC} /\!/ \overline{AQ}$이므로 $\triangle PCA = \triangle PCQ$

$\therefore \square APMC = \triangle PMC + \triangle PCA$
$= \triangle PMC + \triangle PCQ$
$= \triangle PMQ = 9(\text{cm}^2)$

96 답 $50\,\text{cm}^2$

$\triangle DBC = \frac{1}{2} \square ABCD = \frac{1}{2} \times \left(\frac{1}{2} \times 16 \times 20\right) = 80(\text{cm}^2)$

이때 $\overline{BP} : \overline{PC} = 5 : 3$이므로 $\triangle DBP : \triangle DPC = 5 : 3$

$\therefore \triangle DBP = \frac{5}{8} \triangle DBC = \frac{5}{8} \times 80 = 50(\text{cm}^2)$

97 답 $\overline{AP}$, $\overline{AC}$, $\overline{AC} /\!/ \overline{PQ}$, $\overline{CQ}$, $\overline{AB} /\!/ \overline{CQ}$

98 답 (1) $20\,\text{cm}^2$ (2) $12\,\text{cm}^2$

오른쪽 그림과 같이 $\overline{BD}$를 그으면

(1) $\overline{AD} /\!/ \overline{BC}$이므로

$\triangle PBC = \triangle DBC = \frac{1}{2} \square ABCD$
$= \frac{1}{2} \times 40 = 20(\text{cm}^2)$

(2) $\triangle ABP+\triangle PBD=\frac{1}{2}\square ABCD$

$=\frac{1}{2}\times 40=20(cm^2)$

이때 $\overline{AP}:\overline{PD}=3:2$이므로

$\triangle ABP:\triangle PBD=3:2$

$\therefore \triangle ABP=\frac{3}{5}\times 20=12(cm^2)$

99 답 $14 cm^2$

$\overline{AB}/\!/\overline{DC}$이므로

$\triangle DBF=\triangle DAF$

$=\triangle AGD+\triangle DGF$

$=10+4=14(cm^2)$

$\overline{AE}/\!/\overline{BC}$이므로 $\triangle DCE=\triangle DBE$

$\therefore \triangle EFC=\triangle DCE-\triangle DFE$

$=\triangle DBE-\triangle DFE$

$=\triangle DBF=14(cm^2)$

100 답 $10 cm^2$

$\triangle AED=\frac{1}{2}\triangle ACD$

$=\frac{1}{2}\times\frac{1}{2}\square ABCD$

$=\frac{1}{4}\square ABCD$

$=\frac{1}{4}\times 60=15(cm^2)$ … (i)

이때 $\overline{AF}:\overline{FE}=2:1$이므로

$\triangle DAF:\triangle DFE=2:1$

$\therefore \triangle DFE=\frac{1}{3}\triangle AED=\frac{1}{3}\times 15=5(cm^2)$ … (ii)

$\triangle OCD=\frac{1}{4}\square ABCD=\frac{1}{4}\times 60=15(cm^2)$이므로 … (iii)

$\square OCEF=\triangle OCD-\triangle DFE$

$=15-5=10(cm^2)$ … (iv)

채점 기준	비율
(i) $\triangle AED$의 넓이 구하기	30 %
(ii) $\triangle DFE$의 넓이 구하기	30 %
(iii) $\triangle OCD$의 넓이 구하기	20 %
(iv) $\square OCEF$의 넓이 구하기	20 %

101 답 $18 cm^2$

$\overline{AO}:\overline{OC}=3:4$이므로

$\triangle ABO:\triangle OBC=3:4$

즉, $\triangle ABO:24=3:4$이므로

$4\triangle ABO=72$ $\quad\therefore \triangle ABO=18(cm^2)$

이때 $\overline{AD}/\!/\overline{BC}$이므로 $\triangle ABC=\triangle DBC$

$\therefore \triangle DOC=\triangle DBC-\triangle OBC$

$=\triangle ABC-\triangle OBC$

$=\triangle ABO=18(cm^2)$

102 답 $75 cm^2$

$2\overline{OB}=3\overline{OD}$에서 $\overline{OB}:\overline{OD}=3:2$이므로

$\triangle OBC:\triangle DOC=3:2$

즉, $\triangle OBC:30=3:2$이므로

$2\triangle OBC=90$ $\quad\therefore \triangle OBC=45(cm^2)$

이때 $\overline{AD}/\!/\overline{BC}$이므로

$\triangle ABC=\triangle DBC$

$=\triangle DOC+\triangle OBC$

$=30+45=75(cm^2)$

103 답 ④

$\overline{BO}:\overline{OD}=2:1$이므로

$\triangle ABO:\triangle AOD=2:1$

$\therefore \triangle ABO=2\triangle AOD=2\times 3=6(cm^2)$

이때 $\overline{AD}/\!/\overline{BC}$이므로 $\triangle ABD=\triangle ACD$

$\therefore \triangle DOC=\triangle ACD-\triangle AOD$

$=\triangle ABD-\triangle AOD$

$=\triangle ABO=6(cm^2)$

또 $\overline{BO}:\overline{OD}=2:1$이므로

$\triangle OBC:\triangle DOC=2:1$

$\therefore \triangle OBC=2\triangle DOC=2\times 6=12(cm^2)$

$\therefore \square ABCD=\triangle AOD+\triangle ABO+\triangle OBC+\triangle DOC$

$=3+6+12+6=27(cm^2)$

104 답 장우

장우: 정사각형 모양의 연을 만드는 것에 대한 설명이다.

105 답 풀이 참조

오른쪽 그림과 같이 $\overline{AB}$를 긋고, 점 C를 지나면서 $\overline{AB}$에 평행한 $\overline{PQ}$를 긋는다.

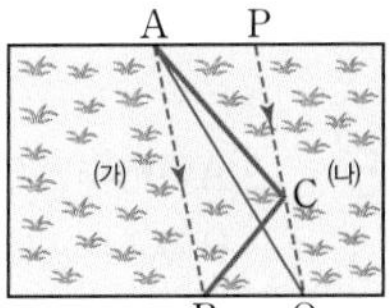

A P (가) C (나) B Q

이때 $\overline{AQ}$를 그으면 $\overline{AB}/\!/\overline{PQ}$이므로

$\triangle ABC=\triangle ABQ$

따라서 새로운 경계선을 $\overline{AQ}$로 하면 두 논의 넓이는 변하지 않는다.

단원 마무리 P. 50~53

1 ② 2 17 cm 3 ④ 4 ④ 5 ⑤
6 $48 cm^2$ 7 $70°$ 8 24 cm 9 ④ 10 ①, ③
11 $12 cm^2$ 12 ⑤ 13 5 cm 14 ③ 15 3 cm
16 $105°$ 17 ③ 18 정사각형 19 $\frac{16}{3}\pi cm^2$
20 ② 21 ⑤ 22 ⑤ 23 $\frac{96}{5}$ 24 $75°$

1 $\overline{AB}=\overline{DC}$이므로
$3x=2x+3 \quad \therefore x=3$
$\overline{OC}=\frac{1}{2}\overline{AC}=\frac{1}{2}\times14=7$이므로
$2y-1=7$, $2y=8 \quad \therefore y=4$
$\therefore x+y=3+4=7$

2 $\overline{AP}\mathbin{/\!/}\overline{RQ}$, $\overline{AR}\mathbin{/\!/}\overline{PQ}$이므로 □APQR는 평행사변형이다.
$\therefore \overline{AP}=\overline{RQ}=12\,\text{cm}$
이때 $\angle B=\angle C$이고, $\angle PQB=\angle C$(동위각)이므로
△PBQ는 이등변삼각형이다.
$\therefore \overline{PB}=\overline{PQ}=5\,\text{cm}$
$\therefore \overline{AB}=\overline{AP}+\overline{PB}=12+5=17(\text{cm})$

3 $\angle C+\angle D=180°$이고, $\angle C:\angle D=5:4$이므로
$\angle D=180°\times\frac{4}{9}=80°$
$\therefore \angle B=\angle D=80°$

4 ① 한 쌍의 대변만 평행하므로 평행사변형이 아니다.
② 한 쌍의 대변이 평행하고, 다른 한 쌍의 대변의 길이가 같으므로 평행사변형이 아니다.
③ 두 쌍의 대변의 길이가 각각 같지 않으므로 평행사변형이 아니다.
④ □ABCD에서
$\angle C=360°-(130°+50°+50°)=130°$
즉, 두 쌍의 대각의 크기가 각각 같으므로 평행사변형이다.
⑤ 두 대각선이 서로 다른 것을 이등분하지 않으므로 평행사변형이 아니다.
따라서 평행사변형인 것은 ④이다.

5 △AOP와 △COQ에서
$\angle PAO=\angle QCO$(엇각), $\overline{AO}=\overline{CO}$,
$\angle AOP=\angle COQ$(맞꼭지각)이므로
$\triangle AOP\equiv\triangle COQ$(ASA 합동)
따라서 $\triangle AOP=\triangle COQ$이므로
$\triangle OBC=\triangle BQO+\triangle COQ$
$=\triangle BQO+\triangle AOP$
$=21(\text{cm}^2)$
$\therefore$ □ABCD$=4\triangle OBC=4\times21=84(\text{cm}^2)$

6 □ABCD$=12\times8=96(\text{cm}^2)$ ⋯ (i)
∴ (색칠한 부분의 넓이)$=\triangle PAB+\triangle PCD$
$=\frac{1}{2}$□ABCD
$=\frac{1}{2}\times96=48(\text{cm}^2)$ ⋯ (ii)

채점 기준	비율
(i) □ABCD의 넓이 구하기	30 %
(ii) 색칠한 부분의 넓이 구하기	70 %

7 △AOD에서 $\overline{AO}=\overline{DO}$이므로
$\angle ADO=\angle DAO=35°$
$\therefore \angle DOC=35°+35°=70°$

8 $\overline{AB}\mathbin{/\!/}\overline{DC}$이므로 $\angle BAC=\angle ACD=65°$(엇각)
△ABO에서 $\angle AOB=180°-(65°+25°)=90°$
따라서 평행사변형에서 두 대각선이 서로 수직이므로
□ABCD는 마름모이다.
∴ (□ABCD의 둘레의 길이)$=4\times6=24(\text{cm})$

9 ㉠ 한 내각이 직각이거나 두 대각선의 길이가 같다.
㉡ 이웃하는 두 변의 길이가 같거나 두 대각선이 서로 수직이다.

10 ① 평행사변형 – 평행사변형
③ 마름모 – 직사각형

11 $\overline{AC}\mathbin{/\!/}\overline{DE}$이고, 밑변이 $\overline{AC}$로 같으므로
$\triangle ACD=\triangle ACE$ ⋯ (i)
$\therefore \triangle ACE=\triangle ACD$
$=$□ABCD$-\triangle ABC$
$=30-18=12(\text{cm}^2)$ ⋯ (ii)

채점 기준	비율
(i) △ACD=△ACE임을 알기	50 %
(ii) △ACE의 넓이 구하기	50 %

12 ① □ABCD는 등변사다리꼴이므로
$\angle ABC=\angle DCB$
② $\triangle ABC\equiv\triangle DCB$(SAS 합동)이므로
$\angle ACB=\angle DBC$
즉, △OBC는 이등변삼각형이므로 $\overline{OB}=\overline{OC}$
③, ④ $\overline{AD}\mathbin{/\!/}\overline{BC}$이므로 $\triangle ABD=\triangle ACD$
$\therefore \triangle ABO=\triangle ABD-\triangle AOD$
$=\triangle ACD-\triangle AOD=\triangle DOC$
⑤ $\overline{BO}:\overline{OD}=2:1$이므로 $\triangle OBC:\triangle DOC=2:1$
$\therefore \triangle OBC=2\triangle DOC$
따라서 옳지 않은 것은 ⑤이다.

13 □EOCD는 평행사변형이므로
$\overline{AC}\mathbin{/\!/}\overline{ED}$, $\overline{OC}=\overline{ED}$
△AOF와 △DEF에서
$\angle FAO=\angle FDE$(엇각), $\overline{AO}=\overline{DE}$,
$\angle AOF=\angle DEF$(엇각)
$\therefore \triangle AOF\equiv\triangle DEF$(ASA 합동)
따라서 $\overline{OF}=\overline{EF}$이므로
$\overline{EF}=\frac{1}{2}\overline{EO}=\frac{1}{2}\overline{DC}=\frac{1}{2}\overline{AB}=\frac{1}{2}\times10=5(\text{cm})$

14 ①, ② 오른쪽 그림과 같이 대각선 $\overline{AC}$를 그어 $\overline{BD}$와 만나는 점을 O라고 하면

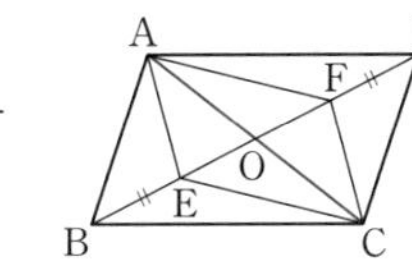

$\overline{OA}=\overline{OC}$, $\overline{OE}=\overline{OF}$

즉, □AECF는 평행사변형이다.

$\therefore$ $\overline{AE}=\overline{CF}$, $\overline{AF}=\overline{CE}$

④, ⑤ △ABE와 △CDF에서

$\overline{AB}=\overline{CD}$, $\angle ABE=\angle CDF$ (엇각), $\overline{BE}=\overline{DF}$이므로

$\triangle ABE\equiv\triangle CDF$ (SAS 합동)

$\therefore$ $\angle BAE=\angle DCF$

따라서 옳지 않은 것은 ③이다.

15 △DFE에서 $\overline{DF}=\overline{DE}$이므로 $\angle DFE=\angle DEF$

$\angle AFO=\angle DFE$ (맞꼭지각),

$\angle BAF=\angle DEF$ (엇각)이므로 $\angle BAF=\angle BFA$

즉, △BFA는 $\overline{BA}=\overline{BF}$인 이등변삼각형이므로

$\overline{AB}=\overline{BF}=\overline{BD}-\overline{DF}=15-6=9$(cm)

이때 $\overline{CD}=\overline{AB}=9$ cm이므로

$\overline{CE}=\overline{CD}-\overline{ED}=9-6=3$(cm)

16 △ABF와 △CDE에서

$\overline{AB}=\overline{CD}$, $\angle ABF=\angle CDE=90°$, $\overline{BF}=\overline{DE}$이므로

$\triangle ABF\equiv\triangle CDE$ (SAS 합동)

$\therefore$ $\angle DCE=\angle BAF=30°$

이때 $\angle BDC=45°$이므로

△HCD에서 $\angle DHC=180°-(45°+30°)=105°$

17 오른쪽 그림과 같이 점 D를 지나고 $\overline{AB}$에 평행한 직선을 그어 $\overline{BC}$와 만나는 점을 E라고 하면 □ABED는 평행사변형이다.

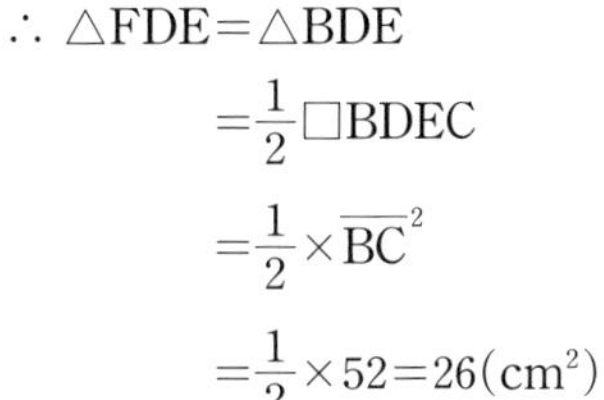

$\therefore$ $\overline{DE}=\overline{AB}=12$ cm, $\overline{BE}=\overline{AD}=7$ cm

이때 $\angle A+\angle B=180°$이므로

$\angle B=180°-120°=60°$ $\therefore$ $\angle C=\angle B=60°$

$\overline{AB}/\!/\overline{DE}$이므로 $\angle DEC=\angle B=60°$ (동위각)

△DEC에서 $\angle EDC=180°-(60°+60°)=60°$

즉, △DEC는 정삼각형이므로

$\overline{EC}=\overline{DC}=\overline{DE}=12$ cm

$\therefore$ $\overline{BC}=\overline{BE}+\overline{EC}=7+12=19$(cm)

$\therefore$ (□ABCD의 둘레의 길이) $=\overline{AD}+\overline{AB}+\overline{BC}+\overline{CD}$

$=7+12+19+12$

$=50$(cm)

18 △AEH, △BFE, △CGF, △DHG에서

$\overline{AE}=\overline{BF}=\overline{CG}=\overline{DH}$, $\overline{AH}=\overline{BE}=\overline{CF}=\overline{DG}$,

$\angle A=\angle B=\angle C=\angle D=90°$이므로

$\triangle AEH\equiv\triangle BFE\equiv\triangle CGF\equiv\triangle DHG$ (SAS 합동)

$\therefore$ $\overline{HE}=\overline{EF}=\overline{FG}=\overline{GH}$ … (i)

이때 $\angle AEH+\angle AHE=90°$이고,

$\angle AHE=\angle BEF$이므로

$\angle AEH+\angle BEF=90°$ $\therefore$ $\angle HEF=90°$ … (ii)

따라서 네 변의 길이가 모두 같고, 한 내각의 크기가 90°이므로 □EFGH는 정사각형이다. … (iii)

채점 기준	비율
(i) $\overline{HE}=\overline{EF}=\overline{FG}=\overline{GH}$임을 알기	40 %
(ii) ∠HEF의 크기 구하기	40 %
(iii) □EFGH가 어떤 사각형인지 말하기	20 %

19 $\overline{AB}/\!/\overline{CD}$이므로 △DAB=△OAB

따라서 색칠한 부분의 넓이는 부채꼴 OAB의 넓이와 같다.

$\therefore$ (색칠한 부분의 넓이) $=\pi\times4^2\times\frac{120}{360}=\frac{16}{3}\pi$(cm²)

20 △ABC에서 $\overline{BC}^2=4^2+6^2=52$

이때 오른쪽 그림과 같이 $\overline{BE}$를 그으면

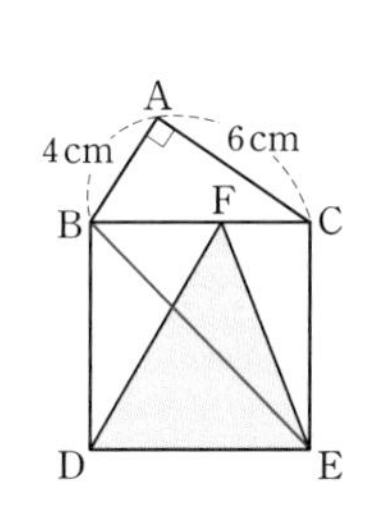

△FDE=△BDE

$\therefore$ △FDE=△BDE

$=\frac{1}{2}$□BDEC

$=\frac{1}{2}\times\overline{BC}^2$

$=\frac{1}{2}\times52=26$(cm²)

21 $\overline{AQ}:\overline{QP}=2:1$이므로

△AOQ : △OPQ=2 : 1

$\therefore$ △AOQ=2△OPQ=2×4=8(cm²)

이때 $\overline{OA}=\overline{OC}$이므로

△OCP=△AOP=8+4=12(cm²)

또 $\overline{CP}=\overline{PD}$이므로

△DOC=△DOP+△OCP

=2△OCP

=2×12=24(cm²)

$\therefore$ □ABCD=4△DOC=4×24=96(cm²)

22 △DBE와 △ABC에서

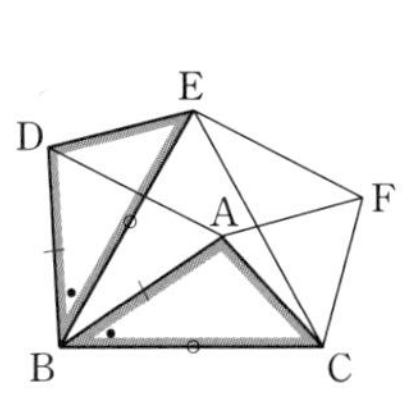

$\overline{DB}=\overline{AB}$,

$\angle DBE=60°-\angle EBA$

$=\angle ABC$ (①),

$\overline{BE}=\overline{BC}$이므로

$\triangle DBE\equiv\triangle ABC$ (SAS 합동) (②)

△ABC와 △FEC에서

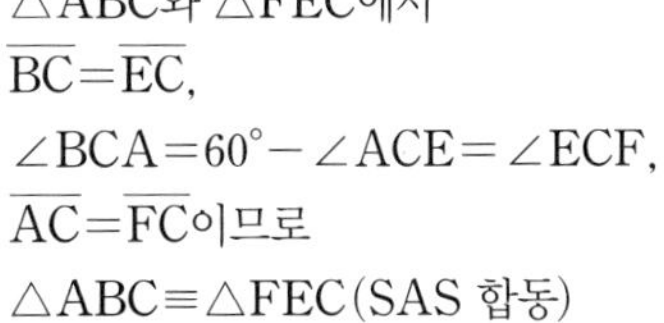

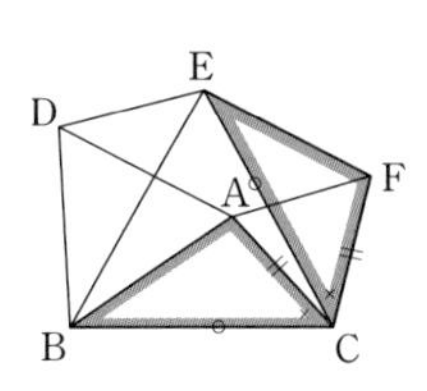

$\overline{BC}=\overline{EC}$,

$\angle BCA=60°-\angle ACE=\angle ECF$,

$\overline{AC}=\overline{FC}$이므로

$\triangle ABC\equiv\triangle FEC$ (SAS 합동) … ㉠

$\therefore$ $\overline{AB}=\overline{FE}$ (④)

②와 ㉠에서 $\triangle DBE \equiv \triangle FEC$ (③)

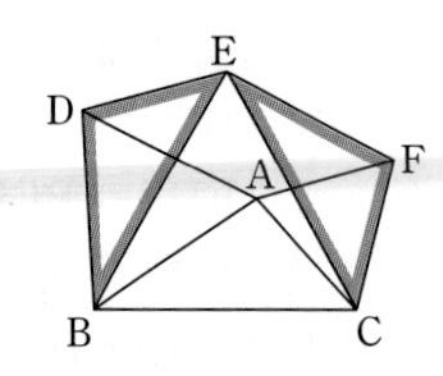

$\therefore \overline{DE}=\overline{FC}$, $\overline{BD}=\overline{EF}$

즉, $\overline{DE}=\overline{AF}$, $\overline{EF}=\overline{DA}$이므로

□AFED는 평행사변형이다.

따라서 옳지 않은 것은 ⑤이다.

23 오른쪽 그림과 같이 점 P와 □ABCD의 각 꼭짓점을 연결하면

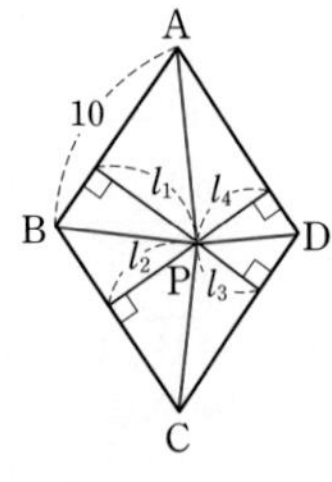

□ABCD$=\triangle PAB+\triangle PBC$

$+\triangle PCD+\triangle PDA$

$=\frac{1}{2}\times 10\times(l_1+l_2+l_3+l_4)$

$=5(l_1+l_2+l_3+l_4)$

이때 □ABCD$=\frac{1}{2}\times\overline{AC}\times\overline{BD}=\frac{1}{2}\times 16\times 12=96$이므로

$5(l_1+l_2+l_3+l_4)=96 \qquad \therefore l_1+l_2+l_3+l_4=\frac{96}{5}$

24 오른쪽 그림과 같이 $\overline{CD}$의 연장선 위에 $\overline{BE}=\overline{DG}$가 되도록 점 G를 잡으면

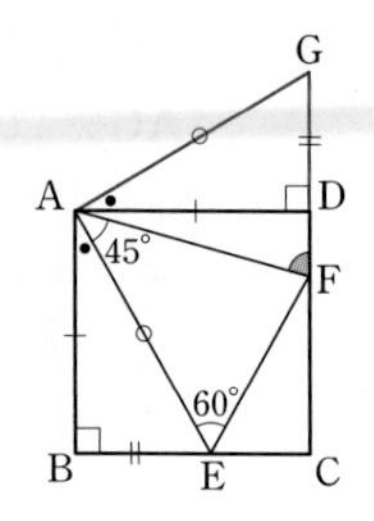

$\triangle ABE$와 $\triangle ADG$에서

$\overline{AB}=\overline{AD}$,

$\angle ABE=\angle ADG=90°$,

$\overline{BE}=\overline{DG}$이므로

$\triangle ABE\equiv\triangle ADG$ (SAS 합동)

$\therefore \overline{AE}=\overline{AG}$, $\angle EAB=\angle GAD$

또 $\triangle AEF$와 $\triangle AGF$에서

$\overline{AE}=\overline{AG}$, $\overline{AF}$는 공통,

$\angle EAF=45°$

$=\angle EAB+\angle DAF$

$=\angle GAD+\angle DAF$

$=\angle GAF$

이므로 $\triangle AEF\equiv\triangle AGF$ (SAS 합동)

$\therefore \angle AFD=\angle AFE=180°-(45°+60°)=75°$

유형 1~6 P. 56~59

1 답 $\overline{FE}$, $\angle C$

2 답 ㄱ, ㄴ, ㄹ, ㅁ

다음의 경우에는 닮은 도형이 아니다.

ㄷ.

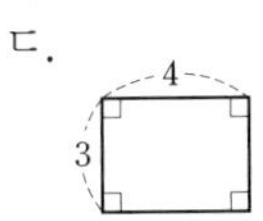

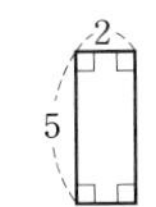

ㅂ.

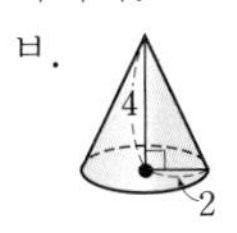

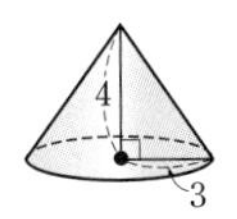

따라서 항상 닮은 도형인 것은 ㄱ, ㄴ, ㄹ, ㅁ이다.

3 답 ⑤

⑤ 오른쪽 그림과 같이 밑면의 반지름의 길이가 같은 두 원기둥은 닮은 도형이 아닐 수도 있다.

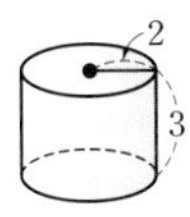

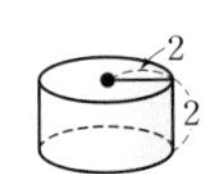

4 답 ②

$\triangle ABC$와 $\triangle DEF$의 닮음비는

$\overline{AC} : \overline{DF} = 3 : 9 = 1 : 3$

5 답 ⑤

① $\angle E = \angle B = 60°$

② $\triangle ABC$와 $\triangle DEF$의 닮음비는 $\overline{AC} : \overline{DF} = 6 : 9 = 2 : 3$

$\therefore \overline{AB} : \overline{DE} = 2 : 3$

③ $\angle E = \angle B = 60°$이므로

$\angle F = 180° - (45° + 60°) = 75°$

④ $\overline{BC} : \overline{EF} = 2 : 3$에서 $4 : \overline{EF} = 2 : 3$

$2\overline{EF} = 12 \qquad \therefore \overline{EF} = 6(\text{cm})$

⑤ $\overline{DE}$의 길이가 주어져 있지 않으므로 $\overline{AB}$의 길이를 구할 수 없다.

따라서 옳지 않은 것은 ⑤이다.

6 답 12 cm

$\triangle ABE$와 $\triangle CDE$의 닮음비는

$\overline{BE} : \overline{DE} = 8 : (14-8) = 4 : 3$

즉, $\overline{AE} : \overline{CE} = 4 : 3$이므로

$\overline{AE} : 9 = 4 : 3$, $3\overline{AE} = 36 \qquad \therefore \overline{AE} = 12(\text{cm})$

7 답 $x=9$, $y=10$, $z=98$

□ABCD와 □EFGH의 닮음비는

$\overline{CD} : \overline{GH} = 12 : 8 = 3 : 2$ … (i)

$\overline{AB} : \overline{EF} = 3 : 2$에서 $x : 6 = 3 : 2$

$2x = 18 \qquad \therefore x = 9$ … (ii)

$\overline{AD} : \overline{EH} = 3 : 2$에서 $15 : y = 3 : 2$

$3y = 30 \qquad \therefore y = 10$ … (iii)

$\angle E = \angle A = 90°$, $\angle F = \angle B = 105°$이므로

$\angle G = 360° - (67° + 90° + 105°) = 98°$

$\therefore z = 98$ … (iv)

채점 기준	비율
(i) □ABCD와 □EFGH의 닮음비 구하기	25 %
(ii) x의 값 구하기	25 %
(iii) y의 값 구하기	25 %
(iv) z의 값 구하기	25 %

8 답 36 cm

$\triangle ABC$와 $\triangle DEF$의 닮음비가 $2 : 3$이므로

$\overline{AB} : \overline{DE} = 2 : 3$에서 $6 : \overline{DE} = 2 : 3$

$2\overline{DE} = 18 \qquad \therefore \overline{DE} = 9(\text{cm})$

$\overline{AC} : \overline{DF} = 2 : 3$에서 $8 : \overline{DF} = 2 : 3$

$2\overline{DF} = 24 \qquad \therefore \overline{DF} = 12(\text{cm})$

$\therefore$ ($\triangle DEF$의 둘레의 길이)$= 9 + 12 + 15 = 36(\text{cm})$

9 답 20π cm

원 O′의 반지름의 길이를 r cm라고 하면

$8 : r = 4 : 5$, $4r = 40 \qquad \therefore r = 10$

$\therefore$ (원 O′의 둘레의 길이)$= 2\pi \times 10 = 20\pi(\text{cm})$

10 답 16 cm

□ABCD와 □BCFE의 닮음비는

$\overline{AD} : \overline{BE} = 6 : 2 = 3 : 1$

$\overline{AB} : \overline{BC} = 3 : 1$이고, $\overline{BC} = \overline{AD} = 6$ cm이므로

$\overline{AB} : 6 = 3 : 1 \qquad \therefore \overline{AB} = 18(\text{cm})$

$\therefore \overline{AE} = \overline{AB} - \overline{BE} = 18 - 2 = 16(\text{cm})$

11 답 120 cm

두 정육면체 A와 B의 닮음비가 $4 : 5$이므로 정육면체 B의 한 모서리의 길이를 x cm라고 하면

$8 : x = 4 : 5$, $4x = 40 \qquad \therefore x = 10$

따라서 정육면체 B의 한 모서리의 길이는 10 cm이고, 모서리의 개수는 12개이므로 모든 모서리의 길이의 합은

$10 \times 12 = 120(\text{cm})$

12 답 $x=3$, $y=6$

두 삼각기둥의 닮음비는 $\overline{BC} : \overline{B'C'} = 4 : 6 = 2 : 3$

$\overline{AB} : \overline{A'B'} = 2 : 3$에서 $2 : x = 2 : 3$

$2x = 6 \qquad \therefore x = 3$

$\overline{BE} : \overline{B'E'} = 2 : 3$에서 $y : 9 = 2 : 3$

$3y = 18 \qquad \therefore y = 6$

13 답 ⑤

① 두 삼각뿔의 닮음비는 $\overline{BC} : \overline{FG} = 6 : 12 = 1 : 2$

$\therefore \overline{AC} : \overline{EG} = 1 : 2$

② $\overline{AB} : \overline{EF} = 1 : 2$에서 $\overline{AB} : 14 = 1 : 2$

$2\overline{AB} = 14 \qquad \therefore \overline{AB} = 7(\text{cm})$

③ $\overline{CD}:\overline{GH}=1:2$에서 $4:\overline{GH}=1:2$
$\therefore \overline{GH}=8(cm)$
⑤ $\overline{BD}$의 대응변은 $\overline{FH}$, $\overline{AB}$의 대응변은 $\overline{EF}$이므로
$\overline{BD}:\overline{FH}=\overline{AB}:\overline{EF}$
따라서 옳지 않은 것은 ⑤이다.

14 답 6π cm
두 원기둥의 닮음비는 $9:12=3:4$이므로
작은 원기둥의 밑면의 반지름의 길이를 r cm라고 하면
$r:4=3:4$, $4r=12$ $\quad\therefore r=3$
따라서 작은 원기둥의 밑면의 둘레의 길이는
$2\pi\times3=6\pi(cm)$

15 답 10
큰 원뿔의 밑면의 반지름의 길이를 r cm라고 하면
$2\pi r=24\pi$ $\quad\therefore r=12$
이때 두 원뿔의 닮음비는 $8:12=2:3$이므로
$x:15=2:3$, $3x=30$ $\quad\therefore x=10$

16 답 $\frac{21}{4}$ cm
처음 원뿔과 작은 원뿔은 서로 닮은 도형이므로 닮음비는
$(8+6):8=7:4$
처음 원뿔의 밑면의 반지름의 길이를 r cm라고 하면
$r:3=7:4$, $4r=21$ $\quad\therefore r=\frac{21}{4}$
따라서 처음 원뿔의 밑면의 반지름의 길이는 $\frac{21}{4}$ cm이다.

17 답 $18\,cm^2$
$\triangle ABC$와 $\triangle DEF$의 닮음비가 $3:4$이므로
넓이의 비는 $3^2:4^2=9:16$
즉, $\triangle ABC:\triangle DEF=9:16$이므로
$\triangle ABC:32=9:16$, $16\triangle ABC=288$
$\therefore \triangle ABC=18(cm^2)$

18 답 3 cm
□ABCD와 □AEFG의 넓이의 비가 $4:9=2^2:3^2$이므로
닮음비는 $2:3$이다.
따라서 $\overline{AB}:\overline{AE}=2:3$이므로
$6:\overline{AE}=2:3$, $2\overline{AE}=18$
$\therefore \overline{AE}=9(cm)$
$\therefore \overline{BE}=\overline{AE}-\overline{AB}=9-6=3(cm)$

19 답 $1:3:5$
세 원의 닮음비가 $1:2:3$이므로
넓이의 비는 $1^2:2^2:3^2=1:4:9$
따라서 세 부분 A, B, C의 넓이의 비는
$1:(4-1):(9-4)=1:3:5$

20 답 B 피자 4판
A 피자와 B 피자의 닮음비는 $40:30=4:3$이므로
넓이의 비는 $4^2:3^2=16:9$
즉, A 피자 2판과 B 피자 4판의 넓이의 비는
$(16\times2):(9\times4)=32:36=8:9$
따라서 B 피자 4판을 사는 것이 더 유리하다.

21 답 $256\,cm^3$
두 직육면체 F, F′의 닮음비가 $3:4$이므로
부피의 비는 $3^3:4^3=27:64$
직육면체 F′의 부피를 $x\,cm^3$라고 하면
$108:x=27:64$, $27x=6912$
$\therefore x=256$
따라서 직육면체 F′의 부피는 $256\,cm^3$이다.

22 답 $54\,cm^3$
두 삼각기둥 A, B의 겉넓이의 비가
$126:350=9:25=3^2:5^2$이므로
닮음비는 $3:5$ ⋯ (i)
따라서 부피의 비는 $3^3:5^3=27:125$ ⋯ (ii)
삼각기둥 A의 부피를 $x\,cm^3$라고 하면
$x:250=27:125$, $125x=6750$
$\therefore x=54$
즉, 삼각기둥 A의 부피는 $54\,cm^3$이다. ⋯ (iii)

채점 기준	비율
(i) 두 삼각기둥의 닮음비 구하기	30 %
(ii) 부피의 비 구하기	40 %
(iii) 삼각기둥 A의 부피 구하기	30 %

23 답 $76\,cm^3$
세 정사면체 A, A+B, A+B+C의 닮음비는
$1:(1+1):(1+1+1)=1:2:3$이므로
부피의 비는 $1^3:2^3:3^3=1:8:27$
따라서 입체도형 B와 C의 부피의 비는
$(8-1):(27-8)=7:19$
이때 입체도형 C의 부피를 $x\,cm^3$라고 하면
$28:x=7:19$, $7x=532$
$\therefore x=76$
따라서 입체도형 C의 부피는 $76\,cm^3$이다.

24 답 19분
원뿔 모양으로 물이 담긴 부분과 원뿔 모양의 그릇의 닮음비가 $\frac{2}{3}:1=2:3$이므로 부피의 비는 $2^3:3^3=8:27$
그릇에 물을 가득 채우는 데 걸리는 시간을 x분이라고 하면
$8:x=8:27$ $\quad\therefore x=27$
따라서 그릇에 물을 가득 채울 때까지 $27-8=19$(분)이 더 걸린다.

유형 7~14 P. 59~64

25 답 $\triangle ABC \backsim \triangle NMO$(SSS 닮음), $\triangle DEF \backsim \triangle KJL$(SAS 닮음), $\triangle GHI \backsim \triangle RQP$(AA 닮음)

$\triangle ABC$와 $\triangle NMO$에서

$\overline{AB} : \overline{NM} = 3 : 6 = 1 : 2$,

$\overline{BC} : \overline{MO} = 5 : 10 = 1 : 2$,

$\overline{AC} : \overline{NO} = 4 : 8 = 1 : 2$

$\therefore \triangle ABC \backsim \triangle NMO$(SSS 닮음)

$\triangle DEF$와 $\triangle KJL$에서

$\overline{DE} : \overline{KJ} = 4 : 2 = 2 : 1$,

$\overline{EF} : \overline{JL} = 8 : 4 = 2 : 1$,

$\angle E = \angle J = 80^\circ$

$\therefore \triangle DEF \backsim \triangle KJL$(SAS 닮음)

$\triangle GHI$와 $\triangle RQP$에서

$\angle G = 180^\circ - (60^\circ + 37^\circ) = 83^\circ$이므로

$\angle G = \angle R = 83^\circ$, $\angle H = \angle Q = 60^\circ$

$\therefore \triangle GHI \backsim \triangle RQP$(AA 닮음)

26 답 ①

① $\triangle ABC$에서 $\angle A = 65^\circ$, $\angle C = 40^\circ$이므로

$\angle B = 180^\circ - (65^\circ + 40^\circ) = 75^\circ$

$\triangle ABC$와 $\triangle DFE$에서

$\angle B = \angle F = 75^\circ$, $\angle C = \angle E = 40^\circ$이므로

$\triangle ABC \backsim \triangle DFE$(AA 닮음)

27 답 (1) 15 (2) $\frac{16}{3}$

(1)

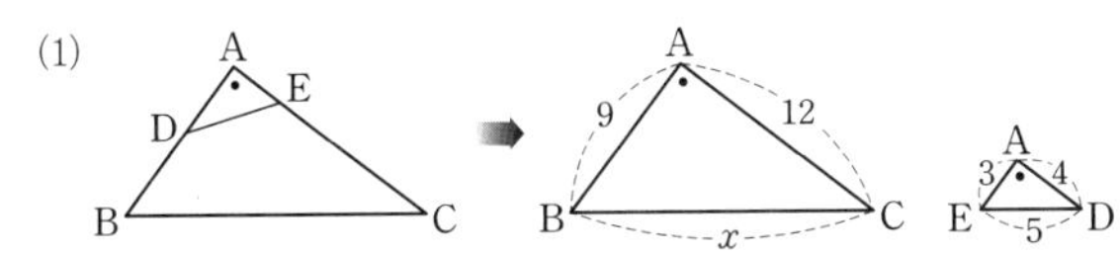

$\triangle ABC$와 $\triangle AED$에서

$\overline{AB} : \overline{AE} = 9 : 3 = 3 : 1$,

$\overline{AC} : \overline{AD} = 12 : 4 = 3 : 1$,

$\angle A$는 공통이므로

$\triangle ABC \backsim \triangle AED$(SAS 닮음)

따라서 $\triangle ABC$와 $\triangle AED$의 닮음비가 $3 : 1$이므로

$\overline{BC} : \overline{ED} = 3 : 1$에서 $x : 5 = 3 : 1$ $\quad \therefore x = 15$

(2)

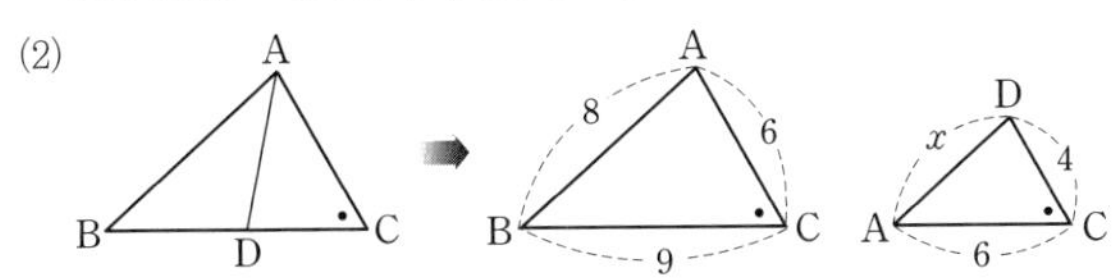

$\triangle ABC$와 $\triangle DAC$에서

$\overline{BC} : \overline{AC} = 9 : 6 = 3 : 2$,

$\overline{AC} : \overline{DC} = 6 : 4 = 3 : 2$,

$\angle C$는 공통이므로

$\triangle ABC \backsim \triangle DAC$(SAS 닮음)

따라서 $\triangle ABC$와 $\triangle DAC$의 닮음비가 $3 : 2$이므로

$\overline{AB} : \overline{DA} = 3 : 2$에서 $8 : x = 3 : 2$

$3x = 16 \quad \therefore x = \frac{16}{3}$

28 답 $\frac{9}{2}$ cm

$\triangle ACO$와 $\triangle DBO$에서

$\overline{AO} : \overline{DO} = 4 : 6 = 2 : 3$,

$\overline{CO} : \overline{BO} = 6 : 9 = 2 : 3$,

$\angle AOC = \angle DOB$(맞꼭지각)이므로

$\triangle ACO \backsim \triangle DBO$(SAS 닮음)

따라서 $\triangle ACO$와 $\triangle DBO$의 닮음비가 $2 : 3$이므로

$\overline{AC} : \overline{DB} = 2 : 3$에서 $3 : \overline{DB} = 2 : 3$

$2\overline{DB} = 9 \quad \therefore \overline{DB} = \frac{9}{2}$(cm)

29 답 9

$\triangle ABC$와 $\triangle CBD$에서

$\overline{AC} : \overline{CD} = 6 : 8 = 3 : 4$,

$\overline{BC} : \overline{BD} = 12 : 16 = 3 : 4$,

$\angle ACB = \angle CDB$이므로

$\triangle ABC \backsim \triangle CBD$(SAS 닮음)

따라서 $\triangle ABC$와 $\triangle CBD$의 닮음비가 $3 : 4$이므로

$\overline{AB} : \overline{CB} = 3 : 4$에서 $x : 12 = 3 : 4$

$4x = 36 \quad \therefore x = 9$

30 답 (1) $\frac{9}{2}$ (2) $\frac{32}{5}$

(1)

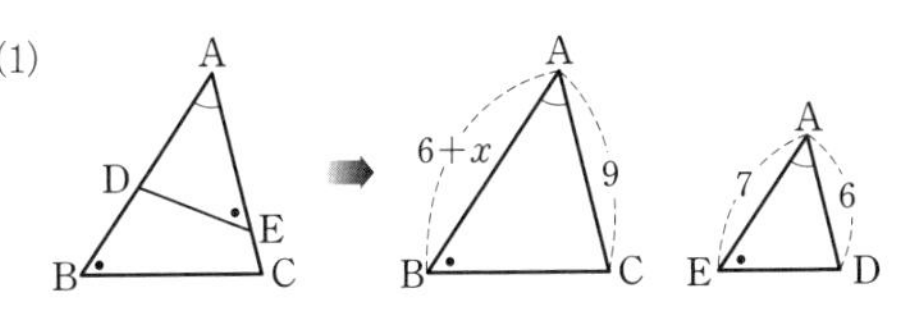

$\triangle ABC$와 $\triangle AED$에서

$\angle ABC = \angle AED$, $\angle A$는 공통이므로

$\triangle ABC \backsim \triangle AED$(AA 닮음)

따라서 $\overline{AB} : \overline{AE} = \overline{AC} : \overline{AD}$이므로

$(6+x) : 7 = 9 : 6$, $36 + 6x = 63$

$6x = 27 \quad \therefore x = \frac{9}{2}$

(2)

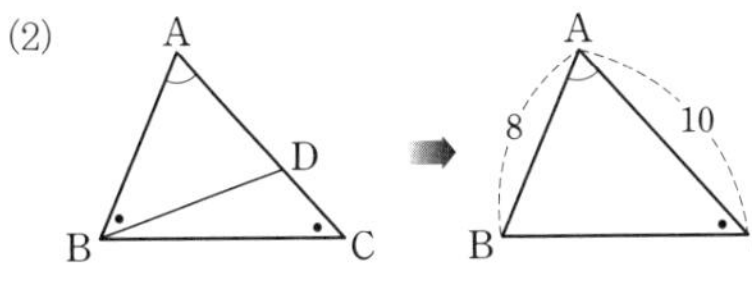

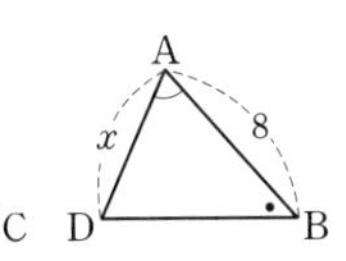

$\triangle ABC$와 $\triangle ADB$에서

$\angle ACB = \angle ABD$, $\angle A$는 공통이므로

$\triangle ABC \backsim \triangle ADB$(AA 닮음)

따라서 $\overline{AB} : \overline{AD} = \overline{AC} : \overline{AB}$이므로

$8 : x = 10 : 8$, $10x = 64$

$\therefore x = \frac{32}{5}$

유형편 파워

31 답 **9 cm**

△ABC와 △BCD에서

∠CAB=∠DBC, ∠ACB=∠BDC이므로

△ABC∽△BCD(AA 닮음)

따라서 $\overline{AB}:\overline{BC}=\overline{BC}:\overline{CD}$이므로

$\overline{AB}:12=12:16$, $16\overline{AB}=144$ ∴ $\overline{AB}=9$(cm)

32 답 ③

△ABC와 △CBD에서

∠BAC=∠BCD, ∠B는 공통이므로

△ABC∽△CBD(AA 닮음)

따라서 $\overline{AB}:\overline{CB}=\overline{AC}:\overline{CD}$이므로

$\overline{AB}:3=4:2$, $2\overline{AB}=12$ ∴ $\overline{AB}=6$(cm)

또 $\overline{BC}:\overline{BD}=\overline{AC}:\overline{CD}$이므로

$3:\overline{BD}=4:2$, $4\overline{BD}=6$ ∴ $\overline{BD}=\frac{3}{2}$(cm)

∴ $\overline{AD}=\overline{AB}-\overline{BD}=6-\frac{3}{2}=\frac{9}{2}$(cm)

33 답 **3 cm**

△AFE와 △CFB에서

∠FAE=∠FCB(엇각), ∠AEF=∠CBF(엇각)이므로

△AFE∽△CFB(AA 닮음)

따라서 $\overline{AF}:\overline{CF}=\overline{AE}:\overline{CB}$이므로

$4:6=\overline{AE}:9$, $6\overline{AE}=36$ ∴ $\overline{AE}=6$(cm)

∴ $\overline{DE}=\overline{AD}-\overline{AE}=9-6=3$(cm)

34 답 **32 cm²**

△ADE와 △ABC에서

∠ADE=∠ABC(동위각), ∠A는 공통이므로

△ADE∽△ABC(AA 닮음) … (i)

이때 △ADE와 △ABC의 닮음비는

$\overline{AD}:\overline{AB}=9:(9+6)=3:5$이므로

넓이의 비는 $3^2:5^2=9:25$ … (ii)

따라서 △ADE와 □DBCE의 넓이의 비는

$9:(25-9)=9:16$이므로 … (iii)

18 : □DBCE=9 : 16, 9□DBCE=288

∴ □DBCE=32(cm²) … (iv)

채점 기준	비율
(i) △ADE∽△ABC임을 설명하기	25 %
(ii) △ADE와 △ABC의 넓이의 비 구하기	25 %
(iii) △ADE와 □DBCE의 넓이의 비 구하기	25 %
(iv) □DBCE의 넓이 구하기	25 %

35 답 $\frac{20}{7}$ **cm**

△ABE와 △ECD에서

∠ABE=∠ECD=60°,

∠BAE=180°−(∠ABE+∠AEB)

=180°−(60°+∠AEB)=∠CED

∴ △ABE∽△ECD(AA 닮음)

따라서 $\overline{AB}:\overline{EC}=\overline{BE}:\overline{CD}$이므로

$14:(14-4)=4:\overline{CD}$, $14\overline{CD}=40$

∴ $\overline{CD}=\frac{20}{7}$(cm)

36 답 **3 cm**

△ABC와 △EBD에서

∠BAC=∠BED=90°, ∠B는 공통이므로

△ABC∽△EBD(AA 닮음)

따라서 $\overline{AB}:\overline{EB}=\overline{BC}:\overline{BD}$이므로

$\overline{AB}:4=(4+6):5$, $5\overline{AB}=40$

∴ $\overline{AB}=8$(cm)

∴ $\overline{AD}=\overline{AB}-\overline{DB}=8-5=3$(cm)

37 답 **6 cm**

△ACD와 △BCE에서

∠ADC=∠BEC=90°, ∠C는 공통이므로

△ACD∽△BCE(AA 닮음)

따라서 $\overline{AC}:\overline{BC}=\overline{CD}:\overline{CE}$이고,

$\overline{CE}=\frac{2}{3}\overline{AC}=\frac{2}{3}\times12=8$(cm)이므로

$12:16=\overline{CD}:8$, $16\overline{CD}=96$

∴ $\overline{CD}=6$(cm)

38 답 **15 cm**

△ADB와 △BEC에서

∠ADB=∠BEC=90°,

∠DAB=90°−∠ABD=∠EBC이므로

△ADB∽△BEC(AA 닮음)

따라서 $\overline{AB}:\overline{BC}=\overline{AD}:\overline{BE}$이므로

$25:\overline{BC}=20:12$, $20\overline{BC}=300$

∴ $\overline{BC}=15$(cm)

39 답 **3 : 4**

△ABE와 △ADF에서

∠AEB=∠AFD=90°, ∠B=∠D이므로

△ABE∽△ADF(AA 닮음)

∴ $\overline{AB}:\overline{AD}=\overline{AE}:\overline{AF}=6:8=3:4$

40 답 $\frac{7}{4}$ **cm**

△ABC와 △EOC에서

∠ABC=∠EOC=90°, ∠OCE는 공통이므로

△ABC∽△EOC(AA 닮음)

따라서 $\overline{BC}:\overline{OC}=\overline{AC}:\overline{EC}$이고,

$\overline{AC}=2\overline{AO}=2\times5=10$(cm)이므로

$8:5=10:\overline{EC}$, $8\overline{EC}=50$ ∴ $\overline{EC}=\frac{25}{4}$(cm)

∴ $\overline{BE}=\overline{BC}-\overline{EC}=8-\frac{25}{4}=\frac{7}{4}$(cm)

41 답 13

$\triangle ABF$와 $\triangle ECF$에서
$\angle ABF=\angle ECF=90°$, $\angle F$는 공통이므로
$\triangle ABF \backsim \triangle ECF$ (AA 닮음)
이때 $\overline{AE}:\overline{EF}=4:1$이므로 $\overline{AF}:\overline{EF}=5:1$
따라서 $\overline{AB}:\overline{EC}=\overline{AF}:\overline{EF}$이므로
$15:\overline{EC}=5:1$, $5\overline{EC}=15$ $\quad\therefore \overline{EC}=3(cm)$
$\therefore \overline{DE}=\overline{DC}-\overline{EC}=15-3=12(cm)$
$\therefore y=12$
또 $\triangle AED$와 $\triangle FEC$에서
$\angle ADE=\angle FCE=90°$,
$\angle AED=\angle FEC$(맞꼭지각)이므로
$\triangle AED \backsim \triangle FEC$ (AA 닮음)
따라서 $\overline{AD}:\overline{FC}=\overline{AE}:\overline{FE}$이므로
$20:\overline{CF}=4:1$, $4\overline{CF}=20$ $\quad\therefore \overline{CF}=5(cm)$
$\therefore \overline{BF}=\overline{BC}+\overline{CF}=20+5=25(cm)$
$\therefore x=25$
$\therefore x-y=25-12=13$

42 답 ④

① $\triangle ABC$와 $\triangle ACD$에서
$\angle ACB=\angle ADC=90°$, $\angle A$는 공통이므로
$\triangle ABC \backsim \triangle ACD$ (AA 닮음)
② $\triangle ABC$와 $\triangle CBD$에서
$\angle ACB=\angle CDB=90°$, $\angle B$는 공통이므로
$\triangle ABC \backsim \triangle CBD$ (AA 닮음)
③ $\triangle ACD$와 $\triangle CBD$에서
$\angle ADC=\angle CDB=90°$
$\angle DAC=90°-\angle ACD=\angle DCB$이므로
$\triangle ACD \backsim \triangle CBD$ (AA 닮음)
④ $\triangle ABC \backsim \triangle ACD$ (AA 닮음)이므로
$\overline{AB}:\overline{AC}=\overline{AC}:\overline{AD}$ $\quad\therefore \overline{AC}^2=\overline{AD}\times\overline{AB}$
⑤ $\triangle ACD \backsim \triangle CBD$ (AA 닮음)이므로
$\overline{AC}:\overline{CB}=\overline{CD}:\overline{BD}$
따라서 옳지 않은 것은 ④이다.

43 답 36

$\overline{AB}^2=\overline{BD}\times\overline{BC}$이므로
$15^2=9\times(9+y)$, $225=81+9y$
$9y=144$ $\quad\therefore y=16$
$\overline{AC}^2=\overline{CD}\times\overline{CB}$이므로
$x^2=16\times(16+9)=400$
이때 $x>0$이므로 $x=20$
$\therefore x+y=20+16=36$

다른 풀이
$\triangle ABC$에서 $15^2+x^2=(9+16)^2$이므로
$x^2=25^2-15^2=400$
이때 $x>0$이므로 $x=20$

44 답 $150\,cm^2$

$\overline{AD}^2=\overline{DB}\times\overline{DC}$이므로
$12^2=\overline{DB}\times16$, $16\overline{DB}=144$
$\therefore \overline{DB}=9(cm)$
$\therefore \triangle ABC=\frac{1}{2}\times\overline{BC}\times\overline{AD}$
$=\frac{1}{2}\times(9+16)\times12=150(cm^2)$

45 답 $\frac{36}{5}\,cm$

$\frac{1}{2}\times\overline{BC}\times\overline{AB}=\frac{1}{2}\times\overline{AC}\times\overline{BH}$이므로
$\frac{1}{2}\times12\times9=\frac{1}{2}\times15\times\overline{BH}$
$\therefore \overline{BH}=\frac{36}{5}(cm)$

46 답 $\frac{75}{2}\,cm^2$

$\triangle ABD$에서 $\overline{AD}^2=\overline{DH}\times\overline{DB}$이므로
$10^2=8\times(8+\overline{BH})$, $100=64+8\overline{BH}$
$36=8\overline{BH}$ $\quad\therefore \overline{BH}=\frac{9}{2}(cm)$
또 $\overline{AH}^2=\overline{HB}\times\overline{HD}$이므로
$\overline{AH}^2=\frac{9}{2}\times8=36$
이때 $\overline{AH}>0$이므로 $\overline{AH}=6(cm)$
$\therefore \triangle ABD=\frac{1}{2}\times\overline{BD}\times\overline{AH}$
$=\frac{1}{2}\times\left(\frac{9}{2}+8\right)\times6=\frac{75}{2}(cm^2)$

47 답 $\frac{48}{25}\,cm$

$\triangle ABC$에서 $\overline{AB}^2=\overline{BD}\times\overline{BC}$이므로
$3^2=\overline{BD}\times5$, $5\overline{BD}=9$ $\quad\therefore \overline{BD}=\frac{9}{5}(cm)$
$\therefore \overline{DC}=\overline{BC}-\overline{BD}=5-\frac{9}{5}=\frac{16}{5}(cm)$
한편, $\triangle ABC$와 $\triangle EDC$에서
$\angle BAC=\angle DEC=90°$, $\angle C$는 공통이므로
$\triangle ABC \backsim \triangle EDC$ (AA 닮음)
따라서 $\overline{AB}:\overline{ED}=\overline{BC}:\overline{DC}$이므로
$3:\overline{DE}=5:\frac{16}{5}$, $5\overline{DE}=\frac{48}{5}$
$\therefore \overline{DE}=\frac{48}{25}(cm)$

48 답 43.2 km

(축척)$=\frac{10\,cm}{36\,km}=\frac{10\,cm}{3600000\,cm}=\frac{1}{360000}$
따라서 축척이 $\frac{1}{360000}$인 지도에서 거리가 12 cm인 두 지점 사이의 실제 거리는
$12\times360000=4320000(cm)=43.2(km)$

49 답 **6.3 m**

△ABC와 △DBE에서

∠ACB=∠DEB=90°, ∠B는 공통이므로

△ABC∽△DBE(AA 닮음)

따라서 $\overline{AC}:\overline{DE}=\overline{BC}:\overline{BE}$이므로

$1.4:\overline{DE}=2:(2+7)$, $2\overline{DE}=12.6$ $\therefore \overline{DE}=6.3(\text{m})$

즉, 탑의 높이는 6.3 m이다.

50 답 **7 m**

△ABC와 △DEC에서

∠ABC=∠DEC=90°,

입사각의 크기와 반사각의 크기는 서로 같으므로

∠ACB=∠DCE

∴ △ABC∽△DEC(AA 닮음)

따라서 $\overline{AB}:\overline{DE}=\overline{BC}:\overline{EC}$이므로

$1.5:\overline{DE}=1.2:5.6$, $1.2\overline{DE}=8.4$ $\therefore \overline{DE}=7(\text{m})$

즉, 건물의 높이는 7 m이다.

51 답 **12 cm**

△AEB′과 △DB′C에서

∠EAB′=∠B′DC=90°,

∠AEB′=90°−∠AB′E=∠DB′C이므로

△AEB′∽△DB′C(AA 닮음)

따라서 $\overline{AB'}:\overline{DC}=\overline{AE}:\overline{DB'}$이므로

$3:9=4:\overline{B'D}$, $3\overline{B'D}=36$ $\therefore \overline{B'D}=12(\text{cm})$

52 답 **3 cm**

△EBA′과 △A′CP에서

∠EBA′=∠A′CP=90°,

∠BEA′=90°−∠EA′B=∠CA′P이므로

△EBA′∽△A′CP(AA 닮음)

따라서 $\overline{EB}:\overline{A'C}=\overline{EA'}:\overline{A'P}$이고,

$\overline{EA'}=\overline{AE}=10\text{cm}$이므로

$8:12=10:\overline{A'P}$, $8\overline{A'P}=120$ $\therefore \overline{A'P}=15(\text{cm})$

$\therefore \overline{PD'}=\overline{A'D'}-\overline{A'P}=\overline{AD}-\overline{A'P}=18-15=3(\text{cm})$

53 답 $\mathbf{\frac{21}{2}}$ **cm**

△DBE와 △ECF에서

∠DBE=∠ECF=60°,

∠BDE=180°−(∠DBE+∠DEB)

=180°−(∠DEF+∠DEB)=∠CEF

∴ △DBE∽△ECF(AA 닮음)

따라서 $\overline{DE}:\overline{EF}=\overline{DB}:\overline{EC}$이고,

$\overline{EC}=\overline{BC}-\overline{BE}=\overline{AB}-\overline{BE}=(7+8)-3=12(\text{cm})$

이므로

$7:\overline{EF}=8:12$, $8\overline{EF}=84$ $\therefore \overline{EF}=\frac{21}{2}(\text{cm})$

$\therefore \overline{AF}=\overline{EF}=\frac{21}{2}(\text{cm})$

54 답 (1) **3 : 1** (2) **81 : 1**

(1) 처음 정사각형의 한 변의 길이를 a라고 하면

[1단계]에서 지운 정사각형의 한 변의 길이는 $\frac{1}{3}a$

따라서 처음 정사각형과 [1단계]에서 지운 정사각형의 닮음비는 $a:\frac{1}{3}a=3:1$

(2) [2단계]에서 지운 한 정사각형의 한 변의 길이는 $\frac{1}{9}a$

[3단계]에서 지운 한 정사각형의 한 변의 길이는 $\frac{1}{27}a$

[4단계]에서 지운 한 정사각형의 한 변의 길이는 $\frac{1}{81}a$

따라서 처음 정사각형과 [4단계]에서 지운 한 정사각형의 닮음비는 $a:\frac{1}{81}a=81:1$

55 답 **640 m**

△ABC와 △A′B′C′에서

∠ABC=∠A′B′C′=90°, ∠C=∠C′이므로

△ABC∽△A′B′C′(AA 닮음)

따라서 $\overline{AB}:\overline{A'B'}=\overline{BC}:\overline{B'C'}$이므로

$\overline{AB}:4=48000:3$, $3\overline{AB}=192000$

$\therefore \overline{AB}=64000(\text{cm})=640(\text{m})$

즉, 두 지점 A, B 사이의 실제 거리는 640 m이다.

단원 마무리 P. 65~67

1 48 cm	**2** ⑤	**3** 3 cm	**4** ⑤	**5** ④
6 2	**7** 5 cm	**8** $\frac{20}{3}$ cm	**9** $\frac{48}{5}$ cm	
10 $x=\frac{18}{5}$, $y=\frac{32}{5}$		**11** 40 m	**12** 12 cm^2	
13 133 cm^3		**14** 16 cm^2		
15 ㄱ, ㄴ, ㄷ, ㄹ		**16** $\frac{33}{8}$	**17** $\frac{15}{4}$ cm	
18 ③	**19** 7 : 5	**20** $\frac{72}{13}$		

1 □ABCD와 □EFGH의 닮음비가 3 : 4이므로

$\overline{AB}:\overline{EF}=3:4$에서 $6:\overline{EF}=3:4$

$3\overline{EF}=24$ $\therefore \overline{EF}=8(\text{cm})$

∴ (□EFGH의 둘레의 길이)=2×(8+16)=48(cm)

2 ① 두 삼각기둥 ㈎, ㈏는 닮은 도형이므로

□ADFC∽□GJLI

② $\overline{BC}:\overline{HI}=\overline{AC}:\overline{GI}=6:4=3:2$

③ $\overline{CF}:\overline{IL}=3:2$에서 $\overline{CF}:8=3:2$

$2\overline{CF}=24$ $\therefore \overline{CF}=12(\text{cm})$

④ 두 삼각기둥 ㈎와 ㈏의 겉넓이의 비는 $3^2:2^2=9:4$

⑤ 두 삼각기둥 ㈎와 ㈏의 부피의 비는 $3^3:2^3=27:8$

이때 삼각기둥 ㈏의 부피는 $\left(\frac{1}{2}\times3\times4\right)\times8=48(\text{cm}^3)$

이므로 삼각기둥 ㈎의 부피를 $x\,\text{cm}^3$라고 하면

$x:48=27:8$, $8x=1296$

$\therefore x=162$

즉, 삼각기둥 ㈎의 부피는 $162\,\text{cm}^3$이다.

따라서 옳지 않은 것은 ⑤이다.

3 원뿔 모양의 그릇과 원뿔 모양으로 물이 담긴 부분의 닮음비는 $1:\frac{1}{4}=4:1$

수면의 반지름의 길이를 $r\,\text{cm}$라고 하면

$12:r=4:1$, $4r=12$ $\quad\therefore r=3$

따라서 수면의 반지름의 길이는 3 cm이다.

4 큰 쇠구슬과 작은 쇠구슬의 닮음비가 $10:2=5:1$이므로

부피의 비는 $5^3:1^3=125:1$

따라서 큰 쇠구슬 1개를 녹여서 작은 쇠구슬을 최대 125개 만들 수 있다.

5 ④ $\angle A=80°$이므로 $\angle C=180°-(80°+60°)=40°$

$\triangle ABC$와 $\triangle DFE$에서

$\angle B=\angle F=60°$, $\angle C=\angle E=40°$이므로

$\triangle ABC \backsim \triangle DFE$(AA 닮음)

6 $\triangle ABC$와 $\triangle DEC$에서

$\overline{AC}:\overline{DC}=9:3=3:1$,

$\overline{BC}:\overline{EC}=12:4=3:1$,

$\angle C$는 공통이므로

$\triangle ABC \backsim \triangle DEC$(SAS 닮음) $\quad\cdots$ (i)

따라서 $\triangle ABC$와 $\triangle DEC$의 닮음비가 $3:1$이므로

$\overline{AB}:\overline{DE}=3:1$에서 $6:\overline{DE}=3:1$

$3\overline{DE}=6$ $\quad\therefore \overline{DE}=2$ $\quad\cdots$ (ii)

채점 기준	비율
(i) $\triangle ABC \backsim \triangle DEC$임을 설명하기	60 %
(ii) $\overline{DE}$의 길이 구하기	40 %

7 $\triangle ABC$와 $\triangle EDC$에서

$\angle BAC=\angle DEC$, $\angle C$는 공통이므로

$\triangle ABC \backsim \triangle EDC$(AA 닮음)

따라서 $\overline{AC}:\overline{EC}=\overline{BC}:\overline{DC}$이므로

$(2+4):3=\overline{BC}:4$, $3\overline{BC}=24$

$\therefore \overline{BC}=8(\text{cm})$

$\therefore \overline{BE}=\overline{BC}-\overline{EC}=8-3=5(\text{cm})$

8 $\triangle ABE$와 $\triangle FDA$에서

$\angle BAE=\angle DFA$(엇각), $\angle AEB=\angle FAD$(엇각)이므로

$\triangle ABE \backsim \triangle FDA$(AA 닮음)

이때 $\overline{AB}:\overline{FD}=\overline{BE}:\overline{DA}$이고,

$\overline{AB}=\overline{DC}=6\,\text{cm}$이므로

$6:(3+6)=\overline{BE}:10$, $9\overline{BE}=60$

$\therefore \overline{BE}=\frac{20}{3}(\text{cm})$

9 $\triangle ABC$와 $\triangle DEC$에서

$\angle ABC=\angle DEC=90°$, $\angle C$는 공통이므로

$\triangle ABC \backsim \triangle DEC$(AA 닮음)

따라서 $\overline{AB}:\overline{DE}=\overline{AC}:\overline{DC}$이므로

$\overline{AB}:8=(6+6):10$, $10\overline{AB}=96$

$\therefore \overline{AB}=\frac{48}{5}(\text{cm})$

10 $\triangle ABC$에서 $\overline{BC}^2=6^2+8^2=100$

이때 $\overline{BC}>0$이므로 $\overline{BC}=10$

$\overline{AB}^2=\overline{BD}\times\overline{BC}$이므로 $6^2=x\times10$ $\quad\therefore x=\frac{18}{5}$

$\therefore \overline{CD}=\overline{BC}-\overline{BD}=10-\frac{18}{5}=\frac{32}{5}$

다른 풀이

$\overline{AC}^2=\overline{CD}\times\overline{BC}$이므로 $8^2=y\times10$ $\quad\therefore y=\frac{32}{5}$

11 $\triangle ABC$와 $\triangle DEC$에서

$\angle ACB=\angle DCE$(맞꼭지각),

$\angle ABC=\angle DEC=90°$이므로

$\triangle ABC \backsim \triangle DEC$(AA 닮음)

따라서 $\overline{BC}:\overline{EC}=\overline{AB}:\overline{DE}$이므로

$60:12=\overline{AB}:8$, $12\overline{AB}=480$

$\therefore \overline{AB}=40(\text{m})$

12 $\triangle AOD$와 $\triangle COB$에서

$\angle AOD=\angle COB$(맞꼭지각),

$\angle ADO=\angle CBO$(엇각)이므로

$\triangle AOD \backsim \triangle COB$(AA 닮음)

이때 $\triangle AOD$와 $\triangle COB$의 닮음비는

$\overline{AD}:\overline{CB}=3:6=1:2$이므로

넓이의 비는 $1^2:2^2=1:4$

즉, $3:\triangle OBC=1:4$이므로

$\triangle OBC=12(\text{cm}^2)$

13 원뿔 모양으로 물이 담긴 부분과 원뿔 모양의 그릇의 닮음비가 $6:9=2:3$이므로 부피의 비는 $2^3:3^3=8:27$

그릇의 부피를 $x\,\text{cm}^3$라고 하면

$56:x=8:27$, $8x=1512$

$\therefore x=189$

따라서 더 부어야 하는 물의 양은

$189-56=133(\text{cm}^3)$

14 $\triangle ABC$와 $\triangle ADF$에서
$\angle ACB=\angle AFD=90°$, $\angle A$는 공통이므로
$\triangle ABC \backsim \triangle ADF$(AA 닮음)
따라서 $\overline{AC}:\overline{AF}=\overline{BC}:\overline{DF}$이므로
정사각형 DECF의 한 변의 길이를 $x$cm라고 하면
$12:(12-x)=6:x$, $12x=72-6x$
$18x=72 \quad \therefore x=4$
$\therefore \square DECF=4\times4=16(cm^2)$

15 ㄱ. $\triangle ABE$와 $\triangle AFB$에서
$\angle ABE=\angle AFB=90°$, $\angle A$는 공통이므로
$\triangle ABE \backsim \triangle AFB$(AA 닮음)
ㄴ. $\triangle ABE$와 $\triangle BFE$에서
$\angle ABE=\angle BFE=90°$, $\angle E$는 공통이므로
$\triangle ABE \backsim \triangle BFE$(AA 닮음)
ㄷ. $\triangle ABE$와 $\triangle BCD$에서
$\angle ABE=\angle BCD=90°$,
$\angle BAE=90°-\angle AEB=\angle CBD$이므로
$\triangle ABE \backsim \triangle BCD$(AA 닮음)
ㄹ. $\triangle ABE$와 $\triangle DFA$에서
$\angle ABE=\angle DFA=90°$,
$\angle BAE=90°-\angle DAF=\angle FDA$이므로
$\triangle ABE \backsim \triangle DFA$(AA 닮음)
$\therefore \triangle ABE \backsim \triangle AFB \backsim \triangle BFE \backsim \triangle BCD \backsim \triangle DFA$

16 $\triangle ABC$에서 $\overline{AD}^2=\overline{DB}\times\overline{DC}$이므로
$3^2=4\times y \quad \therefore y=\frac{9}{4}$
$\triangle ABD$와 $\triangle FBE$에서
$\angle ADB=\angle FEB=90°$, $\angle B$는 공통이므로
$\triangle ABD \backsim \triangle FBE$(AA 닮음)
따라서 $\overline{AD}:\overline{FE}=\overline{BD}:\overline{BE}$이고,
$\overline{BE}=\frac{1}{2}\overline{AB}=\frac{1}{2}\times5=\frac{5}{2}$(cm)이므로
$3:x=4:\frac{5}{2}$, $4x=\frac{15}{2} \quad \therefore x=\frac{15}{8}$
$\therefore x+y=\frac{15}{8}+\frac{9}{4}=\frac{33}{8}$

17 $\overline{AD} /\!/ \overline{BC}$이므로
$\angle PDB=\angle DBC$(엇각), $\angle PBD=\angle DBC$(접은 각)
$\therefore \angle PBD=\angle PDB$
즉, $\triangle PBD$는 $\overline{PB}=\overline{PD}$인 이등변삼각형이므로
$\overline{BQ}=\overline{DQ}=\frac{1}{2}\overline{BD}=\frac{1}{2}\times10=5$(cm) … (i)
한편, $\triangle PBQ$와 $\triangle DBC$에서
$\angle PBQ=\angle DBC$, $\angle PQB=\angle DCB=90°$이므로
$\triangle PBQ \backsim \triangle DBC$(AA닮음) … (ii)
따라서 $\overline{BQ}:\overline{BC}=\overline{PQ}:\overline{DC}$이므로
$5:8=\overline{PQ}:6$, $8\overline{PQ}=30$
$\therefore \overline{PQ}=\frac{15}{4}$(cm) … (iii)

채점 기준	비율
(i) $\overline{BQ}$의 길이 구하기	40 %
(ii) $\triangle PBQ \backsim \triangle DBC$임을 설명하기	40 %
(iii) $\overline{PQ}$의 길이 구하기	20 %

18 A0 용지의 짧은 변의 길이를 a라고 하면 A2, A4, A6, A8 용지의 짧은 변의 길이는 다음 표와 같다.

용지	A2	A4	A6	A8
짧은 변의 길이	$\frac{1}{2}a$	$\frac{1}{4}a$	$\frac{1}{8}a$	$\frac{1}{16}a$

따라서 A0 용지와 A8 용지의 닮음비는
$a:\frac{1}{16}a=16:1$
참고 A0 용지의 긴 변의 길이를 b로 놓고, A0 용지와 A8 용지의 긴 변의 길이의 비를 이용하여 닮음비를 구할 수도 있다.

19 $\triangle ABC$와 $\triangle FDE$에서
$\angle ABC=\angle ABE+\angle CBE$
$=\angle ABD+\angle BAD=\angle FDE$
$\angle BCA=\angle BCF+\angle ACF$
$=\angle BCE+\angle CBE=\angle DEF$
$\therefore \triangle ABC \backsim \triangle FDE$(AA 닮음)
$\therefore \overline{DE}:\overline{EF}=\overline{BC}:\overline{CA}=7:5$

20 $\triangle ABC$에서 $\overline{AD}^2=\overline{DB}\times\overline{DC}$이므로
$\overline{AD}^2=9\times4=36$
이때 $\overline{AD}>0$이므로 $\overline{AD}=6$
직각삼각형의 외심은 빗변의 중점이므로 점 M은 직각삼각형 ABC의 외심이다.
$\therefore \overline{AM}=\overline{BM}=\overline{CM}=\frac{1}{2}\overline{BC}=\frac{1}{2}\times(9+4)=\frac{13}{2}$
따라서 $\triangle AMD$에서 $\overline{AD}^2=\overline{AH}\times\overline{AM}$이므로
$6^2=\overline{AH}\times\frac{13}{2} \quad \therefore \overline{AH}=\frac{72}{13}$

유형 1~5 P. 70~73

1 답 (1) $x=\frac{8}{3}$, $y=\frac{14}{3}$ (2) $x=8$, $y=15$

(1) $4:6=x:4$에서 $6x=16$ $\therefore x=\frac{8}{3}$

$4:6=y:7$에서 $6y=28$ $\therefore y=\frac{14}{3}$

(2) $6:9=x:12$에서 $9x=72$ $\therefore x=8$

$6:(6+9)=6:y$에서 $6y=90$ $\therefore y=15$

2 답 10 cm

$6:\overline{AC}=3:(3+2)$에서 $3\overline{AC}=30$ $\therefore \overline{AC}=10(\text{cm})$

3 답 8 cm

$\triangle AED$에서 $\overline{AD}/\!/\overline{BF}$이므로

$3:(3+12)=\overline{BF}:10$, $15\overline{BF}=30$ $\therefore \overline{BF}=2(\text{cm})$

이때 □ABCD는 평행사변형이므로

$\overline{BC}=\overline{AD}=10\text{cm}$

$\therefore \overline{CF}=\overline{BC}-\overline{BF}=10-2=8(\text{cm})$

4 답 ③

③ (다) $\overline{EF}$

5 답 6 cm

마름모 FBDE의 한 변의 길이를 $x$cm라고 하면

$\overline{AF}=(15-x)$cm이고, $\overline{FE}/\!/\overline{BC}$이므로

$(15-x):15=x:10$, $15x=150-10x$

$25x=150$ $\therefore x=6$

$\therefore \overline{ED}=6\text{cm}$

6 답 (1) 16 (2) 12

(1) $8:x=12:24$에서 $12x=192$ $\therefore x=16$

(2) $4:(x-4)=3:6$에서 $3x-12=24$

$3x=36$ $\therefore x=12$

7 답 4 cm

$\overline{AE}/\!/\overline{BC}$이므로

$6:9=\overline{AE}:12$, $9\overline{AE}=72$ $\therefore \overline{AE}=8(\text{cm})$

이때 □ABCD는 평행사변형이므로 $\overline{AD}=\overline{BC}=12\text{cm}$

$\therefore \overline{DE}=\overline{AD}-\overline{AE}=12-8=4(\text{cm})$

8 답 ②

$\overline{AB}/\!/\overline{DG}$이므로

$4:\overline{CD}=6:(6+12)$, $6\overline{CD}=72$ $\therefore \overline{CD}=12(\text{cm})$

$\overline{CD}/\!/\overline{EF}$이므로

$12:(12+6)=\overline{EF}:12$, $18\overline{EF}=144$ $\therefore \overline{EF}=8(\text{cm})$

9 답 17

$\overline{AD}:\overline{AB}=\overline{DF}:\overline{BG}$에서

$10:(10+x)=4:6$, $40+4x=60$

$4x=20$ $\therefore x=5$

$\overline{DF}:\overline{BG}=\overline{AF}:\overline{AG}=\overline{FE}:\overline{GC}$에서

$4:6=8:y$, $4y=48$ $\therefore y=12$

$\therefore x+y=5+12=17$

10 답 (1) $\triangle ADE$ (2) $\triangle ABE$ (3) $4:3$

(1) $\triangle ABC$와 $\triangle ADE$에서

$\angle ABC=\angle ADE$(동위각), $\angle A$는 공통이므로

$\triangle ABC \backsim \triangle ADE$(AA 닮음)

(2) $\triangle ADF$와 $\triangle ABE$에서

$\angle ADF=\angle ABE$(동위각), $\angle A$는 공통이므로

$\triangle ADF \backsim \triangle ABE$(AA 닮음)

(3) $\triangle ABC$에서 $\overline{BC}/\!/\overline{DE}$이므로

$\overline{AD}:\overline{DB}=\overline{AE}:\overline{EC}=4:3$

$\triangle ABE$에서 $\overline{BE}/\!/\overline{DF}$이므로

$\overline{AF}:\overline{FE}=\overline{AD}:\overline{DB}=4:3$

11 답 ③

$\triangle ABC$에서 $\overline{BC}/\!/\overline{DE}$이므로

$\overline{AE}:\overline{EC}=\overline{AD}:\overline{DB}=6:4=3:2$

$\triangle ADC$에서 $\overline{DC}/\!/\overline{FE}$이므로

$x:(6-x)=\overline{AE}:\overline{EC}$에서 $x:(6-x)=3:2$

$2x=18-3x$, $5x=18$ $\therefore x=\frac{18}{5}$

12 답 ②

① $\overline{AD}:\overline{DB}=3:2$, $\overline{AE}:\overline{EC}=2.7:1.8=3:2$이므로

$\overline{AD}:\overline{DB}=\overline{AE}:\overline{EC}$

즉, $\overline{BC}/\!/\overline{DE}$

② $\overline{AD}:\overline{AB}=3:6=1:2$, $\overline{AE}:\overline{AC}=4:7$이므로

$\overline{AD}:\overline{AB}\neq\overline{AE}:\overline{AC}$

즉, $\overline{BC}$와 $\overline{DE}$는 평행하지 않다.

③ $\overline{AD}:\overline{DB}=3.5:10.5=1:3$,

$\overline{AE}:\overline{EC}=3:9=1:3$이므로

$\overline{AD}:\overline{DB}=\overline{AE}:\overline{EC}$

즉, $\overline{BC}/\!/\overline{DE}$

④ $\overline{AD}:\overline{DB}=6:(8-6)=3:1$,

$\overline{AE}:\overline{EC}=12:4=3:1$이므로

$\overline{AD}:\overline{DB}=\overline{AE}:\overline{EC}$

즉, $\overline{BC}/\!/\overline{DE}$

⑤ $\overline{AD}:\overline{AB}=4:12=1:3$,

$\overline{AE}:\overline{AC}=3:9=1:3$이므로

$\overline{AD}:\overline{AB}=\overline{AE}:\overline{AC}$

즉, $\overline{BC}/\!/\overline{DE}$

따라서 $\overline{BC}/\!/\overline{DE}$가 아닌 것은 ②이다.

13 답 ③

$\overline{AO}:\overline{OH}=(2+4):3=2:1$,
$\overline{BO}:\overline{OG}=(3+3):3=2:1$이므로
$\overline{OA}:\overline{OH}=\overline{OB}:\overline{OG}$ $\quad\therefore \overline{AB}/\!/\overline{GH}$

14 답 (1) $\frac{7}{2}$ (2) 16

(1) $6:7=3:x$에서 $6x=21$ $\quad\therefore x=\frac{7}{2}$
(2) $8:x=4:(12-4)$에서 $4x=64$ $\quad\therefore x=16$

15 답 ⑤

①, ②, ④ $\overline{AD}/\!/\overline{EC}$이므로
$\angle BAD=\angle AEC$(동위각), $\angle CAD=\angle ACE$(엇각)
이때 $\angle BAD=\angle CAD$이므로 $\angle AEC=\angle ACE$
즉, $\triangle ACE$는 이등변삼각형이므로 $\overline{AC}=\overline{AE}=4$
③, ⑤ $\triangle ABC$에서 $\overline{AD}$는 $\angle A$의 이등분선이므로
$\overline{BD}:\overline{CD}=\overline{AB}:\overline{AC}=3:4$
즉, $2:\overline{CD}=3:4$이므로 $3\overline{CD}=8$ $\quad\therefore \overline{CD}=\frac{8}{3}$
따라서 옳지 않은 것은 ⑤이다.

16 답 $\frac{15}{4}$ cm

$\overline{BE}:\overline{CE}=\overline{AB}:\overline{AC}=10:6=5:3$이므로
$\overline{BE}:\overline{BC}=\overline{DE}:\overline{AC}$에서 $5:(5+3)=\overline{DE}:6$
$8\overline{DE}=30$ $\quad\therefore \overline{DE}=\frac{15}{4}$(cm)

17 답 (1) 8 cm (2) $\frac{40}{11}$ cm

(1) $\overline{BE}$는 $\angle B$의 이등분선이므로
$\overline{AB}:\overline{BC}=\overline{AE}:\overline{CE}$에서
$\overline{AB}:12=4:6$, $6\overline{AB}=48$ $\quad\therefore \overline{AB}=8$(cm)
(2) $\overline{CD}$는 $\angle C$의 이등분선이므로
$\overline{AD}:\overline{BD}=\overline{AC}:\overline{BC}=(4+6):12=5:6$
$\therefore \overline{AD}=\frac{5}{11}\overline{AB}=\frac{5}{11}\times 8=\frac{40}{11}$(cm)

18 답 ③

$\triangle ABD:\triangle ADC=\overline{BD}:\overline{CD}=\overline{AB}:\overline{AC}=4:3$이므로
$16:\triangle ADC=4:3$, $4\triangle ADC=48$
$\therefore \triangle ADC=12(\text{cm}^2)$

19 답 ①

$\triangle ABC$는 $\angle BAC=90°$인 직각삼각형이므로
$\triangle ABC=\frac{1}{2}\times 6\times 3=9(\text{cm}^2)$
이때 $\overline{BD}:\overline{CD}=\overline{AB}:\overline{AC}=6:3=2:1$이므로
$\triangle ABD:\triangle ADC=\overline{BD}:\overline{CD}=2:1$
$\therefore \triangle ADC=\frac{1}{3}\triangle ABC=\frac{1}{3}\times 9=3(\text{cm}^2)$

20 답 (1) 2 (2) 10

(1) $4:3=(x+6):6$에서 $3x+18=24$
$3x=6$ $\quad\therefore x=2$
(2) $x:8=(12+3):12$에서 $12x=120$ $\quad\therefore x=10$

21 답 $72\,\text{cm}^2$

$\overline{BD}:\overline{CD}=\overline{AB}:\overline{AC}=9:6=3:2$
$\therefore \overline{BC}:\overline{BD}=(3-2):3=1:3$
$\triangle ABC:\triangle ABD=\overline{BC}:\overline{BD}=1:3$이므로
$24:\triangle ABD=1:3$ $\quad\therefore \triangle ABD=72(\text{cm}^2)$

22 답 15 cm

$\overline{AD}$는 $\angle A$의 이등분선이므로
$10:6=5:\overline{CD}$, $10\overline{CD}=30$ $\quad\therefore \overline{CD}=3$(cm)
$\overline{AE}$는 $\angle A$의 외각의 이등분선이므로
$10:6=(8+\overline{CE}):\overline{CE}$, $10\overline{CE}=48+6\overline{CE}$
$4\overline{CE}=48$ $\quad\therefore \overline{CE}=12$(cm)
$\therefore \overline{DE}=\overline{DC}+\overline{CE}=3+12=15$(cm)

유형 6~11 P. 74~78

23 답 ⑤

$\overline{BM}=\overline{MA}$, $\overline{BN}=\overline{NC}$이므로
$\overline{AC}=2\overline{MN}=2\times 11=22$(cm) $\quad\therefore x=22$
또 $\overline{MN}/\!/\overline{AC}$이므로 $\angle BMN=\angle A=75°$(동위각)
$\triangle MBN$에서 $\angle MNB=180°-(75°+65°)=40°$
$\therefore y=40$
$\therefore x+y=22+40=62$

24 답 (1) 15 cm (2) 15 cm

(1) $\triangle ABC$에서 $\overline{AM}=\overline{MB}$, $\overline{AN}=\overline{NC}$이므로
$\overline{MN}=\frac{1}{2}\overline{BC}=\frac{1}{2}\times 30=15$(cm)
(2) $\triangle DBC$에서 $\overline{DP}=\overline{PB}$, $\overline{DQ}=\overline{QC}$이므로
$\overline{PQ}=\frac{1}{2}\overline{BC}=\frac{1}{2}\times 30=15$(cm)

25 답 20 cm

$\triangle ABD$에서 $\overline{AM}=\overline{MD}$, $\overline{BP}=\overline{PD}$이므로 $\overline{MP}=\frac{1}{2}\overline{AB}$
$\triangle BCD$에서 $\overline{BP}=\overline{PD}$, $\overline{BN}=\overline{NC}$이므로 $\overline{NP}=\frac{1}{2}\overline{CD}$
이때 $\overline{AB}+\overline{CD}=22$ cm이므로
$\overline{MP}+\overline{NP}=\frac{1}{2}(\overline{AB}+\overline{CD})=\frac{1}{2}\times 22=11$(cm)
$\therefore$ ($\triangle MPN$의 둘레의 길이)$=\overline{MP}+\overline{NP}+\overline{MN}$
$=11+9=20$(cm)

26 답 ①

$\overline{BE}=\overline{EC}$, $\overline{DE}$ // $\overline{AC}$이므로 $\overline{BD}=\overline{DA}$

$\therefore\ \overline{DE}=\frac{1}{2}\overline{AC}=\frac{1}{2}\times12=6(\text{cm})$

27 답 10

△ABC에서 $\overline{AD}=\overline{DC}$, $\overline{AB}$ // $\overline{DF}$이므로

$\overline{AB}=2\overline{DF}=2\times4=8$ $\quad\therefore\ x=8$

△BFD에서 $\overline{BE}=\overline{ED}$, $\overline{EG}$ // $\overline{DF}$이므로

$\overline{EG}=\frac{1}{2}\overline{DF}=\frac{1}{2}\times4=2$ $\quad\therefore\ y=2$

$\therefore\ x+y=8+2=10$

28 답 ④

△ABC에서 $\overline{AD}=\overline{DB}$, $\overline{DE}$ // $\overline{BC}$이므로

$\overline{CE}=\overline{AE}=\frac{1}{2}\overline{AC}=\frac{1}{2}\times16=8(\text{cm})$

$\overline{BC}=2\overline{DE}=2\times5=10(\text{cm})$

이때 □DFCE는 평행사변형이므로 $\overline{FC}=\overline{DE}=5\text{cm}$

$\therefore\ \overline{BF}=\overline{BC}-\overline{FC}=10-5=5(\text{cm})$

$\therefore\ \overline{BF}+\overline{CE}=5+8=13(\text{cm})$

다른 풀이

△ABC에서 $\overline{AD}=\overline{DB}$, $\overline{DE}$ // $\overline{BC}$이므로

$\overline{CE}=\overline{AE}=\frac{1}{2}\overline{AC}=\frac{1}{2}\times16=8(\text{cm})$

$\overline{BC}=2\overline{DE}=2\times5=10(\text{cm})$

△BCA에서 $\overline{BD}=\overline{DA}$, $\overline{DF}$ // $\overline{AC}$이므로

$\overline{BF}=\overline{FC}=\frac{1}{2}\overline{BC}=\frac{1}{2}\times10=5(\text{cm})$

$\therefore\ \overline{BF}+\overline{CE}=5+8=13(\text{cm})$

29 답 15 cm

△ABF에서 $\overline{AD}=\overline{DB}$, $\overline{AE}=\overline{EF}$이므로

$\overline{DE}$ // $\overline{BF}$ … (i)

△DCE에서 $\overline{CF}=\overline{FE}$, $\overline{GF}$ // $\overline{DE}$이므로

$\overline{DE}=2\overline{GF}=2\times5=10(\text{cm})$ … (ii)

△ABF에서 $\overline{BF}=2\overline{DE}=2\times10=20(\text{cm})$ … (iii)

$\therefore\ \overline{BG}=\overline{BF}-\overline{GF}=20-5=15(\text{cm})$ … (iv)

채점 기준	비율
(i) $\overline{DE}$ // $\overline{BF}$임을 알기	20 %
(ii) $\overline{DE}$의 길이 구하기	30 %
(iii) $\overline{BF}$의 길이 구하기	30 %
(iv) $\overline{BG}$의 길이 구하기	20 %

30 답 9 cm

△AEC에서 $\overline{AD}=\overline{DE}$, $\overline{AF}=\overline{FC}$이므로 $\overline{DF}$ // $\overline{EC}$

△BGD에서 $\overline{BE}=\overline{ED}$, $\overline{EC}$ // $\overline{DG}$이므로

$\overline{EC}=\frac{1}{2}\overline{DG}=\frac{1}{2}\times12=6(\text{cm})$

△AEC에서 $\overline{DF}=\frac{1}{2}\overline{EC}=\frac{1}{2}\times6=3(\text{cm})$

$\therefore\ \overline{FG}=\overline{DG}-\overline{DF}=12-3=9(\text{cm})$

31 답 6 cm

△AFG에서 $\overline{AD}=\overline{DF}$, $\overline{AE}=\overline{EG}$이므로

$\overline{DE}$ // $\overline{FG}$

△BED에서 $\overline{BF}=\overline{FD}$, $\overline{FP}$ // $\overline{DE}$이므로

$\overline{FP}=\frac{1}{2}\overline{DE}=\frac{1}{2}\times6=3(\text{cm})$

△CED에서 $\overline{CG}=\overline{GE}$, $\overline{QG}$ // $\overline{DE}$이므로

$\overline{QG}=\frac{1}{2}\overline{DE}=\frac{1}{2}\times6=3(\text{cm})$

△AFG에서 $\overline{FG}=2\overline{DE}=2\times6=12(\text{cm})$

$\therefore\ \overline{PQ}=\overline{FG}-\overline{FP}-\overline{QG}=12-3-3=6(\text{cm})$

32 답 ③

△ABF에서 $\overline{AD}=\overline{DB}$, $\overline{AE}=\overline{EF}$이므로 $\overline{DE}$ // $\overline{BF}$

△DCE에서 $\overline{CF}=\overline{FE}$, $\overline{GF}$ // $\overline{DE}$이므로 $\overline{DE}=2\overline{GF}$

△ABF에서 $\overline{BF}=2\overline{DE}=4\overline{GF}$이므로

$12+\overline{GF}=4\overline{GF}$, $3\overline{GF}=12$ $\quad\therefore\ \overline{GF}=4(\text{cm})$

$\therefore\ \overline{DE}=2\overline{GF}=2\times4=8(\text{cm})$

33 답 27 cm

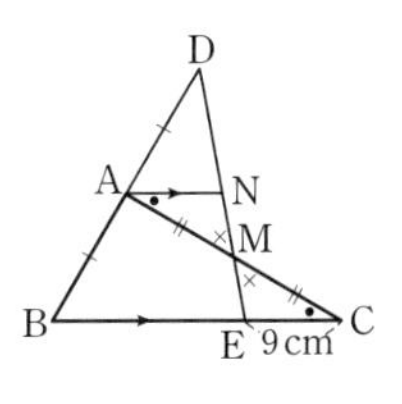

△AMN≡△CME(ASA 합동)

이므로 $\overline{AN}=\overline{CE}=9\text{cm}$

△DBE에서

$\overline{DA}=\overline{AB}$, $\overline{AN}$ // $\overline{BE}$이므로

$\overline{BE}=2\overline{AN}=2\times9=18(\text{cm})$

$\therefore\ \overline{BC}=\overline{BE}+\overline{EC}=18+9=27(\text{cm})$

34 답 20

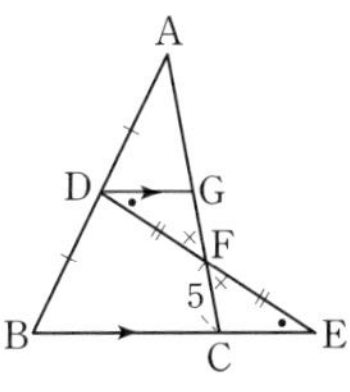

오른쪽 그림과 같이 점 D를 지나고 $\overline{BC}$에 평행한 직선을 그어 $\overline{AC}$와 만나는 점을 G라고 하면

△DFG≡△EFC(ASA 합동)이므로

$\overline{FG}=\overline{FC}=5$

$\therefore\ \overline{GC}=\overline{GF}+\overline{FC}=5+5=10$

△ABC에서 $\overline{AD}=\overline{DB}$, $\overline{DG}$ // $\overline{BC}$이므로

$\overline{AG}=\overline{GC}=10$

$\therefore\ \overline{AC}=\overline{AG}+\overline{GC}=10+10=20$

35 답 ③

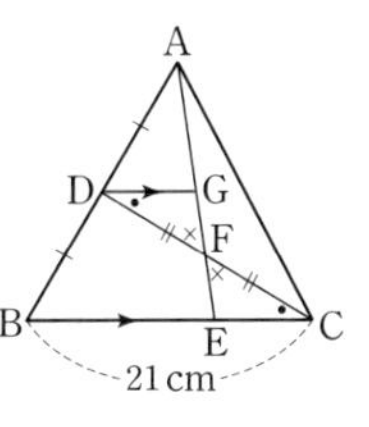

오른쪽 그림과 같이 점 D를 지나고 $\overline{BC}$에 평행한 직선을 그어 $\overline{AE}$와 만나는 점을 G라고 하면

△DFG≡△CFE(ASA 합동)이므로

$\overline{DG}=\overline{CE}$

△ABE에서 $\overline{AD}=\overline{DB}$, $\overline{DG}$ // $\overline{BE}$

이므로 $\overline{BE}=2\overline{DG}=2\overline{CE}$

이때 $\overline{BC}=\overline{BE}+\overline{CE}=2\overline{CE}+\overline{CE}=3\overline{CE}$이므로

$3\overline{CE}=21$ $\quad\therefore\ \overline{CE}=7(\text{cm})$

36 답 12 cm

오른쪽 그림과 같이 점 D를 지나고 $\overline{BC}$에 평행한 직선을 그어 $\overline{AE}$와 만나는 점을 G라고 하면

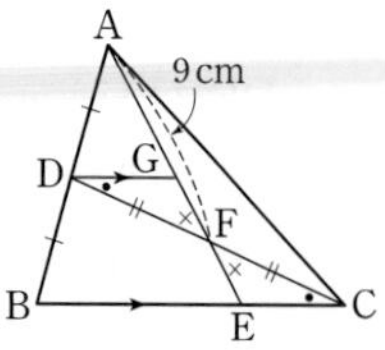

$\triangle DFG \equiv \triangle CFE$(ASA 합동)이므로

$\overline{GF}=\overline{EF}$

$\triangle ABE$에서 $\overline{AD}=\overline{DB}$, $\overline{DG} /\!/ \overline{BE}$이므로

$\overline{AG}=\overline{GE}=2\overline{EF}$

이때 $\overline{AF}=\overline{AG}+\overline{GF}=2\overline{EF}+\overline{EF}=3\overline{EF}$이므로

$3\overline{EF}=9$ $\quad\therefore \overline{EF}=3$(cm)

$\therefore \overline{AE}=\overline{AF}+\overline{EF}=9+3=12$(cm)

37 답 $\frac{21}{2}$ cm

$\overline{DE}=\frac{1}{2}\overline{AC}=\frac{1}{2}\times 7=\frac{7}{2}$(cm),

$\overline{EF}=\frac{1}{2}\overline{AB}=\frac{1}{2}\times 8=4$(cm),

$\overline{DF}=\frac{1}{2}\overline{BC}=\frac{1}{2}\times 6=3$(cm)

$\therefore$ ($\triangle DEF$의 둘레의 길이)$=\overline{DE}+\overline{EF}+\overline{FD}$

$=\frac{7}{2}+4+3=\frac{21}{2}$(cm)

38 답 28 cm

($\triangle ABC$의 둘레의 길이)$=\overline{AB}+\overline{BC}+\overline{CA}$

$=2\overline{EF}+2\overline{DF}+2\overline{DE}$

$=2(\overline{EF}+\overline{DF}+\overline{DE})$

$=2\times$($\triangle DEF$의 둘레의 길이)

$=2\times 14=28$(cm)

39 답 ②, ⑤

① $\overline{CF}=\overline{FA}$, $\overline{CE}=\overline{EB}$이므로 $\overline{FE} /\!/ \overline{AB}$

② $\overline{DE}=\frac{1}{2}\overline{AC}$, $\overline{EF}=\frac{1}{2}\overline{AB}$

이때 $\overline{AC}$, $\overline{AB}$의 길이가 같은지 알 수 없으므로 $\overline{DE}=\overline{EF}$라고 할 수 없다.

③ $\triangle ADF$와 $\triangle DBE$에서

$\overline{AD}=\overline{DB}$, $\overline{AF}=\frac{1}{2}\overline{AC}=\overline{DE}$,

$\overline{DF}=\frac{1}{2}\overline{BC}=\overline{BE}$이므로

$\triangle ADF \equiv \triangle DBE$(SSS 합동)

$\therefore \angle AFD=\angle DEB$

④ $\triangle FEC$와 $\triangle ABC$에서

$\overline{FC} : \overline{AC}=1 : 2$, $\angle C$는 공통,

$\overline{EC} : \overline{BC}=1 : 2$이므로

$\triangle FEC \backsim \triangle ABC$(SAS 닮음)

⑤ $\overline{DF}=\frac{1}{2}\overline{BC}$이므로 $\overline{DF} : \overline{BC}=1 : 2$

따라서 옳지 않은 것은 ②, ⑤이다.

40 답 18 cm

$\overline{EF}=\overline{HG}=\frac{1}{2}\overline{AC}=\frac{1}{2}\times 8=4$(cm),

$\overline{EH}=\overline{FG}=\frac{1}{2}\overline{BD}=\frac{1}{2}\times 10=5$(cm)

$\therefore$ ($\square EFGH$의 둘레의 길이)$=\overline{EF}+\overline{FG}+\overline{GH}+\overline{HE}$

$=4+5+4+5=18$(cm)

41 답 ③

$\overline{PQ}=\overline{SR}=\frac{1}{2}\overline{AC}=\frac{1}{2}\times 24=12$(cm)

이때 $\square ABCD$는 직사각형이므로 두 대각선의 길이는 같다.

즉, $\overline{BD}=\overline{AC}=24$ cm이므로

$\overline{PS}=\overline{QR}=\frac{1}{2}\overline{BD}=\frac{1}{2}\times 24=12$(cm)

$\therefore$ ($\square PQRS$의 둘레의 길이)$=\overline{PQ}+\overline{QR}+\overline{RS}+\overline{SP}$

$=12+12+12+12$

$=48$(cm)

42 답 56 cm²

마름모의 각 변의 중점을 연결하여 만든 사각형은 직사각형이므로 $\square EFGH$는 직사각형이다.

$\overline{EH}=\overline{FG}=\frac{1}{2}\overline{BD}=\frac{1}{2}\times 14=7$(cm)

$\overline{EF}=\overline{HG}=\frac{1}{2}\overline{AC}=\frac{1}{2}\times 16=8$(cm)

$\therefore \square EFGH=7\times 8=56$(cm^2)

43 답 7 cm

$\overline{AD} /\!/ \overline{BC}$, $\overline{AM}=\overline{MB}$, $\overline{DN}=\overline{NC}$이므로

$\overline{AD} /\!/ \overline{MN} /\!/ \overline{BC}$

$\triangle ACD$에서 $\overline{DN}=\overline{NC}$, $\overline{AD} /\!/ \overline{PN}$이므로

$\overline{AD}=2\overline{PN}=2\times 2=4$(cm)

$\triangle ABC$에서 $\overline{AM}=\overline{MB}$, $\overline{MP} /\!/ \overline{BC}$이므로

$\overline{MP}=\frac{1}{2}\overline{BC}=\frac{1}{2}\times 6=3$(cm)

$\therefore \overline{AD}+\overline{MP}=4+3=7$(cm)

44 답 ②

$\overline{AD} /\!/ \overline{BC}$, $\overline{AM}=\overline{MB}$, $\overline{DN}=\overline{NC}$이므로

$\overline{AD} /\!/ \overline{MN} /\!/ \overline{BC}$

$\triangle ABC$에서 $\overline{AM}=\overline{MB}$, $\overline{MQ} /\!/ \overline{BC}$이므로

$\overline{MQ}=\frac{1}{2}\overline{BC}=\frac{1}{2}\times 20=10$(cm)

$\triangle ABD$에서 $\overline{AM}=\overline{MB}$, $\overline{AD} /\!/ \overline{MP}$이므로

$\overline{MP}=\frac{1}{2}\overline{AD}=\frac{1}{2}\times 8=4$(cm)

$\therefore \overline{PQ}=\overline{MQ}-\overline{MP}=10-4=6$(cm)

45 답 ③

$\overline{AD} /\!/ \overline{BC}$, $\overline{AM}=\overline{MB}$, $\overline{DN}=\overline{NC}$이므로

$\overline{AD} /\!/ \overline{MN} /\!/ \overline{BC}$

$\triangle$ABD에서 $\overline{AM}=\overline{MB}$, $\overline{AD} /\!/ \overline{MP}$이므로

$\overline{MP}=\frac{1}{2}\overline{AD}=\frac{1}{2}\times 8=4$

$\triangle$ABC에서 $\overline{AM}=\overline{MB}$, $\overline{MQ} /\!/ \overline{BC}$이므로

$\overline{BC}=2\overline{MQ}=2\times(4+2)=12$

46 답 **10 cm**

$\overline{AD} /\!/ \overline{BC}$, $\overline{AM}=\overline{MB}$, $\overline{DN}=\overline{NC}$이므로

$\overline{AD} /\!/ \overline{MN} /\!/ \overline{BC}$

오른쪽 그림과 같이 $\overline{AC}$를 긋고, $\overline{AC}$와 $\overline{MN}$이 만나는 점을 P라고 하면

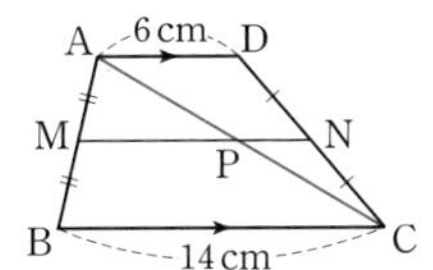

$\triangle$ABC에서

$\overline{AM}=\overline{MB}$, $\overline{MP} /\!/ \overline{BC}$이므로

$\overline{MP}=\frac{1}{2}\overline{BC}=\frac{1}{2}\times 14=7(\text{cm})$ ⋯ (i)

$\triangle$ACD에서 $\overline{DN}=\overline{NC}$, $\overline{AD} /\!/ \overline{PN}$이므로

$\overline{PN}=\frac{1}{2}\overline{AD}=\frac{1}{2}\times 6=3(\text{cm})$ ⋯ (ii)

$\therefore \overline{MN}=\overline{MP}+\overline{PN}=7+3=10(\text{cm})$ ⋯ (iii)

채점 기준	비율
(i) $\overline{MP}$의 길이 구하기	40 %
(ii) $\overline{PN}$의 길이 구하기	40 %
(iii) $\overline{MN}$의 길이 구하기	20 %

47 답 **10 cm**

$\overline{MP}:\overline{PQ}=5:3$이므로

$\overline{MP}=5k$ cm, $\overline{PQ}=3k$ cm $(k>0)$라고 하면

$\overline{MQ}=\overline{MP}+\overline{PQ}=5k+3k=8k(\text{cm})$

$\overline{AD} /\!/ \overline{BC}$, $\overline{AM}=\overline{MB}$, $\overline{DN}=\overline{NC}$이므로

$\overline{AD} /\!/ \overline{MN} /\!/ \overline{BC}$

$\triangle$ABC에서 $\overline{AM}=\overline{MB}$, $\overline{MQ} /\!/ \overline{BC}$이므로

$\overline{BC}=2\overline{MQ}=2\times 8k=16k(\text{cm})$

$\triangle$ABD에서 $\overline{AM}=\overline{MB}$, $\overline{AD} /\!/ \overline{MP}$이므로

$\overline{AD}=2\overline{MP}=2\times 5k=10k(\text{cm})$

이때 $\overline{AD}$와 $\overline{BC}$의 길이의 합이 26 cm이므로

$10k+16k=26$, $26k=26$ $\therefore k=1$

$\therefore \overline{AD}=10k=10\times 1=10(\text{cm})$

유형 12~16 P. 78~81

48 답 (1) 9 (2) $\frac{35}{4}$

(1) $(x-6):6=4:8$에서 $8x-48=24$

$8x=72$ $\therefore x=9$

(2) $(x-7):7=2:8$에서 $8x-56=14$

$8x=70$ $\therefore x=\frac{35}{4}$

49 답 ④

$3:6=x:8$에서 $6x=24$ $\therefore x=4$

$3:6=5:(y-5)$에서 $3y-15=30$

$3y=45$ $\therefore y=15$

$\therefore y-x=15-4=11$

50 답 $a=6$, $b=4$

$4:6=a:9$에서 $6a=36$ $\therefore a=6$

$6:b=9:6$에서 $9b=36$ $\therefore b=4$

51 답 ⑤

$15:(x-15)=5:3$에서 $5x-75=45$

$5x=120$ $\therefore x=24$

$y:8=5:3$에서 $3y=40$ $\therefore y=\frac{40}{3}$

$\therefore xy=24\times\frac{40}{3}=320$

52 답 8

$6:x=10:5$에서 $10x=30$ $\therefore x=3$ ⋯ (i)

$(6+3):3=(10+5):y$에서 $9y=45$ $\therefore y=5$ ⋯ (ii)

$\therefore x+y=3+5=8$ ⋯ (iii)

채점 기준	비율
(i) x의 값 구하기	40 %
(ii) y의 값 구하기	40 %
(iii) $x+y$의 값 구하기	20 %

53 답 14

오른쪽 그림에서

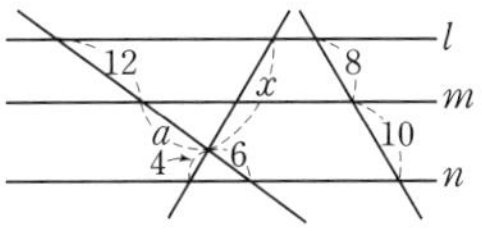

$12:(a+6)=8:10$이므로

$8a+48=120$, $8a=72$

$\therefore a=9$

$(12+a):6=x:4$이므로

$21:6=x:4$, $6x=84$ $\therefore x=14$

54 답 ④

오른쪽 그림과 같이 점 A를 지나고 $\overline{DC}$에 평행한 직선을 그어 $\overline{EF}$, $\overline{BC}$와 만나는 점을 각각 G, H라고 하면

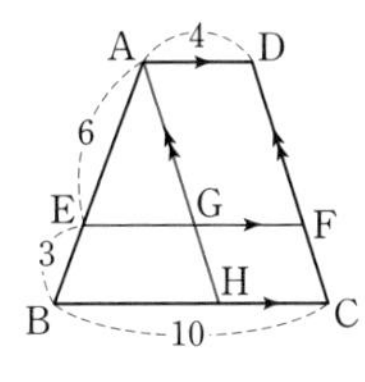

$\overline{GF}=\overline{HC}=\overline{AD}=4$

$\therefore \overline{BH}=\overline{BC}-\overline{HC}=10-4=6$

$\triangle$ABH에서 $\overline{EG} /\!/ \overline{BH}$이므로

$6:(6+3)=\overline{EG}:6$, $9\overline{EG}=36$ $\therefore \overline{EG}=4$

$\therefore \overline{EF}=\overline{EG}+\overline{GF}=4+4=8$

다른 풀이

오른쪽 그림과 같이 대각선 AC를 그어 $\overline{EF}$와 만나는 점을 G라고 하면

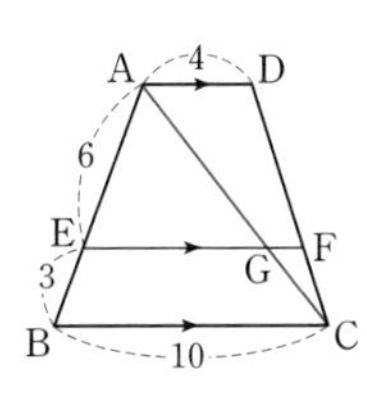

$\triangle$ABC에서 $\overline{EG} /\!/ \overline{BC}$이므로

$6:(6+3)=\overline{EG}:10$, $9\overline{EG}=60$

$\therefore \overline{EG}=\frac{20}{3}$

$\triangle$ACD에서 $\overline{AD} /\!/ \overline{GF}$이므로

$3:(3+6)=\overline{GF}:4$, $9\overline{GF}=12$ $\quad\therefore \overline{GF}=\frac{4}{3}$

$\therefore \overline{EF}=\overline{EG}+\overline{GF}=\frac{20}{3}+\frac{4}{3}=8$

55 답 $\frac{28}{3}$ cm

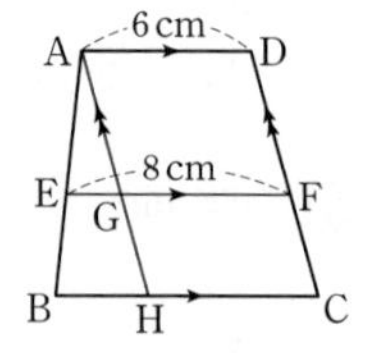

오른쪽 그림과 같이 점 A를 지나고 $\overline{DC}$에 평행한 직선을 그어 $\overline{EF}$, $\overline{BC}$와 만나는 점을 각각 G, H라고 하면

$\overline{GF}=\overline{HC}=\overline{AD}=6$ cm

$\therefore \overline{EG}=\overline{EF}-\overline{GF}=8-6=2$(cm)

$\triangle$ABH에서 $\overline{EG} /\!/ \overline{BH}$이므로

$3:(3+2)=2:\overline{BH}$, $3\overline{BH}=10$ $\quad\therefore \overline{BH}=\frac{10}{3}$(cm)

$\therefore \overline{BC}=\overline{BH}+\overline{HC}=\frac{10}{3}+6=\frac{28}{3}$(cm)

56 답 $\frac{32}{3}$ cm

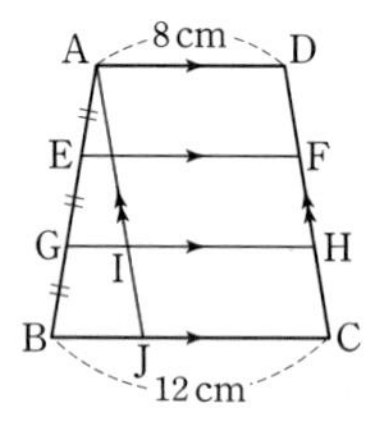

오른쪽 그림과 같이 점 A를 지나고 $\overline{DC}$에 평행한 직선을 그어 $\overline{GH}$, $\overline{BC}$와 만나는 점을 각각 I, J라고 하면

$\overline{IH}=\overline{JC}=\overline{AD}=8$ cm

$\therefore \overline{BJ}=\overline{BC}-\overline{JC}=12-8=4$(cm)

$\triangle$ABJ에서 $\overline{GI} /\!/ \overline{BJ}$이므로

$2:3=\overline{GI}:4$, $3\overline{GI}=8$ $\quad\therefore \overline{GI}=\frac{8}{3}$(cm)

$\therefore \overline{GH}=\overline{GI}+\overline{IH}=\frac{8}{3}+8=\frac{32}{3}$(cm)

57 답 $x=5$, $y=6$

$\overline{AD} /\!/ \overline{EF} /\!/ \overline{BC}$이므로

$3:x=6:10$, $6x=30$ $\quad\therefore x=5$

$\triangle$ABC에서 $\overline{EP} /\!/ \overline{BC}$이므로

$3:(3+5)=y:16$, $8y=48$ $\quad\therefore y=6$

58 답 $\frac{11}{2}$ cm

$\triangle$ABC에서 $\overline{EQ} /\!/ \overline{BC}$이므로

$3:(3+1)=\overline{EQ}:10$, $4\overline{EQ}=30$ $\quad\therefore \overline{EQ}=\frac{15}{2}$(cm)

$\triangle$ABD에서 $\overline{AD} /\!/ \overline{EP}$이므로

$1:(1+3)=\overline{EP}:8$, $4\overline{EP}=8$ $\quad\therefore \overline{EP}=2$(cm)

$\therefore \overline{PQ}=\overline{EQ}-\overline{EP}=\frac{15}{2}-2=\frac{11}{2}$(cm)

59 답 ⑤

$\triangle$ABD에서 $\overline{AD} /\!/ \overline{EP}$이므로

$\overline{BE}:(\overline{BE}+8)=6:14$, $14\overline{BE}=6\overline{BE}+48$

$8\overline{BE}=48$ $\quad\therefore \overline{BE}=6$(cm)

$\triangle$ABC에서 $\overline{EQ} /\!/ \overline{BC}$이므로

$8:(8+6)=\overline{EQ}:21$, $14\overline{EQ}=168$ $\quad\therefore \overline{EQ}=12$(cm)

$\therefore \overline{PQ}=\overline{EQ}-\overline{EP}=12-6=6$(cm)

60 답 $\frac{36}{5}$ cm

$\triangle$AOD와 $\triangle$COB에서

$\angle$AOD$=\angle$COB(맞꼭지각),

$\angle$ADO$=\angle$CBO(엇각)이므로

$\triangle$AOD$\backsim\triangle$COB(AA 닮음)

$\therefore \overline{OA}:\overline{OC}=\overline{OD}:\overline{OB}$

$=\overline{AD}:\overline{CB}$

$=6:9=2:3$ $\quad\cdots$ (i)

$\triangle$ABC에서 $\overline{EO} /\!/ \overline{BC}$이므로

$2:(2+3)=\overline{EO}:9$, $5\overline{EO}=18$

$\therefore \overline{EO}=\frac{18}{5}$(cm) $\quad\cdots$ (ii)

$\triangle$DBC에서 $\overline{OF} /\!/ \overline{BC}$이므로

$2:(2+3)=\overline{OF}:9$, $5\overline{OF}=18$

$\therefore \overline{OF}=\frac{18}{5}$(cm) $\quad\cdots$ (iii)

$\therefore \overline{EF}=\overline{EO}+\overline{OF}=\frac{18}{5}+\frac{18}{5}=\frac{36}{5}$(cm) $\quad\cdots$ (iv)

채점 기준	비율
(i) $\overline{OA}:\overline{OC}$, $\overline{OD}:\overline{OB}$를 가장 간단한 자연수의 비로 나타내기	30 %
(ii) $\overline{EO}$의 길이 구하기	30 %
(iii) $\overline{OF}$의 길이 구하기	30 %
(iv) $\overline{EF}$의 길이 구하기	10 %

61 답 8 cm

$\triangle$ABC에서 $\overline{EO} /\!/ \overline{BC}$이므로

$\overline{AO}:\overline{OC}=\overline{AE}:\overline{EB}=1:2$

이때 $\triangle$AOD$\backsim\triangle$COB(AA 닮음)이므로

$4:\overline{BC}=1:2$ $\quad\therefore \overline{BC}=8$(cm)

62 답 ③

$\triangle$ABE$\backsim\triangle$CDE(AA 닮음)이므로

$\overline{BE}:\overline{DE}=\overline{AB}:\overline{CD}=9:12=3:4$

$\therefore \overline{BE}:\overline{BD}=3:(3+4)=3:7$

$\triangle$BCD에서 $\overline{BE}:\overline{BD}=\overline{EF}:\overline{DC}$이므로

$3:7=\overline{EF}:12$, $7\overline{EF}=36$ $\quad\therefore \overline{EF}=\frac{36}{7}$

63 답 ②

$\triangle$ABP$\backsim\triangle$CDP(AA 닮음)이므로

$\overline{BP}:\overline{DP}=\overline{AB}:\overline{CD}=4:6=2:3$

$\triangle$BCD에서 $\overline{BP}:\overline{BD}=\overline{BQ}:\overline{BC}$이므로

$2:(2+3)=\overline{BQ}:8$, $5\overline{BQ}=16$ $\quad\therefore \overline{BQ}=\frac{16}{5}$(cm)

64 답 $\frac{21}{4}$ cm

$\triangle$CAB에서 $\overline{CF}:\overline{CB}=\overline{EF}:\overline{AB}=3:7$

$\triangle$BCD에서 $\overline{BF}:\overline{BC}=\overline{EF}:\overline{DC}$이므로

$(7-3):7=3:\overline{DC}$, $4\overline{DC}=21$ $\quad\therefore \overline{DC}=\frac{21}{4}$(cm)

65 답 ③

동위각의 크기가 90°로 같으므로

$\overline{AB}/\!/\overline{EF}/\!/\overline{DC}$

$\triangle$ABE$\backsim\triangle$CDE(AA 닮음)이므로

$\overline{BE}:\overline{DE}=\overline{AB}:\overline{CD}=4:7$

$\triangle$BCD에서 $\overline{BE}:\overline{BD}=\overline{EF}:\overline{DC}$이므로

$4:(4+7)=\overline{EF}:7$, $11\overline{EF}=28$ $\quad\therefore \overline{EF}=\frac{28}{11}$(cm)

66 답 18 cm²

오른쪽 그림과 같이 점 P에서 $\overline{BC}$에 내린 수선의 발을 H라고 하면 동위각의 크기가 90°로 같으므로

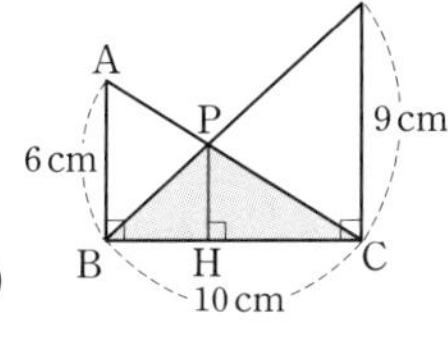

$\overline{AB}/\!/\overline{PH}/\!/\overline{DC}$

이때 $\triangle$ABP$\backsim\triangle$CDP(AA 닮음)이므로

$\overline{BP}:\overline{DP}=\overline{AB}:\overline{CD}=6:9=2:3$

$\triangle$BCD에서 $\overline{BP}:\overline{BD}=\overline{PH}:\overline{DC}$이므로

$2:(2+3)=\overline{PH}:9$, $5\overline{PH}=18$ $\quad\therefore \overline{PH}=\frac{18}{5}$(cm)

$\therefore \triangle PBC=\frac{1}{2}\times10\times\frac{18}{5}=18(\text{cm}^2)$

다른 풀이

$\overline{AP}:\overline{PC}=\overline{AB}:\overline{CD}=6:9=2:3$이므로

$\triangle$ABP : $\triangle$PBC$=\overline{AP}:\overline{PC}=2:3$

$\therefore \triangle PBC=\frac{3}{5}\triangle ABC$

$=\frac{3}{5}\times\left(\frac{1}{2}\times10\times6\right)=18(\text{cm}^2)$

유형 17~21 P. 82~86

67 답 8

$\overline{BD}$는 $\triangle$ABC의 중선이므로

$\overline{CD}=\frac{1}{2}\overline{AC}=\frac{1}{2}\times10=5$ $\quad\therefore x=5$

$\overline{BG}:\overline{GD}=2:1$이므로

$\overline{GD}=\frac{1}{2}\overline{BG}=\frac{1}{2}\times6=3$ $\quad\therefore y=3$

$\therefore x+y=5+3=8$

68 답 ⑤

$\overline{CD}$는 $\triangle$ABC의 중선이고, 직각삼각형의 외심은 빗변의 중점이므로 점 D는 직각삼각형 ABC의 외심이다.

즉, $\overline{CD}=\overline{AD}=\overline{BD}=\frac{1}{2}\overline{AB}=\frac{1}{2}\times10=5$(cm)

이때 점 G는 $\triangle$ABC의 무게중심이므로 $\overline{CG}:\overline{GD}=2:1$

$\therefore \overline{CG}=\frac{2}{3}\overline{CD}=\frac{2}{3}\times5=\frac{10}{3}$(cm)

69 답 (1) 2 cm (2) 8 cm

(1) 점 G는 $\triangle$ABC의 무게중심이므로

$\overline{GD}=\frac{1}{3}\overline{AD}=\frac{1}{3}\times9=3$(cm)

점 G′은 $\triangle$GBC의 무게중심이므로

$\overline{GG'}=\frac{2}{3}\overline{GD}=\frac{2}{3}\times3=2$(cm)

(2) 점 G는 $\triangle$ABC의 무게중심이므로

$\overline{AG}=\frac{2}{3}\overline{AD}=\frac{2}{3}\times9=6$(cm)

$\therefore \overline{AG'}=\overline{AG}+\overline{GG'}=6+2=8$(cm)

70 답 16 cm

$\triangle$ABD에서 $\overline{BE}=\overline{EA}$, $\overline{BF}=\overline{FD}$이므로

$\overline{AD}=2\overline{EF}=2\times12=24$(cm)

점 G는 $\triangle$ABC의 무게중심이므로

$\overline{AG}=\frac{2}{3}\overline{AD}=\frac{2}{3}\times24=16$(cm)

71 답 ④

점 G는 $\triangle$ABC의 무게중심이므로

$\overline{AD}=\frac{3}{2}\overline{AG}=\frac{3}{2}\times8=12$(cm)

$\triangle$ADC에서 $\overline{AE}=\overline{EC}$, $\overline{AD}/\!/\overline{EF}$이므로

$\overline{EF}=\frac{1}{2}\overline{AD}=\frac{1}{2}\times12=6$(cm)

72 답 20 cm

$\triangle$ABD와 $\triangle$ACD에서

$\overline{BD}=\overline{CD}$, $\angle ADB=\angle ADC=90°$, $\overline{AD}$는 공통이므로

$\triangle$ABD$\equiv\triangle$ACD(SAS 합동)

즉, $\triangle$ABC는 $\overline{AB}=\overline{AC}$인 이등변삼각형이다.

$\triangle$BCE에서 $\overline{BD}=\overline{DC}$, $\overline{BE}/\!/\overline{DF}$이므로 $\overline{EF}=\overline{FC}$

$\therefore \overline{EC}=2\overline{EF}=2\times5=10$(cm)

이때 $\overline{BE}$는 $\triangle$ABC의 중선이므로 $\overline{AE}=\overline{EC}$

즉, $\overline{AC}=2\overline{EC}=2\times10=20$(cm)

$\therefore \overline{AB}=\overline{AC}=20$(cm)

73 답 $x=8$, $y=\frac{10}{3}$

점 G는 $\triangle$ABC의 무게중심이므로

$x:4=2:1$ $\quad\therefore x=8$

$\overline{AM}$은 $\triangle$ABC의 중선이므로 $\overline{MC}=\overline{BM}=5$

$\triangle$AMC에서 $\overline{GE}/\!/\overline{MC}$이므로

$\overline{AG}:\overline{AM}=\overline{GE}:\overline{MC}$에서 $2:3=y:5$

$3y=10$ $\quad\therefore y=\frac{10}{3}$

74 답 ③

$\triangle AMC$에서 $\overline{AM} /\!/ \overline{DG}$이므로

$\overline{DG} : \overline{AM} = \overline{CD} : \overline{CA} = \overline{CG} : \overline{CM}$

이때 점 G는 $\triangle ABC$의 무게중심이므로

$6 : \overline{AM} = 2 : 3$, $2\overline{AM} = 18$ $\quad \therefore \overline{AM} = 9(\text{cm})$

$\therefore \overline{AB} = 2\overline{AM} = 2 \times 9 = 18(\text{cm})$

75 답 ③

점 G는 $\triangle ABC$의 무게중심이므로

$\overline{GD} = \frac{1}{3}\overline{AD} = \frac{1}{3} \times 30 = 10(\text{cm})$

이때 $\overline{EF} /\!/ \overline{DC}$이므로 $\overline{FG} : \overline{DG} = \overline{EG} : \overline{CG} = 1 : 2$

즉, $\overline{FG} : 10 = 1 : 2$이므로

$2\overline{FG} = 10$ $\quad \therefore \overline{FG} = 5(\text{cm})$

다른 풀이

점 G는 $\triangle ABC$의 무게중심이므로

$\overline{GD} = \frac{1}{3}\overline{AD} = \frac{1}{3} \times 30 = 10(\text{cm})$

$\triangle ABD$에서 $\overline{AE} = \overline{EB}$, $\overline{EF} /\!/ \overline{BD}$이므로 $\overline{AF} = \overline{FD}$

$\overline{FD} = \frac{1}{2}\overline{AD} = \frac{1}{2} \times 30 = 15(\text{cm})$

$\therefore \overline{FG} = \overline{FD} - \overline{GD} = 15 - 10 = 5(\text{cm})$

76 답 8 cm

$\overline{AE}$, $\overline{AF}$는 각각 $\triangle ABD$, $\triangle ADC$의 중선이므로

$\overline{ED} = \frac{1}{2}\overline{BD}$, $\overline{DF} = \frac{1}{2}\overline{DC}$

$\therefore \overline{EF} = \overline{ED} + \overline{DF} = \frac{1}{2}\overline{BD} + \frac{1}{2}\overline{DC} = \frac{1}{2}(\overline{BD} + \overline{DC})$

$= \frac{1}{2}\overline{BC} = \frac{1}{2} \times 24 = 12(\text{cm})$ $\quad \cdots$ (i)

이때 두 점 G, G′은 각각 $\triangle ABD$, $\triangle ADC$의 무게중심이므로 $\triangle AEF$에서 $\overline{AG} : \overline{AE} = \overline{AG'} : \overline{AF} = 2 : 3$

$\therefore \overline{GG'} /\!/ \overline{EF}$ $\quad \cdots$ (ii)

따라서 $\overline{GG'} : \overline{EF} = \overline{AG} : \overline{AE} = 2 : 3$이므로

$\overline{GG'} : 12 = 2 : 3$, $3\overline{GG'} = 24$ $\quad \therefore \overline{GG'} = 8(\text{cm})$ $\quad \cdots$ (iii)

채점 기준	비율
(i) $\overline{EF}$의 길이 구하기	40 %
(ii) $\overline{GG'} /\!/ \overline{EF}$임을 알기	30 %
(iii) $\overline{GG'}$의 길이 구하기	30 %

77 답 (1) 3 : 1 : 2 (2) 3 cm

(1) $\triangle ABC$에서 $\overline{AF} = \overline{FB}$, $\overline{AE} = \overline{EC}$이므로 $\overline{FE} /\!/ \overline{BC}$

$\triangle GEH$와 $\triangle GBD$에서

$\angle HEG = \angle DBG$(엇각),

$\angle HGE = \angle DGB$(맞꼭지각)이므로

$\triangle GEH \backsim \triangle GBD$(AA 닮음)

$\therefore \overline{HG} : \overline{DG} = \overline{EG} : \overline{BG}$

이때 점 G는 $\triangle ABC$의 무게중심이므로

$\overline{HG} : \overline{GD} = 1 : 2$ $\quad \therefore \overline{HG} = \frac{1}{2}\overline{GD}$

또 $\overline{AG} : \overline{GD} = 2 : 1$이므로 $\overline{AG} = 2\overline{GD}$

따라서 $\overline{AH} = \overline{AG} - \overline{GH} = 2\overline{GD} - \frac{1}{2}\overline{GD} = \frac{3}{2}\overline{GD}$이므로

$\overline{AH} : \overline{HG} : \overline{GD} = \frac{3}{2}\overline{GD} : \frac{1}{2}\overline{GD} : \overline{GD} = 3 : 1 : 2$

(2) $\overline{HG} = \frac{1}{6}\overline{AD} = \frac{1}{6} \times 18 = 3(\text{cm})$

78 답 ③

③ $\overline{AG} = \frac{2}{3}\overline{AD}$, $\overline{BG} = \frac{2}{3}\overline{BE}$, $\overline{CG} = \frac{2}{3}\overline{CF}$

이때 $\overline{AD}$, $\overline{BE}$, $\overline{CF}$의 길이는 알 수 없으므로 $\overline{AG}$, $\overline{BG}$, $\overline{CG}$의 길이가 서로 같은지 알 수 없다.

79 답 ⑤

오른쪽 그림과 같이 $\overline{GC}$를 그으면

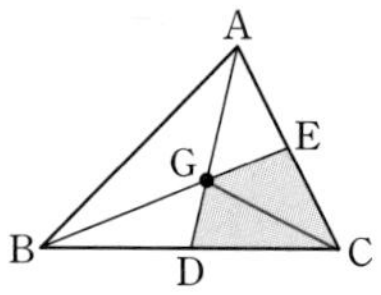

$\square GDCE$

$= \triangle GDC + \triangle GCE$

$= \frac{1}{6}\triangle ABC + \frac{1}{6}\triangle ABC$

$= \frac{1}{3}\triangle ABC$

$= \frac{1}{3} \times 60 = 20(\text{cm}^2)$

80 답 54 cm²

점 G′은 $\triangle GBC$의 무게중심이므로

$\triangle GBC = 6\triangle G'BD = 6 \times 3 = 18(\text{cm}^2)$

점 G는 $\triangle ABC$의 무게중심이므로

$\triangle ABC = 3\triangle GBC = 3 \times 18 = 54(\text{cm}^2)$

다른 풀이

점 G′은 $\triangle GBC$의 무게중심이므로 $\overline{GG'} : \overline{G'D} = 2 : 1$

즉, $\triangle GBD : \triangle G'BD = 3 : 1$이므로

$\triangle GBD = 3\triangle G'BD = 3 \times 3 = 9(\text{cm}^2)$

이때 점 G는 $\triangle ABC$의 무게중심이므로

$\triangle ABC = 6\triangle GBD = 6 \times 9 = 54(\text{cm}^2)$

81 답 10 cm²

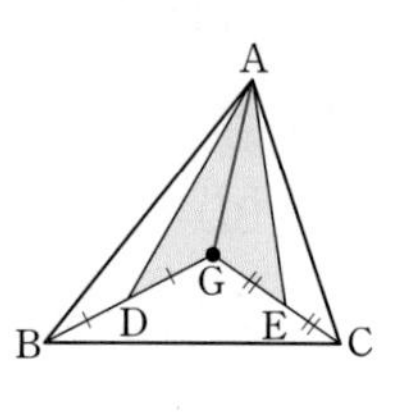

오른쪽 그림과 같이 $\overline{AG}$를 그으면

점 G는 $\triangle ABC$의 무게중심이므로

(색칠한 부분의 넓이)

$= \triangle ADG + \triangle AGE$

$= \frac{1}{2}\triangle ABG + \frac{1}{2}\triangle AGC$

$= \frac{1}{2} \times \frac{1}{3}\triangle ABC + \frac{1}{2} \times \frac{1}{3}\triangle ABC$

$= \frac{1}{6}\triangle ABC + \frac{1}{6}\triangle ABC$

$= \frac{1}{3}\triangle ABC$

$= \frac{1}{3} \times 30 = 10(\text{cm}^2)$

82 답 $8\,\text{cm}^2$

점 G는 $\triangle ABC$의 무게중심이므로

$\triangle ABD$에서 $\overline{AG}:\overline{GD}=2:1$

즉, $\triangle ABG:\triangle GBD=2:1$이므로

$\triangle GBD=\frac{1}{2}\triangle ABG=\frac{1}{2}\times 32=16(\text{cm}^2)$ $\cdots$ (i)

$\triangle BDE$에서 $\overline{BG}:\overline{GE}=2:1$이므로

$\triangle GBD:\triangle GDE=2:1$

$\therefore\ \triangle GDE=\frac{1}{2}\triangle GBD=\frac{1}{2}\times 16=8(\text{cm}^2)$ $\cdots$ (ii)

채점 기준	비율
(i) $\triangle GBD$의 넓이 구하기	50 %
(ii) $\triangle GDE$의 넓이 구하기	50 %

83 답 $3\,\text{cm}^2$

$\triangle ABC$에서 $\overline{BC}:\overline{DC}=3:2$이므로

$\triangle ABC:\triangle ADC=3:2$

$\therefore\ \triangle ADC=\frac{2}{3}\triangle ABC=\frac{2}{3}\times 27=18(\text{cm}^2)$

이때 점 F는 $\triangle ADC$의 무게중심이므로

$\triangle FEC=\frac{1}{6}\triangle ADC=\frac{1}{6}\times 18=3(\text{cm}^2)$

84 답 $\frac{9}{2}\,\text{cm}^2$

$\triangle AFE$에서 $\overline{AF}:\overline{GF}=3:1$이므로

$\triangle AFE:\triangle GFE=3:1$

$\therefore\ \triangle AFE=3\triangle GFE=3\times 3=9(\text{cm}^2)$

$\triangle AFC$에서 $\overline{GE}\,/\!/\,\overline{FC}$이므로

$\overline{AE}:\overline{EC}=\overline{AG}:\overline{GF}=2:1$

따라서 $\triangle AFE:\triangle EFC=2:1$이므로

$\triangle EFC=\frac{1}{2}\triangle AFE=\frac{1}{2}\times 9=\frac{9}{2}(\text{cm}^2)$

85 답 $15\,\text{cm}$

오른쪽 그림과 같이 $\overline{AC}$를 긋고, $\overline{AC}$와 $\overline{BD}$의 교점을 O라고 하면 두 점 P, Q는 각각 $\triangle ABC$, $\triangle ACD$의 무게중심이다.

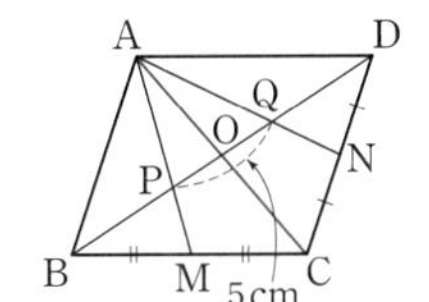

즉, $\overline{BO}=3\overline{PO}$, $\overline{OD}=3\overline{OQ}$이므로

$\overline{BD}=\overline{BO}+\overline{OD}=3\overline{PO}+3\overline{OQ}$

$=3(\overline{PO}+\overline{OQ})=3\overline{PQ}$

$=3\times 5=15(\text{cm})$

86 답 ④

$\overline{OD}=\frac{1}{2}\overline{BD}=\frac{1}{2}\times 24=12(\text{cm})$

점 P는 $\triangle ACD$의 무게중심이므로

$\overline{OP}=\frac{1}{3}\overline{OD}=\frac{1}{3}\times 12=4(\text{cm})$

87 답 $12\,\text{cm}$

점 E는 $\triangle ABC$의 무게중심이므로

$\overline{EO}=\frac{1}{2}\overline{BE}=\frac{1}{2}\times 6=3(\text{cm})$

$\therefore\ \overline{DO}=\overline{BO}=\overline{BE}+\overline{EO}=6+3=9(\text{cm})$

$\therefore\ \overline{DE}=\overline{DO}+\overline{EO}=9+3=12(\text{cm})$

88 답 $6\,\text{cm}$

$\triangle BCD$에서 $\overline{BM}=\overline{MC}$, $\overline{DN}=\overline{NC}$이므로

$\overline{BD}=2\overline{MN}=2\times 9=18(\text{cm})$ $\cdots$ (i)

오른쪽 그림과 같이 $\overline{AC}$를 긋고, $\overline{AC}$와 $\overline{BD}$의 교점을 O라고 하면 $\overline{BO}=\overline{DO}$이므로

$\overline{BO}=\frac{1}{2}\overline{BD}$

$=\frac{1}{2}\times 18=9(\text{cm})$ $\cdots$ (ii)

이때 점 P는 $\triangle ABC$의 무게중심이므로

$\overline{BP}=\frac{2}{3}\overline{BO}=\frac{2}{3}\times 9=6(\text{cm})$ $\cdots$ (iii)

채점 기준	비율
(i) $\overline{BD}$의 길이 구하기	30 %
(ii) $\overline{BO}$의 길이 구하기	40 %
(iii) $\overline{BP}$의 길이 구하기	30 %

89 답 (1) $12\,\text{cm}^2$ (2) $9\,\text{cm}^2$

(1) 오른쪽 그림과 같이 $\overline{AC}$를 그으면 두 점 P, Q는 각각 $\triangle ABC$, $\triangle ACD$의 무게중심이므로

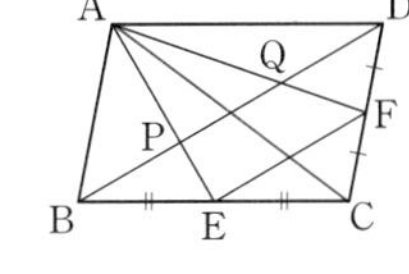

$\overline{BP}=\overline{PQ}=\overline{QD}$

$\therefore\ \triangle APQ=\frac{1}{3}\triangle ABD$

$=\frac{1}{3}\times\frac{1}{2}\square ABCD$

$=\frac{1}{6}\square ABCD$

$=\frac{1}{6}\times 72$

$=12(\text{cm}^2)$

(2) 오른쪽 그림과 같이 $\overline{BF}$를 그으면

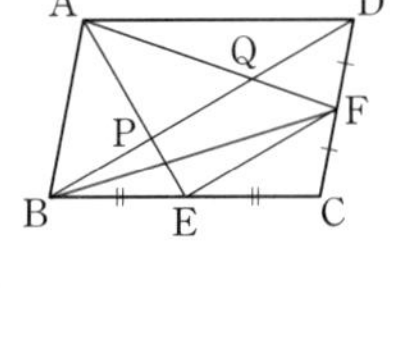

$\triangle ECF=\frac{1}{2}\triangle BCF$

$=\frac{1}{2}\times\frac{1}{2}\triangle BCD$

$=\frac{1}{4}\triangle BCD$

$=\frac{1}{4}\times\frac{1}{2}\square ABCD$

$=\frac{1}{8}\square ABCD$

$=\frac{1}{8}\times 72$

$=9(\text{cm}^2)$

90 답 **24 cm²**

오른쪽 그림과 같이 $\overline{AC}$를 그으면 점 F는 $\triangle ABC$의 무게중심이므로

$\triangle ABC=3\triangle ABF$

$=3\times4=12(cm^2)$ ⋯ (i)

$\therefore$ $\square ABCD=2\triangle ABC$

$=2\times12=24(cm^2)$ ⋯ (ii)

채점 기준	비율
(i) $\triangle ABC$의 넓이 구하기	70 %
(ii) $\square ABCD$의 넓이 구하기	30 %

91 답 **4 cm²**

오른쪽 그림과 같이 $\overline{BD}$를 그으면 점 P는 $\triangle ABD$의 무게중심이므로

$\triangle APM=\frac{1}{6}\triangle ABD$

$=\frac{1}{6}\times\frac{1}{2}\square ABCD$

$=\frac{1}{12}\square ABCD$

$=\frac{1}{12}\times48=4(cm^2)$

92 답 **14 cm²**

오른쪽 그림과 같이 $\overline{AC}$와 $\overline{BD}$의 교점을 O라 하고, $\overline{PC}$, $\overline{QC}$를 그으면 점 P는 $\triangle ABC$의 무게중심이므로

$\square PMCO=\triangle PMC+\triangle PCO$

$=\frac{1}{6}\triangle ABC+\frac{1}{6}\triangle ABC$

$=\frac{1}{3}\triangle ABC$

$=\frac{1}{3}\times\frac{1}{2}\square ABCD$

$=\frac{1}{6}\square ABCD$

$=\frac{1}{6}\times42=7(cm^2)$

점 Q는 $\triangle ACD$의 무게중심이므로

$\square OCNQ=\triangle QOC+\triangle QCN$

$=\frac{1}{6}\triangle ACD+\frac{1}{6}\triangle ACD$

$=\frac{1}{3}\triangle ACD$

$=\frac{1}{3}\times\frac{1}{2}\square ABCD$

$=\frac{1}{6}\square ABCD$

$=\frac{1}{6}\times42=7(cm^2)$

$\therefore$ (색칠한 부분의 넓이)$=\square PMCO+\square OCNQ$

$=7+7=14(cm^2)$

93 답 **6**

$\triangle BFG$에서 $\overline{BD}=\overline{DF}$, $\overline{BE}=\overline{EG}$이므로

$\overline{FG}=2\overline{DE}=2\times3=6$

$\triangle AGH$에서 $\overline{AB}=\overline{BG}$, $\overline{AC}=\overline{CH}$이므로 $\overline{BC}\,/\!/\,\overline{FH}$

$\therefore$ $\triangle BFG:\triangle CGH=\overline{FG}:\overline{GH}=1:2$

즉, $6:\overline{GH}=1:2$이므로 $\overline{GH}=12$

따라서 $\triangle AGH$에서 $\overline{BC}=\frac{1}{2}\overline{GH}=\frac{1}{2}\times12=6$

94 답 **36π cm²**

원 O의 넓이가 9π cm²이므로

$\pi\times\overline{OG}^2=9\pi$ $\therefore$ $\overline{OG}=3(cm)$

$\therefore$ $\overline{GD}=2\overline{OG}=2\times3=6(cm)$

이때 점 G는 $\triangle ABC$의 무게중심이므로

$\overline{AG}=2\overline{GD}=2\times6=12(cm)$

$\therefore$ $\overline{AO'}=\frac{1}{2}\overline{AG}=\frac{1}{2}\times12=6(cm)$

$\therefore$ (원 O'의 넓이)$=\pi\times6^2=36\pi(cm^2)$

단원 마무리

P. 87~89

1 12 **2** $\frac{21}{2}$ **3** ③ **4** 4 cm **5** 12 cm
6 ④ **7** 17 **8** 14 cm **9** 6 cm **10** 18 cm
11 10 cm² **12** 12 cm² **13** 19° **14** 12 cm **15** 5 cm
16 ④, ⑤ **17** $\frac{15}{2}$ cm **18** ③
19 (1) $\triangle CBD$ (2) 9 cm (3) 3 cm **20** $\frac{24}{5}$ cm
21 40 cm²

1 $\overline{BC}\,/\!/\,\overline{DE}$이므로

$8:4=6:x$, $8x=24$ $\therefore$ $x=3$

$\overline{GF}\,/\!/\,\overline{BC}$이므로

$3:6=y:8$, $6y=24$ $\therefore$ $y=4$

$\therefore$ $xy=3\times4=12$

2 $\triangle ABE$에서 $\overline{DF}\,/\!/\,\overline{BE}$이므로

$\overline{AD}:\overline{DB}=\overline{AF}:\overline{FE}=8:6=4:3$

$\triangle ABC$에서 $\overline{DE}\,/\!/\,\overline{BC}$이므로

$\overline{AE}:\overline{EC}=\overline{AD}:\overline{DB}=4:3$

즉, $(8+6):\overline{EC}=4:3$이므로

$4\overline{EC}=42$ $\therefore$ $\overline{EC}=\frac{21}{2}$

3 ① $\overline{AB}:\overline{AD}=5:10=1:2$, $\overline{AC}:\overline{AE}=6:11$이므로
$\overline{AB}:\overline{AD}\neq\overline{AC}:\overline{AE}$
즉, $\overline{BC}$와 $\overline{DE}$는 평행하지 않다.
② $\overline{AE}:\overline{EC}=6:4=3:2$, $\overline{AD}:\overline{DB}=5:3$이므로
$\overline{AE}:\overline{EC}\neq\overline{AD}:\overline{DB}$
즉, $\overline{BC}$와 $\overline{DE}$는 평행하지 않다.
③ $\overline{AE}:\overline{AC}=4:6=2:3$,
$\overline{AD}:\overline{AB}=6:9=2:3$이므로
$\overline{AE}:\overline{AC}=\overline{AD}:\overline{AB}$
즉, $\overline{BC}\,/\!/\,\overline{DE}$
④ $\overline{AD}:\overline{AB}=9:20$, $\overline{AE}:\overline{AC}=8:18=4:9$이므로
$\overline{AD}:\overline{AB}\neq\overline{AE}:\overline{AC}$
즉, $\overline{BC}$와 $\overline{DE}$는 평행하지 않다.
⑤ $\overline{AB}:\overline{AD}=8:(22-8)=4:7$,
$\overline{AC}:\overline{AE}=9:16$이므로
$\overline{AB}:\overline{AD}\neq\overline{AC}:\overline{AE}$
즉, $\overline{BC}$와 $\overline{DE}$는 평행하지 않다.
따라서 $\overline{BC}\,/\!/\,\overline{DE}$인 것은 ③이다.

4 $\overline{AB}:\overline{AC}=\overline{BD}:\overline{CD}$에서
$9:6=(10-\overline{CD}):\overline{CD}$, $9\overline{CD}=60-6\overline{CD}$
$15\overline{CD}=60$ $\quad\therefore \overline{CD}=4(\text{cm})$

다른 풀이
$\overline{BD}:\overline{CD}=\overline{AB}:\overline{AC}=9:6=3:2$이므로
$\overline{CD}=\frac{2}{5}\overline{BC}=\frac{2}{5}\times10=4(\text{cm})$

5 $\overline{DE}=\frac{1}{2}\overline{AC}$, $\overline{EF}=\frac{1}{2}\overline{AB}$, $\overline{DF}=\frac{1}{2}\overline{BC}$이므로
$(\triangle DEF\text{의 둘레의 길이})=\overline{DE}+\overline{EF}+\overline{FD}$
$=\frac{1}{2}\overline{AC}+\frac{1}{2}\overline{AB}+\frac{1}{2}\overline{BC}$
$=\frac{1}{2}(\overline{AC}+\overline{AB}+\overline{BC})$
$=\frac{1}{2}\times(\triangle ABC\text{의 둘레의 길이})$
$=\frac{1}{2}\times24=12(\text{cm})$

6 $\overline{AD}\,/\!/\,\overline{BC}$, $\overline{AM}=\overline{MB}$, $\overline{DN}=\overline{NC}$이므로
$\overline{AD}\,/\!/\,\overline{MN}\,/\!/\,\overline{BC}$
$\triangle ABD$에서 $\overline{AM}=\overline{MB}$, $\overline{AD}\,/\!/\,\overline{MP}$이므로
$\overline{MP}=\frac{1}{2}\overline{AD}=\frac{1}{2}\times10=5(\text{cm})$
$\therefore \overline{MQ}=2\overline{MP}=2\times5=10(\text{cm})$
$\triangle ABC$에서 $\overline{AM}=\overline{MB}$, $\overline{MQ}\,/\!/\,\overline{BC}$이므로
$\overline{BC}=2\overline{MQ}=2\times10=20(\text{cm})$

7 $4:6=6:x$에서 $4x=36$ $\quad\therefore x=9$
$4:6=y:12$에서 $6y=48$ $\quad\therefore y=8$
$\therefore x+y=9+8=17$

8 오른쪽 그림과 같이 점 A를 지나고 $\overline{DC}$에 평행한 직선을 그어 $\overline{EF}$, $\overline{BC}$와 만나는 점을 각각 G, H라고 하면
$\overline{GF}=\overline{HC}=\overline{AD}=8\text{cm}$
$\therefore \overline{BH}=\overline{BC}-\overline{HC}$
$=18-8=10(\text{cm})$
$\triangle ABH$에서 $\overline{EG}\,/\!/\,\overline{BH}$이므로
$3:(3+2)=\overline{EG}:10$, $5\overline{EG}=30$ $\quad\therefore \overline{EG}=6(\text{cm})$
$\therefore \overline{EF}=\overline{EG}+\overline{GF}=6+8=14(\text{cm})$

다른 풀이
오른쪽 그림과 같이 $\overline{AC}$를 그어 $\overline{EF}$와 만나는 점을 G라고 하면
$\triangle ABC$에서 $\overline{EG}\,/\!/\,\overline{BC}$이므로
$3:(3+2)=\overline{EG}:18$, $5\overline{EG}=54$
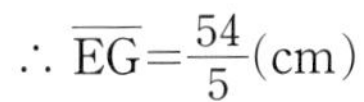
$\therefore \overline{EG}=\frac{54}{5}(\text{cm})$
$\triangle ACD$에서 $\overline{AD}\,/\!/\,\overline{GF}$이므로
$2:(2+3)=\overline{GF}:8$, $5\overline{GF}=16$ $\quad\therefore \overline{GF}=\frac{16}{5}(\text{cm})$
$\therefore \overline{EF}=\overline{EG}+\overline{GF}=\frac{54}{5}+\frac{16}{5}=14(\text{cm})$

9 $\triangle GBC$는 정삼각형이므로
$\overline{BG}=\overline{BC}=12\text{cm}$
점 G는 $\triangle ABC$의 무게중심이므로
$\overline{EG}=\frac{1}{2}\overline{BG}=\frac{1}{2}\times12=6(\text{cm})$

10 점 G′은 $\triangle GBC$의 무게중심이므로
$\overline{GD}=\frac{3}{2}\overline{GG'}=\frac{3}{2}\times4=6(\text{cm})$
점 G는 $\triangle ABC$의 무게중심이므로
$\overline{AD}=3\overline{GD}=3\times6=18(\text{cm})$

11 이등변삼각형 ABC에서 $\overline{AD}\perp\overline{BC}$이면 $\overline{BD}=\overline{DC}$이므로 $\overline{AD}$는 $\triangle ABC$의 중선이다.
이때 $\overline{AG}:\overline{GD}=8:4=2:1$이므로 점 G는 $\triangle ABC$의 무게중심이다. $\cdots$ (i)
오른쪽 그림과 같이 $\overline{GC}$를 그으면
$\square GDCE$
$=\triangle GDC+\triangle GCE$
$=\frac{1}{6}\triangle ABC+\frac{1}{6}\triangle ABC$
$=\frac{1}{3}\triangle ABC$
$=\frac{1}{3}\times30=10(\text{cm}^2)$ $\cdots$ (ii)

채점 기준	비율
(i) 점 G가 △ABC의 무게중심임을 알기	60 %
(ii) □GDCE의 넓이 구하기	40 %

12 $\overline{DE} /\!/ \overline{BC}$, $\overline{DF} /\!/ \overline{EG}$,

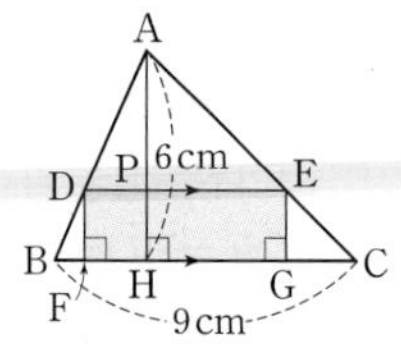

$\angle DFG = 90°$이므로

$\square DFGE$는 직사각형이다.

$\overline{DF} = x$ cm라고 하면

$\overline{DE} = \overline{FG} = 3x$ cm

$\overline{AH}$와 $\overline{DE}$의 교점을 P라고 하면

$\triangle ABC$에서 $\overline{DE} /\!/ \overline{BC}$이므로

$3x : 9 = (6-x) : 6$, $18x = 54 - 9x$

$27x = 54 \qquad \therefore x = 2$

$\therefore \square DFGE = \overline{DF} \times \overline{DE}$

$= 2 \times (3 \times 2) = 12(\text{cm}^2)$

13 $\triangle ABD$에서 $\overline{AE} = \overline{ED}$, $\overline{BF} = \overline{FD}$이므로

$\overline{AB} /\!/ \overline{EF}$

$\therefore \angle EFD = \angle ABD = 42°$(동위각)

$\triangle BCD$에서 $\overline{BF} = \overline{FD}$, $\overline{BG} = \overline{GC}$이므로

$\overline{FG} /\!/ \overline{DC}$

$\therefore \angle BFG = \angle BDC = 80°$(동위각)

$\therefore \angle EFG = \angle EFD + \angle DFG$

$= 42° + (180° - 80°)$

$= 142°$ $\cdots$ (i)

이때 $\overline{AB} = \overline{DC}$이므로

$\overline{EF} = \frac{1}{2}\overline{AB} = \frac{1}{2}\overline{DC} = \overline{FG}$

따라서 $\triangle EFG$는 이등변삼각형이다. $\cdots$ (ii)

$\therefore \angle FEG = \frac{1}{2} \times (180° - 142°) = 19°$ $\cdots$ (iii)

채점 기준	비율
(i) $\angle EFG$의 크기 구하기	40 %
(ii) $\triangle EFG$가 이등변삼각형임을 알기	40 %
(iii) $\angle FEG$의 크기 구하기	20 %

14 $\triangle ABF$에서 $\overline{AD} = \overline{DB}$, $\overline{AE} = \overline{EF}$이므로

$\overline{DE} /\!/ \overline{BF}$

$\therefore \overline{BF} = 2\overline{DE} = 2 \times 8 = 16(\text{cm})$

$\triangle DCE$에서 $\overline{EF} = \overline{FC}$, $\overline{DE} /\!/ \overline{GF}$이므로

$\overline{GF} = \frac{1}{2}\overline{DE} = \frac{1}{2} \times 8 = 4(\text{cm})$

$\therefore \overline{BG} = \overline{BF} - \overline{GF} = 16 - 4 = 12(\text{cm})$

15 오른쪽 그림과 같이 점 A를 지나고 $\overline{BC}$에 평행한 직선을 그어 $\overline{DE}$와 만나는 점을 N이라고 하면

$\triangle DBE$에서

$\overline{DA} = \overline{AB}$, $\overline{AN} /\!/ \overline{BE}$이므로

$\overline{AN} = \frac{1}{2}\overline{BE} = \frac{1}{2} \times 10 = 5(\text{cm})$

따라서 $\triangle AMN \equiv \triangle CME$(ASA 합동)이므로

$\overline{EC} = \overline{NA} = 5$ cm

16 ① $\triangle ABE$와 $\triangle CDE$에서

$\angle AEB = \angle CED$(맞꼭지각),

$\angle BAE = \angle DCE$(엇각)이므로

$\triangle ABE \backsim \triangle CDE$(AA 닮음)

② $\triangle BFE$와 $\triangle BCD$에서

$\angle BEF = \angle BDC$(동위각), $\angle EBF$는 공통이므로

$\triangle BFE \backsim \triangle BCD$(AA 닮음)

③ $\triangle CEF$와 $\triangle CAB$에서

$\angle CEF = \angle CAB$(동위각), $\angle ECF$는 공통이므로

$\triangle CEF \backsim \triangle CAB$(AA 닮음)

④ $\overline{BF} : \overline{FC} = \overline{BE} : \overline{ED} = \overline{AB} : \overline{CD} = a : c$

⑤ $\triangle BCD$에서 $\overline{BE} : \overline{BD} = \overline{EF} : \overline{DC}$이므로

$a : (a+c) = \overline{EF} : c \qquad \therefore \overline{EF} = \frac{ac}{a+c}$

따라서 옳지 않은 것은 ④, ⑤이다.

17 점 G는 $\triangle ABC$의 무게중심이므로

$\overline{AD} = \frac{3}{2}\overline{AG} = \frac{3}{2} \times 10 = 15(\text{cm})$

$\triangle ADC$에서 $\overline{CE} = \overline{EA}$, $\overline{CF} = \overline{FD}$이므로

$\overline{EF} = \frac{1}{2}\overline{AD} = \frac{1}{2} \times 15 = \frac{15}{2}(\text{cm})$

18 두 점 P, Q는 각각 $\triangle ABC$, $\triangle ACD$의 무게중심이다.

① $\overline{BP} = \overline{PQ} = \overline{QD} = \frac{1}{3}\overline{BD}$

② $\triangle BCD$에서 $\overline{BM} = \overline{MC}$, $\overline{DN} = \overline{NC}$이므로

$\overline{MN} = \frac{1}{2}\overline{BD}$이고, $\overline{PQ} = \frac{1}{3}\overline{BD}$이므로

$\overline{PQ} : \overline{MN} = \frac{1}{3}\overline{BD} : \frac{1}{2}\overline{BD} = 2 : 3$

③ $\overline{AP} = \frac{2}{3}\overline{AM}$, $\overline{AQ} = \frac{2}{3}\overline{AN}$

이때 $\overline{AM}$, $\overline{AN}$의 길이를 알 수 없으므로 $\overline{AP}$, $\overline{AQ}$의 길이가 서로 같은지 알 수 없다.

④ $\overline{BP} = \overline{PQ} = \overline{QD}$이므로

$\triangle APQ = \frac{1}{3}\triangle ABD$

$= \frac{1}{3} \times \frac{1}{2}\square ABCD$

$= \frac{1}{6}\square ABCD$

⑤ $\triangle PBM = \frac{1}{6}\triangle ABC$

$= \frac{1}{6} \times \frac{1}{2}\square ABCD$

$= \frac{1}{12}\square ABCD$

따라서 옳지 않은 것은 ③이다.

19 (1) $\triangle ABC$와 $\triangle CBD$에서

$\angle BAC = \angle BCD$, $\angle B$는 공통이므로

$\triangle ABC \backsim \triangle CBD$(AA 닮음)

(2) $\triangle ABC \backsim \triangle CBD$이므로
$\overline{AB}:\overline{CB}=\overline{BC}:\overline{BD}$에서 $12:6=6:\overline{BD}$
$12\overline{BD}=36$ $\therefore \overline{BD}=3(\text{cm})$
$\therefore \overline{AD}=\overline{AB}-\overline{BD}=12-3=9(\text{cm})$

(3) $\overline{AC}:\overline{CD}=\overline{AB}:\overline{CB}=12:6=2:1$이고,
$\overline{CE}$는 $\angle ACD$의 이등분선이므로
$\overline{AE}:\overline{DE}=\overline{CA}:\overline{CD}=2:1$
$\therefore \overline{DE}=\frac{1}{3}\overline{AD}=\frac{1}{3}\times 9=3(\text{cm})$

다른 풀이

$\triangle ABC \backsim \triangle CBD$(AA 닮음)이므로
$\overline{AB}:\overline{CB}=\overline{BC}:\overline{BD}$에서 $12:6=6:\overline{BD}$
$12\overline{BD}=36$ $\therefore \overline{BD}=3(\text{cm})$
$\triangle AEC$에서

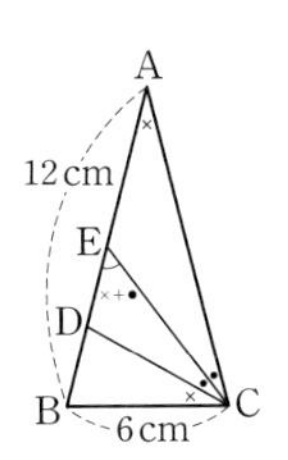

$\angle BEC=\angle A+\angle ACE$
$=\angle DCB+\angle ECD=\angle BCE$
즉, $\triangle BCE$는 $\overline{BE}=\overline{BC}$인 이등변삼각형이므로 $\overline{BE}=\overline{BC}=6\text{cm}$
$\therefore \overline{DE}=\overline{BE}-\overline{BD}=6-3=3(\text{cm})$

20 $\overline{BM}=\overline{CM}=\frac{1}{2}\overline{BC}=\frac{1}{2}\times 16=8(\text{cm})$
$\triangle APD$와 $\triangle MPB$에서 $\overline{AD} /\!/ \overline{BM}$이므로
$\overline{DP}:\overline{BP}=\overline{AD}:\overline{BM}=12:8=3:2$
$\triangle AQD$와 $\triangle CQM$에서 $\overline{AD} /\!/ \overline{MC}$이므로
$\overline{DQ}:\overline{MQ}=\overline{AD}:\overline{CM}=12:8=3:2$
즉, $\overline{DP}:\overline{PB}=\overline{DQ}:\overline{QM}=3:2$이므로 $\overline{PQ} /\!/ \overline{BM}$
따라서 $\triangle DBM$에서 $\overline{DP}:\overline{DB}=\overline{PQ}:\overline{BM}$이므로
$3:(3+2)=\overline{PQ}:8$, $5\overline{PQ}=24$ $\therefore \overline{PQ}=\frac{24}{5}(\text{cm})$

21 오른쪽 그림과 같이 $\overline{AC}$, $\overline{BD}$를 각각 그으면 점 E는 $\triangle BCD$의 무게중심이므로

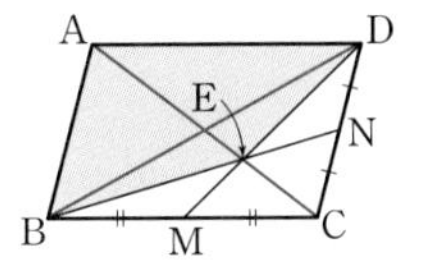

$\triangle BED=2\triangle BME$
$=2\times 5=10(\text{cm}^2)$
$\triangle ABD=\triangle BCD=3\triangle BED=3\times 10=30(\text{cm}^2)$
$\therefore$ (색칠한 부분의 넓이)$=\triangle BED+\triangle ABD$
$=10+30=40(\text{cm}^2)$

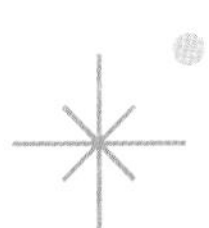

유형 1~4 P. 92~95

1 답 ⑤

① 짝수의 눈이 나오는 경우는 2, 4, 6이므로
구하는 경우의 수는 3

② 소수의 눈이 나오는 경우는 2, 3, 5이므로
구하는 경우의 수는 3

③ 4 이상의 눈이 나오는 경우는 4, 5, 6이므로
구하는 경우의 수는 3

④ 3의 배수의 눈이 나오는 경우는 3, 6이므로
구하는 경우의 수는 2

⑤ 6의 약수의 눈이 나오는 경우는 1, 2, 3, 6이므로
구하는 경우의 수는 4

따라서 경우의 수가 가장 큰 것은 ⑤이다.

2 답 (1) 6 (2) 8

두 주사위에서 나오는 눈의 수를 순서쌍으로 나타내면

(1) 두 눈의 수의 합이 7인 경우는
(1, 6), (2, 5), (3, 4), (4, 3), (5, 2), (6, 1)이므로
구하는 경우의 수는 6

(2) 두 눈의 수의 차가 2인 경우는
(1, 3), (2, 4), (3, 1), (3, 5), (4, 2), (4, 6), (5, 3), (6, 4)이므로
구하는 경우의 수는 8

3 답 ②

200원을 지불하는 방법을 표로 나타내면 다음과 같다.

100원(개)	2	1	1	0	0
50원(개)	0	2	1	4	3
10원(개)	0	0	5	0	5

따라서 구하는 방법의 수는 5이다.

4 답 3

$x+2y=11$이 되는 순서쌍 (x, y)는
(1, 5), (3, 4), (5, 3)이므로
구하는 경우의 수는 3

5 답 2개

삼각형의 가장 긴 변의 길이는 나머지 두 변의 길이의 합보다 작아야 한다.
이때 삼각형의 세 변의 길이를 각각 a, b, $c(a<b<c)$라 하고 삼각형이 만들어지는 경우를 순서쌍 (a, b, c)로 나타내면 (2, 3, 4), (3, 4, 6)이므로
구하는 삼각형의 개수는 2개이다.

6 답 5

한 걸음에 한 계단을 오르는 경우를 1, 두 계단을 오르는 경우를 2라 하고 순서쌍으로 나타내면 계단 4개를 모두 오르는 경우는 (1, 1, 1, 1), (1, 1, 2), (1, 2, 1), (2, 1, 1), (2, 2)이므로
구하는 경우의 수는 5

7 답 3

앞면이 나오는 횟수를 x번이라고 하면 뒷면이 나오는 횟수는 $(3-x)$번이다. 이때 점 P가 다시 원점으로 돌아와야 하므로
$x+(3-x)\times(-2)=0$, $x-6+2x=0$
$3x=6$ $\therefore x=2$
즉, 점 P가 다시 원점으로 돌아오려면 앞면이 2번, 뒷면이 1번 나와야 한다.
따라서 이 경우를 순서쌍으로 나타내면
(앞, 앞, 뒤), (앞, 뒤, 앞), (뒤, 앞, 앞)이므로
구하는 경우의 수는 3

8 답 ④

$7+5=12$

9 답 13

$6+4+3=13$

10 답 5

$3+2=5$

11 답 (1) 7 (2) 6

(1) 3의 배수가 적힌 카드가 나오는 경우는 3, 6, 9의 3가지
10의 약수가 적힌 카드가 나오는 경우는 1, 2, 5, 10의 4가지
따라서 구하는 경우의 수는
$3+4=7$

(2) 소수가 적힌 카드가 나오는 경우는 2, 3, 5, 7의 4가지
4의 배수가 적힌 카드가 나오는 경우는 4, 8의 2가지
따라서 구하는 경우의 수는
$4+2=6$

12 답 (1) 6 (2) 12

두 주사위에서 나오는 눈의 수를 순서쌍으로 나타내면

(1) 두 눈의 수의 합이 2인 경우는 (1, 1)의 1가지
두 눈의 수의 합이 8인 경우는 (2, 6), (3, 5), (4, 4), (5, 3), (6, 2)의 5가지
따라서 구하는 경우의 수는
$1+5=6$

(2) 두 눈의 수의 차가 1인 경우는 (1, 2), (2, 1), (2, 3), (3, 2), (3, 4), (4, 3), (4, 5), (5, 4), (5, 6), (6, 5)의 10가지
두 눈의 수의 차가 5인 경우는 (1, 6), (6, 1)의 2가지
따라서 구하는 경우의 수는
$10+2=12$

13 답 6
바늘이 가리킨 수의 합이 3의 배수인 경우는 3 또는 6 또는 9이다.
두 원판의 바늘이 가리킨 수를 순서쌍으로 나타내면
합이 3인 경우는 (1, 2), (2, 1)의 2가지 … (i)
합이 6인 경우는 (3, 3), (4, 2), (5, 1)의 3가지 … (ii)
합이 9인 경우는 (6, 3)의 1가지 … (iii)
따라서 구하는 경우의 수는
$2+3+1=6$ … (iv)

채점 기준	비율
(i) 합이 3인 경우 구하기	25 %
(ii) 합이 6인 경우 구하기	25 %
(iii) 합이 9인 경우 구하기	25 %
(iv) 합이 3의 배수인 경우의 수 구하기	25 %

14 답 7
3의 배수가 적힌 공이 나오는 경우는 3, 6, 9, 12, 15의 5가지
5의 배수가 적힌 공이 나오는 경우는 5, 10, 15의 3가지
이때 3과 5의 공배수는 15의 1가지
따라서 구하는 경우의 수는
$5+3-1=7$

15 답 12
$4\times3=12$

16 답 20
$5\times4=20$

17 답 20개
$4\times5=20$(개)

18 답 6
오른쪽 그림과 같이 휴게실, 복도, 열람실 사이의 길을 나타내면 열람실을 나와 복도를 거쳐 휴게실로 들어가는 경우의 수는 $3\times2=6$

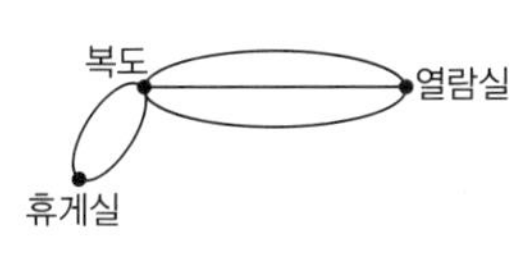

19 답 8
A 지점에서 B 지점을 거쳐 C 지점까지 가는 경우의 수는
$3\times2=6$ … (i)
A 지점에서 B 지점을 거치지 않고 C 지점까지 가는 경우의 수는 2 … (ii)
따라서 구하는 경우의 수는
$6+2=8$ … (iii)

채점 기준	비율
(i) A 지점에서 B 지점을 거쳐 C 지점까지 가는 경우의 수 구하기	40 %
(ii) A 지점에서 B 지점을 거치지 않고 C 지점까지 가는 경우의 수 구하기	40 %
(iii) A 지점에서 C 지점까지 가는 경우의 수 구하기	20 %

20 답 ⑤
4 이상의 눈이 나오는 경우는 4, 5, 6의 3가지
홀수의 눈이 나오는 경우는 1, 3, 5의 3가지
따라서 구하는 경우의 수는
$3\times3=9$

21 답 6
동전 2개가 서로 다른 면이 나오는 경우를 순서쌍으로 나타내면 (앞, 뒤), (뒤, 앞)의 2가지이고, 주사위가 소수의 눈이 나오는 경우는 2, 3, 5의 3가지이므로
구하는 경우의 수는
$2\times3=6$

22 답 (1) 8 (2) 24 (3) 72
(1) $2^3=8$
(2) $2^2\times6=24$
(3) $2\times6^2=72$

23 답 6
A 지점에서 P 지점까지 최단 거리로 가는 경우는 3가지
P 지점에서 B 지점까지 최단 거리로 가는 경우는 2가지
따라서 구하는 경우의 수는
$3\times2=6$

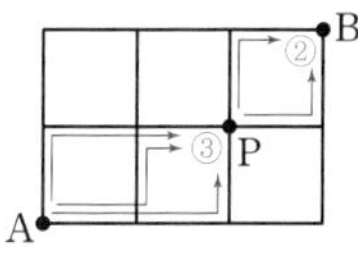

다른 풀이
A 지점에서 P 지점까지 최단 거리로 가는 경우는 3가지
P 지점에서 B 지점까지 최단 거리로 가는 경우는 2가지
따라서 구하는 경우의 수는
$3\times2=6$

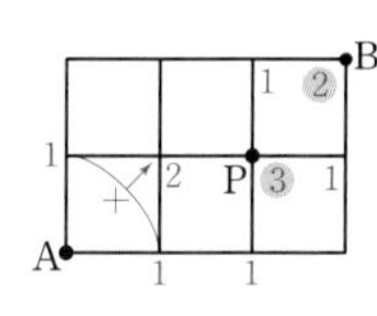

24 답 12
학교에서 학원까지 최단 거리로 가는 경우는 6가지
학원에서 집까지 최단 거리로 가는 경우는 2가지
따라서 구하는 경우의 수는
$6\times2=12$

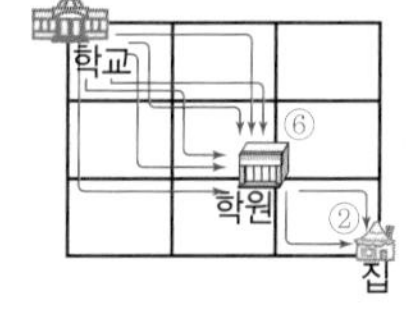

25 답 ②

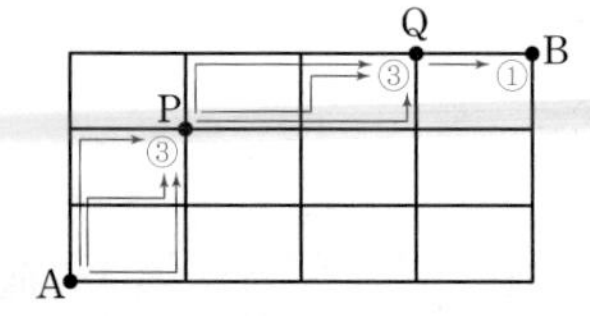

A 지점에서 P 지점까지 최단 거리로 가는 경우는 3가지
P 지점에서 Q 지점까지 최단 거리로 가는 경우는 3가지
Q 지점에서 B 지점까지 최단 거리로 가는 경우는 1가지
따라서 구하는 경우의 수는
$3\times3\times1=9$

유형 5~13 P. 95~100

26 답 24
4명을 한 줄로 세우는 경우의 수와 같으므로
$4\times3\times2\times1=24$

27 답 ⑤
$5\times4\times3=60$

28 답 ③
6명 중에서 2명을 뽑아 한 줄로 세우는 경우의 수와 같으므로
$6\times5=30$

29 답 ②
그림 C가 한가운데 놓이도록 고정하고, 나머지 A, B, D, E 4개의 그림을 한 줄로 배열하면 되므로
$4\times3\times2\times1=24$

30 답 12
A가 처음 주자가 되는 경우의 수는 $3\times2\times1=6$
A가 마지막 주자가 되는 경우의 수는 $3\times2\times1=6$
따라서 구하는 경우의 수는
$6+6=12$

31 답 12
부모님을 제외한 나머지 3명이 한 줄로 서는 경우의 수는
$3\times2\times1=6$
부모님이 자리를 바꾸는 경우의 수는 2
따라서 구하는 경우의 수는
$6\times2=12$

32 답 72
남학생과 여학생이 교대로 서는 경우는
남학생이 맨 앞에 서는 ㊚㊛㊚㊛㊚㊛의 경우와
여학생이 맨 앞에 서는 ㊛㊚㊛㊚㊛㊚의 경우이므로
경우의 수는 2
각각의 경우에 대하여
남학생 3명이 한 줄로 서는 경우의 수는
$3\times2\times1=6$
여학생 3명이 한 줄로 서는 경우의 수는
$3\times2\times1=6$
따라서 구하는 경우의 수는
$2\times6\times6=72$

33 답 ③
A와 B를 1명으로 생각하여 3명이 한 줄로 서는 경우의 수는
$3\times2\times1=6$
이때 A와 B가 자리를 바꾸는 경우의 수는 2
따라서 구하는 경우의 수는
$6\times2=12$

34 답 144
여학생 3명을 1명으로 생각하여 4명을 한 줄로 세우는 경우의 수는 $4\times3\times2\times1=24$ … (i)
이때 여학생 3명이 자리를 바꾸는 경우의 수는
$3\times2\times1=6$ … (ii)
따라서 여학생끼리 이웃하여 서는 경우의 수는
$24\times6=144$ … (iii)

채점 기준	비율
(i) 4명을 한 줄로 세우는 경우의 수 구하기	40 %
(ii) 여학생 3명이 자리를 바꾸는 경우의 수 구하기	40 %
(iii) 여학생끼리 이웃하여 서는 경우의 수 구하기	20 %

35 답 12
석진이와 정국이를 제외한 3명을 한 줄로 세우는 경우의 수는
$3\times2\times1=6$
이때 석진이와 정국이가 자리를 바꾸는 경우의 수는 2
따라서 구하는 경우의 수는
$6\times2=12$

36 답 48
A와 B, D와 E를 각각 1명으로 생각하여 4명을 한 줄로 세우는 경우의 수는 $4\times3\times2\times1=24$
이때 D와 E의 자리는 정해져 있고, A와 B가 자리를 바꾸는 경우의 수는 2
따라서 구하는 경우의 수는
$24\times2=48$

37 답 ④

A에 칠할 수 있는 색은 4가지
B에 칠할 수 있는 색은 A에 칠한 색을 제외한 3가지
C에 칠할 수 있는 색은 A, B에 칠한 색을 제외한 2가지
D에 칠할 수 있는 색은 A, B, C에 칠한 색을 제외한 1가지
따라서 구하는 경우의 수는
$4\times3\times2\times1=24$

38 답 36

A에 칠할 수 있는 색은 4가지
B에 칠할 수 있는 색은 A에 칠한 색을 제외한 3가지
C에 칠할 수 있는 색은 B에 칠한 색을 제외한 3가지
따라서 구하는 경우의 수는
$4\times3\times3=36$

39 답 180

가에 칠할 수 있는 색은 5가지
나에 칠할 수 있는 색은 가에 칠한 색을 제외한 4가지
다에 칠할 수 있는 색은 가, 나에 칠한 색을 제외한 3가지
라에 칠할 수 있는 색은 가, 다에 칠한 색을 제외한 3가지
따라서 구하는 경우의 수는
$5\times4\times3\times3=180$

다른 풀이

나, 다, 라, 가의 순서로 칠할 수 있는 색을 정하는 경우, 나와 라에 같은 색을 칠하는 경우와 다른 색을 칠하는 경우로 나누어 생각해야 한다.
나에 칠할 수 있는 색은 5가지
다에 칠할 수 있는 색은 나에 칠한 색을 제외한 4가지
(i) 나와 라에 같은 색을 칠하는 경우
가에 칠할 수 있는 색은 나(라), 다에 칠한 색을 제외한 3가지
$\therefore 5\times4\times3=60$
(ii) 나와 라에 다른 색을 칠하는 경우
라에 칠할 수 있는 색은 나, 다에 칠한 색을 제외한 3가지
가에 칠할 수 있는 색은 나, 다, 라에 칠한 색을 제외한 2가지
$\therefore 5\times4\times3\times2=120$
따라서 (i), (ii)에 의해 구하는 경우의 수는
$60+120=180$

40 답 (1) 20개 (2) 60개

(1) $5\times4=20$(개)
❷ 일의 자리: 십의 자리의 숫자를 제외한 4개
❶ 십의 자리: 1, 3, 5, 7, 9의 5개
(2) $5\times4\times3=60$(개)
❸ 일의 자리: 백의 자리, 십의 자리의 숫자를 제외한 3개
❷ 십의 자리: 백의 자리의 숫자를 제외한 4개
❶ 백의 자리: 1, 3, 5, 7, 9의 5개

41 답 60개

홀수가 되려면 일의 자리에 올 수 있는 숫자는 1 또는 3 또는 5이다.
(i) □□1인 경우
백의 자리에 올 수 있는 숫자는 1을 제외한 5개,
십의 자리에 올 수 있는 숫자는 1과 백의 자리의 숫자를 제외한 4개이므로
$5\times4=20$(개)
(ii) □□3인 경우
백의 자리에 올 수 있는 숫자는 3을 제외한 5개,
십의 자리에 올 수 있는 숫자는 3과 백의 자리의 숫자를 제외한 4개이므로
$5\times4=20$(개)
(iii) □□5인 경우
백의 자리에 올 수 있는 숫자는 5를 제외한 5개,
십의 자리에 올 수 있는 숫자는 5와 백의 자리의 숫자를 제외한 4개이므로
$5\times4=20$(개)
따라서 (i)~(iii)에 의해 구하는 홀수의 개수는
$20+20+20=60$(개)

42 답 12개

(i) 3□인 경우
일의 자리에 올 수 있는 숫자는 3을 제외한 4개
(ii) 4□인 경우
일의 자리에 올 수 있는 숫자는 4를 제외한 4개
(iii) 5□인 경우
일의 자리에 올 수 있는 숫자는 5를 제외한 4개
따라서 (i)~(iii)에 의해 30보다 큰 자연수의 개수는
$4+4+4=12$(개)

43 답 34

(i) 1□인 경우
일의 자리에 올 수 있는 숫자는 1을 제외한 6개
(ii) 2□인 경우
일의 자리에 올 수 있는 숫자는 2를 제외한 6개
(i), (ii)에서 $6+6=12$(개)이므로 15번째로 작은 수는 십의 자리의 숫자가 3인 수 중에서 3번째로 작은 수이다.
따라서 십의 자리의 숫자가 3인 수를 작은 수부터 차례로 나열하면 31, 32, 34, …이므로 15번째로 작은 수는 34이다.

44 답 (1) 16개 (2) 48개

(1) $4\times4=16$(개)
❷ 일의 자리: 십의 자리의 숫자를 제외하고, 0을 포함한 4개
❶ 십의 자리: 0을 제외한 1, 2, 3, 4의 4개
(2) $4\times4\times3=48$(개)
❸ 일의 자리: 백의 자리, 십의 자리의 숫자를 제외한 3개
❷ 십의 자리: 백의 자리의 숫자를 제외하고, 0을 포함한 4개
❶ 백의 자리: 0을 제외한 1, 2, 3, 4의 4개

45 답 9개

5의 배수가 되려면 일의 자리에 올 수 있는 숫자는 0 또는 5이다.

(i) □0인 경우

십의 자리에 올 수 있는 숫자는 0을 제외한 5개

(ii) □5인 경우

십의 자리에 올 수 있는 숫자는 0, 5를 제외한 4개

따라서 (i), (ii)에 의해 구하는 5의 배수의 개수는

$5+4=9$(개)

46 답 52개

짝수가 되려면 일의 자리에 올 수 있는 숫자는 0 또는 2 또는 4이다.

(i) □□0인 경우

백의 자리에 올 수 있는 숫자는 0을 제외한 5개,

십의 자리에 올 수 있는 숫자는 0과 백의 자리의 숫자를 제외한 4개이므로

$5\times4=20$(개)

(ii) □□2인 경우

백의 자리에 올 수 있는 숫자는 0, 2를 제외한 4개,

십의 자리에 올 수 있는 숫자는 2와 백의 자리의 숫자를 제외한 4개이므로

$4\times4=16$(개)

(iii) □□4인 경우

백의 자리에 올 수 있는 숫자는 0, 4를 제외한 4개,

십의 자리에 올 수 있는 숫자는 4와 백의 자리의 숫자를 제외한 4개이므로

$4\times4=16$(개)

따라서 (i)~(iii)에 의해 구하는 짝수의 개수는

$20+16+16=52$(개)

47 답 10개

(i) 3□인 경우

30, 31의 2개

(ii) 2□인 경우

일의 자리에 올 수 있는 숫자는 2를 제외한 4개

(iii) 1□인 경우

일의 자리에 올 수 있는 숫자는 1을 제외한 4개

따라서 (i)~(iii)에 의해 32보다 작은 자연수의 개수는

$2+4+4=10$(개)

48 답 (1) 20 (2) 60

(1) $5\times4=20$

(2) $5\times4\times3=60$

49 답 ⑤

7명 중에서 자격이 다른 대표 3명을 뽑는 경우의 수와 같으므로 $7\times6\times5=210$

50 답 42

지우를 제외한 7명의 학생 중에서 달리기 선수 1명, 투포환 선수 1명을 뽑는 경우의 수와 같으므로

$7\times6=42$

51 답 36

대표는 2학년 학생 4명 중에서 1명을 뽑으면 되므로

경우의 수는 4

부대표는 1학년 학생 3명 중에서 1명, 2학년 학생 3명 중에서 1명을 뽑으면 되므로

경우의 수는 $3\times3=9$

따라서 구하는 경우의 수는 $4\times9=36$

52 답 ②

$\frac{4\times3}{2}=6$

53 답 (1) 35 (2) 18

(1) 7명 중에서 대표 3명을 뽑는 경우의 수는 $\frac{7\times6\times5}{6}=35$

(2) 여학생 중에서 대표 1명을 뽑는 경우의 수는 3

남학생 중에서 대표 2명을 뽑는 경우의 수는 $\frac{4\times3}{2}=6$

따라서 구하는 경우의 수는 $3\times6=18$

54 답 ②

안개꽃을 제외한 나머지 네 종류의 꽃 중에서 두 종류를 사는 경우의 수와 같으므로 $\frac{4\times3}{2}=6$

55 답 36회

9명 중에서 자격이 같은 대표 2명을 뽑는 경우의 수와 같으므로 $\frac{9\times8}{2}=36$(회)

56 답 ②

대회에 참가한 축구팀의 수를 n팀이라고 하면

경기 수는 n개의 축구팀에서 순서를 생각하지 않고 두 팀을 뽑는 경우의 수, 즉 n명 중에서 자격이 같은 대표 2명을 뽑는 경우의 수와 같으므로

$\frac{n\times(n-1)}{2}=28$, $n(n-1)=56=8\times7$ $\therefore n=8$

따라서 참가한 축구팀은 모두 8팀이다.

57 답 60

수학 참고서 4권 중에서 2권을 사는 경우의 수는

$\frac{4\times3}{2}=6$ … (i)

영어 참고서 5권 중에서 2권을 사는 경우의 수는

$\frac{5\times4}{2}=10$ … (ii)

따라서 수학 참고서와 영어 참고서를 각각 2권씩 사는 경우의 수는 $6\times10=60$ … (iii)

채점 기준	비율
(i) 수학 참고서 2권을 사는 경우의 수 구하기	40 %
(ii) 영어 참고서 2권을 사는 경우의 수 구하기	40 %
(iii) 수학 참고서와 영어 참고서를 각각 2권씩 사는 경우의 수 구하기	20 %

58 답 ②

정아가 회장으로 뽑히는 경우의 수는 나머지 4명 중에서 자격이 같은 대표 2명을 뽑는 경우의 수와 같으므로

$\frac{4\times3}{2}=6$

같은 방법으로 하면 혜리가 회장으로 뽑히는 경우의 수는

$\frac{4\times3}{2}=6$

따라서 구하는 경우의 수는 $6+6=12$

59 답 10개

5명 중에서 자격이 같은 대표 2명을 뽑는 경우의 수와 같으므로 $\frac{5\times4}{2}=10$(개)

60 답 20개

6명 중에서 자격이 같은 대표 3명을 뽑는 경우의 수와 같으므로 $\frac{6\times5\times4}{6}=20$(개)

61 답 ②

6개의 점 중에서 세 점을 선택하는 경우의 수는

$\frac{6\times5\times4}{6}=20$

이때 세 점 A, B, C를 선택하는 경우 세 점이 한 선분 위에 있으므로 삼각형을 만들 수 없다.

따라서 구하는 삼각형의 개수는

$20-1=19$(개)

62 답 ⑤

$\triangle$ABC가 $\angle A=90°$인 직각삼각형이려면 $x^2=5^2-3^2=16$

이때 $x>0$이므로 $x=4$

$\triangle$DEF가 $\angle F=90°$인 직각삼각형이려면 $y^2=13^2-5^2=144$

이때 $y>0$이므로 $y=12$

즉, 두 눈의 수의 합이 4이거나 두 눈의 수의 곱이 12이어야 한다.

두 주사위에서 나오는 눈의 수를 순서쌍으로 나타내면

두 눈의 수의 합이 4인 경우는

(1, 3), (2, 2), (3, 1)의 3가지

두 눈의 수의 곱이 12인 경우는

(2, 6), (3, 4), (4, 3), (6, 2)의 4가지

따라서 구하는 경우의 수는

$3+4=7$

63 답 13

(i) 3명의 기록이 모두 다른 경우

3명의 순위를 정하는 경우의 수는 3명을 한 줄로 세우는 경우의 수와 같으므로

$3\times2\times1=6$

(ii) 2명만 기록이 같은 경우

3명 중에서 기록이 같은 2명을 뽑는 경우의 수는

$\frac{3\times2}{2}=3$

3명의 순위를 정하는 경우의 수는 기록이 같은 2명을 1명으로 생각하여 2명을 한 줄로 세우는 경우의 수와 같으므로 2

$\therefore 3\times2=6$

(iii) 3명의 기록이 모두 같은 경우는 1가지

따라서 (i)~(iii)에 의해 구하는 경우의 수는

$6+6+1=13$

다른 풀이

선수 3명의 순위를 순서쌍으로 나타내면

(i) 3명의 기록이 모두 다른 경우

(1, 2, 3), (1, 3, 2), (2, 1, 3), (2, 3, 1), (3, 1, 2), (3, 2, 1)의 6가지

(ii) 2명만 기록이 같은 경우

(1, 1, 2), (1, 2, 1), (2, 1, 1), (1, 2, 2), (2, 1, 2), (2, 2, 1)의 6가지

(iii) 3명의 기록이 모두 같은 경우

(1, 1, 1)의 1가지

따라서 (i)~(iii)에 의해 구하는 경우의 수는

$6+6+1=13$

단원 마무리

P. 101~103

1 ㄱ, ㄹ, ㄴ, ㄷ	2 7	3 2	4 ②	
5 9	6 ④	7 ③	8 36	9 24
10 (1) 16개 (2) 24개		11 ⑤	12 21회	13 ③
14 ④	15 ③	16 24	17 304	18 115
19 ①	20 9	21 (1) 20 (2) 26		22 20

1 ㄱ. 동전 두 개가 서로 다른 면이 나오는 경우를 순서쌍으로 나타내면 (앞면, 뒷면), (뒷면, 앞면)이므로 경우의 수는 2

ㄴ. 흰 구슬이 나오는 경우의 수는 5

ㄷ. 6 이하의 눈이 나오는 경우는 1, 2, 3, 4, 5, 6이므로 경우의 수는 6

ㄹ. 두 주사위에서 나오는 눈의 수를 순서쌍으로 나타내면 두 눈의 수의 합이 9인 경우는 (3, 6), (4, 5), (5, 4), (6, 3)이므로 경우의 수는 4

따라서 경우의 수가 가장 작은 것부터 차례로 나열하면 ㄱ, ㄹ, ㄴ, ㄷ이다.

2 1500원을 지불하는 방법을 표로 나타내면 다음과 같다.

500원(개)	3	2	2	2	1	1	1
100원(개)	0	5	4	3	10	9	8
50원(개)	0	0	2	4	0	2	4

따라서 구하는 방법의 수는 7이다.

3 $a+3b=13$이 되는 경우를 순서쌍 (a, b)로 나타내면 $(1, 4)$, $(4, 3)$이므로 구하는 경우의 수는 2

4 4의 배수가 적힌 카드가 나오는 경우는 4, 8의 2가지
5의 배수가 적힌 카드가 나오는 경우는 5, 10의 2가지
따라서 구하는 경우의 수는
$2+2=4$

5 A 지점에서 B 지점을 거쳐 D 지점까지 가는 경우의 수는
$2\times3=6$
A 지점에서 C 지점을 거쳐 D 지점까지 가는 경우의 수는
$1\times3=3$
따라서 구하는 경우의 수는
$6+3=9$

6 동전 한 개를 던질 때 일어나는 모든 경우는 앞면, 뒷면의 2가지
주사위 한 개를 던질 때 일어나는 모든 경우는 1, 2, 3, 4, 5, 6의 6가지
따라서 구하는 경우의 수는
$2\times2\times2\times6=48$

7 5권 중에서 3권을 뽑아 책꽂이에 나란히 꽂는 경우의 수는 5명 중에서 3명을 뽑아 한 줄로 세우는 경우의 수와 같으므로
$5\times4\times3=60$

8 중학생 3명을 1명으로 생각하여 3명을 한 줄로 세우는 경우의 수는 $3\times2\times1=6$ … (i)
이때 중학생 3명이 자리를 바꾸는 경우의 수는
$3\times2\times1=6$ … (ii)
따라서 중학생끼리 이웃하여 서는 경우의 수는
$6\times6=36$ … (iii)

채점 기준	비율
(i) 3명을 한 줄로 세우는 경우의 수 구하기	40 %
(ii) 중학생 3명이 자리를 바꾸는 경우의 수 구하기	40 %
(iii) 중학생끼리 이웃하여 서는 경우의 수 구하기	20 %

9 A에 칠할 수 있는 색은 4가지
B에 칠할 수 있는 색은 A에 칠한 색을 제외한 3가지
C에 칠할 수 있는 색은 A, B에 칠한 색을 제외한 2가지
따라서 구하는 경우의 수는
$4\times3\times2=24$

10 (1) (i) 43□인 경우
435의 1개
(ii) 45□인 경우
일의 자리에 올 수 있는 숫자는 4, 5를 제외한 3개
(iii) 5□□인 경우
십의 자리에 올 수 있는 숫자는 5를 제외한 4개,
일의 자리에 올 수 있는 숫자는 5와 십의 자리의 숫자를 제외한 3개이므로
$4\times3=12$(개)
따라서 (i)~(iii)에 의해 432보다 큰 자연수의 개수는
$1+3+12=16$(개)
(2) (i) 1□□인 경우
십의 자리에 올 수 있는 숫자는 1을 제외한 4개,
일의 자리에 올 수 있는 숫자는 1과 십의 자리의 숫자를 제외한 3개이므로
$4\times3=12$(개)
(ii) 2□□인 경우
십의 자리에 올 수 있는 숫자는 2를 제외한 4개,
일의 자리에 올 수 있는 숫자는 2와 십의 자리의 숫자를 제외한 3개이므로
$4\times3=12$(개)
따라서 (i), (ii)에 의해 300 이하인 자연수의 개수는
$12+12=24$(개)

11 9명 중에서 자격이 다른 대표 2명을 뽑는 경우의 수와 같으므로 $9\times8=72$

12 7명 중에서 자격이 같은 대표 2명을 뽑는 경우의 수와 같으므로 $\frac{7\times6}{2}=21$(회)

13 두 눈의 수의 차가 3인 경우는 (1, 4), (2, 5), (3, 6), (4, 1), (5, 2), (6, 3)의 6가지
두 눈의 수의 차가 4인 경우는 (1, 5), (2, 6), (5, 1), (6, 2)의 4가지
두 눈의 수의 차가 5인 경우는 (1, 6), (6, 1)의 2가지
따라서 구하는 경우의 수는
$6+4+2=12$

14 한 사람이 낼 수 있는 경우는 가위, 바위, 보의 3가지이므로 일어나는 모든 경우의 수는 $3\times3=9$
이때 비기는 경우는 (가위, 가위), (바위, 바위), (보, 보)의 3가지
따라서 승부가 가려지는 경우의 수는 $9-3=6$

15 (i) a□□□인 경우
$3\times2\times1=6$(개)
(ii) b□□□인 경우
$3\times2\times1=6$(개)
(iii) ca□□인 경우를 사전식으로 나열하면 $cabd$, $cadb$
따라서 (i)~(iii)에 의해 $cadb$가 나오는 것은
$6+6+2=14$(번째)

16 소설책 2권과 참고서 3권을 각각 1권으로 생각하여 2권을 나란히 꽂는 경우의 수는 $2\times1=2$
소설책끼리 자리를 바꾸는 경우의 수는 2
참고서끼리 자리를 바꾸는 경우의 수는 $3\times2\times1=6$
따라서 구하는 경우의 수는
$2\times2\times6=24$

17 (i) 1□□인 경우
십의 자리에 올 수 있는 숫자는 1을 제외한 4개,
일의 자리에 올 수 있는 숫자는 1과 십의 자리의 숫자를 제외한 3개이므로
$4\times3=12$(개)
(ii) 2□□인 경우
십의 자리에 올 수 있는 숫자는 2를 제외한 4개,
일의 자리에 올 수 있는 숫자는 2와 십의 자리의 숫자를 제외한 3개이므로
$4\times3=12$(개)
(i), (ii)에서 $12+12=24$(개)이므로 27번째로 작은 수는 백의 자리의 숫자가 3인 수 중에서 3번째로 작은 수이다.
따라서 백의 자리의 숫자가 3인 수를 작은 수부터 차례로 나열하면 301, 302, 304, …이므로 27번째로 작은 수는 304이다.

18 김씨 성을 가진 학생 15명 중에서 2명을 뽑는 경우의 수는
$\frac{15\times14}{2}=105$
박씨 성을 가진 학생 5명 중에서 2명을 뽑는 경우의 수는
$\frac{5\times4}{2}=10$
따라서 구하는 경우의 수는
$105+10=115$

19 선분의 개수는 7명 중에서 자격이 같은 대표 2명을 뽑는 경우의 수와 같으므로
$x=\frac{7\times6}{2}=21$
삼각형의 개수는 7명 중에서 자격이 같은 대표 3명을 뽑는 경우의 수와 같으므로
$y=\frac{7\times6\times5}{6}=35$
$\therefore x+y=21+35=56$

20 $x=1, 2, 3, 4, 5, 6$을 차례로 대입하여 경우의 수를 구한다.
$x=1$일 때, $y>1$이므로 $y>2x-1$이 되는 순서쌍 (x, y)는 $(1, 2)$, $(1, 3)$, $(1, 4)$, $(1, 5)$, $(1, 6)$의 5가지
$x=2$일 때, $y>3$이므로 $y>2x-1$이 되는 순서쌍 (x, y)는 $(2, 4)$, $(2, 5)$, $(2, 6)$의 3가지
$x=3$일 때, $y>5$이므로 $y>2x-1$이 되는 순서쌍 (x, y)는 $(3, 6)$의 1가지
$x=4, 5, 6$일 때, $y>2x-1$이 되는 y의 값은 없다.
따라서 구하는 경우의 수는
$5+3+1=9$

21 (1) 두 수의 합이 홀수가 되는 경우는 (짝수)+(홀수)이다.
(짝수)+(홀수)인 경우의 수는 2, 4, 6, 8이 적힌 카드에서 1장, 1, 3, 5, 7, 9가 적힌 카드에서 1장을 뽑는 경우의 수와 같으므로 $4\times5=20$
(2) 두 수의 곱이 짝수가 되는 경우는 (짝수)×(짝수) 또는 (짝수)×(홀수)이다.
(i) (짝수)×(짝수)인 경우의 수는 2, 4, 6, 8이 적힌 카드에서 2장을 뽑는 경우의 수와 같으므로
$\frac{4\times3}{2}=6$
(ii) (짝수)×(홀수)인 경우의 수는 2, 4, 6, 8이 적힌 카드에서 1장, 1, 3, 5, 7, 9가 적힌 카드에서 1장을 뽑는 경우의 수와 같으므로
$4\times5=20$
따라서 (i), (ii)에 의해 구하는 경우의 수는
$6+20=26$

22 5명 중에서 자기 수험 번호가 적힌 의자에 앉는 2명을 뽑는 경우의 수는 $\frac{5\times4}{2}=10$
나머지 3명을 순서쌍 (a, b, c)로 나타내면 다른 사람의 수험 번호가 적힌 의자에 앉는 경우는 (b, c, a), (c, a, b)이므로 경우의 수는 2
따라서 구하는 경우의 수는
$10\times2=20$

유형 1~6 P. 106~110

1 답 $\frac{9}{250}$

행운권을 받은 사람은 1000명이고, 상품을 받을 사람은
$1+5+10+20=36$(명)이므로
구하는 확률은 $\frac{36}{1000}=\frac{9}{250}$

2 답 (1) $\frac{1}{2}$ (2) $\frac{2}{5}$

모든 경우의 수는 10
(1) 홀수가 적힌 카드가 나오는 경우는
1, 3, 5, 7, 9의 5가지
따라서 구하는 확률은 $\frac{5}{10}=\frac{1}{2}$
(2) 소수가 적힌 카드가 나오는 경우는
2, 3, 5, 7의 4가지
따라서 구하는 확률은 $\frac{4}{10}=\frac{2}{5}$

3 답 ②

모든 경우의 수는 $2\times2\times2\times2=16$
앞면이 한 개 나오는 경우는
(앞, 뒤, 뒤, 뒤), (뒤, 앞, 뒤, 뒤), (뒤, 뒤, 앞, 뒤),
(뒤, 뒤, 뒤, 앞)의 4가지
따라서 구하는 확률은 $\frac{4}{16}=\frac{1}{4}$

4 답 ②

모든 경우의 수는 $6\times6=36$
두 눈의 수의 합이 9인 경우는
$(3, 6)$, $(4, 5)$, $(5, 4)$, $(6, 3)$의 4가지
따라서 구하는 확률은 $\frac{4}{36}=\frac{1}{9}$

5 답 8

전체 공의 개수는 $4+8+x=12+x$(개)
이 중에서 빨간 공은 4개이므로
$\frac{4}{12+x}=\frac{1}{5}$, $12+x=20$ $\therefore x=8$

6 답 $\frac{1}{4}$

도형의 전체 넓이는 $\pi\times(5+3+2)^2=100\pi(\text{cm}^2)$
색칠한 부분의 넓이는 $\pi\times5^2=25\pi(\text{cm}^2)$
따라서 구하는 확률은
$\frac{25\pi}{100\pi}=\frac{1}{4}$

7 답 ①

모든 경우의 수는 $5\times4\times3\times2\times1=120$
창민이가 두 번째, 영주가 네 번째에 서는 경우의 수는
창민이와 영주의 자리를 각각 두 번째와 네 번째에 고정하고
남은 세 명을 한 줄로 세우는 경우의 수와 같으므로
$3\times2\times1=6$
따라서 구하는 확률은 $\frac{6}{120}=\frac{1}{20}$

8 답 $\frac{1}{2}$

모든 경우의 수는 $4\times3\times2\times1=24$
A와 B가 이웃하여 서는 경우의 수는
$(3\times2\times1)\times2=12$
따라서 구하는 확률은 $\frac{12}{24}=\frac{1}{2}$

9 답 $\frac{4}{9}$

모든 경우의 수는 $3\times3=9$ … (i)
23 이상인 경우는 23, 30, 31, 32의 4가지 … (ii)
따라서 23 이상일 확률은 $\frac{4}{9}$ … (iii)

채점 기준	비율
(i) 모든 경우의 수 구하기	30 %
(ii) 23 이상인 경우 구하기	40 %
(iii) 23 이상일 확률 구하기	30 %

10 답 $\frac{1}{3}$

모든 경우의 수는 $4\times3=12$
3의 배수인 경우는 12, 21, 24, 42의 4가지
따라서 3의 배수일 확률은 $\frac{4}{12}=\frac{1}{3}$

11 답 $\frac{3}{5}$

모든 경우의 수는 $\frac{5\times4}{2}=10$
여학생, 남학생이 각각 1명씩 뽑히는 경우의 수는
$2\times3=6$
따라서 구하는 확률은 $\frac{6}{10}=\frac{3}{5}$

12 답 $\frac{1}{2}$

모든 경우의 수는 $\frac{4\times3}{2}=6$
C가 대표로 뽑히는 경우의 수는 C를 제외한 3명 중에서 대표 1명을 뽑는 경우의 수와 같으므로 3
따라서 구하는 확률은 $\frac{3}{6}=\frac{1}{2}$

13 답 $\frac{2}{5}$

5개의 막대 중에서 3개를 고르는 경우의 수는 자격이 같은 대표 3명을 뽑는 경우의 수와 같으므로 $\frac{5\times4\times3}{6}=10$

삼각형이 만들어지는 경우는 (2cm, 3cm, 4cm), (3cm, 4cm, 6cm), (3cm, 6cm, 8cm), (4cm, 6cm, 8cm)의 4가지

따라서 구하는 확률은 $\frac{4}{10}=\frac{2}{5}$

14 답 $\frac{1}{4}$

모든 경우의 수는 $2\times2\times2\times2=16$

앞면이 x번 나온다고 하면 뒷면은 $(4-x)$번 나오므로

$x+(4-x)\times(-2)=1$, $3x=9$ $\quad\therefore x=3$

즉, 앞면이 3번, 뒷면이 1번 나와야 하므로 그 경우는 (앞, 앞, 앞, 뒤), (앞, 앞, 뒤, 앞), (앞, 뒤, 앞, 앞), (뒤, 앞, 앞, 앞)의 4가지

따라서 구하는 확률은 $\frac{4}{16}=\frac{1}{4}$

15 답 $\frac{1}{12}$

모든 경우의 수는 $6\times6=36$

$2x+y=8$을 만족시키는 순서쌍 (x, y)는 (1, 6), (2, 4), (3, 2)의 3가지

따라서 구하는 확률은 $\frac{3}{36}=\frac{1}{12}$

16 답 $\frac{1}{3}$

모든 경우의 수는 $6\times6=36$

$x+2y<9$를 만족시키는 순서쌍 (x, y)는 (1, 1), (1, 2), (1, 3), (2, 1), (2, 2), (2, 3), (3, 1), (3, 2), (4, 1), (4, 2), (5, 1), (6, 1)의 12가지

따라서 구하는 확률은 $\frac{12}{36}=\frac{1}{3}$

17 답 $\frac{1}{12}$

주어진 직선의 y절편이 6이므로 직선의 방정식을 $y=ax+6$이라고 하면 직선이 점 (12, 0)을 지나므로

$0=a\times12+6$ $\quad\therefore a=-\frac{1}{2}$

$\therefore y=-\frac{1}{2}x+6$

이때 모든 경우의 수는 $6\times6=36$이고, $y=-\frac{1}{2}x+6$을 만족시키는 순서쌍 (x, y)는 (2, 5), (4, 4), (6, 3)의 3가지

따라서 구하는 확률은 $\frac{3}{36}=\frac{1}{12}$

18 답 ④

모든 경우의 수는 $6\times6=36$

두 직선 $y=-\frac{a}{b}x+\frac{3}{b}$, $y=-x+3$이 서로 평행하려면 기울기는 같고, y절편은 달라야 한다.

즉, $-\frac{a}{b}=-1$, $\frac{3}{b}\neq3$이어야 하므로 $a=b$, $b\neq1$

조건을 만족시키는 순서쌍 (a, b)는 (2, 2), (3, 3), (4, 4), (5, 5), (6, 6)의 5가지

따라서 구하는 확률은 $\frac{5}{36}$

19 답 $\frac{1}{9}$

모든 경우의 수는 $6\times6=36$ ··· (i)

오른쪽 그림에서 □POQR의 넓이는 ab이므로 $ab=12$

이를 만족시키는 순서쌍 (a, b)는 (2, 6), (3, 4), (4, 3), (6, 2)의 4가지 ··· (ii)

따라서 구하는 확률은 $\frac{4}{36}=\frac{1}{9}$ ··· (iii)

채점 기준	비율
(i) 모든 경우의 수 구하기	25 %
(ii) □POQR의 넓이가 12인 경우의 수 구하기	50 %
(iii) □POQR의 넓이가 12일 확률 구하기	25 %

20 답 $\frac{1}{2}$

모든 경우의 수는 $4\times4=16$

$ax-b=0$에서 $x=\frac{b}{a}$

이때 $\frac{b}{a}$가 자연수이려면 b는 a의 배수이어야 한다.

이를 만족시키는 순서쌍 (a, b)는 (1, 1), (1, 2), (1, 3), (1, 4), (2, 2), (2, 4), (3, 3), (4, 4)의 8가지

따라서 구하는 확률은 $\frac{8}{16}=\frac{1}{2}$

21 답 ②

① $\frac{1}{12}$ ③ $\frac{1}{12}$ ④ 1 ⑤ $\frac{1}{12}$

따라서 옳은 것은 ②이다.

22 답 ①, ④

② $\frac{1}{4}$ ③ $\frac{1}{6}$ ⑤ $\frac{2}{5}$

따라서 확률이 0인 것은 ①, ④이다.

23 답 ㄱ, ㄹ

ㄴ. p의 값의 범위는 $0\leq p\leq1$이다.

ㄷ. 사건 A가 항상 일어나면 $p=1$이다.

따라서 옳은 것은 ㄱ, ㄹ이다.

24 답 $\frac{1}{5}$

(문제를 맞히지 못할 확률)

$=1-$(문제를 맞힐 확률)

$=1-\frac{4}{5}=\frac{1}{5}$

25 답 $\frac{3}{5}$

공에 적힌 수가 소수인 경우는 2, 3, 5, 7, 11, 13, 17, 19의 8가지이므로 그 확률은 $\frac{8}{20}=\frac{2}{5}$

∴ (공에 적힌 수가 소수가 아닐 확률)

$=1-$(공에 적힌 수가 소수일 확률)

$=1-\frac{2}{5}=\frac{3}{5}$

26 답 $\frac{3}{5}$

모든 경우의 수는 $5\times4\times3\times2\times1=120$

A와 D가 이웃하여 서는 경우의 수는

$(4\times3\times2\times1)\times2=48$이므로 그 확률은 $\frac{48}{120}=\frac{2}{5}$

∴ (A와 D가 이웃하여 서지 않을 확률)

$=1-$(A와 D가 이웃하여 설 확률)

$=1-\frac{2}{5}=\frac{3}{5}$

27 답 $\frac{11}{12}$

모든 경우의 수는 $6\times6=36$

두 눈의 수의 합이 4보다 작은 경우는

(i) 합이 2인 경우

(1, 1)의 1가지

(ii) 합이 3인 경우

(1, 2), (2, 1)의 2가지

(i), (ii)에 의해 $1+2=3$(가지)이므로

그 확률은 $\frac{3}{36}=\frac{1}{12}$

∴ (두 눈의 수의 합이 4 이상일 확률)

$=1-$(두 눈의 수의 합이 4보다 작을 확률)

$=1-\frac{1}{12}=\frac{11}{12}$

28 답 ⑤

모든 경우의 수는 $2\times2\times2\times2=16$

모두 앞면이 나오는 경우는 1가지이므로 그 확률은 $\frac{1}{16}$

∴ (적어도 한 개는 뒷면이 나올 확률)

$=1-$(모두 앞면이 나올 확률)

$=1-\frac{1}{16}=\frac{15}{16}$

29 답 $\frac{3}{4}$

모든 경우의 수는 $6\times6=36$

모두 홀수의 눈이 나오는 경우의 수는 $3\times3=9$이므로

그 확률은 $\frac{9}{36}=\frac{1}{4}$

∴ (적어도 한 개는 짝수의 눈이 나올 확률)

$=1-$(모두 홀수의 눈이 나올 확률)

$=1-\frac{1}{4}=\frac{3}{4}$

30 답 $\frac{5}{7}$

모든 경우의 수는 $\frac{7\times6}{2}=21$ … (i)

두 명 모두 2학년 학생이 뽑히는 경우의 수는 $\frac{4\times3}{2}=6$이므로

그 확률은 $\frac{6}{21}=\frac{2}{7}$ … (ii)

∴ (적어도 한 명은 1학년 학생이 뽑힐 확률)

$=1-$(두 명 모두 2학년 학생이 뽑힐 확률)

$=1-\frac{2}{7}=\frac{5}{7}$ … (iii)

채점 기준	비율
(i) 모든 경우의 수 구하기	30 %
(ii) 두 명 모두 2학년 학생이 뽑힐 확률 구하기	30 %
(iii) 적어도 한 명은 1학년 학생이 뽑힐 확률 구하기	40 %

유형 7~13 P. 110~115

31 답 $\frac{12}{25}$

전체 학생 수는 $67+18+54+11=150$(명)

B형일 확률은 $\frac{18}{150}$

O형일 확률은 $\frac{54}{150}$

따라서 구하는 확률은 $\frac{18}{150}+\frac{54}{150}=\frac{72}{150}=\frac{12}{25}$

다른 풀이

$\frac{(\text{B형 또는 O형인 경우의 수})}{(\text{모든 경우의 수})}=\frac{18+54}{150}=\frac{72}{150}=\frac{12}{25}$

32 답 $\frac{9}{25}$

5의 배수가 적힌 카드가 나오는 경우는 5, 10, 15, 20, 25의 5가지이므로 그 확률은 $\frac{5}{25}$

6의 배수가 적힌 카드가 나오는 경우는 6, 12, 18, 24의 4가지이므로 그 확률은 $\frac{4}{25}$

따라서 구하는 확률은 $\frac{5}{25}+\frac{4}{25}=\frac{9}{25}$

33 답 $\frac{2}{9}$

모든 경우의 수는 $6\times6=36$
두 눈의 수의 차가 3인 경우는 (1, 4), (2, 5), (3, 6), (4, 1), (5, 2), (6, 3)의 6가지이므로 그 확률은 $\frac{6}{36}$
두 눈의 수의 차가 5인 경우는 (1, 6), (6, 1)의 2가지이므로 그 확률은 $\frac{2}{36}$
따라서 구하는 확률은 $\frac{6}{36}+\frac{2}{36}=\frac{8}{36}=\frac{2}{9}$

34 답 $\frac{1}{4}$

모든 경우의 수는 $6\times6=36$
점 P가 꼭짓점 C에 위치하려면 두 눈의 수의 합이 2 또는 6 또는 10이어야 한다.
(i) 합이 2인 경우
(1, 1)의 1가지이므로 그 확률은 $\frac{1}{36}$
(ii) 합이 6인 경우
(1, 5), (2, 4), (3, 3), (4, 2), (5, 1)의 5가지이므로 그 확률은 $\frac{5}{36}$
(iii) 합이 10인 경우
(4, 6), (5, 5), (6, 4)의 3가지이므로 그 확률은 $\frac{3}{36}$
따라서 (i)~(iii)에 의해 구하는 확률은
$\frac{1}{36}+\frac{5}{36}+\frac{3}{36}=\frac{9}{36}=\frac{1}{4}$

35 답 $\frac{1}{4}$

동전이 뒷면이 나오는 경우는 1가지이므로 그 확률은 $\frac{1}{2}$
주사위가 4의 약수의 눈이 나오는 경우는 1, 2, 4의 3가지이므로 그 확률은 $\frac{3}{6}=\frac{1}{2}$
따라서 구하는 확률은 $\frac{1}{2}\times\frac{1}{2}=\frac{1}{4}$

36 답 $\frac{2}{5}$

A 주머니에서 노란 공이 나올 확률은 $\frac{3}{5}$
B 주머니에서 파란 공이 나올 확률은 $\frac{4}{6}=\frac{2}{3}$
따라서 구하는 확률은 $\frac{3}{5}\times\frac{2}{3}=\frac{2}{5}$

37 답 $\frac{3}{25}$

원판 A에서 소수는 2, 3, 5의 3가지이므로 그 확률은 $\frac{3}{5}$
원판 B에서 소수는 7의 1가지이므로 그 확률은 $\frac{1}{5}$
따라서 구하는 확률은 $\frac{3}{5}\times\frac{1}{5}=\frac{3}{25}$

38 답 $\frac{1}{4}$

A 참가자만 본선에 진출할 확률은 A 참가자는 진출하고 B 참가자는 진출하지 못할 확률과 같다.
이때 B 참가자가 본선에 진출하지 못할 확률은
$1-\frac{1}{4}=\frac{3}{4}$
따라서 구하는 확률은 $\frac{1}{3}\times\frac{3}{4}=\frac{1}{4}$

39 답 $\frac{2}{27}$

두 사람이 가위바위보를 한 번 할 때 일어나는 모든 경우의 수는 $3\times3=9$
비기는 경우는 (가위, 가위), (바위, 바위), (보, 보)의 3가지이므로 그 확률은 $\frac{3}{9}=\frac{1}{3}$ … (i)
승부가 결정될 확률, 즉 비기지 않을 확률은
$1-\frac{1}{3}=\frac{2}{3}$ … (ii)
따라서 구하는 확률은
$\frac{1}{3}\times\frac{1}{3}\times\frac{2}{3}=\frac{2}{27}$ … (iii)

채점 기준	비율
(i) 비길 확률 구하기	40 %
(ii) 승부가 결정될 확률 구하기	40 %
(iii) 첫 번째, 두 번째는 비기고, 세 번째에는 승부가 결정될 확률 구하기	20 %

40 답 $\frac{1}{2}$

B 문제를 맞힐 확률을 x라고 하면
$\frac{5}{6}\times x=\frac{1}{3}$ $\quad\therefore x=\frac{2}{5}$
B 문제를 맞히지 못할 확률은 $1-\frac{2}{5}=\frac{3}{5}$
따라서 A 문제는 맞히고, B 문제는 맞히지 못할 확률은
$\frac{5}{6}\times\frac{3}{5}=\frac{1}{2}$

41 답 ②

내일 비가 오지 않을 확률은 $1-0.4=0.6$
모레 비가 오지 않을 확률은 $1-0.7=0.3$
따라서 구하는 확률은
$0.6\times0.3=0.18$

42 답 $\frac{4}{25}$

성공할 확률이 $\frac{3}{5}$이므로
성공하지 못할 확률은 $1-\frac{3}{5}=\frac{2}{5}$
따라서 구하는 확률은
$\frac{2}{5}\times\frac{2}{5}=\frac{4}{25}$

43 답 $\frac{3}{20}$

전구에 불이 들어오지 않으려면 두 스위치 A, B가 모두 닫히지 않아야 한다.

스위치 A가 닫히지 않을 확률은 $1-\frac{3}{4}=\frac{1}{4}$ ⋯ (i)

스위치 B가 닫히지 않을 확률은 $1-\frac{2}{5}=\frac{3}{5}$ ⋯ (ii)

따라서 구하는 확률은 $\frac{1}{4}\times\frac{3}{5}=\frac{3}{20}$ ⋯ (iii)

채점 기준	비율
(i) 스위치 A가 닫히지 않을 확률 구하기	40 %
(ii) 스위치 B가 닫히지 않을 확률 구하기	40 %
(iii) 전구에 불이 들어오지 않을 확률 구하기	20 %

44 답 ⑤

두 사람 모두 1번 문제를 맞히지 못할 확률은

$\left(1-\frac{3}{5}\right)\times\left(1-\frac{3}{4}\right)=\frac{2}{5}\times\frac{1}{4}=\frac{1}{10}$

따라서 구하는 확률은

$1-\frac{1}{10}=\frac{9}{10}$

45 답 $\frac{13}{45}$

두 사람이 만날 확률은 $\frac{4}{5}\times\frac{8}{9}=\frac{32}{45}$

따라서 구하는 확률은

$1-\frac{32}{45}=\frac{13}{45}$

46 답 $\frac{11}{12}$

세 사람 모두 목표물을 맞히지 못할 확률은

$\left(1-\frac{1}{3}\right)\times\left(1-\frac{1}{2}\right)\times\left(1-\frac{3}{4}\right)=\frac{2}{3}\times\frac{1}{2}\times\frac{1}{4}=\frac{1}{12}$

∴ (적어도 한 명은 목표물을 맞힐 확률)

=1−(세 사람 모두 목표물을 맞히지 못할 확률)

$=1-\frac{1}{12}=\frac{11}{12}$

47 답 $\frac{11}{24}$

A 주머니에서 흰 공, B 주머니에서 검은 공을 꺼낼 확률은

$\frac{3}{8}\times\frac{4}{6}=\frac{1}{4}$

A 주머니에서 검은 공, B 주머니에서 흰 공을 꺼낼 확률은

$\frac{5}{8}\times\frac{2}{6}=\frac{5}{24}$

따라서 구하는 확률은

$\frac{1}{4}+\frac{5}{24}=\frac{11}{24}$

48 답 ③

A 주머니를 선택하고, 흰 공을 꺼낼 확률은

$\frac{1}{2}\times\frac{1}{5}=\frac{1}{10}$

B 주머니를 선택하고, 흰 공을 꺼낼 확률은

$\frac{1}{2}\times\frac{1}{3}=\frac{1}{6}$

따라서 구하는 확률은

$\frac{1}{10}+\frac{1}{6}=\frac{8}{30}=\frac{4}{15}$

49 답 $\frac{7}{10}$

보라만 성공할 확률은

$\frac{1}{6}\times\left(1-\frac{4}{5}\right)=\frac{1}{6}\times\frac{1}{5}=\frac{1}{30}$

원호만 성공할 확률은

$\left(1-\frac{1}{6}\right)\times\frac{4}{5}=\frac{5}{6}\times\frac{4}{5}=\frac{2}{3}$

따라서 구하는 확률은

$\frac{1}{30}+\frac{2}{3}=\frac{21}{30}=\frac{7}{10}$

50 답 ⑤

$a+b$가 홀수이려면

a가 짝수일 때, b는 홀수이거나

a가 홀수일 때, b는 짝수이어야 한다.

(i) a가 짝수, b가 홀수일 확률

$\frac{2}{3}\times\left(1-\frac{3}{7}\right)=\frac{2}{3}\times\frac{4}{7}=\frac{8}{21}$

(ii) a가 홀수, b가 짝수일 확률

$\left(1-\frac{2}{3}\right)\times\frac{3}{7}=\frac{1}{3}\times\frac{3}{7}=\frac{1}{7}$

따라서 (i), (ii)에 의해 구하는 확률은

$\frac{8}{21}+\frac{1}{7}=\frac{11}{21}$

51 답 $\frac{12}{125}$

(i) 처음 문제는 틀리고, 뒤의 두 문제는 맞힐 확률

$\left(1-\frac{1}{5}\right)\times\frac{1}{5}\times\frac{1}{5}=\frac{4}{5}\times\frac{1}{5}\times\frac{1}{5}=\frac{4}{125}$

(ii) 가운데 문제는 틀리고, 처음 문제와 마지막 문제는 맞힐 확률

$\frac{1}{5}\times\left(1-\frac{1}{5}\right)\times\frac{1}{5}=\frac{1}{5}\times\frac{4}{5}\times\frac{1}{5}=\frac{4}{125}$

(iii) 마지막 문제는 틀리고, 처음 두 문제는 맞힐 확률

$\frac{1}{5}\times\frac{1}{5}\times\left(1-\frac{1}{5}\right)=\frac{1}{5}\times\frac{1}{5}\times\frac{4}{5}=\frac{4}{125}$

따라서 (i)~(iii)에 의해 구하는 확률은

$\frac{4}{125}+\frac{4}{125}+\frac{4}{125}=\frac{12}{125}$

52 답 ④

황사가 오는 경우를 ○, 황사가 오지 않는 경우를 ×라고 하면 수요일에 황사가 왔을 때 금요일에도 황사가 오는 경우를 표로 나타내면 다음과 같다.

	수	목	금
(i)	○	○	○
(ii)	○	×	○

(i)의 경우의 확률은 $\frac{1}{5}\times\frac{1}{5}=\frac{1}{25}$

(ii)의 경우의 확률은 $\left(1-\frac{1}{5}\right)\times\frac{1}{4}=\frac{4}{5}\times\frac{1}{4}=\frac{1}{5}$

따라서 구하는 확률은 $\frac{1}{25}+\frac{1}{5}=\frac{6}{25}$

53 답 ②

전체 공의 개수는 $2+1+4=7$(개)이므로

첫 번째에 빨간 공이 나올 확률은 $\frac{2}{7}$

두 번째에 빨간 공이 나올 확률은 $\frac{2}{7}$

따라서 구하는 확률은

$\frac{2}{7}\times\frac{2}{7}=\frac{4}{49}$

54 답 $\frac{1}{5}$

카드에 적힌 수가 짝수인 경우는 2, 4, 6, 8, 10의 5가지이므로 그 확률은 $\frac{5}{10}=\frac{1}{2}$

카드에 적힌 수가 6의 약수인 경우는 1, 2, 3, 6의 4가지이므로 그 확률은 $\frac{4}{10}=\frac{2}{5}$

따라서 구하는 확률을

$\frac{1}{2}\times\frac{2}{5}=\frac{1}{5}$

55 답 $\frac{24}{49}$

현수만 당첨 제비를 뽑을 확률은 $\frac{3}{7}\times\frac{4}{7}=\frac{12}{49}$

수아만 당첨 제비를 뽑을 확률은 $\frac{4}{7}\times\frac{3}{7}=\frac{12}{49}$

따라서 구하는 확률은

$\frac{12}{49}+\frac{12}{49}=\frac{24}{49}$

56 답 $\frac{2}{11}$

첫 번째에 흰 공을 꺼낼 확률은 $\frac{5}{11}$

두 번째에 흰 공을 꺼낼 확률은 $\frac{4}{10}=\frac{2}{5}$

따라서 구하는 확률은

$\frac{5}{11}\times\frac{2}{5}=\frac{2}{11}$

57 답 ④

2개 모두 불량품이 아닐 확률은 $\frac{6}{10}\times\frac{5}{9}=\frac{1}{3}$

∴ (적어도 1개는 불량품일 확률)

$=1-$(2개 모두 불량품이 아닐 확률)

$=1-\frac{1}{3}=\frac{2}{3}$

58 답 $\frac{8}{15}$

처음에 검은 바둑돌, 나중에 흰 바둑돌을 꺼낼 확률은

$\frac{6}{10}\times\frac{4}{9}=\frac{4}{15}$

처음에 흰 바둑돌, 나중에 검은 바둑돌을 꺼낼 확률은

$\frac{4}{10}\times\frac{6}{9}=\frac{4}{15}$

따라서 구하는 확률은

$\frac{4}{15}+\frac{4}{15}=\frac{8}{15}$

59 답 $\frac{13}{27}$

주사위 한 개를 던질 때, 2 이하의 눈이 나올 확률은

$\frac{2}{6}=\frac{1}{3}$

이때 4회 이내에 A가 이기려면 A는 1회 또는 3회에 이겨야 한다.

(i) 1회에 A가 이길 확률

1회에 2 이하의 눈이 나오면 되므로 그 확률은 $\frac{1}{3}$

(ii) 3회에 A가 이길 확률

1, 2회에 2 이하의 눈이 나오지 않고 3회에 2 이하의 눈이 나오면 되므로 그 확률은

$\left(1-\frac{1}{3}\right)\times\left(1-\frac{1}{3}\right)\times\frac{1}{3}=\frac{2}{3}\times\frac{2}{3}\times\frac{1}{3}=\frac{4}{27}$

따라서 (i), (ii)에 의해 구하는 확률은

$\frac{1}{3}+\frac{4}{27}=\frac{13}{27}$

60 답 $\frac{7}{8}$

현재 2번의 경기에서 B팀이 2번 이겼으므로 A팀이 3번 모두 이기기 전까지 B팀이 1번 이기는 경우를 생각하면 된다.

(i) 3번째 경기에서 B팀이 우승할 확률은 $\frac{1}{2}$

(ii) 4번째 경기에서 B팀이 우승할 확률

$\frac{1}{2}\times\frac{1}{2}=\frac{1}{4}$

(iii) 5번째 경기에서 B팀이 우승할 확률

$\frac{1}{2}\times\frac{1}{2}\times\frac{1}{2}=\frac{1}{8}$

따라서 (i)~(iii)에 의해 구하는 확률은

$\frac{1}{2}+\frac{1}{4}+\frac{1}{8}=\frac{7}{8}$

61 답 $\frac{44}{125}$

비기는 경우는 없으므로 한 번의 경기에서 재석이가 이길 확률은 $1-\frac{2}{5}=\frac{3}{5}$

(i) 지효 → 지효의 순서로 이길 확률

$\frac{2}{5}\times\frac{2}{5}=\frac{4}{25}$

(ii) 지효 → 재석 → 지효의 순서로 이길 확률

$\frac{2}{5}\times\frac{3}{5}\times\frac{2}{5}=\frac{12}{125}$

(iii) 재석 → 지효 → 지효의 순서로 이길 확률

$\frac{3}{5}\times\frac{2}{5}\times\frac{2}{5}=\frac{12}{125}$

따라서 (i)~(iii)에 의해 구하는 확률은

$\frac{4}{25}+\frac{12}{125}+\frac{12}{125}=\frac{44}{125}$

62 답 $\frac{1}{4}$

책상에 카드를 놓는 모든 경우의 수는 한 줄로 세우는 경우의 수와 같으므로 $4\times3\times2\times1=24$

책상 A에 놓인 카드에 적힌 수가 책상 B에 놓인 카드에 적힌 수보다 크고, 책상 C에 놓인 카드에 적힌 수가 책상 D에 놓인 카드에 적힌 수보다 큰 경우를 나뭇가지 모양의 그림으로 나타내면 다음과 같다.

A	B	C	D
4	3	2	1
	2	3	1
	1	3	2
3	2	4	1
	1	4	2
2	1	4	3

따라서 조건을 만족시키는 경우의 수는 6이므로

구하는 확률은 $\frac{6}{24}=\frac{1}{4}$

63 답 $\frac{11}{18}$

모든 경우의 수는 $6\times6=36$

주사위 한 개를 두 번 던져서 첫 번째에 나온 눈의 수를 a, 두 번째에 나온 눈의 수를 b라고 하면

$\triangle$ABC는 밑변의 길이가 a, 높이가 b인 직각삼각형이므로

넓이는 $\frac{1}{2}\times a\times b=\frac{1}{2}ab$

$\triangle$ABC의 넓이가 4 이상이려면 $\frac{1}{2}ab\geq4$

즉, $ab\geq8$이어야 한다.

이때 $ab<8$인 경우는 (1, 1), (1, 2), (1, 3), (1, 4), (1, 5), (1, 6), (2, 1), (2, 2), (2, 3), (3, 1), (3, 2), (4, 1), (5, 1), (6, 1)의 14가지이므로 그 확률은

$\frac{14}{36}=\frac{7}{18}$

따라서 구하는 확률은 $1-\frac{7}{18}=\frac{11}{18}$

단원 마무리 P. 116~118

1 ⑤	2 ②	3 $\frac{1}{18}$	4 ③	5 $\frac{3}{4}$
6 ④	7 $\frac{3}{7}$	8 $\frac{1}{6}$	9 $\frac{14}{15}$	10 ④
11 ④	12 $\frac{5}{8}$	13 $\frac{3}{8}$	14 $\frac{9}{10}$	15 $\frac{7}{36}$
16 $\frac{13}{30}$	17 ⑤	18 $\frac{89}{100}$	19 $\frac{18}{25}$	20 $\frac{1}{4}$

1 ① 모든 경우의 수는 $6\times6=36$

두 눈의 수의 합이 8인 경우는 (2, 6), (3, 5), (4, 4), (5, 3), (6, 2)의 5가지이므로 그 확률은 $\frac{5}{36}$

② 모든 경우의 수는 $6\times6=36$

같은 수의 눈이 나오는 경우는 (1, 1), (2, 2), (3, 3), (4, 4), (5, 5), (6, 6)의 6가지이므로 그 확률은

$\frac{6}{36}=\frac{1}{6}$

③ 모든 경우의 수는 $2\times2=4$

모두 뒷면이 나오는 경우는 (뒷면, 뒷면)의 1가지이므로 그 확률은 $\frac{1}{4}$

④ 모든 경우의 수는 $5\times4\times3\times2\times1=120$

B, C가 이웃하여 서는 경우의 수는

$(4\times3\times2\times1)\times2=48$이므로 그 확률은 $\frac{48}{120}=\frac{2}{5}$

⑤ 모든 경우의 수는 $\frac{4\times3}{2}=6$

A가 뽑히는 경우의 수는 A를 제외한 3명 중에서 대표 1명을 뽑는 경우의 수와 같으므로 3 $\therefore \frac{3}{6}=\frac{1}{2}$

따라서 값이 가장 큰 것은 ⑤이다.

2 모든 경우의 수는 $5\times4=20$

21 이하인 경우는 12, 13, 14, 15, 21의 5가지

따라서 구하는 확률은

$\frac{5}{20}=\frac{1}{4}$

3 모든 경우의 수는 $6\times6=36$

$3x-y=7$을 만족시키는 순서쌍 (x, y)는 (3, 2), (4, 5)의 2가지

따라서 구하는 확률은

$\frac{2}{36}=\frac{1}{18}$

4 ③ $0\leq q\leq1$

④ $p+q=1$이므로 $p=q$이면 $p+p=1$ $\therefore p=\frac{1}{2}$

⑤ $q=1$이면 $p=0$이므로 사건 A는 절대로 일어나지 않는다.

따라서 옳지 않은 것은 ③이다.

5 구슬에 적힌 수가 4의 배수인 경우는 4, 8, 12, 16, 20의 5가지이므로 그 확률은 $\frac{5}{20}=\frac{1}{4}$

따라서 구하는 확률은 $1-\frac{1}{4}=\frac{3}{4}$

6 모든 경우의 수는 $2\times2\times2\times2=16$

4문제 모두 맞히지 못하는 경우의 수는 1이므로

그 확률은 $\frac{1}{16}$

$\therefore$ (적어도 한 문제 이상 맞힐 확률)

$=1-$(4문제 모두 맞히지 못할 확률)

$=1-\frac{1}{16}=\frac{15}{16}$

7 모든 경우의 수는 $\frac{7\times6}{2}=21$ … (i)

2명 모두 남학생인 경우의 수는 $\frac{4\times3}{2}=6$이므로

그 확률은 $\frac{6}{21}$

2명 모두 여학생인 경우의 수는 $\frac{3\times2}{2}=3$이므로

그 확률은 $\frac{3}{21}$ … (ii)

따라서 구하는 확률은

$\frac{6}{21}+\frac{3}{21}=\frac{9}{21}=\frac{3}{7}$ … (iii)

채점 기준	비율
(i) 모든 경우의 수 구하기	20 %
(ii) 2명 모두 남학생일 확률과 2명 모두 여학생일 확률 구하기	60 %
(iii) 2명 모두 남학생이거나 여학생일 확률 구하기	20 %

8 첫 번째에 5 이상의 눈이 나오는 경우는 5, 6의 2가지이므로

그 확률은 $\frac{2}{6}=\frac{1}{3}$

두 번째에 소수의 눈이 나오는 경우는 2, 3, 5의 3가지이므로

그 확률은 $\frac{3}{6}=\frac{1}{2}$

따라서 구하는 확률은 $\frac{1}{3}\times\frac{1}{2}=\frac{1}{6}$

9 두 선수 모두 목표물을 명중하지 못할 확률은

$\left(1-\frac{5}{6}\right)\times\left(1-\frac{3}{5}\right)=\frac{1}{6}\times\frac{2}{5}=\frac{1}{15}$

$\therefore$ (적어도 한 선수는 명중할 확률)

$=1-$(두 선수 모두 명중하지 못할 확률)

$=1-\frac{1}{15}=\frac{14}{15}$

10 ① 모두 빨간 바둑돌이 나올 확률은 0이다.

② 모두 흰 바둑돌이 나올 확률은 $\frac{4}{8}\times\frac{2}{8}=\frac{1}{8}$

③ 모두 검은 바둑돌이 나올 확률은 $\frac{4}{8}\times\frac{6}{8}=\frac{3}{8}$

④, ⑤ 같은 색의 바둑돌이 나올 확률은 $\frac{1}{8}+\frac{3}{8}=\frac{1}{2}$이므로

서로 다른 색의 바둑돌이 나올 확률은 $1-\frac{1}{2}=\frac{1}{2}$

따라서 옳은 것은 ④이다.

11 처음에 당첨될 확률은 $\frac{3}{9}=\frac{1}{3}$

나중에 당첨되지 않을 확률은 $\frac{6}{9}=\frac{2}{3}$

따라서 구하는 확률은 $\frac{1}{3}\times\frac{2}{3}=\frac{2}{9}$

12 모든 경우의 수는 $4\times4=16$

짝수이려면 일의 자리의 숫자가 0 또는 2 또는 4이어야 한다.

(i) □0인 경우

십의 자리에 올 수 있는 숫자는 0을 제외한 4개

(ii) □2인 경우

십의 자리에 올 수 있는 숫자는 0, 2를 제외한 3개

(iii) □4인 경우

십의 자리에 올 수 있는 숫자는 0, 4를 제외한 3개

(i)~(iii)에 의해 $4+3+3=10$(개)

따라서 구하는 확률은 $\frac{10}{16}=\frac{5}{8}$

13 모든 경우의 수는 $2\times2\times2\times2=16$ … (i)

동전을 4번 던졌을 때, 앞면이 x번 나온다고 하면 뒷면은 $(4-x)$번 나오므로

$2x+(4-x)\times(-1)=2$, $3x=6$ $\therefore x=2$

즉, 앞면과 뒷면이 각각 2번씩 나와야 하므로 그 경우는

(앞, 앞, 뒤, 뒤), (앞, 뒤, 앞, 뒤), (앞, 뒤, 뒤, 앞),

(뒤, 앞, 앞, 뒤), (뒤, 앞, 뒤, 앞), (뒤, 뒤, 앞, 앞)의 6가지 … (ii)

따라서 구하는 확률은 $\frac{6}{16}=\frac{3}{8}$ … (iii)

채점 기준	비율
(i) 모든 경우의 수 구하기	30 %
(ii) 준호가 처음 위치보다 2칸 위에 있는 경우 구하기	50 %
(iii) 준호가 처음 위치보다 2칸 위에 있을 확률 구하기	20 %

14 전체 공의 개수는 $(x+5)$개

이 중에서 노란 공은 x개이므로

$\frac{x}{x+5}=\frac{3}{4}$, $4x=3x+15$ $\therefore x=15$

이때 주머니에 노란 공 30개를 더 넣으면

전체 공의 개수는 $15+5+30=50$(개)이고,

이 중에서 노란 공은 $15+30=45$(개)이므로

그 확률은 $\frac{45}{50}=\frac{9}{10}$

15 모든 경우의 수는 $6\times6=36$

점 P가 꼭짓점 E에 있으려면 나오는 두 눈의 수의 합이 4 또는 9이어야 한다.

(ⅰ) 두 눈의 수의 합이 4인 경우

(1, 3), (2, 2), (3, 1)의 3가지이므로 그 확률은 $\frac{3}{36}$

(ⅱ) 두 눈의 수의 합이 9인 경우

(3, 6), (4, 5), (5, 4), (6, 3)의 4가지이므로 그 확률은 $\frac{4}{36}$

따라서 (ⅰ), (ⅱ)에 의해 구하는 확률은

$\frac{3}{36}+\frac{4}{36}=\frac{7}{36}$

16 (ⅰ) A, B만 합격할 확률

$\frac{2}{3}\times\frac{1}{2}\times\left(1-\frac{3}{5}\right)=\frac{2}{3}\times\frac{1}{2}\times\frac{2}{5}=\frac{2}{15}$

(ⅱ) A, C만 합격할 확률

$\frac{2}{3}\times\left(1-\frac{1}{2}\right)\times\frac{3}{5}=\frac{2}{3}\times\frac{1}{2}\times\frac{3}{5}=\frac{1}{5}$

(ⅲ) B, C만 합격할 확률

$\left(1-\frac{2}{3}\right)\times\frac{1}{2}\times\frac{3}{5}=\frac{1}{3}\times\frac{1}{2}\times\frac{3}{5}=\frac{1}{10}$

따라서 (ⅰ)~(ⅲ)에 의해 구하는 확률은

$\frac{2}{15}+\frac{1}{5}+\frac{1}{10}=\frac{13}{30}$

17 A가 오렌지 맛 사탕을 꺼낼 확률은 $\frac{1}{5}$

B가 오렌지 맛 사탕을 꺼낼 확률은

$\frac{4}{5}\times\frac{1}{4}=\frac{1}{5}$

C가 오렌지 맛 사탕을 꺼낼 확률은

$\frac{4}{5}\times\frac{3}{4}\times\frac{1}{3}=\frac{1}{5}$

D가 오렌지 맛 사탕을 꺼낼 확률은

$\frac{4}{5}\times\frac{3}{4}\times\frac{2}{3}\times\frac{1}{2}=\frac{1}{5}$

E가 오렌지 맛 사탕을 꺼낼 확률은

$\frac{4}{5}\times\frac{3}{4}\times\frac{2}{3}\times\frac{1}{2}\times1=\frac{1}{5}$

따라서 꺼내는 순서에 상관없이 오렌지 맛 사탕을 꺼낼 확률은 5명 모두 $\frac{1}{5}$로 같다.

18 나온 수를 a라고 하면 $\frac{a}{90}=\frac{a}{2\times3^2\times5}$

이때 $\frac{a}{90}$가 유한소수가 되려면 a는 $3^2=9$의 배수이어야 한다.

즉, a가 9의 배수인 경우는 9, 18, 27, 36, 45이므로

유한소수가 되는 경우는 5가지이고,

그 확률은 $\frac{5}{50}=\frac{1}{10}$

∴ (유한소수가 아닐 확률)$=1-$(유한소수일 확률)

$=1-\frac{1}{10}=\frac{9}{10}$

19 (ⅰ) 십의 자리의 숫자가 3인 경우

30, 31, 32, 33, 34, 35, 36, 37, 38, 39의 10가지

(ⅱ) 일의 자리의 숫자가 3인 경우

3, 13, 23, 33, 43의 5가지

이때 (ⅰ), (ⅱ)에서 33이 두 번 세어졌으므로 카드에 적힌 수가 3을 포함하는 경우는 $10+5-1=14$(가지)이고, 그 확률은

$\frac{14}{50}=\frac{7}{25}$

따라서 구하는 확률은 $1-\frac{7}{25}=\frac{18}{25}$

20 각 갈림길에서 공이 어느 한쪽으로 이동할 확률은 모두 같으므로 각각 $\frac{1}{2}$이다.

이때 공이 B로 나오는 경우는 다음 그림과 같이 4가지이다.

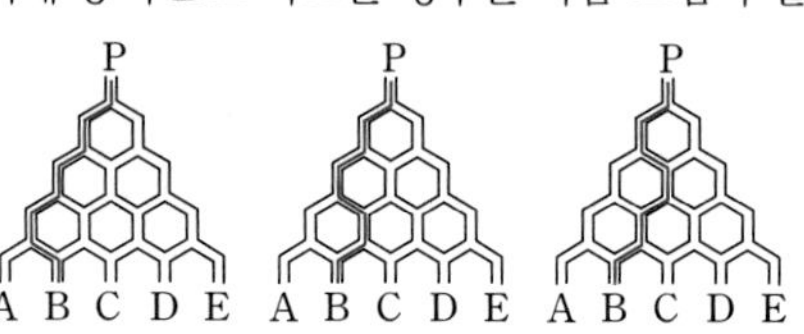

각 경우에 대하여 공이 B로 나올 확률은

$\frac{1}{2}\times\frac{1}{2}\times\frac{1}{2}\times\frac{1}{2}=\frac{1}{16}$

따라서 구하는 확률은

$\frac{1}{16}+\frac{1}{16}+\frac{1}{16}+\frac{1}{16}=\frac{4}{16}=\frac{1}{4}$

memo

memo

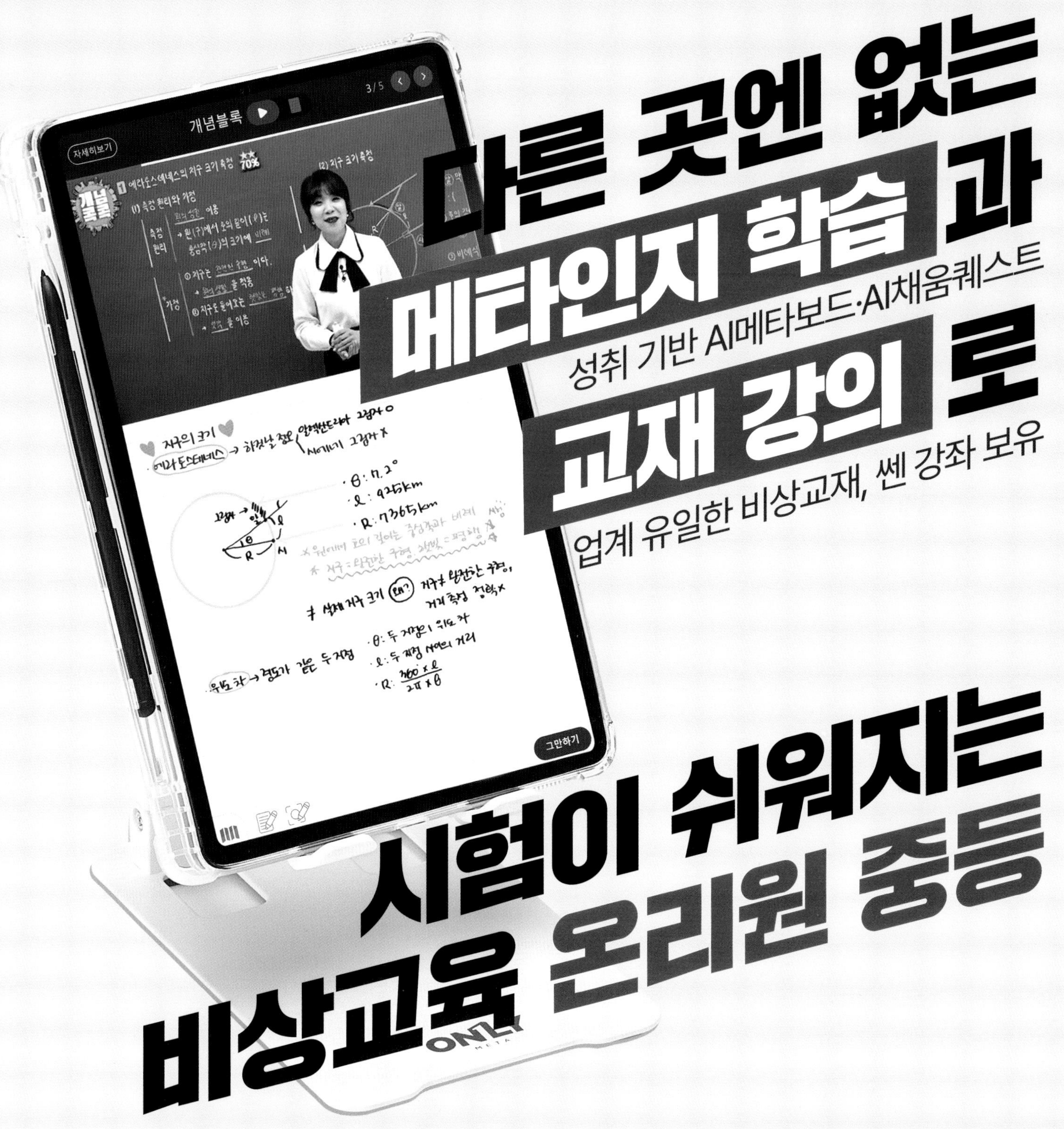

0원 무제한 학습!
지금 신청하기

★★★ 10명 중 8명 내신 최상위권
★★★ 특목고 합격생 167% 달성
★★★ 1년 만에 2배 장학생 증가

※ 2023년 2학기 기말 기준, 전체 성적 장학생 중 모범, 으뜸, 우수상 수상자(평균 93점 이상) 비율 81.2% /
특목고 합격생 수 2022학년도 대비 2024학년도 167.4% / 21년 1학기 중간 ~ 22년 1학기 중간 누적 장학생 수(3,499명) 대비
21년 1학기 중간 ~ 23년 1학기 중간 누적 장학생 수(6,888명) 비율

문의 1588-6563 | www.only1.co.kr

✣ 개념·플러스·유형·시리즈 개념과 유형이 하나로! 가장 효과적인 수학 공부 방법을 제시합니다.

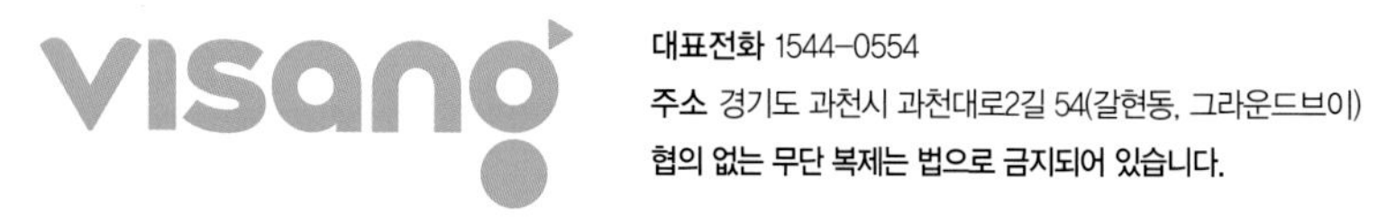

대표전화 1544-0554
주소 경기도 과천시 과천대로2길 54(갈현동, 그라운드브이)
협의 없는 무단 복제는 법으로 금지되어 있습니다.